Louis Back/Stefan Beuttler

Handbuch Briefing

Effiziente Kommunikation zwischen Auftraggeber und Dienstleister

2., überarbeitete und aktualisierte Auflage

2006
Schäffer-Poeschel Verlag Stuttgart

Louis Back (geb. 1963) lebt und arbeitet in Berlin als Kommunikationsberater, freier Konzeptioner und Werbetexter in den Bereichen Immobilien, Architektur, Stadt- und Standortmarketing, Investment und Consulting. Daneben publiziert der ausgebildete Journalist weiterhin als Fachredakteur und Buchautor.
www.louisback.de

Stefan Beuttler (geb. 1962) ist als Marketingspezialist und Designer tätig. Der Querdenker entwickelt als »externe Ideenabteilung« Produkte, Positionierungsstrategien sowie Kommunikationskonzepte und begleitet diese als Designmanager auf ihrem Weg zur Zielgruppe. Er ist Gründungsmitglied des Ideen-Netzwerkes »null-komma-nix.net« und hatte die Idee zu diesem Buch. Projekte u.a. für Aareon, adh, baark, Depfa Bank, Deutsche Telekom, L'Oreal, made in happy germany, mbv Karlsruhe, Siemens, THW, Valli & Colombo.
www.stefanbeuttler.de

Bibliografische Information Der Deutschen Bibliothek
Die Deutsche Bibliothek verzeichnet diese Publikation in der Deutschen Nationalbibliografie; detaillierte bibliografische Daten sind im Internet über <http://dnb.ddb.de> abrufbar

Louis Back: Kapitel 5 + 6
Stefan Beuttler: Kapitel 8
Louis Back/Stefan Beuttler: Kapitel 1–4, 7, 9–20

Gedruckt auf chlorfrei gebleichtem, säurefreiem und alterungsbeständigem Papier

ISBN-13: 918-3-7910-2487-5
ISBN-10: 3-7910-2487-6

www.schaeffer-poeschel.de
info@schaeffer-poeschel.de
Einbandgestaltung: Willy Löffelhardt
Satz: Johanna Boy, Brennberg
Druck und Bindung: Kösel Krugzell · www.koeselbuch.de
Printed in Germany
März/2006

Schäffer-Poeschel Verlag Stuttgart
Ein Tochterunternehmen der Verlagsgruppe Handelsblatt

Inhalt

Was steht wo?

Checklisten

Praxis-Tipps

1. Kapitel
Was haben Sie davon weiterzulesen? An wen sich dieses Buch wendet und warum

» ... denn aus diesem Buche dürft' er, sollt' ers nur einmal ordentlich begreifen, frappant wissen, wo Bartel Most hole.«

Jean Paul – Leben des vergnügten Schulmeisterlein Maria Wutz in Auenthal

Schlechte Briefings sind teuer, gute sparen Geld

Punktgenau vermittelte Aufträge sind leider nicht die Regel, sondern eher die Ausnahme. Das ist kaum verwunderlich. Jeder, der schon selbst als Auftraggeber oder als Dienstleister Projekte in den Bereichen Werbung, PR, Design und Absatzförderung mitgemacht hat, braucht sich nur kurz besinnen, um zu wissen, mit wie vielen Fußangeln und Stolpersteinen der Weg zum erfolgreichen Kommunikationsprodukt gepflastert ist. Wer seine ersten Schritte noch vor sich hat, den wollen wir nicht gleich mit Furcht erregenden Aufzählungen erschrecken. Gleichwohl sind sie Realität: all jene Probleme, die immer und immer wieder gut gemeinte Briefings zu einem weit weniger guten Ende führen – ganz egal ob es sich um Kampagnen, Anzeigen, Broschüren, Events, Websites oder was auch immer handelt.

Einsparpotentiale

Bis zu zehn Prozent der Werbebudgets, sagen Experten, lassen sich durch ein gelungenes Briefing sparen. Zieht man nicht nur die Fehler, sondern auch die gar nicht erst aktivierten Potentiale in Betracht, die auf das Konto ungenauer Briefings gehen, dürfte diese Zahl sogar noch deutlich höher liegen.

Der Ärger über die dabei verschwendeten Energien und Gelder ist einer der Gründe, warum dieses Buch entstanden ist. Seien wir ehrlich: Wenn man sieht, wie viel Geld Jahr um Jahr unnütz verblasen wird, kommen einem die Tränen. Was man damit alles hätte Sinnvolles leisten können... Wir halten unverdrossen an der Idee fest, dass sich Kreative als Dienstleister verstehen sollten – und die Sache des Kunden zu ihrer eigenen machen. Das heißt dann auch, dass man sich zu Recht über in den Sand gesetzte Budgets ärgern darf – selbst wenn man vom Doppelaufwand, den falsche Briefings verursachen, als Dienstleister bisweilen selbst profitiert.

Gut zu briefen ist keine Hexerei

Unsere Überzeugung, dass es besser gehen kann, ist der zweite Grund, warum ausgerechnet wir uns an dieses Thema gewagt haben. Das scheint gar nicht so selbstverständlich. Jedes Briefing sei anders, Erfolgsrezepte gäbe es nicht, sagt die bisher verfügbare Literatur. Das stimmt nur zum Teil. Patentlösungen wird man tatsächlich vergebens suchen, doch es gibt Regeln, die so schwierig nicht sind.

Handwerkswissen

Wie man's richtig macht, haben uns gemachte Fehler genauso gezeigt wie die vielen gelungenen Briefings, die es in unserer langjährigen Berufspraxis eben auch gegeben hat. Dieses Buch beinhaltet ein Handwerkswissen, das wir uns erarbeitet haben und das in dieser Form bislang nirgends zusammenhängend vermittelt wird. Wie das Schulmeisterlein Wutz in Jean Pauls gleichnamiger Novelle standen wir vor der Notwendigkeit, nicht verfügbare Fachliteratur einfach selbst zu schreiben.

Wir haben dieses Wissen strukturiert und praxistauglich aufbereitet: Fallbeispiele machen die formulierten Regeln anschaulich, Checklisten und Praxis-Tipps helfen Ihnen bei der täglichen Arbeit – egal ob Sie auf Auftraggeber- oder Auftragnehmerseite stehen. Schließlich ziehen Sie hier wie dort am selben Strang.

Selbstkritik

Was Sie mitbringen müssen, um aus dem Buch Ihren Nutzen zu ziehen, ist Kritikbereitschaft gegenüber sich selbst. Das schließt den Willen ein, lieb gewordene Gewohnheiten infrage zu stellen. Sagen Sie bitte nicht, das sei doch selbstverständlich. Probieren Sie's aus: Was bei der Lektüre noch recht eingängig scheint, fällt im Alltag meist eine ganze, entscheidende Ecke schwerer. Erst wenn Sie zwei Wochen vor der nächsten Deadline die Ruhe aufbringen, nicht auf eingeschliffene Standards zurückzugreifen, hat die Selbstkritik wirklich funktioniert.

Aber so ist das eben mit der Tücke der Praxis. Und weil wir dieses Dilemma kennen, wollen wir uns erst gar nicht zu Gurus aufschwingen, die ewig gültige Wahrheiten verbreiten. Die Regeln, die wir Ihnen hier anbieten, bilden ein tragfähiges Gerüst, um Ihre eigenen, individuellen und fallspezifischen Lösungen zu entwickeln. In erster Linie sollen Sie sie für die Probleme sensibilisieren und Sie darin bestärken, Ihren gesunden Menschenverstand zu benutzen. Mit all seinen Erkenntnissen, Tipps und Regeln ist dieses Buch ein Angebot – nicht mehr und nicht weniger. Was Sie draus machen, ist Ihre Sache.

Es geht um Wirtschaftskommunikation

Manche Kommunikationsprofis sehen sich als verhinderte Künstler. Das halten wir für gefährlichen Unsinn. Die Kommunikation, um die es hier geht, ist immer zielgerichtet und umsatzfördernd. In Werbung, PR und Marketing wird für handwerkliche Leistungen gebrieft.

Das heißt nicht, dass Kreativität dabei nichts zu suchen hätte. Im Gegenteil. Gerade in der Wirtschaftskommunikation gibt es einen engen Zusammenhang zwischen Wirtschaftlichkeit und Kreativität. Aber anders als in der Kunst dient hier der Einfallsreichtum einem übergeordneten Ziel – und ist nicht wie in der Kunst Selbstzweck.

Am klarsten hat das Michael Johnson formuliert. Künstler lösen selbst gestellte Probleme. Kommunikationsfachleute lösen die Probleme des Kunden: »Einem Studenten der freien Künste kann man es durchgehen lassen, dass er selbst die Probleme erschafft, die er lösen will. Ein Student der Kommunikation bekommt gewöhnlich die Probleme eines anderen überreicht. Und eine drohende Deadline als Extra dazu.« / »A fine-art student can get away with creating his or her own problems to solve, a communications student is usually handed someone else's, with a looming deadline thrown in.« (Johnson (2002), S. 6)

Probleme anderer lösen

Briefings sind dazu da, dass der Gebriefte das Problem in vollem Umfang versteht und zu seinem eigenen machen kann. Gelungen sind Briefings immer dann, wenn ihr Ergebnis dem Auftraggeber hilft, seinen Zielen ein Stück näher zu kommen. Das ist auch eine Chance für den Dienstleister. Man muss sich nur endlich durchringen, die Vorgaben und Setzungen nicht länger als beschränkendes Gitter, sondern als hilfreiches Gerüst zu sehen. Jedes Briefing gibt der Kreativarbeit Halt und Stütze. Das erkennen viel zu wenige Dienstleister.

Ein Buch für die Auftraggeber

Angesprochen sind zunächst und vor allem alle Auftraggeber der Kommunikationsbranche in den Kategorien Marketing und Werbung, PR und Öffentlichkeitsarbeit, Design und Gestaltung (und hier besonders Kommunikations-, Multimedia- und Grafik-Design). Je nach Unternehmensgröße und -struktur sind das Mitarbeiter und Führungskräfte aus PR-, Werbe- und Marketingabteilungen, Geschäftsführer von Unternehmen, aber auch freie Berater und Dienstleister, die als Projektsteuerer entsprechende Aufgaben übernehmen.

Wichtig war uns, ganz gezielt kleine und mittlere Unternehmen einzubeziehen. Über Kampagnenplanung für Weltmarken wird viel geschrieben. An Coca-Cola und Co. wird sich der Werbeleiter eines Zulieferbetriebs in der Investitionsgüterindustrie aber kaum mit übermäßigem Gewinn messen können. Wer einem Fachpublikum die Vorzüge spezieller Maschinenbauteile nahe bringen muss, steht vor einer Aufgabe mit eigenen Gesetzmäßigkeiten. Einer Aufgabe, die deshalb keinen Deut weniger spannend sein muss. Das Buch beantwortet deshalb die für kleine und mittlere Unternehmen wichtigen Fragen: Wie geht derjenige mit einem Briefing um, der nur gelegentlich mit dieser Aufgabe in Berührung kommt? Was muss der Auftragnehmer wissen? Wie erspart man sich Fehlschüsse?

Kleine und mittlere Unternehmen

Ausgebuffte Profis haben oft ihre eigenen Instrumente für Briefings entwickelt. Nicht immer sind die durchweg schlank und effizient. Was kann man besser machen? Wie kann man mit dem Briefing die Ergebnisse genauer steuern? Wie reduziert man den Aufwand ohne Qualitätsverlust? und letztlich: Wie schont man das Budget?

Ein Buch für die Auftragnehmer

Profitieren wird von der Lektüre genauso die andere Seite: Grafikdesigner, Kommunikations- und Webdesigner, Texter, Konzeptioner, Kreativ Direktoren, Art Direktoren, Kontakter, Kundenberater und Teamleiter in Agenturen, Produktioner und Agenturinhaber. Wie kann man als Dienstleister das Briefing so vorbereiten, dass die Arbeit leichter wird? Wie spart man Nerven – die eigenen wie die des Kunden? Wo kann man dem Kunden unter die Arme greifen? Wo muss man es?

Letztlich nutzt das Buch damit jedem, der etwas über die allgemeinen Aspekte eines Auftragsgesprächs erfahren will.

2. Kapitel
Packen wir's an – Was heißt hier Briefing?

Das Wort reißt Klüfte auf, die es in Wirklichkeit nicht gibt.
Christian Morgenstern

Ein wenig Wortklauberei

Ehrlich gesagt: Das Wort »Briefing« gefällt uns nicht. Jedenfalls nicht sonderlich. Dafür haben wir mehrere Gründe.

Der Aspekt der Knappheit, der im englischen Wortstamm »brief« (also: »kurz«) steckt, wird oft genug als Hinweis missverstanden, dass man die Sache schnell erledigen kann und wenig Aufwand damit haben wird. Das ist ein schierer Irrglaube. Jedes Briefing, das zu vernünftigen Ergebnissen führen soll, macht Arbeit. Auch und gerade dem Auftraggeber.

Wortgeschichte

Der zweite Grund für unser Unbehagen liegt in der Etymologie des Wortes. In deutschen Ohren mag »Briefing« beim ersten Hören angenehmer klingen als »Anweisung« oder »Instruktion«. Der englische Begriff scheint die klare Rollenverteilung abzumildern, die in deutschen Übersetzungen unverkennbar mitschwingt. Englischen Muttersprachlern ist dagegen sofort klar, dass auch »Briefing« diese Komponente enthält: Wortgeschichtlich stammt es aus dem Militärjargon. Das Briefing war ursprünglich die Lagebesprechung, bei der die Tagesbefehle ausgegeben wurden.

Ein solches autoritäres Verständnis der Situation, also eine Reduktion auf eine eindimensionale Lenkungssituation, ist nicht eben hilfreich. Erfolgreiche Briefings lassen immer Raum für Feedbacks des Gebrieften. Kreativdienstleister und Auftraggeber bilden ein Team. Ein Team, das sich austauschen und die präzise, kurze und knappe Definition der Aufgabe zur gemeinsamen Sache machen muss. Dabei sind Erfahrungen und Wissen des Dienstleisters – richtig dosiert und an den angemessenen Stellen eingebracht – unverzichtbar.

Unklarer Anglizismus

Der dritte und letzte Grund für unser Missfallen: Wo man nicht so genau weiß, was man eigentlich meint, greift man gerne zum Fremdwort. Auf den heutigen aktiven deutschen Wortschatz von 400.000 Wörtern kommen 100.000 fremdsprachige Begriffe. Die wenigsten davon dienen der sprachlichen Genauigkeit – im Gegenteil. Anglizismen sind ein probates Mittel, um zu vertuschen, dass man sich über das Gemeinte uneins ist. Das ist bei den Kommunikationsfachleuten kein bisschen anders als sonst wo. Ein Blick ins Werbelexikon reicht, um zu wissen, wovon wir hier sprechen.

Ein klares Indiz für die Unbestimmtheit des Begriffs »Briefing« liefert auch ein kurzer Besuch im Internet. Unzählige Agenturen und Kreative haben auf ihren Websites Briefingformulare und Checklisten eingestellt oder versuchen, ihren Kunden durch lange Exkurse beizubringen, was sie unter einem Briefing zu verstehen haben. Nicht alle dieser Selbstversuche sind hilfreich. Alle aber zeugen davon, dass eine begriffliche Klärung mehr als überfällig ist.

Wenn wir trotz aller dieser Einwände am Begriff des Briefings festhalten, dann deshalb, weil er sich in der Branche so festgesetzt hat, dass jeder Versuch ihn zu ersetzen kokett wäre. Verständigen wir uns also darauf, was mit dem Wort gemeint sein soll.

Was andere unter Briefing verstehen

Erste Hilfe im Begriffsdilemma leistet ein Blick in die englischen und deutschen Wörterbücher.

The American Heritage Dictionary, Second College Edition, Boston 1982	**briefing** (brē'fing) *n.* 1. The act or procedure of giving or receiving concise preparatory instructions, information, or advice. 2. The information conveyed during a briefing.
Oxford Advanced Learners Dictionary, Oxford 2000	**briefing** (bri:fıŋ) *noun* 1 [C] a meeting in which people are given instructions or information 2 [C,U] the detailed instructions or informations that are given at such a meeting.
The Random House College Dictionary, Revised Edition, New York 1988	**brief.ing**, *n.* 1. *Mil.* a short, factual oral summary of the details of a current or projected military operation given to the participants or observers. 2. any set of concise instructions or a summary of events.
Duden – Das Fremdwörterbuch, 5., neu bearb. u. erw. Aufl., Mannheim-Leipzig-Wien-Zürich 1990	**Brie|fing** [*engl.-amerik.*] *das; -s, -s:* 1. kurze Einweisung od. Lagebesprechung (Mil.) 2. Informationsgespräch [zwischen Werbefirma u. Auftraggeber über die Werbeidee]
Wahrig Fremdwörterlexikon, München 1999	**Brie|fing** <*n.*; -s, -s> 1 Information, Anweisung, Informationsgespräch 2 Lagebesprechung

Neben den Aspekten der *Knappheit*, der *Informationsweitergabe* und der *Zielgerichtetheit* (Instruktionscharakter) enthalten einige dieser Einträge auch Hinweise auf den bereits erwähnten militärischen Ursprung. Die englischen Quellen lenken den Blick zudem darauf, dass mit Briefing sowohl die Botschaft an sich (also der Inhalt) als auch die Übermittlung der Botschaft (also die Handlung) gemeint sind.

Ausführlicher sind die Definitionen, die sich in der Fachliteratur für die Kommunikationsbranche finden.

»Eine Zusammenstellung aller für die Festlegung der Aufgaben der Dienstleistungsorganisation wichtigen Fakten..., also insbesondere der übergeordneten Ziele und der Rahmenbedingungen der Kommunikationspolitik. Das Briefing dient somit der Verzahnung der beiden in verschiedenen Organisationen entwickelten Politiken – Markenpolitik und Kommunikationspolitik – und stellt die Arbeitsgrundlage für die Tätigkeiten der Werbeagentur dar.«	*Böcker (2003), S. 360*
»Informationsweitergabe. Irgend jemand (z.B. Kunde oder Chef) macht irgend jemandem (z.B. Agentur, Texter) mündliche oder schriftliche Angaben zu einem Problem und überlässt dem dann die Lösung desselben innerhalb des gesetzten Rahmens (Zielgruppe, Budget etc.).«	*Bös/Rätsch (1996), S. 64*
»Ein Briefing ist eine Aufgabenstellung, die einen Dritten in die Lage versetzt, ein gewünschtes Ergebnis zu erbringen, wobei diesem Dritten Spielräume in der Ergebnisgestaltung gelassen werden.«	*Bristot (2000), S. 167*
»Den zweiten Schritt der Werbeplanung bildet das sog. Briefing. Darunter versteht man eine klar formulierte Aufgabenstellung an eine Werbeagentur, eine Werbeabteilung oder einen außenstehenden Werbeberater, die in zusammengefasster Form die Daten der vorangegangenen Werbeanalyse enthält. Es bildet die Voraussetzung für die Erstellung einer Werbekonzeption. Die beauftragte Agentur bzw. Abteilung erhält neben dem Wissen über das zu bewerbende Produkt Hintergrundinformationen über die Situation auf dem gesamten Markt und die Produkte sowie das Verhalten der Konkurrenz. Zudem werden die Kompetenzen und Befugnisse der beiden Seiten und die Ansprechpartner für die jeweils andere Seite fixiert.«	*Bruhn/Homburg (2001), S. 788*
»Inhaltliche Ausarbeitung von Werbe- oder Kommunikationskonzeptionen und deren verdichtete Weitergabe an interne und/oder externe Auftragnehmer.«	*Hartleben (2001), S. 15*
»Ein aus dem amerikanischen Militärjargon stammender Terminus zur Bezeichnung einer Einweisungs- und Einsatzbesprechung mit kurzer Lagebeschreibung und Erläuterung von Operationszielen und der zugrundeliegenden Strategie, der durch Rosser Reeves und David Ogilvy in den Werbejargon und dann auch in die Sprache von Marketing, Mediaplanung und Public Relations übernommen wurde. In allen diesen Bereichen sind Briefings zentrale Plattformen der Interaktion zwischen Klienten und Auftraggebern auf der einen und Agenturen oder Instituten auf der anderen Seite, bei denen entweder der Auftraggeber die aus seiner Sicht wichtigen Informationen über die Aufgaben- und Problemstellung, die gegebene Situation und seine Zielsetzungen und Strategien dartut (Klientenbriefing) oder in der Folge die beauftragte Agentur an ihre einzelnen Abteilungen, die sich aus dem Klientenbriefing ergebenden Schlussfolgerungen an die eigenen Mitarbeiter weitergibt (Agenturbriefing).«	*Koschnick (o.J.), www.medialine.focus.de*

Mast (2002), S. 126	»Die Funktion des Briefings ist die gründliche und umfassende Information von Seiten des Auftraggebers über alle Fakten, Hintergründe und Meinungen, die im Zusammenhang mit der gesuchten Problemlösung von Bedeutung sein können: Ausgangssituation, Inhalte der Kommunikation, denkbare Zielgruppen, denkbare Medien, Budget und Zeiträume der Umsetzung.«
Pepels (2001), S. 33	»Aus Sicht des Prozessmanagement entsteht nunmehr eine Informationsschnittstelle zwischen dem werbungtreibenden Unternehmen als Auftraggeber und der Werbeagentur als Auftragnehmer, die es gilt, möglichst verlustarm zu überwinden. Wie das im Einzelfall geschehen muss, hängt von den jeweils beteiligten Partnern ab.«
Pepels (2002), S. 98	»Genaue, kurze Aufgabenbeschreibung im Marketing. Briefings haben immer schriftlich zu erfolgen und sollen so knapp gefasst sein, bis nichts mehr an relevanter Information weggenommen werden kann (z.B. Single Sheet Briefing). Allenfalls bei der erstmaligen Zusammenarbeit ist ein umfangreiches Briefing angebracht.«
Pflaum/Bäuerle (2002), S. 39	»Unter Briefing versteht man eine schriftliche Aufgabenstellung an einen am Kommunikationsprozess beteiligten Partner. Briefings sind Voraussetzung für die Erstellung einer Werbekonzeption. ... Briefings werden vom Marketingleiter, vom Produktmanager, vom Verkaufs- oder vom Vertriebsleiter entwickelt.«
Rota (2002), S. 308	»Briefings sind Informationsbesprechungen, bei denen die wichtigsten Inhalte und Daten von PR-Vorhaben ausgetauscht werden.«
Scholz & Friends/Rother (2003), S. 66	»**Brie|fing** [brie'fing] s *Angl.* unleserliche DIN-A-4-Telefaxe von → **Kunden** mit Kritzeleien und kopierten Papierschnipzeln; schriftliche Auflistung der übergeordneten → **Ziele**, die man vergessen hat, und der zugehörigen Aktionen, zu denen man im Arbeitsalltag leider nicht kommt. »*Wir faxen Ihnen ein ~ zu.* Wir wissen nicht, was wir wollen, aber wir brauchen es bis 18 Uhr.«
Weeser-Krell (1994), S. 128	»Eine kurzgefaßte Gestaltungsanweisung, die die Grundlage für die gesamte kreative Arbeit darstellt.«
Wippermann/Trendbüro (2001) zit. n. www.neweconomy-duden.de	»**Briefing** [zu engl. to brief = instruieren] Eine Kurzfassung dessen, worum es bei einem Job oder Projekt geht. Der Begriff ist vor allem im Agenturjargon gängig. Der Auftraggeber gibt der ausführenden Partei üblicherweise ein Briefing, auf dessen Basis dann ein Angebot erstellt werden kann. Im optimalen Fall erhält der Auftragnehmer ein schriftliches Briefing mit klaren Anforderungen, sehr häufig jedoch erfolgt das Briefing mündlich und bleibt äußerst vage. Deshalb empfiehlt es sich, schriftlich ein Rebriefing zu geben, in dem die Wünsche des Kunden konkret ausformuliert werden, um so Missverständnissen vorzubeugen.

Der Begriff wird auch als Verb verwendet: »Bist Du für das Meeting mit Hotzenplotz gebrieft?«, was so viel bedeutet wie: »Weißt du, worum es geht?««

»Briefing bezeichnet grundsätzlich die Auftragserteilung für werbliche Arbeiten.«

Zentes/Swoboda (2001), S. 66

Haben wir's doch gewusst. Auch die Experten sind sich alles andere als einig, was ein gutes und vollständiges Briefing ausmacht. Nimmt man die Diskrepanzen unter die Lupe, lassen sich wichtige Punkte aufspüren, denen wir uns widmen müssen.

Erster Streitpunkt ist, ob und wie viel *Freiraum* das Briefing dem Ausführenden einräumen soll. Nur Bristot spricht explizit vom »Spielraum« und unterscheidet im Folgenden zwischen festgelegten und offenen Auftragsteilen, Hartleben erwartet dagegen bereits im Briefing eine »Ausarbeitung«.

Das hängt eng mit dem zweiten strittigen Thema zusammen: der Frage, ob ein Briefing denn nun *Konzept oder Aufgabe* sein soll. Bei Hartleben geht es einzig um die kreative Umsetzung vorher geklärter Strategien. Unmissverständlich formuliert er an anderer Stelle »Das Briefing schließt sich an die Konzeptionsarbeit an!« (Hartleben (2001), S. 208). Für andere Autoren ist die konzeptionelle Aufgabe der eigentliche Inhalt des Briefings – und nicht seine Voraussetzung.

Offensichtlich wird es also sinnvoll sein, *verschiedene Arten von Briefings* zu unterscheiden – je nach der Stelle innerhalb der Kommunikationsprozesse, an der der Auftrag ansetzt. Die Vermischung zwischen strategischen und gestalterischen Aufgaben ist eins der häufigsten Probleme, die im Austausch von Auftragnehmer und Kommunikationsdienstleister auftauchen. Wird hier ungenau getrennt, ist der Misserfolg vorprogrammiert.

Uneinigkeit herrscht auch darüber, ob ein Briefing *mündlich oder besser schriftlich* erfolgen sollte.

Dass im Briefing beileibe *nicht nur Aufgabeninhalte* festgelegt, sondern auch Rollen verteilt werden, zeigt sich bei der Definition von Bruhn/Homburg, die fordern, im Briefing Befugnisse und Kompetenzen festzuschreiben.

Den uns besonders am Herzen liegenden Aspekt des *Austauschs zwischen Partnern* bringt einzig Rota ins Spiel.

Die vielleicht wichtigste Diskrepanz schließlich ist im Wesen des Briefings selbst angelegt: Es soll »kurz« (Wippermann, Weeser-Krell), »knapp« (Pepels), »zusammengefasst« (Bruhn/Homburg), »verdichtet« (Hartleben) sein, zugleich aber »gründlich und umfassend« (Mast) informieren. Es geht also um nichts Geringeres als eine *Gratwanderung zwischen Präzision und Prägnanz.*

[Genauigkeit; Feinheit] [Schärfe, Genauigkeit, Knappheit des Ausdrucks.]

Bringen wir's auf den Punkt – Was ist ein Briefing?

Mehr Inhalt, wen'ger Schnörkel!
William Shakespeare – Hamlet

Es wird Zeit für eine erste eigene, inhaltliche Definition des Begriffes. Die wichtigsten Aspekte, die darin auftauchen müssen, sind:

- Ein Briefing soll Ziele vermitteln. Es weist die Richtung und stellt somit eine Unterweisung dar, mit der der Dienstleister auf das oder die gemeinsam verfolgten Ziele eingeschworen wird.
- Das Briefing muss auf den Punkt kommen und Aufgabe wie Ziele möglichst konkret und prägnant vermitteln.
- Es muss den dafür nötigen Verständnishintergrund liefern bzw. schaffen. Dazu muss es die Vollständigkeit der nötigen Informationen bei gleichzeitig höchstmöglicher Verdichtung gewährleisten.
- Zu den »nötigen Informationen« zählen Daten und Fakten zu Produkt, Unternehmen, Zielgruppen, Kunden und Markt, zu Zielen, Strategien und anderen Vertriebsaktivitäten, aber auch soft facts wie die Einstellung, Wünsche und persönlichen Erwartungen des Briefenden.
- Das Briefing muss einen kreativen Spielraum bei der Ausführung und der Wahl der Mittel einräumen, die eingesetzt werden, um das vorgeschriebene Ziel zu erreichen. Ausführungsvorgaben sind möglich, aber nur in engen Grenzen sinnvoll.
- Vernünftiger ist es, das Briefing als Austausch zwischen zwei Partnern zu verstehen. Das bedeutet, dass das Briefing Raum für Feedbacks und Einwürfe lassen muss. Und dass es sich um Verständlichkeit bemüht.

Unsere erste Definition – aus der rein pragmatischen Alltagsperspektive – könnte demnach lauten:

Pragmatische Definition

Im Briefing beschreibt der Auftraggeber eine kommunikative Aufgabe, die der Dienstleister im Rahmen eines festgelegten kreativen Spielraums bis zu einem gesetzten Termin lösen soll. Um ihm dies zu ermöglichen, formuliert das Briefing so präzise wie möglich die Ziele, die erreicht werden sollen, definiert den kreativen Spielraum und liefert in hoch verdichteter, gut strukturierter Form alle zum Verständnis der Aufgabe nötigen Informationen über Produkt, Markt, übergeordnete wirtschaftliche und kommunikative Strategien und Ziele sowie über das Unternehmen. Soweit noch nicht im Vorfeld erfolgt, muss das Briefing Rollen, Kompetenzen und Befugnisse klären. Es sollte deshalb auch die Erwartungen und das Selbstverständnis des Auftraggebers enthalten. Das Briefing als Startpunkt einer Kooperation darf sich dabei nicht auf eine Einwegkommunikation beschränken, sondern muss kooperative Formen und Feedbackstrukturen zulassen.

Zugegeben: Für eine Definition ist das reichlich lang. Verkürzen wir es auf einen leichter merkbaren Satz, der zusammenfasst, was wir Ihnen auf den nächsten 320 Seiten ausführlich erläutern und belegen wollen.

Die 8K-Regel

8K

Ein gutes Briefing ist

1 **kurz**
2 **knapp**
3 **klar**
4 **konkret**
5 **komplett**
6 **konstruktiv**
7 **konsequent**
8 **kooperativ**

Wo wir schon dabei sind…

Einige weitere wichtige Begriffe, wie sie in diesem Buch verwendet werden, sollten wir bei dieser Gelegenheit auch gleich erläutern. Das wäre zunächst:

Das Produkt

Wir verstehen ein Produkt nicht nur im engeren, rein dinglichen, sondern auch im übertragenen Sinne: als Angebot jeder Form, das ein Unternehmen zum Verkauf anbietet. Das schließt auch Dienstleistungen und Services mit ein. Ein Produkt wäre demnach kurz und bündig alles, was ein Kunde erwerben, bestellen oder beauftragen kann und soll.

Der Job

Was mit dem Briefing ausgelöst wird und abgearbeitet werden muss, wird heute in den meisten Agenturen als Job bezeichnet. Dabei zerfällt jeder umfangreichere Job in der Regel in mehrere kleinere. Job hat sich als Begriff mittlerweile auch für die interne Auftragsvergabe eingebürgert, etwa wenn der Art Direktor dem DTP-Operator sagt, was er zu tun hat oder ihm die Gestaltungsregeln für die Anlage eines Dokuments weitergibt.

Der Auftrag

Aus Sicht des Auftraggebers bezeichnet der Begriff Auftrag die andere Seite derselben Medaille – und wird deshalb auf Kundenseite häufig synonym mit »Job« verwendet.

Das Projekt

Projekt ist die dritte und wie uns scheint neutralste Alternative zu »Job« und »Auftrag«. Das Wort betont, dass zwei Seiten gemeinsam an einer Sache arbeiten und trennt nicht in die Sichtweise des Auftraggebers und die des Dienstleisters. Ohne aus der Wortwahl ein Dogma machen zu wollen, werden wir deshalb in der Folge von Projekten sprechen.

3. Kapitel
Kalkulierter Engpass – Das Briefing als Prozessbrücke

Es mag sein, dass mich die Eingeborenen nicht verstanden haben. Vielleicht wollten sie mich auch irreführen.

Christoph Columbus – Bordbuch

Briefen als kommunikative Handlung braucht Klarheit. Das ist beim Auftragsgespräch zwischen Kunde und Agentur nicht anders als bei den dadurch ausgelösten Folgeschritten. In den meisten Agenturen wird auch die interne Arbeitsverteilung und das Delegieren der einzelnen Aufgaben als Briefing bezeichnet. Aber sind diese internen Briefings tatsächlich mit den aufwändigen Agenturbriefings vergleichbar, die das eigentliche Thema dieses Buches sind? Zwei Gründe sprechen dagegen, ein wichtiger, der uns näher ans Wesen des Briefings führt, dafür.

Internes und externes Briefing

Anders als beim externen Agenturbriefing zwischen Kunde und Dienstleister schweißt beim *internen* Briefing ihre laufende Zusammenarbeit und der geteilte Arbeitsalltag die Beteiligten aneinander. Das liefert eine Verständigungsbasis, die in einem solchen Ausmaß nie gegeben sein kann, wenn verschiedene wirtschaftliche Organisationen und Unternehmen mit ihren unterschiedlichen Sprachen, Codes und Kulturen miteinander kommunizieren.

Und anders als beim Agenturbriefing liegt die Gesamtaufgabe bereits in strukturierter Form vor. Aus einem durchdachten Agenturbriefing lässt sich das interne Briefing, das ja nur eine Teilaufgabe darstellt, leicht und schnell ableiten. Das interne Briefing kann also kürzer ausfallen, als das externe. Die Praxis zeigt: Es gibt trotz der vereinfachten Umstände noch genügend Stolpersteine.

In einem Punkt sind sich Agenturbriefing und internes Briefing allerdings gleich. Sie schlagen eine zeitlich begrenzte Brücke zwischen zwei Arbeitswelten. Abstrakt formuliert bilden Briefings einen Kommunikationsakt, der die Arbeit an Instrumenten eines Kommunikationsakts vorbereitet und bereits vorher eines Kommunikationsakts zur Informationssammlung und Zieldefinition bedarf.

Damit können wir eine zweite Definition liefern, die das Briefing jenseits der pragmatischen Alltagswirklichkeit und unabhängig von seinen Inhalten rein strukturell beschreibt:

Strukturelle Definition

Briefings bilden die zentralen Knotenpunkte in einer Kette kommunikativer Prozesse. Werner Pepels spricht völlig richtig vom Briefing als »Informationsschnittstelle« (Pepels (2001), S. 33). Im Briefing treten zwei Organisationen oder Organisationsteile mit unterschiedlichen Codes,

Strukturelle Definition

Kulturen und Wissensständen in Austausch. Das macht das Briefing zum kalkulierten Engpass. In kurzer und klarer Form muss die eigentliche Aufgabe vermittelt werden und zugleich ein möglichst umfassender Aus- und Abgleich der Codes und Wissensstände stattfinden.

Zu theoretisch? Eine einfache Analogie hilft, die Situation greifbarer und verständlicher zu machen.

Grenzüberschreitender Verkehr

Nehmen Sie einfach an, die kommunizierenden Organisationen und Abteilungen seien Länder oder Staaten. Wenn Land A von Land B Hilfe bei der Lösung eines Problems erwartet, wird die Diplomatie aktiv: Werbeleiter und Kontakter (Auftraggeber und Auftragnehmer) setzen sich zusammen. Dieses Treffen entspricht dem Briefing.

Neben der eigentlichen (organisatorischen) Grenze trennen verschiedene Erfahrungen, Geschichten und Sprachen die beiden Länder – und verhindern die problemfreie Verständigung. Um sie zu überwinden, müssen die Diplomaten über diese Hintergründe und Codes ebenso informiert sein wie über das unmittelbare Problem.

Diplomat und Dolmetscher

Analoges gilt für den Informationsfluss im eigenen Land. Der Diplomat (Kontakter) wird zur Erledigung der Aufgabe einzelne Landesteile dazu bringen müssen, Teile der Aufgabe zu übernehmen. Dabei kann er zwar einen gemeinsamen Hintergrund von Sprache und Wissen eher voraussetzen als beim externen Treffen (Agenturbriefing), wird aber doch immer wieder mit Dialekten und regionalen Besonderheiten konfrontiert sein, die er verstehen muss – ganz genauso wie sein diplomatisches Vis-a-Vis (der Werbeleiter) sich Informationen aus seinen Landesteilen (Fachabteilungen, Unternehmensleitung) beschaffen musste, um sie für den Nachbarn verständlich aufzubereiten.

Muss – was die Regel ist – der Diplomat des beauftragten Landes auch noch exterritoriale Helfer (etwa eine Druckerei) einbeziehen, wiederholt sich der Brückenschlag (das Briefing) an der nächsten Landesgrenze.

Aus dieser Metapher lassen sich einige Schlüsse ableiten.

Wer – um im Bild zu bleiben – das Nachbarland aus eigener Anschauung kennt und bereist hat, die Sprache spricht und sich auskennt, wird sich leichter tun, die Hintergründe der eigenen Wirtschaft, Kultur und Sprache zu vermitteln.

Deshalb werden Briefings kürzer ausfallen können und weniger Aufwand verursachen, wenn man a) viel von der Arbeit der Gegenseite versteht, b) mit einem Dienstleister langfristig zusammenarbeitet, mit dem Erklären also nicht bei Null anfangen muss und c) auf erfahrene Diplomaten mit schneller Auffassungsgabe zurückgreifen kann.

Noch viel sicherer allerdings muss sich der Briefende auf dem eigenen Terrain bewegen, seine Truppen im Griff haben und wissen, wo er im eigenen Hoheitsgebiet welche Informationen findet. Als diplomatischer Vertreter braucht er zudem eine klar definierte Entscheidungsbefugnis, um nicht noch den minimalsten Schritt dadurch zu verzögern, dass er heimreisen muss, um sich Rückendeckung zu holen.

Weil das diplomatische Treffen zeitlich begrenzt ist, muss, wer briefen will, Komplexität strukturieren, Inhalte verdichten und ordnen. Was ist – auf den Punkt gebracht – die eigentliche Aufgabe? Was sind bedeutsame Hintergrundinformationen? Diese Fragen wird er dem Auftragnehmer nur beantworten können, wenn er auf das Treffen gut vorbereitet ist und eine feste Agenda mitbringt.

Dennoch wird es immer Rückfragen geben, Einwände, Informationen aus der beauftragten Organisation, die dem Auftraggeber nicht in ihrer ganzen Bedeutung klar oder bekannt waren. Einmal mehr wird klar: Die Reduktion des Briefings auf eine Sender-Empfänger-Situation ist blanker Unsinn. Sie öffnet Missverständnissen Tür und Tor. Kommunikation ist ein vielschichtiger Prozess.

Briefing ist deshalb ein Spiel mit mindestens zwei aktiven Spielern. Erfolgreich sind Briefings immer dann, wenn es den beiden beteiligten Partnern gelingt, funktionierende Kooperationsstrategien zu finden.

Briefing ist nicht Briefing – Systematik der Aufgabenstellungen

Ein Briefing nach seiner Lage im gesamten Prozessablauf einzuordnen ist die eine Art, es zu beschreiben. Es gibt eine weitere, vielleicht noch wichtigere: Briefings lassen sich auch nach den Problemen unterscheiden, die sie behandeln.

O Jammer und Weh! wenn man sieht, wie viel Wirrwarr gerade in dieser Hinsicht in den Köpfen herrscht. Versuchen wir, die Fäden etwas zu entwirren: Wofür wird denn eigentlich gebrieft?

Hierarchie von Planungsebenen und Zielen

In der Wirtschaftskommunikation ist jede Aufgabe Teil einer umfassenderen Strategie und das angestrebte Ergebnis Teil einer ganzen Hierarchie von Planungsebenen und Zielen, an deren Spitze der wirtschaftliche Erfolg steht.

Wie das folgende Schema zeigt, lassen sich diese strategischen Ebenen einigermaßen anschaulich trennen und systematisieren – auf dem Papier. In der Praxis gibt es zwischen der Ebene der Unternehmensstrategie, deren Gestaltung eindeutig in der Geschäftsführung des Unternehmens angesiedelt ist, und der Umsetzung einer einzelnen Kommunikationsmaßnahme, die fast immer an einen Dienstleister ausgelagert wird, einen ziemlich trüben Graubereich. Ausarbeitung und Festlegung von Unternehmenszweck, Unternehmensphilosophie, Corporate Culture und Corporate Identity im

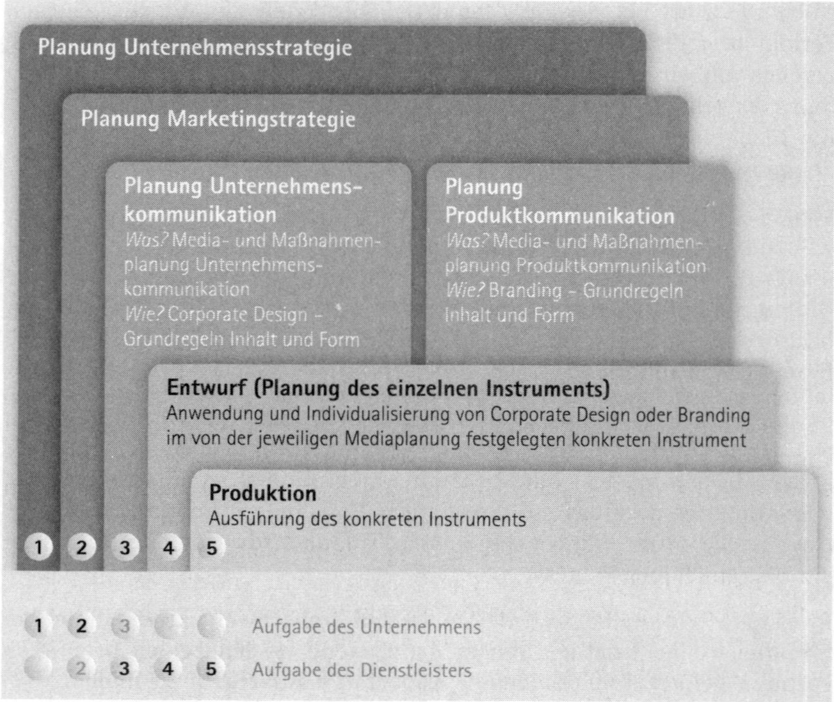

Hierarchie und Aufgabenverteilung der unternehmerischen und kommunikativen Planungsebenen

ursprünglichen Sinne sind eigentlich keine Aufgabe für den Kommunikationsdienstleister. Je untergeordneter die Strategieebene, desto sinnvoller und auch wahrscheinlicher ist es, dass das Unternehmen deren Ausarbeitung als Aufgabe an eine Fachagentur oder an einen spezialisierten Berater vergibt. Das ist an sich kein größeres Problem. Es wird aber schnell zum Debakel, wenn das Unternehmen das Level, auf dem die Aufgabe angesiedelt ist, nicht unmissverständlich kennzeichnet.

Mangelnde Klärung der Kompetenzen

Die weitaus meisten aller schief gelaufenen Briefings, die wir erlebt haben, krankten letztlich daran, dass die Kompetenzen innerhalb dieses Graubereichs der Strategiebildungen nicht eindeutig festgelegt, die einzelnen strategischen Ebenen nicht sauber genug getrennt worden waren.

Entweder wurde von der Agentur unausgesprochen eine Kampagnen-, bisweilen sogar eine Kommunikationsplanung erwartet, während sie de facto nur mit einem Entwurf beauftragt worden war. Oder im Lauf der Arbeit an der Umsetzung zeigten sich Fehler und Unschlüssigkeiten im gesamten Kommunikationsdesign der Produktvermarktung, die einen Schritt zurück verlangt hätten, der dann aber nicht erfolgte.

Entweder griff das Unternehmen mit weitreichenden Gestaltungsvorschriften so tief in die ureigenen Aufgabenbereiche des dafür eigens engagierten Dienstleisters ein, dass von Motivation und Herausforderung auf Dienstleisterseite nichts mehr übrig blieb. Oder die Designagentur, die auf grafische Gestaltung spezialisiert war, fühlte sich hoffnungslos überfordert, als klar wurde, dass der Kunde keinerlei Informationen zur Zielrichtung liefern konnte, da er die Entscheidung für eine Broschüre nur deshalb getroffen hatte, »weil ein Unternehmen eben eine schriftliche Selbstdarstellung braucht«.

Was heißt das für die Praxis? Sind Unternehmen, die schlechte oder unzureichende Lösungen erhalten, in der Regel einfach selbst schuld, weil sie die Verantwortlichkeiten der einzelnen Ebenen nicht eindeutig benennen können?

Natürlich nicht.

Unsaubere Fachbegriffe

Erstens hat die Kommunikationsbranche selbst an der Verwirrung kräftig mitgearbeitet, indem sie die eigene Arbeit mit Konzepten beschrieb, die (ohne das ausreichend klar zu machen) immer nur Teilaspekte beschreiben. Beispiel Branding und Corporate Design. Die beiden Begriffe könnten ein sinnvolles komplementäres Paar bilden (Branding für die Kommunikationsarbeit an der Produktwahrnehmung, Corporate Design für die am Unternehmensbild). Sind sie es? Natürlich nicht. Branding wird mit Hingabe auch für das Was? und Wie? von »Unternehmensmarken« verwendet. Und im Corporate Design ist zwar klar, dass es nicht um das Produkt geht, dafür fällt oft genug der inhaltliche Aspekt (das Was?) von der Tischkante. Wer mit so unsauberen Begriffen für die eigene Leistung hantiert wie die Kommunikationsbranche, darf sich nicht wundern, wenn die Kunden etwas anderes erwarten, als man eigentlich angeboten hat.

Zumal – und das ist ein weiterer, zweiter Grund für die Mitschuld der Dienstleister – die Auftragsgewohnheiten der gesamten Branche auch meist das »Was?« und das »Wie?« in einen Topf werfen. Agenturen, die Kampagnen erarbeiten, liefern zu den Strategien und Mediaplanungen fast immer auch gleich die Entwürfe dazu. Das ist so üblich, dass es uns fast unsinnig erscheint, darin zwei verschiedene, aufeinander folgende Schritte zu sehen. Es sind aber tatsächlich zwei. Bevor ich entscheide, *wie* ich etwas tue, muss ich erst entschieden haben, *was* ich eigentlich tun will. Weil sich abstrakte Planungen aber sehr viel schwerer vermitteln lassen, als konkrete greifbare Entwürfe, gibt's beides meist im Doppelpack – mit gefährlichen Folgen für das Verständnis der notwendigen Arbeitsprozesse und -stufen.

Passive Dienstleister

Ein dritter Punkt, der den Auftraggeber entlastet: Es ist Sache des Dienstleisters, schon im Briefing solche offenen Fragen abzuklären. Wo Erfahrung und Wissensstand des Auftraggebers nicht ausreichen, muss der Beauftragte seine eigene Professionalität unter Beweis stellen, indem er Fallstricke erkennt und auf sie hinweist. Schließlich beschäftigt er sich Tag für Tag mit solchen Aufgaben, während gerade kleinere und neu gegründete Unternehmen oft vor einer ungewohnten und übermächtig scheinenden Aufgabe stehen.

Und viertens – das ist für uns der wichtigste Punkt – soll es hier nicht darum gehen, Schuld an Problemen zu verteilen, sondern Lösungswege aufzuzeigen.

Betrachten Sie's also von der positiven Seite: Als Auftraggeber haben Sie eine Menge Einfluss auf die Qualität des Ergebnisses – allein indem Sie darauf achten, dass Aufgabe und Erwartungen an den Dienstleister klar und unmissverständlich formuliert werden. Das ist gar nicht so schwer.

Praxis-Tipp

Wofür briefen Sie?

Markieren Sie die Aufgabe, die Sie dem Dienstleister stellen wollen, in einer Matrix, die durch die folgenden Oppositionen und Abstufungen gekennzeichnet ist.

- Kommunikationsplanung (Strategie) oder -gestaltung (Entwurf) oder -umsetzung (Ausführung/Produktion)
- Wahl der Mittel, Wege und Kanäle (Was ist zu tun?/Media und Instrumente) oder Wahl der Inhalte und Formen (Wie ist es zu tun?/ Gestaltung)
- Produktkommunikation oder Unternehmenskommunikation

Wundern Sie sich nicht, wenn Sie häufiger, als Ihnen lieb sein kann, sagen müssen: eigentlich mehr als nur einen Punkt. Gerade junge und kleinere Unternehmen stehen vor dem Problem, Kommunikation überhaupt erst als eigene Disziplin in ihren Geschäftsprozessen zu installieren. Das Gefühl »eine Broschüre oder eine Website zu brauchen« ist nicht selten erster Auslöser für diese Erkenntnis. Wichtig ist allerdings, dann auch die ganze Dimension der Aufgabe zu erkennen, die sich hinter diesem auslösenden Bedarf versteckt. Und nicht mit einem viel breiter angelegten Planungsbedarf beim kleinen Grafikbüro anzuklopfen, das nur auf Gestaltung spezialisiert ist.

Typologie der Briefings

Die Grafik der Planungsebenen (auf S. 16) sollte nicht nur klarmachen, wie die verschiedenen Ebenen ineinander verschachtelt sind. Von oben nach unten und von links nach rechts erhöht sich die Wahrscheinlichkeit, dass mit einer spezifischen Aufgabe ein externer Kommunikationsdienstleister betraut wird. Die Arbeit an Unternehmens- und Vertriebsstrategie wird sich kein Unternehmen vom Kommunikationsdienstleister aus der Hand nehmen lassen. Damit sind Briefings an Kommunikationsdienstleister in den mittleren und unteren – eben in den kommunikationsspezifischen – Planungsebenen angesiedelt – und lassen sich entsprechend unterscheiden. Muss entschieden werden welche Maßnahmen nötig sind? Wie sie strukturiert und gestaltet oder einzig: Wie sie umgesetzt werden? Auf der Basis der wichtigsten Unterscheidungsdimension, die unsere Matrix liefert, wollen wir drei grundlegende Typen von Briefings unterscheiden.

Drei Briefingtypen

1. **Das Strategiebriefing**
   Die weit reichendste Aufgabe: Der Kunde liefert im Briefing die aus der Marketingstrategie abgeleitete kommunikative Zieldefinition. Die Agentur entwickelt daraus eine abgestimmte Kampagnen- und Maßnahmenplanung (Wahl der Mittel, Wege und Kanäle) und die Kreativstrategie (Wahl der Inhalte und Formen).

2. **Das Kreativbriefing**
   Hier sind Entwurf und Gestaltung die Aufgaben. Kommunikationsstrategie und Maßnahmenplanung sind bereits entwickelt.

3. **Das Ausführungsbriefing**
   Interne Aufgabenverteilung, Produktion und Herstellung sind in dieser Kategorie das Thema. Deshalb wird ein Ausführungsbriefing meist auf der Ebene der Agentur angesiedelt sein. Einzig wenn der Kunde – durch Eigenleistung oder Drittbeauftragung – auch den Entwurf bereits mitbringt und nur noch eine Druckerei, einen Programmierer o. Ä. für die Umsetzung braucht, sind Ausführungsbriefings zwischen Unternehmen und Dienstleister sinnvoll.

Welcher Typ im konkreten Fall angemessen ist, hängt nicht nur davon ab, wie der Auftraggeber den Auftragnehmer sieht, was er ihm zutraut (Strategiepartner oder Erfüllungsgehilfe?) und wie er seine eigene Rolle definiert. Wichtig ist auch, ob es sich um ein Erstbriefing, ein Folgebriefing zwischen Partnern, die sich kennen, oder ein Konkretisierungsbriefing innerhalb einer umfassenderen Kampagne handelt.

Von Stufe zu Stufe verengt sich der Anspruch, verringert sich die Komplexität der Aufgabe, aber auch der Spielraum, der dem Auftragnehmer zugestanden wird. Damit verliert der konstruktive, beratende Aspekt an Bedeutung.

Welche Aufgabe welchem Dienstleister?

Zur wichtigsten Frage wird deshalb, welchen Dienstleister Sie mit welcher Aufgabe betrauen. Mit Strategiedefiziten zur Druckerei zu gehen ist in aller Regel genauso unsinnig, wie einer Full-Service-Agentur einen reinen Druckauftrag zu geben. Das geht nicht zusammen, das Unglück ist vorprogrammiert.

Legen Sie deshalb fest: Was will ich eigentlich vom Dienstleister? Erwarte ich eine langfristige Kooperation mit hohem Beratungsaufwand oder die rasche Erledigung kreativer Schnellschüsse? Wie viel Sie selbst tun und wie viel Sie delegieren wollen, können nur Sie entscheiden. Viel selbst tun zu wollen, ist Ihr gutes Recht. Sie müssen dann aber auch mit den Konsequenzen leben.

Oft genug haben wir Fälle wie den folgenden erlebt, in dem ein Alibiauftrag erging, der schon im Ansatz den Keim für Misserfolge enthielt. In solchen Fällen können wir Ihnen nur raten: Seien Sie ehrlich mit sich selbst, bleiben Sie gleich beim Gewohnten. Prüfen Sie die tatsächliche Bedürfnislage im Unternehmen. Und verblasen Sie kein Geld für Leistungen, die Sie eigentlich gar nicht haben wollen.

Beispielfall

Machen Sie mal halblang

Selbst die besten Traditionen sind irgendwann am Ende. Das musste eine alteingesessene Genossenschaft schmerzlich erkennen. Jahrelang hatte man sich am Üblichen festgehalten und zugunsten der Tradition alle Innovationen und jeden Blick auf die tatsächliche Marktlage vernachlässigt. Als sich der Markt änderte, gingen die Umsätze zurück – erst kaum spürbar, dann immer drastischer. Die Folge: Der Vorstand musste seinen Posten räumen.

Sein Nachfolger machte es sich zur Aufgabe, den Betrieb völlig umzukrempeln, um ihn wieder wettbewerbsfähig zu machen. Auch in Sachen Kommunikation setzte er auf einen Neuanfang. Jahrzehntelang hatte die ortsansässige Druckerei alle Broschüren und Veröffentlichungen gedruckt – und dabei die strategische Planung und Kreation mehr schlecht als recht miterledigt. Der neue Chef wollte mehr: andere Themen, andere Medien, andere Inhalte. Vor allem aber wollte er ein Zeichen setzen. Ein neues Corporate Design sollte den Wandel im Inneren auch nach außen kommunizieren.

Er beauftragte eine strategietüchtige Agentur. Die erkannte schnell, dass das Corporate Design noch das geringste Übel war. Die wahren Defizite lagen in der alles andere als zielgruppengerechten Kommunikationsplanung. Die erste Reaktion des Marketingleiters war Überraschung und ein gerüttelt Maß Dankbarkeit für die unerwartete Hilfestellung. Auch der neue Vorstand sah sich bestärkt in seinem Willen, als neuer Besen besonders gut zu kehren. Doch beiden war dabei eine gewisse Angst vor der eigenen Courage anzumerken.

Das wiederum verkannte die Agentur, die begeistert loslegte und ein neues Konzept für die Unternehmenskommunikation schneiderte. Die Strafe kam prompt. Auf dem langen Weg durch die Entscheidungsgremien wurden die anfangs nur beiläufig geäußerten Bedenken zum Selbstläufer. So hatte man das noch nie gemacht! Mit soviel Gegenwind hatte die neue Leitung nicht gerechnet, und gab deshalb Schritt für Schritt ihre Positionen auf. Die Traditionalisten hatten genügend Mitglieder mobilisiert, um sich durchzusetzen. Schließlich wurde die Kommunikationsstrategie zum Bauernopfer des neuen Vorstands, der hoffte, so wenigstens seine Gefechte an anderen Fronten siegreich zu beenden.

Am Ende stand sein Unternehmen allerdings schlechter da, als am Anfang. Das (bezahlte) Konzept war Makulatur, der Aufwand für die Katz. Vom Corporate Design blieb nur ein neues Logo, das die Agentur auf Wunsch des Auftraggebers an die alte Druckerei schickte. Die produzierte munter weiter Broschüren, die – das hatte eine Testbefragung unter den Zielgruppen ergeben – die Kunden inhaltlich schon lange nicht mehr zufrieden stellten. Auch die angestaubten Layouts behielt man bei, und krönte sie mit dem neuen Logo, das in keiner Weise dazu passte.

4. Kapitel
Partnerwahl – Den richtigen Dienstleister finden

> Zunächst gilt es, den Geist der Völker, die man regieren soll, zu erfassen, damit man weiß, ob sie mild oder streng regiert werden müssen, … worin ihre Talente bestehen und zu welchen Ämtern sie sich am meisten eignen.
>
> *Friedrich der Große – Das politische Testament von 1752*

Die Lawine ins Rollen bringen

Es gibt mehr als einen Weg, den geeigneten Dienstleister zu finden, der als konstruktiver, mitdenkender Partner zu Ihnen und zu der von Ihnen gestellten Aufgabe passt.

Empfehlungen von Kollegen

Der üblichste Weg, sich Adressen von Dienstleistern zu besorgen, sind Empfehlungen aus dem Kollegenkreis. Irgendwer kennt immer irgendjemanden. Alte Studienfreunde sind mit eigenen Unternehmen am Markt, ein früherer Mitarbeiter ist mittlerweile als Kundenberater zu einer Agentur gewechselt und so weiter.

Die Kreativen beschweren sich gerne über die Zufälligkeit, die dabei ins Spiel kommt, und fluchen auf Seilschaften und Vitamin B. Das ist verständlich, muss Sie aber zunächst nicht verunsichern. Noch geht es darum, eine grobe Vorauswahl für die eigentliche Bewertung zusammenzustellen. Das können Sie ruhig nach dem Schneeballsystem angehen. Ergänzen Sie diese Auswahl aber unbedingt durch Eigenrecherchen. Hat Ihnen eine Kampagne eines anderen Unternehmens besonders gut gefallen, können Sie herausfinden, wer dahinter steckt, und diesen Dienstleister mit auf die Liste setzen. Auch der Weg über die Verbände ist eine häufig genutzte Option. Wichtig ist: Achten Sie darauf, dass Ihre Vorauswahlliste nicht zu klein und nicht zu groß wird. Und geben Sie auch Underdogs eine Chance.

Auswahl nach Reputation

Wer nur auf das Renommee bekannter Namen der Werbebranche vertraut, tut sich nicht immer einen Gefallen. Als Marketeer sollte Ihnen der Unterschied zwischen Marke und Produkt klar sein. Bekanntheit *kann* ein Hinweis auf besondere Qualitäten sein – *muss* es aber nicht. Und Reputation ist immer auch ein Kostenfaktor.

Vollends konterproduktiv wird dieses Auswahlkriterium, wenn Sie auch in späteren Phasen der Entscheidungsfindung störrisch daran festhalten. Allzu leicht machen Sie am Ende denselben groben Fehler wie jener markengläubige Marketingleiter aus Frankfurt/Main, der im Pitch ein stimmiges Kommunikationskonzept eines jungen Designerteams wegen dessen unrepräsentativer Adresse ablehnte. Er glaubte aus deren Adresse – einem kleinen Ort auf dem Lande – auf einen beengten Denkhorizont schließen zu können: »Was aus Oppenheim kommt, kann nur wie Oppenheim denken.« war die Formel, auf die er seinen Trugschluss brachte. Beauftragt wurde stattdessen die wesentlich weniger überzeugende – und spürbar teurere! – Lösung einer renommierten Altagentur.

Die Guten ins Töpfchen – Die Vorauswahl sortieren

Der erste Schritt, der Sie vom Zufall zur rationalen Auswahl führt, ist die Festlegung des Leistungsumfangs. Definieren Sie dazu die Leistungen, die Sie brauchen, und streichen Sie alle Dienstleister, deren Kompetenzen und Kapazitäten diesem Umfang nicht entsprechen, aus Ihrer Zufallsliste. Sie wollen qualifizierte, aber nicht überqualifizierte Partner. Schließlich macht es keinen Sinn, mit Kanonen auf Spatzen zu schießen – wie das Beispiel im vorigen Kapitel gezeigt hat. Eine grobe Kategorisierung der Dienstleister liefert Ihnen das folgende Schema.

Praxis-Tipp

Welcher Dienstleister für welche Aufgabe?

Strategiebriefing
- Werbeagenturen, je nach Thema auch PR-, Event-, Direktmarketing-, Corporate-Identity- und Sponsoringagenturen
- Kommunikationsberater und freie Konzeptioner

Kreativbriefing
- Werbeagenturen
- Multimediaagenturen
- Design- und Gestaltungsbüros
- freie Grafiker und Art Direktoren
- freie Texter
- Netzwerke aus einzelnen freien Kreativen, die Sie entweder selbst zusammenbringen oder die sich von vornherein als Team bei Ihnen präsentieren

Ausführungsbriefing
- Druckereien
- DTP-Studios
- PrePress-Services und Lithoanstalten
- Programmierer
- Organisatoren
- Videoproduzenten
- Tonstudios
- Fotografen
- aber auch Schaltungs- u. Mediaagenturen, die Ihre Strategien und Entwürfe in geeignete Mediapläne umsetzen

Zusätzliche Fragen, die Ihnen helfen können, den Leistungsumfang genauer zu bestimmen, sind:

- Wie definiert sich der Dienstleister selbst?
- Welche Disziplinen sind im Team der Agentur vertreten?
- Welche Disziplinen kann die Agentur durch Netzwerke und Partnerschaften schon heute anbieten und benennen? (Das Argument ›Dafür holen wir uns dann einen Fachmann dazu!‹ sollten Sie bestenfalls als Willensäußerung verstehen, wenn dieser Fachmann nicht von Anfang an namentlich benannt werden kann.)
- Wie viel Steuerungsaufwand wollen und können Sie selbst investieren?

Leistungsspektrum

Die letzte Frage ist ausschlaggebend für die Entscheidung, ob Sie mit einer Full-Service-Agentur arbeiten oder sich selbst geeignete Netzwerke aus unterschiedlichen Einzeldisziplinen zusammenstellen wollen. Beides sind gangbare Wege. Aus ökonomischen Gründen tendieren immer mehr Auftraggeber zur zweiten Option, weil sie Unwillens sind, den Verwaltungsapparat von Agenturen in Form impliziter Kosten mitzufinanzieren.

Machen Sie sich allerdings klar: Die Koordination der einzelnen Gewerke wird dann zu *Ihrer Aufgabe*. Einer Aufgabe, die Ihnen niemand abnehmen wird. Es reicht nicht aus, auf die Selbstorganisationskräfte von Netzwerken zu vertrauen. Sie müssen Verantwortlichkeiten schaffen – und eine gehörige Portion des organisatorischen Aufwands selbst übernehmen. Das kostet Energie und es kostet Zeit. Nicht umsonst lässt sich eine Full-Service-Agentur diese Abstimmung in Form von Kontakterstunden bezahlen. Auch hier greift die alte Weisheit: Der Kunde bestimmt die Höhe seiner Rechnung.

Eine gangbare Alternative bieten in diesem Fall bereits eingespielte Netzwerke von Dienstleistern aus Einzeldisziplinen, die ihre Dienste anbieten. Auch diese Form der Dienstleisterorganisation birgt indes ihre Nachteile. Da die beteiligten Disziplinen meist nicht (wie bei der Agentur) unter einem Dach sitzen, fallen zusätzliche Wege und Abstimmungsnotwendigkeiten an, die die Projektdauer bisweilen spürbar verlängern können.

Spreu und Weizen

Leistungsbeurteilung

Haben Sie so den Kreis weiter eingeengt, geht es im nächsten Schritt darum, die Fähigkeiten der Bewerber zu beurteilen. Das im Kreativbereich üblichste Prozedere hierfür ist die Bewertung der Ergebnisse, die der Dienstleister bereits für andere Unternehmen geliefert hat: seiner Referenzen.

Das Problem dabei: Als Außenstehende können Sie nicht klar unterscheiden, welche Leistung Ihr Dienstleister erbracht und was der Auftraggeber oder Dritte beigesteuert haben. Solange Sie nicht die Umstände kennen, die zu einem Ergebnis geführt haben, hat das Ergebnis selbst nur begrenzte Aussagekraft.

Möge der Beste gewinnen ... – Wann macht ein Pitch Sinn?

Auch aus diesem Grund sind heute auf breiter Basis Präsentationen zum üblichen Auswahlinstrument geworden. Der Pitch verspricht eine schlüssigere Kompetenzbewertung einzelner Kandidaten – anhand erster, oft kostenfreier oder nur symbolisch entgoltener Leistungen für das eigene Unternehmen.

Sparsam mit Präsentationen

Dass solche Wettbewerbe heute selbst bei kleinen Jobs ausgeschrieben werden, ist allerdings eine ärgerliche Unsitte. Der Experte sagt: »Werbeagenturen werden zu Wettbewerbspräsentationen eingeladen, wenn die folgenden Voraussetzungen völlig oder weitgehend zutreffen: 1. Die Höhe des zu vergebenden Etats ist mindestens siebenstellig. 2. Die Betreuung des Etats erfordert in hohem Maße konzeptionelle und kreative Agenturleistungen. 3. Die Schwerpunkte liegen eher auf Schaltungen in Print- und elektronischen Medien als auf Below-the-Line Maßnahmen.« (Bristot (2000), S. 80)

Ja Pustekuchen!

Bei vielen heutigen Präsentationen trifft keiner der Punkte auch nur im Ansatz zu. Trotzdem wird auf Teufel komm raus präsentiert – und auf der Basis solcher Sparpräsentationen fleißig bewertet. Dabei überwiegen auch für den Auftraggeber oft die Nachteile.

Erstens müssen Sie selbst in Vorbereitung und Durchführung solcher Wettbewerbe eine Menge Zeit und Energie investieren.

Zweitens nehmen Sie eine deutliche zeitliche Verzögerung in Kauf. Besonders, weil an der Entscheidungsfindung nie nur eine Person beteiligt wird. Üblicherweise bilden Sie eine Jury, die sich zusammenraufen und ein gemeinsames Urteil finden muss. Das kostet Zeit.

Drittens können die Entscheidungen solcher Jurys nie mehr sein als der kleinste gemeinsame Nenner. Das ist besonders prekär, weil bei der Besetzung in aller Regel nicht nur die fachlichen Kompetenzen der Juroren eine Rolle spielen. De facto heißt das, dass Sie sich in Ihrer Entscheidung dem Votum von Nichtfachleuten aus dem eigenen Unternehmen unterwerfen müssen. Der persönliche Geschmack aber ist in der Kommunikationsplanung nur sehr, sehr selten ein guter Ratgeber.

Viertens muss Ihnen klar sein: Der Aufwand, den ein Dienstleister in solche Präsentationen steckt, steht in direkter Korrelation zum möglichen Return, also zum in Aussicht gestellten Etat. Auch Agenturen müssen kaufmännisch denken. »Der Grund, weshalb ich einen Werbespot für American Express gemacht habe«, soll Peter Ustinov einmal gesagt haben, »ist der, dass ich bei denen meine Rechnung bezahlen kann«.

Zur Höchstform laufen Agenturen in Präsentationen nur auf, wenn der Akquiseaufwand sich langfristig rechnet. Insofern ist die von Bristot ins Spiel gebrachte Budgetuntergrenze alles andere als aus der Luft gegriffen.

Wenn sich Agenturen auch zu kleineren Präsentationen bereit erklären, hat das immer gute Gründe. Glauben Sie nicht, ein Dienstleister handle jemals ohne Eigennutz. Entweder ist seine Auftragssituation so desolat, dass er bereit ist, alles zu tun, um seine Angestellten zu beschäftigen. Er spielt dann nicht auf Gewinn, sondern nur auf Verlustminimierung. Oder er wird darauf achten, bei der Präsentation dort Kosten einzusparen, wo es ihnen möglichst spät ins Auge fällt. Der Auftragnehmer will Pappen sehen, also kriegt er die. Funktionalität, Umsetzbarkeit und Angemessenheit der Lösung bleiben auf der Strecke, weil die Prüfung dieser Faktoren eine Vorleistung wäre, die die Agentur zu viel Geld kosten würde. Das wird später nachgeholt und führt dann zu bösen Überraschungen. Noch schlimmer ist die nächste Variante: Nach der Präsentation werden Arbeitseifer und Aufwand deutlich zurückgefahren, um im Schnitt ein betriebswirtschaftlich vertretbares Aufwand-Nutzen-Verhältnis zu erzielen.

So paradox es in unserer wettbewerbsgläubigen Zeit klingt: Die Agentur zur Präsentation zu bewegen, wird oft zum Pyrrhus-Sieg für den Auftraggeber. Wenn Sie einen direkten Auftrag vergeben, erhalten Sie in den überaus meisten Fällen eine deutlich fundiertere Leistung.

Praxis-Tipp

Dienstleister auswählen

- Gehen Sie mit dem Auswahlinstrument Wettbewerbspräsentation sparsam um. Sparen Sie sich den Aufwand, wo immer möglich.
- Investieren Sie die so gewonnene Zeit und Energie in ein ausführliches Gespräch mit den in Frage kommenden Dienstleistern. Und in die eigentliche Arbeit am Ergebnis.
- Lassen Sie sich Arbeiten für andere Auftraggeber zeigen und ihren Werdegang beschreiben.
- Lassen Sie sich Abläufe und Arbeitsschritte des Dienstleisters erläutern.
- Begleiten Sie den Dienstleister bei seiner Arbeit, machen Sie sich ein eigenes Bild von seiner Arbeitsweise (Agenturscreening).
- Schauen Sie sich bei Besuchen nicht nur das Besprechungszimmer an, sondern auch die ausführenden Bereiche.
- Sprechen Sie wenn möglich mit Mitarbeitern oder Netzwerkpartnern Ihres Dienstleisters.
- Bitten Sie den Dienstleister darum, Ihnen Gespräche mit anderen Kunden zu ermöglichen, bei dem Sie Fragen über deren Erfahrungen bei der Zusammenarbeit stellen können.
- Preisvergleiche können Sie am zuverlässigsten durch einen möglichst konkreten Teilauftrag anstellen, den Sie sich von den in Frage kommenden Dienstleistern kalkulieren lassen. Achten Sie dabei aber darauf, dass Sie nicht Äpfel mit Birnen vergleichen, sondern prüfen Sie genau: Sind die angebotenen Leistungen auch wirklich inhaltlich deckungsgleich?

Beispielfall

Mein Problem ist: Ich kenne Sie zu genau

Der Leiter Öffentlichkeitsarbeit einer gemeinnützigen Kulturorganisation erzählte uns die folgende Geschichte. Per Ausschreibung hatte seine Mitarbeiterin mehrere Dienstleister um Kostenangebote für eine Postkartenaktion gebeten. Daraufhin meldete sich ein Designbüro, mit dem man schon häufiger gearbeitet hatte, bei unserem Mann und beschrieb ein Problem, das dem Angesprochenen zeigte, dass die Anfrage seines Hauses nicht optimal vorbereitet war. Der Designer: »Vielen Dank für Ihre Anfrage. Leider habe ich ein Problem: Ich kenne Sie zu gut. Weil ich weiß, dass Sie kein eigenes Fotoarchiv haben, weiß ich, dass in Ihrer Anfrage ein Kostenpunkt für Fotohonorare fehlt. Weil ich Ihre Abstimmungsabläufe kenne, weiß ich, dass ich einen erfahrungsgemäß recht aufwändigen Durchlauf mit zwei langen Terminen einkalkulieren muss, bei dem die Entwürfe mit der Mitgliederversammlung abgestimmt werden. Und weil ich weiß, dass das Kampagnensignet in Ihrem Hause umstritten ist, weiß ich, dass wir zumindest einen Zusatzentwurf werden liefern müssen, bei dem wir ohne dieses Signet arbeiten. Wenn ich das alles ehrlicherweise mitkalkuliere, werde ich allen anderen in Sachen Preis haushoch unterlegen sein.«

Der Auftraggeber reagierte auf die einzig richtige Weise. Er lachte, ließ die Ausschreibung zurückziehen, überarbeiten und mit den neuen, korrigierten Leistungsbeschreibungen neu verteilen.

Wie alltagstauglich ist Ihr Dienstleister?

Unsere Empfehlungen zur Dienstleisterauswahl gelten doppelt, weil sie Ihren Blick auf einen Faktor lenken, der bei den gängigen Auswahlverfahren so gut wie nie einbezogen wird: die Arbeitskultur des Dienstleisters. Sie ist – neben Leistungsumfang und Kreativkompetenz – das dritte und am häufigsten vernachlässigte Kriterium für die Wahl des richtigen Dienstleisters.

Arbeitskultur

Präsentationen liefern »keine oder wenig Erkenntnis über Abwicklungsqualitäten« (Bristot (2002), S. 88). Im Vordergrund der Bewertung stehen kreative Produkte, nicht so sehr die Herangehens- und Arbeitsweise. Die ist aber wichtig, weil Sie implizit Erwartungen an den Auftragnehmer haben, die Sie erfüllt sehen wollen. Ist er für Sie ein konstruktiver Partner oder ein ausführender Lieferant? Wie viel Service erwarten Sie? Wie viel Entscheidungsgewalt sind Sie willens zu delegieren? Wie viel Kontrolle geben Sie aus der Hand? Haben Sie schon eine genaue Vorstellung von der Lösung oder sind Sie offen für neue Vorschläge?

Das ist der eine Grund, der die Arbeitskultur zu einem so entscheidenden Kriterium macht. Der andere: Sie bestimmt den Alltag der Zusammenarbeit und setzt so den Rahmen, in dem sich Erfolg oder Misserfolg Ihrer Unternehmenskommunikation entwickeln. Die Arbeitskultur des Dienstleisters wird Ihre Arbeit noch lange nach der Präsentation bestimmen. Finden Sie mit dem Dienstleister einen gemeinsamen Nenner? Eine gemeinsame Sprache? Passen seine Termin- und Arbeitsabläufe zu Ihren? Wie sauber wird in seinen Abteilungen gearbeitet? Wie gut sind die einzelnen Gewerke (Text, Grafik, Produktion usw.) aufeinander eingespielt? Wie termintreu wird gearbeitet? Wie kostentreu?

Termin- und Kostentreue

In diesem Bereich gibt es aufseiten der Dienstleister oft genug immense Defizite. Wir kennen zumindest eine Agentur, die vor allem von den organisatorischen Unzulänglichkeiten ihrer Mitbewerber lebt. Kunden, die sich die Finger verbrannt und schmerzlich gelernt haben, dass Kreativität oder strategisches Talent alleine nicht alles sind, beauftragen – aufgrund von Empfehlungen anderer Kollegen – diese Agentur selbst dann, wenn sie glauben, dass ihre kreative Stärke nicht so ausgeprägt ist. Sie haben gelernt, dass eine verlässliche Abwicklung, Termin- und Kostentreue und eine menschliche, offene und konstruktive Arbeitsatmosphäre mindestens ebenso wichtig sind wie schöpferische Höhenflüge.

Verlangen Sie beides.

Bewerten Sie einen Auftragnehmer ebenso stark auf der Basis seiner Arbeitsweise wie auf der Basis seiner gestalterischen Entwürfe und strategischen Vorschläge. Nutzen Sie den Auswahlprozess dazu, Ihre eigenen Erwartungen (auch die nicht explizit formulierten) zu überdenken. Schreiben Sie diese Erwartungen nieder, besprechen Sie die so entstandene Liste mit dem ins Auge gefassten Auftragnehmer.

Praxis-Tipp

Arbeitskultur bewerten

Definieren Sie, um die Arbeitskultur zu bewerten, eine Standardaufgabe – etwa einen Internetauftritt für ein neues Produkt – und fragen Sie:

- Wen (welche Gewerke) setzt der Auftragnehmer an die Aufgabe und in welcher Reihenfolge?
- Welche Arbeitsschritte fallen intern oder durch weitere Dienstleister (Programmierer, Lithoanstalten, Druckereien etc.) an?
- Welche Abstimmungsschritte hält der Dienstleister für angemessen?
- Welche Zeitbudgets veranschlagt der Dienstleister für die einzelnen Schritte?
- Wie wird die Kommunikation mit Ihnen als Auftraggeber organisiert? Ein Ansprechpartner oder Teamsitzungen? Wenn Kundenberater: Verlangen Sie, diesen kennen zu lernen.
- Hinterfragen Sie dabei vor allem missverständliche oder schillernde Rollenbezeichnungen: Was heißt: »unsere Kreation«? »der Art Director«? Welche Arbeitsteile und Aufgaben verbergen sich dahinter?
  Wie sieht der Auftragnehmer seine Rolle: als kreativer Partner mit eigenem Vorschlagsrecht oder als ausführender Dienstleister, der die gestellten Aufgaben abarbeitet?

Praxis-Tipp

Arbeitskultur bewerten

Eine weitere sinnvolle Möglichkeit, die Arbeitsweise eines Aspiranten zu durchleuchten, ist es, mit ehemaligen Auftraggebern zu sprechen. Dabei lässt sich mehr und anderes erfahren, als in der reinen Eigenbeschreibung des Betroffenen.

- Bitten Sie dazu einfach den Auftragnehmer, Ihnen eine Auswahl von Kunden zu nennen, die Sie persönlich ansprechen können. Da es in seinem Interesse ist, dass Sie ein rundes Bild von seiner Leistung und Arbeitsweise erhalten, wird er diesem Wunsch sicher gerne nachkommen.

Alles eine Frage der Chemie?

> Es gibt eine Befehls- und Rindviehtheorie für die menschliche Natur. Es gibt aber auch andere Theorien. Man kann auch wollen und denken.
>
> *Alfred Döblin – Reise nach Polen*

›Die persönliche Chemie hat einfach nicht gestimmt.‹ ist ein Satz, der immer dann gebraucht wird, wenn man keine rechte Erklärung dafür hat, woran das Miteinander scheiterte. Dabei beschreibt er fast immer eine Situation, in der sich einer der beiden Partner unverstanden fühlt. Man findet keinen gemeinsamen Boden für Austausch und Kommunikation.

Im Grunde ist auch dies eine Sache nicht kompatibler Arbeitsansätze und -kulturen, allerdings auf der persönlichen Ebene. Das Selbstverständnis der beiden Partner klafft auseinander.

Eine von mehreren möglichen solcher Diskrepanzen hat Döblin im oben stehenden Zitat treffsicher auf den Punkt gebracht. Versteht der Auftraggeber den Dienstleister als Erfüllungsgehilfen, dieser sich dagegen als konstruktiver Mitdenker, wird die Chemie tatsächlich recht schnell explosiv.

Einen ganz anderen Gegensatz bei den Selbstbildern zeigt das folgende Beispiel.

Beispielfall

Was soll ich denn mit Tulpen?

Ein Ausdruck- und Lithoservice wollte sich erweitern und zog deshalb in neue Räume. Sie boten Platz für einige neue Maschinen, die Ausdrucktechniken ermöglichten, wie sie den meisten Kunden noch wenig oder gar nicht bekannt waren.

Im neuen Domizil gab es ein großzügiges, völlig leeres Treppenhaus, das alle Kunden auf dem Weg zum Unternehmen passieren mussten. Der Unternehmer hatte die einleuchtende Idee, mit einer Ausstellung in diesem Treppenhaus die Qualitäten seiner neuen Maschinen Eins zu Eins zu demonstrieren und den Kunden schon auf dem Weg zu den Geschäftsräumen die erweiterte Leistungspalette zu zeigen.

Dazu holte er eine für ihre Kreativität bekannte Designagentur und einen unabhängigen Konzeptioner an einen Tisch, um sich mit beiden über den roten Faden für die Ausstellung zu beraten. Die Designagentur war selbst ein regelmäßiger und langjähriger Kunde, den Konzeptioner hatte ihm ein anderer Stammkunde empfohlen. Es wäre schön, wenn das Gespräch, das sich an diesem Tisch abspielte, wirklich so kurz gewesen wäre, wie wir es im Folgenden wiedergeben.

Art Director: »Ich komm grade aus New York zurück. Da hab ich eine irrsinnig gut gemachte Ausstellung zum Thema Tulpen gesehen. Das würde sich hier ja auch anbieten.«

Kunde: »Tulpen?«

Art Director: »Ja klar, das wird großartig. Ich seh das schon vor mir.«

Konzeptioner: »Warum?«

Art Director: »Wie warum?«

Konzeptioner: »Wo ist der Bezug zum Unternehmen? Da scheint mir eine simple Präsentation attraktiver Auftragsarbeiten noch sinnvoller zu sein. Pilotkunden haben dann wenigstens die Genugtuung und den Zusatznutzen, dass ihre Aufträge der Konkurrenz als Beispiel präsentiert werden.

Kunde: »Na dann arbeiten wir doch mit einem jungen Medienkünstler zusammen. Er zeigt mit seinen Arbeiten, was unsere Maschinen alles können und hat im Gegenzug den doppelten Vorteil, dass er seine Werke ohne Produktionskosten realisieren und in einer zwar improvisierten, aber immerhin: in einer Galerie zeigen kann.«

Art Director: »Das halte ich für ungut. Sie haben keinen Einfluss darauf, was dann auf den Postern zu sehen ist. Aber die Tulpen … .«

Kunde: »Also, mir leuchtet der Zusammenhang mit den Tulpen nicht ein. Ist das nicht etwas beliebig?«

Art Director: »Ach was. Vertrauen Sie mir. Ich mach Ihnen da 'ne Schau-Sache.« – unterstreicht jedes der beiden letzten Worte mit zwei kurzen heftigen Armbewegungen und mit geballter Faust. Lacht. »Dann ist ja alles klar.« Art Director geht.

Kunde in hilflosem Ton zum Konzeptioner: »Tulpen? Also ganz ehrlich: Was soll ich mit Tulpen?«

Die Ausstellung wurde nie realisiert. Der Kunde hängt bis heute Zweitausdrucke von Aufträgen ins Treppenhaus. Nicht die beste Lösung, aber eine, die ihn wenigstens nicht zwiebelt.

Die unausgesprochenen Selbstbilder, die hier aufeinander prallten, sind offensichtlich. Man könnte sie beschreiben als Vision versus Funktionalismus, als Kreativität versus Strategie oder als Kunst versus Dienstleistung. Sie bezeichnen einen alten Streit in der Kommunikationsbranche, für den sich reichlich Beispiele finden lassen, der aber auf einem nur scheinbar vorhandenen Widerspruch beruht.

Kreativität allein reicht nicht

Wir haben bereits weiter vorne unsere Auffassung erläutert, nachdem in der Unternehmenskommunikation Kreativität immer in ein funktionales Anliegen eingebettet ist. Kreativität in der kommerziellen Kommunikation ist zuerst Kreativität in der strategischen Problemlösung. Dabei kann bei besonders augenfälligen, ungewöhnlichen und innovativen Kreativleistungen ihr hoher Aufmerksamkeitswert und der Imagetransfer auf den Anbieter durchaus genau diesen funktionalen Anspruch erfüllen – gerade im Bereich der Consumerwerbung. Nur lässt sich das erst im Blick auf Produkt und Zielgruppe entscheiden.

Gestalterischer Einfallsreichtum allein ist jedenfalls keine Erfolgsgarantie. Schon gar nicht, wenn er, wie im obigen Beispiel, nur aus reinem Abkupfern besteht.

Dem Trugschluss, Kreativität beweise sich in einer an den freien Künsten orientierten, von keiner funktionalen Erwägung gehemmten Selbstverwirklichung, sitzen allerdings bis heute Kreativdienstleister wie Auftraggeber reihenweise auf. Es scheint einfach zu verlockend, sich mit dem Hinweis auf Inspiration aus jeder handwerklich-planerischen Verantwortung zu stehlen.

Wehren Sie sich dagegen. Ihr Dienstleister soll das Richtige tun (funktional) und er soll es richtig tun (nämlich: kreativ und einfallsreich).

Praxis-Tipp

Selbstbilder definieren und abgleichen

- Sind Sie sich unschlüssig, wie das Selbstbild Ihres Dienstleisters mit Ihren Erwartungen zusammenpasst, hilft das folgende Polaritätenprofil. Kreuzen Sie einfach auf der offenen Skala zwischen zwei Aussagen an, wo Sie Ihre eigene Meinung einordnen würden.
- Geben Sie dieses Profil in einem zweiten Schritt möglichen Auftragnehmern in die Hand. Je deckungsgleicher Ihre Antworten und die Ihres Dienstleisters ausfallen, desto besser passen Sie zusammen.

Polaritätenprofil Vision vs. Funktion

Der Dienstleister soll die Ideen des Auftraggebers umsetzen.	• • • • • •	Der Dienstleister soll mich mit Ideen überraschen, die ich nicht schon lange selbst hatte.
Das Ergebnis muss nicht mir gefallen, sondern der Zielgruppe.	• • • • • •	Wenn ich mich selber so gar nicht im Ergebnis wiederfinde, kann es auch nicht erfolgreich sein.

Praxis-Tipp

Selbstbilder definieren und abgleichen

Wir führen regelmäßig Markttests durch, um die Einstellungen der Kunden zu erfragen.	• • • • • •	Man muss den Erwartungen der Zielgruppe immer einen Schritt voraus sein.
Werben heißt informieren.	• • • • • •	Gute Werbung ist Inspiration und Intuition.
Werbung, die ihr Publikum nicht erreicht, ist das Papier nicht wert, auf dem wir sie drucken lassen.	• • • • • •	Es gibt wirklich gute Werbung, die das Publikum aber nicht versteht.
Ich gebe Ziele und Strategien klar und eindeutig vor.	• • • • • •	Ich vertraue auf den Einfallsreichtum der Agentur.
Unser Budget steht. Maßnahmen, die da nicht reinpassen, nützen mir nichts.	• • • • • •	Mal sehen, was es kostet, dann können wir sehen, was wir machen.
Der Teuerste ist nicht immer der Beste.	• • • • • •	Top-Kreative haben einfach ihren Preis.
Ich brauche einen Partner, der spezifische Branchenkenntnisse hat, aus denen er seine Strategien ableitet.	• • • • • •	Für außergewöhnliche Lösungen bin ich bereit, ein gewisses Risiko einzugehen.
Die größte Auszeichnung ist ein steigender Umsatz.	• • • • • •	Meine Werbung muss so aufregend sein, dass sie Preise gewinnt.
Ich habe nicht die Nerven, mit hypersensiblen und von sich selbst allzu überzeugten Entwurfskünstlern meine Zeit zu verplempern.	• • • • • •	Die Arbeitsweise ist mir wurscht. Hauptsache das Ergebnis stimmt.
Kreative sind Ratgeber.	• • • • • •	Kreative sind Künstler.
Wir sind auf Erfolg orientiert, nicht auf Innovation.	• • • • • •	Wir sind Trendsetter.

An der Sache mit der Chemie, wird mancher sagen, muss aber doch irgendwas dran sein. Wenn's nur das berufliche Selbstverständnis wäre, das nicht zueinander passt, ließe sich das Problem mit ein, zwei klärenden Gesprächen ja recht schnell aus der Welt schaffen.

Wir versichern Ihnen: In fünfzig von hundert Fällen ist das auch so.

Weitere Faktoren

Aber natürlich haben die Zweifler insofern recht, als sich auch jenseits einer Abstimmung der Selbstbilder noch eine Menge verbessern lässt. Neben dem Bild, das man von sich selbst und der Aufgabe hat, spielen etliche weitere Faktoren eine Rolle, wenn es darum geht, ob wir uns mit jemandem verstehen oder nicht. Die Situation, persönliche Kommunikationsstile, Eigenheiten und Haltungen einzelner Ansprechpartner beeinflussen Ihr Briefing mindestens ebenso stark – und halten eine Menge weiterer Stolperstellen bereit. Sie alle lassen sich unter die beiden letzten Ks unserer 8K-Regeln fassen. Wie brieft man konstruktiv und kooperativ?

Das geht ans Eingemachte. Um die Sprengkraft dieser Faktoren etwas genauer zu beleuchten und um herauszufinden, wie man sie entschärft, laden wir Sie zu einigen kurzen Ausflügen in die allgemeine Kommunikationswissenschaft ein.

5. Kapitel
Zwei in einem Boot – Grundregeln menschlicher Kommunikation

> Ich fragte den Schaffner nach der Zeit – der sah in seinem Fahrplan nach, nickte und sagte entschuldigend: Ja, ich weiß, wir haben zweieinhalb Minuten Verspätung...
>
> *Norbert Ney – Was es geschlagen hat*

Versteckte Botschaften

Sprache und Kommunikation, sollte man annehmen, sind dazu da, sich anderen verständlich zu machen. Was wir meinen und was wir sagen, sind allerdings häufig zwei Paar Stiefel. Das ist nicht nur im Briefing so. Sprachexperten haben diese alte Erkenntnis auf einen Nenner gebracht, indem sie zwischen Denotation und Konnotation, Text und Subtext unterscheiden: zwischen der offensichtlichen Bedeutung und den verdeckten Botschaften *zwischen* den Zeilen.

Gerade in diesen unausgesprochenen Inhalten zeigt sich, dass es neben dem Wunsch, sich verständlich zu machen, ganz andere Motivationen geben muss, die uns im Austausch mit anderen leiten. Oft genug scheint es uns gar nicht um Verständigung zu gehen. Wie sonst ließe es sich erklären, dass die gängigsten Hindernisse funktionierender Kommunikation Tag für Tag in hunderten von Briefings scheinbar unbeirrt von neuem aufgetürmt werden, obwohl die wichtigsten Fehler jedermann bekannt sein dürften:

- unvollständige Information (»Das können Sie sich ja wohl denken!«, »Ich muss doch nicht alles erklären.«)
- mangelnder Respekt (»Auf welchem Wochenendseminar hat man Ihnen denn sowas beigebracht?«)
- behaglich-beharrliche Sturheit (»Das haben wir aber immer anders gemacht.« »Wo kämen wir denn da hin!«)

Vielfältige Antriebe

Das Geflecht der Absichten, die uns antreiben und unser Handeln bestimmen, wenn wir kommunizieren, ist so komplex, dass man an der Aufgabe, alle Fäden zu entwirren, irrewerden könnte.

Wir wollen es trotzdem versuchen, indem wir einfach Menschen folgen, die sich dem ein oder anderen besonders dicken Knoten bereits ausführlich gewidmet haben. Soziologie, Philosophie, Psychologie, Verhaltensbiologie, Informatik, Kommunikationswissenschaft, ja selbst Mathematik haben sich mit solchen Teilaspekten beschäftigt – immer aus ihrer speziellen Perspektive. Lassen Sie sich nicht abschrecken, wenn Sie die verschiedenen Ansätze, die wir im Folgenden berühren werden, nicht sofort einordnen können. Wir werden am Ende all das zusammenfassen, was für unser Anliegen Bedeutung hat. Und zeigen, was man daraus mitnehmen kann, um den Umgang mit dem Dienstleister erfolgreicher zu gestalten.

Beziehungskiste – Die dunklen Ebenen der Kommunikation

Beziehungs- und Inhaltsaspekt

»Manchmal,« sagte uns eine kluge Werbeleiterin, »manchmal habe ich das Gefühl, ich komme mit meiner Agentur gar nicht an den Punkt, wo wir uns über die Sache selbst unterhalten.« Die Frau hatte recht – und ohne es zu wissen ein Grundgesetz menschlicher Kommunikation entdeckt: Jeder Kommunikationsakt zerfällt in einen vorbereitenden *Beziehungs-* und einen dadurch erst möglich gemachten *Inhalts*teil. Anders gesagt: Niemand kann rein sachlich kommunizieren. Wann immer wir etwas zu einem Gegenüber sagen, kommen wir nicht umhin, dieses Gegenüber auch auf die ein oder andere Weise zu behandeln.

Um sich über Inhalte verständigen zu können, muss deshalb laufend die Beziehung der Kommunikanten unter- und zueinander klargestellt werden. Klar formuliert hat diese Zweiteilung in den 60er-Jahren ein Psychologenteam um Paul Watzlawick im kalifornischen Palo Alto. Watzlawick und seine Kollegen sprechen von der »Kalibrierung« (Watzlawick/Beavin/Jackson (1982), S. 135) der Kommunikation, bei der die Beziehungsregeln definiert werden: Wer übernimmt im Gespräch die Führung? Wer gibt den Ton an? Einigt man sich wortlos darauf, sich zu vertrauen? Oder will man das Aufeinandertreffen eher als kämpferische Auseinandersetzung verstehen? Welche Erwartungen des einen muss der jeweils andere Partner erfüllen? An welchem Punkt werden Meinungsunterschiede so groß, dass der Austausch abgebrochen wird? Welche Positionen sind verhandelbar, welche nicht?

Beziehung klären

Ohne diese Kalibrierung kommt keine Kommunikation aus. Die Frage ist nur: Wie viel Aufwand darf dieses Tuning in Anspruch nehmen? Die Antwort lautet: So viel wie nötig, so wenig wie möglich. Wenn Sie zu viel Zeit auf den Beziehungsaspekt verwenden müssen, verschwenden Sie Zeit, Energie und Geld.

Es gibt einige Tricks, wie Sie den Beziehungsaspekt in Ihren Briefings so gering wie möglich halten können.

Praxis-Tipp

Beziehungskommunikation optimieren

- Erster Trick: Machen Sie die Kommunikation selbst zum Thema. Metakommunikation ist das probateste Mittel, um Blockaden zu durchbrechen und die Rahmenbedingungen eines Austauschs zu klären. Wenn Sie sich also zum Beispiel unverstanden fühlen, sollten Sie diese Botschaft nicht in Tonfall, Mimik, Andeutung, Ironie oder in einer der vielen anderen Facetten des Ungesagten verstecken. Packen Sie aus und packen Sie's auf den Tisch. Wann immer Sie in solchen Situationen einen Satz mit »Seien wir doch mal ehrlich. Es geht hier doch gerade um ...« beginnen, sind Sie auf dem richtigen Weg.
- Der zweite Trick: Eine solide Vorbereitung reduziert den Beziehungsaspekt auf ein Minimum. Je klarer Sie Ihr Anliegen formulieren können, umso klarer wird man darauf reagieren. Sachlichkeit steckt an. Zumindest

liefert ein strukturiertes Gerüst einen festen Boden, auf den Sie Ihr Gegenüber immer dann zurückholen können, wenn es nötig wird.

- Der dritte Trick: Lassen Sie sich nicht auf jedes Spielchen ein, das Ihnen die Gegenseite anbietet. Wie man das macht, zeigt das sechste Kapitel.
- Der vierte Trick: Wechseln Sie den Dienstleister nur so häufig wie absolut nötig. Eine dauerhafte Zusammenarbeit hat den Vorteil, dass Sie nicht jedes Mal bei Null anfangen müssen. Ist die Beziehung erst einmal definiert, muss sie bei weiteren Briefings nur noch nachjustiert werden. Das ist eine große Erleichterung, um schnell zur Sache zu kommen – und verstanden zu werden.

Praxis-Tipp

Beziehungskommunikation optimieren

Kein Tag wie der andere – Was unser Verstehen bestimmt

Nicht nur unser Gegenüber, auch unsere Umwelt beeinflusst unser Verstehen. Am strukturiertesten aufbereitet hat das die Medienwirkungsforschung. Sie zeigt, unter welchen situativen Einflüssen ein Rezipient – und das sind im Briefing nach unserem Verständnis Auftragnehmer wie Auftraggeber – stehen kann.

Wirkfaktoren beim Rezipienten

Angebot	Voraussetzungen Prädispositionen	Situation des Rezipienten	Psychische Prozesse	Soziale Faktoren	Wirkungen
	(a) *Personal* • Persönlichkeit • Beeinflussbarkeit • Intelligenz • Sprache • Einstellungen	*Subjektiv* • Definition der Situation • Vorstellung vom Medium usw.	*Erfassen der Aussage* • Erreichen • Aufmerksamkeit • Wahrnehmungen • Verstehen • Akzeptieren • Motivieren	Beziehungen zum Kommunikator	Wissen
Aussagen • Inhalt • Form	(b) *Bedürfnisse* Antriebe			Persönliche Kommunikation	Attitüden
	(c) *Beziehungen zum Gegenstand* • Wissen • Interesse • Einstellungen • Erwartungen • Werte • Geschmack	*Objektiv* • Mediensituation		Gruppenzugehörigkeit	Verhalten
				Meinungsführer Mehrstufige Kommunikation	Emotionen
	(d) *Gewohnheiten*				Tiefenpsychologische Reaktionen

Komplexität der Medienwirkung

Quelle: Maletzke (1981), S. 31

Um Himmels willen, werden Sie sagen, das wird mir zu kompliziert. Warum sind die Haltungen und Meinungen des Angesprochenen so wichtig? Ich will doch nur eine Botschaft übermitteln! Was interessieren mich die Attitüden und Problemchen des Gegenübers. Und wie um alles in der Welt soll ich alle diese Faktoren berücksichtigen?

Situationsbedingte Unwägbarkeiten

Keine Angst. Sie müssen und können bei einem einfachen Briefing nicht jeden dieser Punkte *einzeln* abchecken. Aber Sie sollten sich bewusst sein, wie viele Unwägbarkeiten es gibt, die auf Ihr Gegenüber einwirken, und die Sie nur teilweise beeinflussen können.

Vielleicht ist es sein erstes größeres Projekt dieser Art und er oder sie ist entsprechend aufgeregt. Vielleicht hat er die letzten paar Projekte so mühelos hinter sich gebracht, dass er eine Spur zu selbstsicher geworden ist. Oder er hat bei Ihrem ersten Gesprächstermin schlicht Kopfweh.

Ein gutes Bild, um sich diese Problematik immer wieder ins Gedächtnis zu rufen, ist es, die Kommunikation mit einem Eisberg zu vergleichen. Ziele, Sachfragen und Informationen machen nur die sichtbare Spitze aus. Unter Wasser lauern Tabus, Ängste, Wünsche, Sympathien und Antipathien, ungeschriebene Gesetze, Befindlichkeiten und zahllose weitere Faktoren.

Verhaltensregel
Kategorischer Imperativ

Wie Sie damit umgehen? Zuallererst: Misstrauen Sie allzu brillanten Managementregeln. Vertrauen Sie auf Ihren gesunden Menschenverstand. Gehen Sie mit dem Menschen, der Ihnen gegenübersitzt, so um, wie man mit Menschen immer umgehen sollte. Immanuel Kant hat vor mehr als 200 Jahren den kategorischen Imperativ formuliert. In der sprichwörtlichen Übersetzung lautet er: Was Du nicht willst, dass man Dir's tu, das füg auch keinem andern zu.

Machen Sie es sich zur Regel, im Zweifel *für* den Angeklagten zu entscheiden, und ihm keine schiere Bosheit um der Bosheit willen zu unterstellen. Wenn Antipathien spürbar werden, gibt es in aller Regel konkrete Gründe, die man aufspüren und aushebeln kann. Hinterfragen Sie dabei auch Ihre eigene Position.

Niemand kann immer für seine Tagesform garantieren. Aber Sie können ein Gegengewicht dazu schaffen, indem Sie eine Vertrauensbasis mit dem Dienstleister aufbauen, die jeder der beteiligten Seiten die Sicherheit gibt, die nötig ist, um auch über die Untiefen menschlicher Kommunikation hinwegzusteuern.

Kommunikation ist Konstruktion – Sinn als Übereinkunft

> Jeder Versuch, sich mitzuteilen, kann nur mit dem Wohlwollen der anderen gelingen.
>
> *Max Frisch*

Dass die mechanische Sender-Empfänger-Idee als Kommunikationsmodell für Briefings nicht geeignet ist, haben wir bisher nur behauptet, aber noch nicht wirklich belegt. Da wir gerade so schön dabei sind, die theoretischen Grundlagen abzuklappern, sollten wir gerade auf diese zentrale Frage ein wenig mehr Zeit verwenden und sie etwas differenzierter als in der Einleitung beantworten.

Claude E. Shannon und Warren Weaver, zwei amerikanische Mathematiker, hatten 1949 als erste ein mathematisch-mechanisches Modell von Kommunikation formuliert.

Mechanisches Kommunikationsmodell

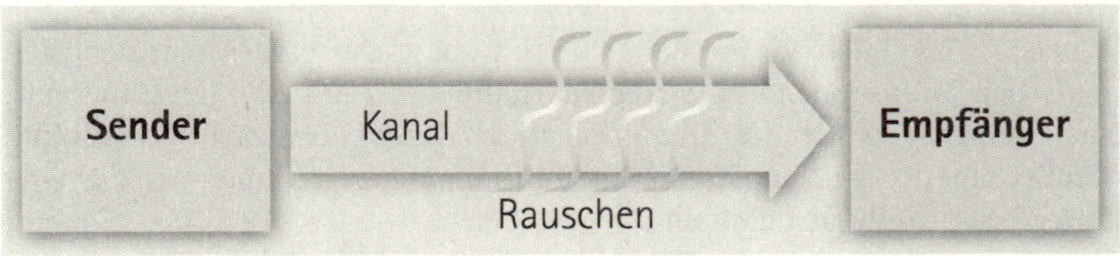

nach: Shannon/Weaver, 1949

So schön, so schlicht – und für komplexe Kommunikation so untauglich.

Während das Modell als Grundlage für die Fernmeldetechnik und die aufkeimende Informatik gute Dienste leistete, richtete es in anderen Disziplinen wie der Sprach- und Kommunikationswissenschaft Übles an. Generationen von Schülern bläute man ein, Kommunikation sei der Prozess, mit dem ein Sender Informationen an einen Empfänger überträgt. Alle anderen Variablen, auch persönliche Einstellungen, Meinungen, Situationen, kurz alles, was wir weiter oben als den nicht sichtbaren Teil des Eisbergs beschrieben haben, seien Störgeräusche, die man zur Verbesserung der Kommunikation so weit als möglich auszuschalten habe.

Wie gesagt: Für die Informatik lieferte dieses Bild ein hilfreiches Modell. Doch menschliche Hirne funktionieren nicht wie Computer. Computer arbeiten digital und müssen deshalb zwischen 0 und 1, schwarz und weiß unterscheiden. Unser Denken vollzieht sich analog und erkennt – wenn man so will – zahllose Grautöne dazwischen. Computer, zumindest die bis vor kurzem noch üblichen Modelle, verarbeiten Informationen seriell – ein Bit nach dem Anderen. Unser Hirn dagegen versucht, soviel als möglich gleichzeitig zu erfassen, Gestalten und Zusammenhänge zu erkennen. Dazu konstruieren wir Muster, mit denen wir das Wahrgenommene verknüpfen und – vor dem Hintergrund unseres Wissens und unserer Erfahrung – interpretieren. Anders gesagt: Wahrnehmung besteht aus einem tatsächlich vorhandenen Reiz, der erst dann Bedeutung erlangt, wenn wir uns unseren Reim darauf machen.

Realität als Konstrukt

Auf diesen Tatsachen basiert eine Schule der philosophischen Erkenntnistheorie, die sich heute unter dem Namen ›radikaler Konstruktivismus‹ auf breiter Front durchgesetzt hat. Sinn und Bedeutung, behaupten Konstruktivisten wie Heinz von Foerster, Ernst von Glaserfeld, Gregory Bateson oder der uns schon bekannte Paul Watzlawick, entstehe erst im Kopf des Empfängers – als Leistung dessen, der versucht, den anderen zu verstehen. »Kommunikation ist keineswegs, wie man im Alltagsverständnis und oft auch bei unbedachter wissenschaftlicher Verwendung des Begriffs zumeist meint, ein Vorgang der ›Übertragung‹ von Sinn bzw. Information; sie ist gemeinsame Aktualisierung von Sinn, die mindestens einen der Teilnehmer informiert.« (Luhmann (1971), S. 41)

Wer seine Wünsche und Vorstellungen mitteilen will, muss also mit seinem Gegenüber gemeinsam am rechten Verständnis arbeiten. Deshalb sind gute Briefings immer konstruktiv und entstehen als Kooperation.

Widerspruch würden wir mit dieser These wohl vonseiten des bedeutendsten deutschen Philosophen des letzten Jahrhunderts ernten: Jürgen Habermas. Nach seiner »Theorie des kommunikativen Handelns« wäre ein Briefing nämlich überhaupt keine Kommunikation im engeren Sinne – weil es eine klare Zielvorstellung beinhaltet.

Austausch versus Lenkung

Die Habermas'sche Kommunikationstheorie geht aus von den Typen des Handelns, wie sie Anfang des 20. Jahrhunderts Max Weber definiert hatte. Auf dieser Basis unterscheidet Habermas zwischen *strategischem* und *echtem* kommunikativen Handeln. Das erste will andere beeinflussen und ist daher erfolgsorientiert. Es zielt darauf, das eigene Anliegen auf jeden Fall durchzusetzen. Das zweite, also die Kommunikation im engeren Sinne, zielt auf Verständigung und auf die gemeinsame Annäherung an die Wahrheit, respektive: die richtige, angemessene Lösung.

Damit löst sich der scheinbare Widerspruch auf. Im treffsicheren Briefing wird das letztendliche Ziel immer sein, die beste Lösung für ein anstehendes Problem zu finden. Dieses Ziel teilen beide Partner. Das Ungleichgewicht zwischen Beeinflusser und Beeinflusstem, das die strategische Kommunikation ausmacht, wird deshalb hinfällig. Das bringt uns zu einer wichtigen Einsicht: Im Briefing kann es nicht primär darum gehen, wie Sie Ihren Dienstleister dazu bringen, das zu tun, was Sie wollen. Es geht darum, eine gemeinsame Strategie zu finden, die Sie möglichst nahe an Ihre Sachziele bringt.

Primärziel des Briefings ist nicht die Lenkung des Dienstleisters, sondern die Verständigung über den besten Weg zur Lösung der Aufgabe – und damit zum eigentlichen übergeordneten Projektziel.

Halten wir fest: Das Wesen menschlicher Kommunikation ist immer bidirektional, es konstruiert Sinn durch die Zuweisung von Bedeutungsmustern, die es aus dem durch Lernen angehäuften Wissens- und Erfahrungsschatz der beiden kommunizierenden Partner bezieht.

Menschliche versus digitale Kommunikation

Das hat auf der einen Seite große Vorteile. Im echten Austausch ist – im Vergleich zum rein mechanisch arbeitenden Computer – viel mehr in kürzerer Zeit vermittelbar, weil das Hirn wesentlich mehr Informationen auf einmal verarbeiten kann. Ein weiterer Pluspunkt: Informationslücken können durch den laufenden Abgleich mit gelernten Mustern und Gestalten ergänzt und überbrückt werden. Jeder kennt das alte Beispiel vom Satz, in dem ein Wort fehlt, und der trotzdem verstanden wird. Ein Druckfehler stellt für einen menschlichen Leser nicht gleich das Verständnis des ganzen Texts in Frage. Beim klassischen Computer schon. (Neuronale Netzwerke ahmen allerdings die Herangehensweise des menschlichen Hirns heute auch im Rechner nach – und kalkulieren einfach eine gewisse, marginale Fehlerwahrscheinlichkeit ein, mit der sie die dadurch ungeheuer erhöhten Kapazitäten bezahlen.)

Der dritte und vielleicht bedeutsamste Vorteil unserer Art zu kommunizieren: Menschen können widersprechen, Computer glauben zunächst alles. Denn bei der gemeinsamen Sinnschöpfung kommt es laufend zu Rückmeldungen und Feedbackschleifen. Der Informierte fragt nach, überprüft das Verstandene auf Stringenz und kann so schnell die Schwachstellen einer Nachricht aufspüren.

Unsere sinnstiftende Art zu kommunizieren hat aber – und das ist die andere Seite der Medaille – aus Sicht einer möglichst ökonomischen Informationsübermittlung auch einen gravierenden Nachteil. Wir können mit ihr nur *annähernde* Vollständigkeit und Genauigkeit erzielen.

So ist auch das wichtigste Werkzeug unserer Kommunikation alles andere als objektivierbar und klar. Sprache ist vielschichtig, geprägt von semantischer Unbestimmtheit, in der zahllose unterschwellige und nicht ausgesprochene Botschaften mitschwingen. Ironie, Zynismus, Untertöne und andere Metabotschaften sind feste Bestandteile der Sprache, die Computer kaum entziffern können. Wir dagegen müssen sie in unser Kalkül mit einbeziehen.

Zur ersten Herausforderung eines jeden Briefings wird es damit, eine gemeinsame Sprache zu finden.

Beispielfall

Rein oder raus? Da fragen wir doch mal nach!

Alles schien so reibungslos zu laufen. Eine Agentur hatte einem neuen Kunden aus der zeitlichen Bredouille geholfen und in wenig mehr als drei Wochen eine zwanzig Seiten starke Broschüre von der Konzeption bis zur Druckreife entwickelt. Alle hatten sich ins Zeug gelegt: Grafiker und Texter hatten Wochenendschichten eingelegt, der Werbeleiter die ihm vorgelegten Korrekturschritte ohne Verzögerung bearbeitet, die Druckerei hatte versprochen, Kapazitäten für den dringenden Auftrag freizuhalten, damit die Broschüre rechtzeitig zur anstehenden Messe auf dem Tisch liegen würde.

Doch dann schlich sich der Teufel ein. Er trat auf in Gestalt eines Vorstandsvorsitzenden, der den auf den ersten Blick harmlosen Wunsch äußerte, lieber doch keine Seitenzahlen zu verwenden. Der Werbeleiter informierte den Kundenberater. Man diskutierte kurz über Sinn und Unsinn dieses Wunsches, fügte sich dann aber mit einem Achselzucken der am Ende doch eher bedeutungslos scheinenden Marotte des Entscheiders. Der Kontakter sagte der Grafik Bescheid, die die Paginierung aus dem Dokument löschte, und es – die Zeit wurde knapp – an die Lithoanstalt weiterleitete, um die Filme belichten zu lassen. Der Belichter, der einige Tage zuvor bereits Digitalproofs als Grundlage für die Freigabe durch den Kunden produziert hatte, verglich das neue Dokument mit den alten Proofs und stellte fest: Die Seitenzahlen fehlten. Also rief er den Grafiker an. »Sag mal, die Seitenzahlen in eurem Dokument...« »Jaja, ich weiß. Sorry.« »Nee, ist ja kein Problem. Geht klar.« Für den Belichter stand damit fest: Der (scheinbare) Fehler war auch schon der Grafik aufgefallen – ein böser, aber typischer Trugschluss. Also fügte er – als guter, mitdenkender Dienstleister – die Seitenzahlen wieder ein. Die Filme gingen zur Endkontrolle an die Agentur, wo der Produktioner aus allen Wolken fiel: Die gestrichenen Seitenzahlen waren wieder drin! Da die Zeit drängte, packte er die Filme zusammen, schickte sie an die Druckerei und legte eine Notiz bei, doch bitte die Paginierung aus dem Schwarzfilm zu kratzen. Der Kundenbetreuer in der Druckerei kümmerte sich prompt um den Wunsch. Alles schien wieder in Ordnung. Doch dann sprang der Teufel dem Produktioner ins Genick. Nachdem es so viel hin und her um die vermaledeite Paginierung gegeben hatte, entschloss er sich, auf Nummer Sicher gehen und rief in der Druckerei an. Dort war der Kundenbetreuer gerade auf Termin, also ließ er sich direkt mit dem Mann an der Druckmaschine verbinden: »Grüß dich. Sag mal, wir hatten hier Probleme mit der Paginierung. Ich hab´ Peter eine Notiz dazugelegt. Habt Ihr Euch drum gekümmert?« Der Drucker griff sich die Filme, konnte aber keine Seitenzahlen entdecken, weshalb er dem Produktioner die Auskunft gab: »Hoppela! Sieht nicht so aus.« »Na gut, dass ich nachhake.« »Ich versteh das auch nicht. Aber mach Dir keine Sorgen, ich kümmere mich drum.« Was er auch tat – und die Seitenzahlen ein weiteres Mal nachbelichten und einmontieren ließ. In den Proofs, die zu seiner Orientierung in Sachen Farbgestaltung beilagen, waren diese zwar rot umkringelt, doch diese Markierung interpretierte er als Hinweis, dass in den Filmen eben jene Seitenzahlen fehlten.

Beispielfall

Man kann sich die Überraschung des Kunden ausmalen, als ihm die Broschüre ausgeliefert wurde – mit Seitenzahlen. Und wie alle anderen zog auch er den aus seiner Sicht einzig gültigen Schluss. Anscheinend hatte niemand seinen Auftrag Ernst genommen.

Natürlich enthält diese Geschichte eine ganze Reihe von Fallstricken und Stolperstellen. Doch was letztendlich zum Fehler führte, waren genau jene Nachfragen, die eigentlich helfen sollten, Fehler auszuschließen – nur leider auf die allermenschlichste Art geführt wurden: mit Auslassungen, Annahmen, Interpretationen und Unterstellungen. Alles im Dienste schneller und direkter Kommunikation – am Ende aber zulasten eines zufrieden stellenden Ergebnisses.

Doppelt gemoppelt hält besser – Zweimal sagen hilft

> Einige wenige Stunden, verbracht mit der mühseligen Arbeit pausenlosen Redens, genügen, um mehr Themen abzuhandeln, als zwei vernunftbegabte Geschöpfe irgend gemein haben können. Nur bei Liebenden ist das anders. Ihnen gilt kein Thema als erledigt, ihnen scheint nicht einmal ein Austausch erfolgt, bevor er nicht mindestens zwanzigmal wiederholt wurde.
>
> *Jane Austen – Gefühl und Verstand*

Es klingt nach Binsenweisheit. Wiederholungen reduzieren die Missverständlichkeit Ihrer Botschaften. Redundanz ist eins der zentralen Prinzipien gelungener Kommunikation. Die Antwort auf die oft gestellte Frage ›Muss ich denn alles zweimal sagen?‹ kann vor dieser Einsicht nur lauten: Besser wär's…

Redundanz sichert Verständigung

Redundanz leitet sich vom lateinischen *reduntantia* ab, was ›Überfluss‹ bedeutet. Redundant sind alle Bestandteile einer Nachricht, die keine neue Information liefern, sondern ›nur‹ alte wiederholen. Redundanz wird zum Prinzip erfolgreicher Kommunikation, weil sie als Bestätigung fungiert: Sie liefert ein Netz mit doppeltem Boden. Gerade weil uns manche Informationen entgehen, sollte, was wichtig ist, nicht nur einmal gesagt, sondern öfters und möglichst in verschiedenen Formen wiederholt werden. Solche Redundanz erhöht die Wahrscheinlichkeit, verstanden zu werden.

Redundanz wird umso wichtiger »je komplizierter das Thema ist, über das ich meine Leser oder Hörer informieren möchte…, je gleichgültiger ihnen das Thema ist, je träger oder müder sie sind, je enger ihr *Erfahrungshorizont* ist, je niedriger ihr *Erwartungshorizont* liegt.« (Schneider (1994), S. 133)

Dabei gibt es Redundanz innerhalb der Nachricht und Redundanz durch mehrfache oder multiple Nachrichten. Unverständlich? Zwei Beispiele helfen uns weiter.

Binndenredundanz

Sie können eine unerwünschte Lösung mit den Worten ablehnen: »Das will ich nicht.« Sie können aber auch sagen: »Das werde ich nicht dulden. Nie, niemals, auf keinen Fall.« Im zweiten Satz wird die zentrale Botschaft, nämlich die Verneinung, gleich vier Mal wiederholt. Nach logischen Gesichtspunkten würde bereits das erste Mal ausreichen. Doch erst die mehrfache Redundanz innerhalb der Nachricht macht das Nein unmissverständlich – und betont en passant die Wichtigkeit, die Sie der Aussage zumessen.

Redundanz multipler Nachrichten

Das zweite Beispiel, nämlich wie sich Redundanz durch multiple Nachrichten ergibt, liefert Ihr eigener Berufsalltag. Nehmen wir an, Sie vermarkten ein neues Produkt, sagen wir: eine Pauschalreise nach Masuren. Die Öffentlichkeit informieren Sie durch eine Postwurfsendung an alle Haushalte in Ihrem Verbreitungsgebiet. Die daraus resultierende Nachfrage ist nicht schlecht, aber auch nicht atemberaubend. Also machen Sie's beim nächsten Mal besser. Sie schaffen Redundanz. In der Lokalpresse erscheint ein Artikel über das Reiseziel masurische Seenplatte, in dem Ihr Angebot erwähnt wird. Natürlich haben Sie persönlich den Journalisten auf das Thema aufmerksam gemacht, indem Sie ihm einen Gratistrip dorthin finanziert haben. Wozu sind Sie schließlich Reiseveranstalter? Weil Sie Ihr Angebot gut eingetaktet haben, erscheint zeitgleich zu Ihrer Vermarktungsaktion eine Sonderausgabe »Polen« des führenden Reisemagazins, in der Sie eine Anzeige geschaltet haben. Und dann verteilen Sie wieder Ihre Postwurfsendung. Das Ergebnis können Sie sich ausrechnen.

Sie sehen: Redundanz durch die Nutzung multipler Kanäle ist eins der probatesten Mittel in der Wirtschaftskommunikation. Nur spricht man da vom Media-Mix. Warum soll dasselbe Prinzip nicht auch – mit Sinn und Verstand eingesetzt – bei Ihren Briefings funktionieren?

Die zentralen Aspekte Ihres Briefings sollten Sie deshalb nicht nur einmal vermitteln. Verzichten Sie lieber auf unwichtige Details und formulieren Sie den Kernsatz Ihres Anliegens in zwei, vielleicht sogar drei unterschiedlichen Varianten. Denn Redundanz gibt Sicherheit. Man muss es ja nicht gleich so heftig treiben wie die Verliebten, von denen Jane Austen spricht...

Reisebilanz I – Kommunikationstheorie und Berufspraxis

Am Anfang dieses Ausflugs in die Kommunikationstheorie hatten wir versprochen, die wichtigsten Erkenntnisse für die Praxis am Ende zusammenzufassen. Das Versprechen lösen wir an dieser Stelle ein – auch wenn wir in den Folgekapiteln immer wieder einige kleinere Touren in dieses Gebiet unternehmen werden. Denn mit dieser Übersicht haben wir die wichtigsten Grundregeln grundlegender menschlicher Kommunikation beisammen.

Praxis-Tipp

Grundregeln menschlicher Kommunikation

- Reduzieren Sie den Beziehungsaspekt Ihrer Briefings durch gute, strukturierte Vorbereitung der Inhalte. Sachlichkeit steckt an.
- Unterstellen Sie dem Anderen grundsätzlich ein Interesse an der Verständigung.
- Gehen Sie ruhig davon aus, dass es dennoch ein Glücksfall ist, verstanden zu werden. Rufen Sie sich in Erinnerung, wie viele Umweltfaktoren dieses Verständnis behindern können (Stichwort: Eisberg).
- Machen Sie sich bewusst, dass erfolgreiche Kommunikation immer kooperativ vor sich geht. Rechnen Sie also damit, ja, zählen Sie darauf, dass Ihr Gegenüber eigenes Wissen und eigene Erfahrung in das Ergebnis einbringt. Lassen Sie ihm Raum dafür. Nehmen Sie Feedbacks an, wenn Sie Ihnen sinnvoll erscheinen. Fragen Sie nach, wenn dem nicht so ist. Die besten Briefings münden immer in einen inhaltlichen Dialog.
- Schaffen Sie für die wesentlichen Inhalte Redundanz. Formulieren Sie Ihr zentrales Anliegen auf zwei, wo nötig und durch hohe Komplexität geboten, auch drei Arten.
- Nutzen Sie den Lerneffekt jeder Kommunikation. Wechseln Sie den Dienstleister nicht zu häufig, um nicht bei jedem Briefing wieder von Null anfangen zu müssen.

Vorbildlich daneben – Archetypische Kommunikationsprobleme

> Ich liebe diese Tage,
> die mir ohne eine Frage
> nur die Dinge sagen
> die ich will.
> Ich weiß doch sowieso zuviel.
>
> *Paula – Ich weiß zuviel*

Fast alle der bisher beschriebenen Regeln haben Theoretiker aufgestellt, nachdem sie sich mit pathologischen Formen menschlicher Kommunikation in der Praxis beschäftigt hatten. Überrascht uns das? Eigentlich nicht. Aus Fehlern lässt es sich am besten lernen, und an den größten Katastrophen kann man am leichtesten zeigen, was in den Abgrund geführt hat.

Drei typische Konstellationen

Einige der typischsten bei solchen Untersuchungen entdeckten Kommunikationsprobleme wollen wir Ihnen auf keinen Fall vorenthalten. Sie beschreiben zwar nur das bis hierher positiv formulierte aus der Sicht der Fehlleistung, aber erstens haben wir gerade erst festgestellt, dass ein gewisses Maß an Redundanz nicht schaden kann. Und zweitens wird dabei das Gesagte konkreter – weil jeder von uns entsprechende Situationen kennt und erlebt hat. Nicht nur, aber eben leider auch in Briefings.

Versteckte Signale

- **Ganz im Stillen**
Die eigentliche Botschaft steckt nur selten im Gesagten. Das wissen wir. Tonfall, Mimik, Gestik, ein Augenzwinkern, ein geschürzter Mund, eine hochgezogene Augenbraue vermitteln teils eigene Nachrichten, teils sagen sie uns, wie wir die Worte verstehen sollen. Daraus kann man im Briefing eine ungute Technik entwickeln. Der Auftraggeber spricht dabei seine eigentliche Erwartung gar nicht aus, sondern versteckt sie in der Metaebene. Das Gesagte wird zum Deckmäntelchen dessen, was eigentlich gemeint ist. Es wundert uns nicht mehr, dass sich dieses eigentlich Gemeinte hauptsächlich auf die Beziehungsebene bezieht. Vorwürfe, Erwartungen, Appelle werden so an sich unschuldigen Worten untergeschoben. Versteht der Angesprochene nicht, wo die eigentliche Bedeutung der Botschaft liegt, kann man ihn insgeheim wunderbar darauf festnageln, dass er unsensibel, begriffsstutzig und ein störrischer Esel sei. Kommt die Botschaft an und versteht der Angesprochene, was man ihm ›durch die Blume‹ mitteilen wollte, hat er damit auch verstanden, dass man nicht offen mit ihm ist. Zählen Sie darauf, dass sich ein Macht- und Manipulationsspiel reinster Güte anschließt – und die Sachebene weit in den Hintergrund tritt.

Unterstellte Signale

- **Unterstellen wir mal…**
Jeder sensuelle Empfangsvorgang lässt sich in die drei Phasen Wahrnehmen, Muster bilden und Assoziieren unterteilen. Die letzten beiden Schritte sind der Beitrag des Empfängers zum Verständnis. Das Wissen um diesen Eigenbeitrag geflissentlich zu ignorieren, verhilft Ihnen zu herrlichen Streitfällen. Wenn Sie ein Gelingen der Kommunikation verhindern wollen: Geheimsen Sie möglichst viel in die Nachrichten Ihres Gegenübers hinein. Achten Sie dabei besonders auf sich öffnende Chancen, Ihre eigenen Empfindlichkeiten unterzubringen. Sie werden sehen, wie rasch Sie sogar sich selbst davon überzeugen können, dass Ihnen Ihr Gegenüber übel will und die gemeinsame Sache torpediert. Wer die eigene Leistung im Wahrnehmen übersieht, macht den Weg frei für dreiste Unterstellungen – die das Gegenüber mit gutem Grund als ungerecht empfinden und entsprechend zurückschlagen wird.

Moralisieren

- **Der erhobene Zeigefinger**
Wenn Kommunikation schief läuft, da sind sich die Experten heute sicher, liegt das nicht so sehr am Charakter der Beteiligten, sondern an der Situation, in der man ›aneinander gerät‹. (Das merken Sie beispielsweise immer dann, wenn Sie einen unliebsamen Kollegen mal privat kennen lernen – und der sich plötzlich von einer ganz anderen, unerwartet sympathischen Seite zeigt.) Zur Situation aber gehören immer zwei. ›Wer ist Schuld?‹ und ›Wer hat Recht?‹ sind damit völlig ungeeignete Fragen, um Blockaden zu lösen – weil sie sich moralisierend dem Einzelnen zuwenden. Dieser falsche Weg ist leider immer der einfachere. Und wird gern gegangen, wenn das Gegenüber einen Versuch macht, Schwierigkeiten aus dem Weg zu

räumen, indem man darüber spricht. Gehen Sie zunächst scheinbar auf das Gesprächsangebot ein, enthebeln Sie die Metakommunikation dann aber spielerisch leicht mit dem erhobenen Zeigefinger. Wenn Sie Ihrem Gegenüber erst klargemacht haben, dass Sie ihn in all seiner abgrundtiefen Bosheit entlarvt haben und von nun Besserung von ihm erwarten, haben Sie einen soliden Grundstein gelegt, nie wieder auf einen grünen Zweig mit diesem Menschen zu kommen.

6. Kapitel
Partnerqual – Die Spiele der Macht

Ein jeder berechnet seine Lage und die des Associés, und man engagiert sich niemals, ohne zu wissen, warum, oder sogar, sagen wir es offen heraus, ohne die Hoffnung, den anderen hineinzulegen.

Ninon de Lenclos – Briefe

Der Umgang mit dem Dienstleister scheint geheimnisvollen Eigendynamiken zu unterliegen, die an weit entfernten Orten, in fachlich völlig unterschiedlichen Zusammenhängen und weitestgehend unabhängig von der Person der Beteiligten immer wieder überraschend ähnliche, groteske Formen auftauchen lassen.

In einer Fachzeitschrift für Grafik entdeckten wir den Bericht einer Gestalterin, die erzählte, wie ein Kunde den gemeinsamen Termin in ein Café verlegte. Sie kam zum verabredeten Zeitpunkt, und durfte sich dann im Wettstreit mit einer ganzen Reihe weiterer Personen, die ebenfalls am Tisch saßen, um die Aufmerksamkeit des Entscheiders bemühen. Der schmauste derweil unverdrossen sein Mittagessen und gab per Handy Anweisungen an seine Mitarbeiter. Die Gestalterin analysierte die Situation von ihrer Warte aus so: »Ein ganz klarer Fall von Machtkampf. Schon bevor wir uns begegneten, ging es darum, wer von uns beiden die Spielregeln bestimmt. Mir war klar, dass dieser Mann nur auf Orden guckt, und da er an meiner Brust keine sah, meinte er offenbar, mich respektlos behandeln zu dürfen.« (Page, Heft 2, (2003), S. 25)

Warten lassen

Die Lektüre verblüffte uns, weil wir dieselbe Geschichte an anderem Ort und mit anderen Spielern selbst erlebt hatten. Immer wieder treffen Dienstleister auf Entscheider, die meinen, mit der Situation, in der man sich begegnet, klar machen zu müssen, wer das Sagen hat. Es ist erstaunlich, welche Inszenierungen aufgeboten werden, um sich dafür in Szene zu setzen. Das Treffen beim Lunch ist nur *eine* beliebte Technik. Prinzipielles Wartenlassen des Gegenübers bei gemeinsamen Terminen eine andere. Tragende Rollen spielen oft die eigenen Mitarbeiter – etwa wenn der Entscheider immer nur mit einer Corona von Untergebenen auftritt, die zu übersetzen haben, was der Papst sagt, oder ein eigener Mitarbeiter vor den Augen externer Dienstleister so in Grund und Boden gebrüllt wird, dass diese danach gezwungen sind, ihrem unmittelbaren Ansprechpartner hinterher die wunde Seele zu bandagieren. Schamlose Übertreibungen seltener Ausnahmefälle? Leider nein. Und natürlich sind sie keineswegs auf die Seite der Auftraggeber beschränkt. Auch in Agenturen scheint bisweilen die Vorstellung zu herrschen: Wer zum abgesprochenen Gesprächstermin tatsächlich zur Verfügung steht, muss zu viel Zeit haben. Mag sein, dass in manchen Fällen tatsächlich ›nur‹ Desorganisation dahinter steckt. Meist jedoch geht es darum, eine zentrale

Botschaft zu vermitteln. Sie lautet: Ich bin wichtiger als Du. Und ich bin in der Position, das auszuleben.

Wie Du mir, so ich dir

Das Frappierende ist: Verärgert über solche Respektlosigkeiten reagiert man selbst in der Regel mit denselben Waffen, für die man die Gegenseite schilt. Die Gestalterin in unserer Geschichte holte sich zunächst eine Zeitung und begann zu lesen. Tit for Tat ist eine häufige Strategie, mit der man solcherlei Herausforderungen annimmt. Doch auch wer sich nicht in der Lage fühlt, den Fehdehandschuh zurückzuwerfen, muss sich zu den Botschaften der Macht positionieren. Wie das aussehen kann, zeigt sich an einem anderen Beispiel gängiger Machtspiele in der Dienstleisterbranche.

Unter Druck setzen

Immer wieder begegnet man Auftraggebern, die dem unverbrüchlichen Glauben anhängen, Agenturen würden nur dann unter Volldampf arbeiten, wenn man sie quält und unter an sich unhaltbaren Zeitdruck setzt. Erstaunlicherweise geht oft genug diese Taktik – zumindest zu Anfang – tatsächlich auf. Aber nur weil der Dienstleister mitspielt und auch nur, *solange* er das tut. Sie können Ihren Dienstleister nur unter Druck setzen, wenn Ihnen dabei sein eigener Anspruch, eine gute Arbeit abzuliefern, zur Seite steht. Überspannen Sie den Bogen und spielen Sie zu oft auf dieser Klaviatur, setzt sich mit der Zeit bei jedem Menschen die Erkenntnis durch, dass er instrumentalisiert wird, und dass der vermeintliche Zwang eine manipulative Masche ist. Das Ergebnis ist innere Emigration. Jegliche Motivation wird ad acta gelegt, dem Kunden bestenfalls noch Dienst nach Vorschrift geboten, an die Stelle gemeinsamer Ziele tritt nur noch das Ziel, das Projekt mit ordentlicher Bezahlung und bei möglichst geringem Aufwand hinter sich zu bringen.

Das Spiel um Macht birgt also durchaus ernsthafte Gefahren auch für den Auftraggeber. Warum wird es dennoch wieder und wieder gespielt? Ist es unverzichtbar? Und wie kommt es dazu?

Mit Winkelzügen ins Abseits – Appell und Wirkung

Der Psychologe und Kommunikationstrainer Friedemann Schulz von Thun hat mit einer Modellvorstellung die unterschwelligen Bedeutungen unserer Botschaften weiter differenziert als die reine Unterteilung in Inhalt- und Beziehungsaspekt.

Kommunikatives Quadrat

Schulz von Thun spricht vom kommunikativen Quadrat. Jede Mitteilung hat danach vier Seiten: Sachinhalt, Selbstoffenbarung, Beziehungshinweise und Appell sind die vier Ebenen, auf denen wir Botschaften senden. Mit ebenso vielen Ohren hört aber auch der Empfänger Ihre Botschaft. Und wählt deshalb aus, auf welchen Aspekt der Botschaft er reagiert. Das ist ein anschauliches Bild, um zu erläutern, warum wir öfters etwas ganz anderes verstehen als das Gemeinte. Und warum beide, das Verstandene wie das Gemeinte, mit dem expressis verbis *Gesagten* nicht einmal etwas zu tun haben müssen.

Der Ansatz ist für uns deshalb so hilfreich, weil er den Appellcharakter jeder Kommunikation unterstreicht. Und darum geht es uns doch vor allem im Briefing: Ein Ziel zu erreichen, oder? Kommunikation »dient nicht nur dem Ausdruck dessen, was ist, sondern auch der Hervorbringung dessen, was sein soll.« (Schulz von Thun (2002a), S. 210)

Ein Appell wird dann erfolgreich sein, wenn die Balance zwischen Ausdruck und Wirkung gelingt.

So ein unschuldiger Satz und doch so unerwartet in einem Arbeitsbuch aus dem Businessbereich. Was heißt das: ›Balance zwischen Wirkung und Ausdruck‹? Nichts Geringeres, als dass ein Appell nicht nur dadurch besser wirkt, dass ich alle möglichen Taktiken anwende. Wer allen Nachdruck auf die Wirkung legt, nimmt hin, dass die eigentliche Aussage zweitrangig wird. Wenn's zum gewünschten Ergebnis führt, sagt man auch mal was ganz Anderes als das, was man tatsächlich denkt.

Manipulative Rhetorik

Das ist das klassische Feld der Rhetorik. In den üblichen Kommunikationstrainings kriegt man genau das beigebracht: Tipps und Tricks, wie man sich ›verkauft‹. Eine ganze Reihe von Bestsellern will uns beibringen, wie man hemmungslos und erfolgreich manipuliert (vgl. etwa Kirschner (1999), Drummond (1994) oder Greene (2002)).

Wir raten Ihnen: Lassen Sie die Finger davon. Es ist in den meisten Fällen grundfalsch und alles andere als erfolgreich. Vor allem, weil die Absicht zu manipulieren vom Empfänger viel schneller entlarvt wird, als man denkt. Gerade in einer so eindeutig appellhaften Situation wie dem Briefing ist die Sensibilität gegenüber Schachzügen und Techniken höher, als deren Anwender das gerne glauben. Ein erster Schritt auf dem Weg zur Verständigung ist es stattdessen, den »Funktionalitätsverdacht« (Schulz von Thun (2002a), S. 211) Ihres Gegenübers auszuräumen. Denn auch der will, genau wie Sie, um seiner selbst willen ernst genommen und nicht zum schieren Instrument degradiert werden.

Tricks vermeiden

Ogottogott! kommt prompt der Einwand. Aber wir sitzen doch nicht nur zusammen, um uns nett zu unterhalten und gegenseitig zu bauchpinseln! Es geht doch tatsächlich um eine Funktionserfüllung! Ja schon. Seien Sie aber bereit, diese Funktion auf die Schultern *aller* zu verteilen. Das ist es, was die Worte konstruktiv und kooperativ in der 8K-Regel bedeuten.

Machen Sie sich klar: Jeder Appell schränkt Selbstinitiative ein, verhindert Spontaneität und unterstreicht den Beziehungs- und Machtaspekt.

Diesen Effekt können Sie gar nicht vermeiden. Er gehört zum kommunikativen Austausch wie das Amen zur Kirche. Sie sollten ihn aber im Rahmen halten – und nicht durch allzu clevere Manipulations- und Lenkungstechniken zusätzlich betonen. Vermeiden Sie deshalb so gut es geht verdeckte Appelle. Die sind in der menschlichen Kommunikation besonders beliebt, weil Sie als Sender damit emotionale Fäden ziehen. Das macht verdeckte Appelle auf den ersten Blick erfolgreicher und lässt zugleich das Hintertürchen offen, am Ende zu sagen: »Das habe ich überhaupt nicht so gemeint!« Der Preis, den Sie für Manipulation zahlen, ist hoch. Zu hoch. Merke: Ein allzu manipulatives Vorgehen bewirkt das Gegenteil dessen, was Sie erreichen wollen.

Autorität erarbeiten

Lenken können Sie immer noch am besten durch Autorität. Die schafft man, indem man sie sich erarbeitet. Wer seines eigenen Wertes und seiner Sache sicher ist, wird auf Machtspiele der vorn beschriebenen Art dankend verzichten – und stattdessen an sich selbst arbeiten. Wenn Sie in einem Spiel mit zwei Spielern eine Verbesserung erwirken wollen: Wen trainieren Sie zuerst? Doch den, den Sie besser kennen und auf den Sie einen direkten Zugriff haben. Das sind Sie selbst. Egal, auf welcher Seite Sie stehen und egal welche Rolle Sie im Briefing haben – der Griff an die eigene Nase ist immer eine hilfreiche Übung.

Wir alle spielen Theater

> Alles hier ist *pure interesse* und Falschheit, das macht das Leben sehr unangenehm. Will man nicht mit *intriguen* und *galanterien* zu tun haben, so muss man *à part* leben, welches auch langweilig genung ist.
>
> *Liselotte von der Pfalz –*
> *Brief an Kurfürstin Sophie von Hannover*

Rollenspiele

Nicht nur Psychologie und Medienwissenschaft können uns hilfreiche Erklärungsmodelle liefern, um kommunikative Situationen zu verstehen. Auch in der Soziologie entwickelte sich ein Ansatz, der die Probleme des Miteinander unter die Lupe nahm, in den Mittelpunkt seiner Betrachtungen aber die *Rollen* rückt, die wir als Kommunizierende einnehmen.

1956 erschien ein Buch des Soziologen Erving Goffmann mit dem Titel »The Presentation of Self in Everyday Life« (wörtlich: Die Präsentation des Ichs im Alltagsleben), aus dem in der deutschsprachigen Ausgabe »Wir alle spielen Theater« wurde. Goffman war nicht ohne Vorläufer. Mit Recht bezeichnet man ihn als Enkel des symbolischen Interaktionismus. Dessen Hauptfiguren, George Herbert Mead und sein Schüler Herbert Blumer, hatten behauptet: Personen handeln nicht danach, wie eine Situation objektiv *ist*, sondern wie sie vom Handelnden definiert, interpretiert und gedeutet wird.

Daran schloss Goffmann an. Sein Buch beschrieb, wie das Individuum versucht, sich in der Interaktion darzustellen und sich vor den alltäglichen Bedrohungen seiner selbst durch die Gesellschaft und die Anderen zu schützen. Was er damit behauptete, schien vielen zunächst eine Ungeheuerlichkeit: Wenn wir kommunizieren, geht es in der Hauptsache gar nicht darum, sachliche Informationen zu vermitteln – sondern darum, sich selbst darzustellen, die eigene Position zu stabilisieren und gegen anders lautende Definitionen und Eingriffe von außen zu schützen. Kommunikation als Selbstfindung durch Angriff und Abwehr also.

Vor dem Hintergrund dessen, was bisher gesagt wurde, scheint diese Einschätzung einleuchtend und beileibe nicht abwegig. Goffmann spricht von Phänomenen wie ›Erwartungserwartungen‹ und ›Imagepflege‹, die wesentliche Teile unseres Austauschs bestimmen. Dennoch blieb eine wichtige Frage offen: Welche *Instrumente* setzen wir ein, um diese Motivationen in die Tat umzusetzen?

Beziehungsspiele

Bereits Goffmann verwies auf ›Rollenspiele‹ und ›Aufführungen‹, die unsere Kommunikation prägen. Ein ganz ähnliches Bild lieferte etwa zur selben Zeit dem Psychologen Eric Berne den Schlüssel zur Frage nach dem Wie: »Die bedeutsamsten sozialen Beziehungen vollziehen sich in den meisten Fällen in Form von Spielen.« (Berne (2002), S. 26). Berne beschrieb menschliche Beziehungen als »Spiele der Erwachsenen« und definierte typische Spielsituationen wie das »Ich versuche ja nur zu helfen«- oder das »Wie komme ich da wieder raus?«-Spiel. Diese Spiele haben so gut wie nie mit den eigentlichen, sachlichen Inhalten zu tun, sondern sind – wenn man es mit den Begriffen Watzlawicks beschreiben wollte – die gebräuchlichsten Werkzeuge, mit denen zwei Partner den Beziehungsaspekt ihres Austauschs festlegen.

Da solche Beziehungsspiele das Wesen direkter Kommunikation bestimmen, kann man die gängigsten psychologischen Haltungen und Defekte als »Spielertypen« beschreiben. Genau das tut die von Berne entwickelte Transaktionsanalyse. Der – für Nichtpsychologen ziemlich sperrige – Begriff wurde unseres Wissens zuerst in einem Papier Bernes aus dem Jahr 1957 benutzt und gehört heute zum festen Vokabular jedes Gruppentherapeuten.

Spielertypen I

Berne bestimmte drei grundlegende Spielerhaltungen, die er aus den Stadien der menschlichen Entwicklung herleitete:

- das Kind-Ich, das unbefangen und offen, genauso gut aber auch folgsam und unterwürfig oder – in seiner dritten Erscheinungsform – trotzig und gegen Normen rebellierend in Erscheinung treten kann,
- das Eltern-Ich, das sich helfend und unterstützend aber auch regulierend und vorschreibend aufführen will, und
- das Erwachsenen-Ich, das unter weitestmöglichem Ausschluss der anderen Rollen eine vernünftige, sachliche und unvoreingenommene Haltung einnimmt.

Wer sich weiter in die theoretischen Hintergründe einlesen will, findet die wahrscheinlich beste Einführung in die Transaktionsanalyse in einem Buch mit dem etwas banal anmutenden Titel »Ich bin o.k., du bist o.k.« (Harris (2002))

Allerdings wurde das Thema in etlichen Folgepublikationen auch direkt in den Geschäftsalltag übersetzt – unter anderem von Ulrich Dehner in »Die alltäglichen Spielchen im Büro. Wie Sie Zeit- und Nervenfresser erkennen und wirksam dagegen vorgehen«. Damit kommen wir wieder von der Theorie in die Praxis. Denn Dehners Ansatz ist bereits wesentlich konkreter auf Geschäftsbesprechungen bezogen und bietet sich damit auch als Grundlage an, um Briefings effizienter zu machen.

Obwohl auch Dehner zahllose Spielvarianten diagnostiziert und beschreibt, die jedem mit einiger Berufserfahrung bekannt vorkommen dürften, hat er eine einfachere Lösung parat, als die, jedes Mal alle Spiele entlarven zu müssen. Nach Dehner gibt es in all diesen Spielen drei immer wiederkehrende Spielertypen:

Spielertypen II

- das **Opfer** (aus Prinzip hilflos)
- den **Retter** (bis zur Aufdringlichkeit hilfsbereit)
- den **Angreifer** (aggressiv und vorwurfsvoll)

Während den Angreifer seine eigene Angst in die Offensive treibt, handeln sowohl Opfer als auch Retter aus einer gemeinsamen Motivation heraus: ihr mangelndes Selbstwertgefühl zu kompensieren.

Um ein Spiel zu unterbinden, muss man also nicht das gerade aktuelle *Spiel* durchschauen, es genügt schon, die *Rolle* zu erkennen. Da jede Rolle immer ein Rollenangebot ans Gegenüber beinhaltet, braucht man nur dieses Angebot konsequent ablehnen – und nicht wie erwartet zu reagieren. Was bleibt vom Opfer ohne Retter? Was vom Aggressor ohne Opfer? Ist das Spiel einmal durchbrochen – etwa indem man es selbst zum Thema macht – ist man der Sachebene erheblich näher gekommen.

Spielertypen III

Eine ganz ähnliche, etwas weiter ausdifferenzierte Palette von Standardverhalten in der Kommunikation bietet der uns schon bekannte Schulz von Thun. Auch er baut auf der Transaktionsanalyse auf, unterscheidet aber acht Haltungen oder Kommunikationsstile: »bedürftig-abhängig«, »helfend«, »selbstlos«, »agressiv-entwertend«, »sich beweisend«, »bestimmend-kontrollierend«, »sich distanzierend« und »mitteilungsfreudig-dramatisierend« (Schulz von Thun (2002b)).

Jeder von uns trägt diese Spielhaltungen in sich – und jeder dürfte sich an Situationen erinnern, in denen er selbst die eine oder andere Haltung in den Vordergrund rückte. Die Stile sind von Person zu Person verschieden stark ausgeprägt und werden je nach Situation in einem variablen persönlichen Stilmix eingesetzt.

Spielchen entstehen zum Beispiel dann, wenn wir aus Taktik eine dieser Haltungen zum absoluten Handlungsansatz machen – wie der Chef im Café, der im Beruf einen aggressiv-entwertenden Stil situationsunabhängig für angemessen hielt (während er im privaten durchaus und ohne Schwierigkeiten ein helfender, ja selbstloser Freund, Vater und Ehemann sein könnte; wir wissen das nicht!).

hartnäckige Spielvarianten

Besonders hartnäckige Spiele sind immer dann vorprogrammiert, wenn wir einen passenden Mitspieler finden. Aus dem Spielangebot wird damit ein stabiler Ablauf, in dem eine Handlung mit der anderen kollidiert und sich die aufeinander prallenden Kommunikationsstile auf ein schwer aus den Angeln zu hebendes, sich selbst stabilisierendes Gleichgewicht einpendeln. Klassische Phänomene dieser hartnäckigen Machtspiele sind der Teufelskreis und eine seiner häufigsten pathologischen Varianten, der Double Bind.

- **Teufelskreise**
  Unsere unterschiedlichen Kommunikationsstile haben die ungute Tendenz, im Aufeinanderprallen eine Eigendynamik zu entwickeln – und zum Teufelskreis zu werden. Das eigene Verhalten verstärkt dabei das der Gegenseite immer weiter und umgekehrt. Das geschieht zum Beispiel, wenn ein besonders dominanter Auftraggeber auf einen Auftragnehmer trifft, der sein Heil gerne in der Distanzierung sucht. Die Distanz führt zum Versuch der Gegenseite, mehr Kontrolle auszuüben, der Unwille, sich kontrollieren zu lassen, zu weiterem Rückzug bis hin zur inneren Emigration – und schon schließt sich der Kreis. Es braucht eine Menge Erfahrung und Willen, über das Problem zu sprechen, um aus diesem Kreis auszubrechen. Und es gelingt dementsprechend selten.

Zwei typische Beziehungsfallen

Noch schwieriger zu lösen sind die Verständigungsknoten in der pathologischsten Form des Teufelskreises, dem Double Bind.

- **Double Bind**
  Gregory Bateson hat erstmals den Begriff Double Bind genutzt, um eine Situation zu beschreiben, in der einem Abhängigen widersprüchliche, sich selbst ausschließende Nachrichten vermittelt werden, die ihn in eine unentrinnbare Zwickmühle bringen. Wie immer sich der Empfänger verhält – man kann ihm einen Strick draus drehen und ihm natürlich weitere Botschaften dieser Art schicken, um die eigene Reaktion zu bestärken. Ein noch relativ unschuldiges Beispiel aus unserer Praxis ist ein mit gequältem Gesichtsausdruck vorgebrachtes »Das ist ja nicht Ihr Problem.« Analysiert mit dem Schulz von Thun'schen Rüstzeug signalisiert es auf der Sachebene: ›Kümmern Sie sich nicht drum!‹, auf der Selbstoffenbarungsebene: ›Für mich ist es ein großes Problem, mit dem ich nicht klar kommen werde!‹, auf der Beziehungsebene: ›Sie wollen sich sicher nicht drum kümmern!‹ und auf der Appellebene: ›Helfen Sie mir gefälligst dabei!«
  Double Binds haben eigentlich nur in abhängigen Situationen die Chance, sich bis zur vollen Reife zu entwickeln. Irgendetwas muss den Angesprochenen davon abhalten, der Zwickmühle zu entrinnen, indem er einfach die Kommunikation abbricht. In Briefings leistet das die Auftragssituation. Der Dienstleister wird es sich doppelt und dreifach überlegen, ob er sich die aus einer Kündigung entstehenden wirtschaftlichen Nachteile tatsächlich leisten kann. Auf der Basis solcher Abhängigkeit aber können Double Binds die oder den Betroffenen ernsthaft krank machen. Man hat eigentlich nur drei Chancen, damit umzugehen: Die schiefe Kommunikation selbst zum Thema zu machen (Metakommunikation), sie zu beenden (das verhindert meist die Abhängigkeit) oder zu schweigen und allmählich verrückt zu werden. Tatsächlich wird Schizophrenie in extremen Double Bind-Situationen zur häufig gewählten Notlösung, mit der das Individuum überleben kann.

Um bereits Teufelskreise möglichst früh auszuschalten, gibt es zwei Lösungen. Die erste kennen wir schon: Metakommunikation. Thematisieren Sie die Sache, holen Sie sie aus dem Verborgenen und packen Sie sie auf den

Tisch. Das mag zunächst zusätzliche Zeit brauchen, doch »die investierte Zeit zur Entfrachtung gibt es mit Zins und Zinseszins zurück.« (Schulz von Thun (2002a), S. 133)

Kritische Selbstbewertung

Unser zweiter Vorschlag: Haben Sie ein Auge auf sich selbst. Eine Innenschau, die sich die Frage stellt: Wie verhalte ich mich im Briefing? Was trage ich zu schwierigen Situationen bei? fördert immer wieder Erstaunliches zu Tage. Unsere Kommunikation funktioniert umso besser, je klarer wir unsere eigenen Taktiken durchschauen, je mehr wir daran arbeiten und uns so zu einer reiferen Persönlichkeit entwickeln. Kommunikation setzt eine klare Selbstsicht und eine daraus resultierende Positionierung voraus. Die ist nicht leicht, weil fast jeder große Ängste mitbringt, sich selbst zu offenbaren. Genau daran muss man arbeiten, will man besser kommunizieren.

So nachvollziehbar das Alles klingen mag – es wird Ihnen schwerer fallen als erwartet. Unser Rat: Überfordern Sie weder sich selbst noch Ihr Gegenüber. Spiele – auch die Spiele der Macht – gehören zum Grundkanon menschlicher Kommunikation. Sie völlig ausschalten zu wollen, wäre eine Aufgabe, die Sie nicht bewältigen können. Grundsätzlich kann es nur darum gehen, sich einem *Übermaß* an Spielchen und da vor allem den unsinnigen, nervtötenden und zeitraubenden zu entziehen.

Akzeptieren Sie, dass das Spiel, in dem die Beziehungen definiert werden, ein Teil Ihres Briefings ist. Werden Sie ein versierter Spieler, lernen Sie die Regeln des menschlichen Miteinanders verstehen, seien Sie wachsam gegenüber den beschriebenen beinahe archetypischen Beziehungsfallen wie Teufelskreisen und Double Binds, zuallererst aber: Versuchen Sie sich selbst, Ihre Beweggründe und Handlungsantriebe zu ergründen – und Sie werden automatisch beginnen, das Spiel zu entschärfen.

Kooperation und Konkurrenz

> Jeder von uns trägt eine .45er auf sich, und jeder von uns soll den andern erschießen, wenn der andere sich sonderbar verhält. Wie sonderbar ist sonderbar? Ich weiß es nicht. Zusätzlich zu der .45er habe ich eine .38er in meinem Diplomatenkoffer versteckt, von der Shotwell nichts weiß, und Shotwell hat eine .25er-Kaliber-Beretta, von der ich nichts weiß, an seine rechte Wade geschnallt. Statt die Konsole zu bewachen, bewache ich manchmal mit Betonung Shotwells .45er, aber das ist nur eine List, ein Manöver, denn in Wirklichkeit bewache ich seine Hand, wenn sie in der Gegend seiner rechten Wade herumschlenkert.
>
> *Donald Barthelme – Spiel*

Es ist ein Albtraum, den die Erzählung des Amerikaners Donald Barthelme beschreibt. Zwei Männer sitzen in einem geheimen Raketenbunker fest. Isoliert von der Außenwelt sollen sie im Kriegsfall gemeinsam die Bombe zünden. Doch von ihren Auftraggebern haben sie seit Monaten nichts gehört. Ihnen bleibt nur, sich die Zeit mit allerlei Spielchen totzuschlagen und sich gegenseitig zu kontrollieren. Denn, so lautet ihr Auftrag, wenn sich der eine merkwürdig verhält, soll ihn der andere töten. Während sie sitzen und warten, überdenken sie die Vor- und Nachteile von Kooperation und Betrug, von scheinbar blindem Vertrauen und tiefem Misstrauen – und werden nicht zuletzt wegen ihrer eigenen Projektionen langsam aber sicher verrückt.

Diese Situation ist die literarische Variante eines Modells, das der mathematischen Spieltheorie entlehnt und dort als ›Gefangenendilemma‹ bekannt ist.

Spieltheorie

Schon wieder Theorie? Wir versprechen: nur wenig. Und spannende obendrein. Denn die Spieltheorie, per se ein Kind der Mathematik, hat sich in den letzten fünfzig Jahren zu einem der wichtigsten Erklärungsmodelle für menschliches Verhalten in Konfliktsituationen entwickelt. 1994 erhielten drei Wissenschaftler den Nobelpreis für ihre Arbeiten, mit denen sie die Spieltheorie als Prognosemodell der Wirtschaft nutzbar gemacht hatten.

In der Spieltheorie werden künstliche Situationen definiert, in denen sich klare, unverwässerte Strategien von Kooperation oder Konkurrenz feststellen lassen. Deshalb hat sich das Gefangenendilemma zum zentralen Modell der Spieltheorie entwickelt: Gefangene können nicht auf Hilfe von außen hoffen, ihr Gewinn und Verlust ist unmittelbar von ihrer eigenen strategischen Entscheidung abhängig.

Gefangenendilemma

Dem Gefangenendilemma in seiner ursprünglichen Form liegt eine Verhörsituation zugrunde, in der zwei Schurken, die gemeinsam ein Verbrechen begangen haben, getrennt voneinander zwei Verhaltensoptionen erhalten: zu schweigen oder zu gestehen. Was die Situation knifflig macht, ist, dass die eigene Entscheidung positive oder negative Resultate zeitigt, je nachdem, wie sich der andere verhält.

Schweigen beide, erhalten beide eine milde Strafe, weil ihnen zu wenig nachzuweisen ist (mittlerer Gewinn). Schweigt man selbst und der andere gesteht, hat man den schwarzen Peter und wandert für lange Zeit ins Gefängnis, während der Geständige frei kommt (maximaler Verlust). Gesteht man und der andere schweigt, kehrt sich die Situation in ihr Gegenteil. Der andere wird eingekerkert und man selbst kommt frei (maximaler Gewinn). Gestehen allerdings beide, werden beide zu einer durchschnittlich langen Haftstrafe verurteilt (mittlerer Verlust). In der Mathematik lässt sich die statistische Gewinnerwartung recht einfach beschreiben, wobei die eigene Haltung zuerst, die des anderen als zweites genannt sei:

Betrug/Vertrauen =	++	(maximaler Gewinn)
Vertrauen/Vertrauen =	+	(mittlerer Gewinn)
Betrug/Betrug =	–	(mittlerer Verlust)
Vertrauen/Betrug =	– –	(maximaler Verlust)

Wie man sich verhalten wird, dürfte maßgeblich davon abhängen, wie man sein Gegenüber einschätzt. Da das (siehe Barthelme) oft schwierig wenn nicht unmöglich ist, bleibt einem am Ende nur die Wahl zwischen vier Entscheidungen, die mit statistisch belegbaren Risiken verbunden sind.

Vertrauen oder Betrug

Spannend wird das Spiel eigentlich erst, wenn man davon ausgeht, dass wir im täglichen Miteinander ja nicht nur einmal eine Entscheidung treffen, sondern wieder und wieder mit demselben Partner vor dieser Entscheidung stehen. Das bedeutet: Wir können den anderen für Kooperationsbereitschaft belohnen, für Vertrauensbruch und Betrug bestrafen. Die Spieltheorie spricht dabei vom iterativen, also vom wiederkehrenden Gefangenendilemma – und hat dieses Thema ausführlich untersucht, um der Frage nachzugehen: Welche Strategien sind langfristig Erfolg versprechender: Kooperation (Vertrauen) oder Konkurrenz (Betrug)?

Dazu übersetzten die wissenschaftlich sanktionierten Spieler die wiederholte strategische Entscheidung in kleine Computerprogramme, die die eigene Entscheidung nach einem jeweils unterschiedlichen, aber genau festgelegten Muster vom Verhalten des Gegenübers abhängig machen. Dann startete man die Programme und verglich nach einer vorher festgelegten Zahl von Durchläufen die Bilanzkonten von Gewinn und Verlust.

Das überraschende Ergebnis: Quer durch alle Versuchsreihen waren Programme erfolgreich, die eine bisweilen eher verhaltene, bisweilen offene Neigung zum Vertrauen an den Tag legten. Allerdings konnte blindes Vertrauen bei besonders böswilligen Gegenspielern auch direkt in die Katastrophe führen. In der ersten Runde siegte ein Programm mit dem Titel: »Tit for Tat« – Wie Du mir, so ich Dir. Es war eines der einfachsten und entschied sich immer, den Gegner so zu behandeln, wie er selber handelte. Beim ersten Mal gewährte es indes einen Vertrauensvorschuss.

In langen Versuchsreihen, die wir hier nicht abschreiten wollen, wurden die Programme immer raffinierter, die Optionen durch die Möglichkeit ergänzt, die Beziehung ganz aufzukündigen und den Austausch damit zu stoppen, falls die Betrugshäufigkeit einen kritischen Wert erreichte.

Reaktives Vertrauen

Nun zeigte sich, dass Programme, die ein nicht blindes, aber grundlegendes Vertrauen an den Tag legten, die bei weitem überlegenen waren. Wenn der andere betrog, wurde er vom Siegerprogramm sofort und einmalig durch Betrug abgestraft. Dann aber nahm es wieder eine versöhnliche Haltung ein und kehrte – letztlich grundlos, will heißen: aus Prinzip – zum Vertrauen zurück. Wurde das Vertrauen regelmäßig mit Füßen getreten, brach das Programm die Beziehung ab. In der Spieltheorie heißt das: vertrauensorientiert, aber begrenzt reaktiv.

Erfolgsstrategien

Aus den Ergebnissen ließen sich einige Grundregeln für ein optimales Verhalten in Konfliktsituationen ableiten.

- Es ist besser nett zu sein, als böse. (Nie als Erster betrügen!)
- Man muss aber reaktiv sein. (Wer Betrugsversuche ignoriert, ermuntert nur die Gegenseite zu weiteren Betrugsakten.)

- Man muss rasch vergeben, will man nicht Chancen gedeihlicher Kooperation verschenken. (Auch nach schlechten Erfahrungen wieder einen Vertrauensvorschuss gewähren!)
- List und Tücke bringen auf lange Sicht nichts ein. Nur berechenbares Verhalten sichert Erfolge.
- Wird man mit unverbesserlicheren Betrügern konfrontiert, muss man konsequent genug sein, die fruchtlose Beziehung abzubrechen.

Perspektive als Faktor

Von großer Bedeutung ist dabei allerdings noch eine Variable, die in der Spieltheorie als ›Diskontfaktor‹ bezeichnet wird. Sie beschreibt, welches Interesse die Beteiligten an der Fortführung der Zusammenarbeit haben. Sieht man eine langfristige Perspektive oder geht man davon aus, dass es beim kurzfristigen Miteinander bleiben wird? Je nachdem wie diese Frage beantwortet wird, fallen auch die Wahrscheinlichkeiten von Betrug und Vertrauen aus. Wer wenig Perspektive in der Beziehung sieht, neigt rasch zu der Haltung »Nach mir die Sintflut!«. Je absehbarer das Ende einer Beziehung ist, desto sinnvoller und vielversprechender wird der Betrug.

Es kann nach allem bisher Gesagten kaum überraschen, dass wir eine grundsätzlich kooperative Haltung für die Voraussetzung einer für beide Seiten ersprießlichen Zusammenarbeit halten. Was der gesunde Menschenverstand nahe legt, wird allerdings auch durch diese Ergebnisse der mathematischen Spieltheorie noch einmal untermauert:

Der wahre Egoist kooperiert.

Reisebilanz II – Soziologie der Macht und Berufspraxis

So wie wir weiter oben die Grundregeln menschlicher Kommunikation zusammengefasst haben, wollen wir auch die Erkenntnisse des letzten Kapitels noch einmal Revue passieren lassen und in praktische Regeln für den Alltag Ihrer Briefings übersetzen.

Praxis-Tipp

Grundregeln kooperativen Verhaltens

- Checken Sie Ihr Gegenüber aber auch sich selbst nach den drei typischen Spielhaltungen Angreifer, Opfer und Retter ab. Weisen Sie Spielangebote dieser Art immer zurück.
- Einen ähnlichen Erfolg erzielen Sie mit dem Modell der acht Kommunikationsstile: bedürftig-abhängig, helfend, selbstlos, agressiv-entwertend, sich beweisend, bestimmend-kontrollierend, sich distanzierend und mitteilungsfreudig-dramatisierend. Achten Sie auf den persönlichen Stilmix, den Sie im Briefing an den Tag legen.
- Behandeln Sie Ihr Gegenüber so, wie Sie selbst behandelt werden möchten.

Praxis-Tipp
Grundregeln kooperativen Verhaltens

- Moralisieren Sie nicht an der Person und schreiben Sie Verständnisschwierigkeiten der Situation und nicht der Bosheit Ihres Gegenübers zu.
- Suchen Sie deshalb mögliche Fehler immer auch bei sich selbst.
- Vermeiden Sie Manipulationen. Vergessen Sie Tricks, Techniken und billige Rhetorik.
- Rufen Sie sich vor Augen, dass Ihr primäres Ziel nicht die Beeinflussung des Gegenübers ist, sondern die gemeinsame Erledigung der Aufgabe.
- Lassen Sie keine Teufelskreise, Double Binds und andere Spiele ohne Gewinner entstehen. Durchbrechen Sie bereits vorhandene, indem Sie anders reagieren, als es die Situation zu erfordern scheint und beispielsweise das Spiel, das Sie und Ihr Gegenüber spielen, selbst zum Kommunikationsthema machen.
- Betrügen Sie nie zuerst. Lassen Sie es aber nie ungestraft durchgehen, wenn man Sie betrügt.
- Seien Sie versöhnlich. Gewähren Sie auch nach Auseinandersetzungen wieder einen Vertrauensvorschuss.
- Trennen Sie sich ohne zu Zögern von Ihrem Partner, wenn Ihre Kooperationsangebote wieder und wieder mit Betrug bestraft werden.
- Zeigen Sie dem Gegenüber Perspektiven. Das reduziert die Wahrscheinlichkeit, dass man Sie zum Besten halten will.

7. Kapitel
Nabelschau – Selbstklärung und Position

> Das Grundlegendste für einen Mann, der versucht, den Kontakt zur Welt um ihn herum wiederherzustellen, ist nicht Beweglichkeit, sondern ein fester Stand.
>
> *T. H. White – England have my bones*

Ein K unserer 8K-Regel haben wir bisher noch so gut wie gar nicht beleuchtet: Es ist das K für *konsequent*. Konsequenz setzt dabei vor allem eine klare Positionierung voraus. Wie wichtig die in jeder Form menschlichen Austausches ist, haben bereits die Ausführungen zu den Machtspielen erahnen lassen. Wer sich unsicher fühlt, trumpft gerne auf und neigt schnell zu Machtspielen, die das sachliche Miteinander überdecken. Je mehr Sicherheit Sie sich in der Sache verschaffen können, desto zielstrebiger können Sie sich orientieren, ohne sich von Beziehungsfaktoren ablenken zu lassen. Doch Selbstklärung und das Beziehen einer klaren, konsequenten Position haben im Briefing noch eine Menge weiterer Facetten.

Sendeverbot für Radio Eriwan

> Die Bundesregierung ist der Auffassung, dass die deutsche Sprache im Inland weitgehend akzeptiert wird.
>
> *Papier der Bundesregierung*

Eine böse, vielleicht die tückischste Krankheit, die Ihr Briefing heimsuchen kann, ist das Radio-Eriwan-Syndrom. Häufigstes Symptom einer Ansteckung ist die Grundhaltung »Im Prinzip ja, aber …«. Als weitere Anzeichen treten auf: Sätze, die in ihrer Unverbindlichkeit dem eingangs zitierten das Wasser reichen können, und im Endstadium ausufernde (und zahlreiche) Jours Fixes, die selten zu greifbaren Ergebnissen führen…

Konsequente Positionierung

Ein gesundes Briefing setzt voraus, dass Sie sich als Auftraggeber positionieren und diese einmal eingenommene Position im Verlauf der Projektarbeit auch beibehalten. Haben Sie Vertrauen in Ihre Entscheidungen.

Eine konsequente persönliche Haltung ist so wirkungsmächtig, dass sie sogar einige der bisher behandelten Regeln menschlichen Miteinanders außer Kraft setzen kann. Das wurde uns klar, als wir in der Vorbereitungsphase dieses Buches mit einem mit allen Wassern gewaschenen alten Kämpen der Marketingkommunikation sprachen. Als Werbeleiter hatte er in fast 30 Jahren fünf Geschäftsführer mit sehr divergierenden Strategien erlebt – und überlebt –, bevor er in Rente ging. Sein Erfolgsgeheimnis: Er wusste immer haargenau, was er wollte. So genau, dass es ihn wenig störte, wie die Politik seiner Vorgesetzten aussah. Gute Sach- und Marktkenntnis, ein sicheres Standing im Unternehmen und Kontinuität in der Zusammenarbeit mit den Dienstleistern verschafften ihm Konturen, die vieles möglich machten, was man als Dienstleister nur wenigen Auftraggebern gestattet. Der Mann gehört zu jenen Naturtalenten, denen man auch kaum verhohlene Lenkung durchgehen lässt. Er überzeugte durch Kompetenz und die klare Kontur seiner Ziele und seines Wollens. Wer mit ihm arbeitete, merkte: Diesem Menschen ging es nicht um Macht um der Macht willen, er setzte sie höchstens ein, um ein Ziel zu erreichen. Dabei geizte er zu keiner Sekunde mit Loyalität und Unterstützung für seine Auftragnehmer. Von einer solchen typischen Vaterfigur ließen sich auch die sensibelsten und eigensinnigsten Gestalter willig führen, weil klar war, dass das eigene Vertrauen an dieser Adresse immer gut investiert sein würde.

Personelle Kontinuität

In der Praxis, der wir weniger talentierten Normalsterblichen täglich ausgesetzt sind, führen dagegen Unsicherheiten oder zeitliche Engpässe nicht selten dazu, dass die Regel der Konsequenz aus Unvernunft über den Haufen geworfen wird. Das fängt bereits mit der Vernachlässigung *personeller Kontinuität* an.

Der Grundsatz Ihrer Briefings sollte lauten: Ein Projekt, ein Ansprechpartner. Auch aufseiten des Auftraggebers. Denn was für den Kontakter gilt, gilt analog auch für Sie: Jeder Wechsel schafft neue Fehlerquellen. Wenn Sie selbst verhindert sind, sollten Sie zuerst versuchen, den entsprechenden Termin zu verlegen. Einen Vertreter zu schicken ist immer und grundsätzlich die schlechtere Variante.

Wenn die Seite des Auftraggebers bei jedem Gespräch mit dem Dienstleister ein anderes Gesicht zeigt, wird sich eine konstruktive Zusammenarbeit nicht entwickeln. Natürlich kann der Geschäftsführer mal dazugebeten werden, um sich seiner Unterstützung zu versichern und um ihm zu demonstrieren, dass nichts gegen seinen Willen und gegen sein Interesse geschieht. Eine oszillierende Gremienbesetzung gibt indes jedem Projekt den Todesstoß. Erstens muss bei jedem Treffen die Beziehung der Kommunikanten neu definiert werden. Zweitens entsteht die Notwendigkeit, den bislang erreichten Zwischenstand immer aufs Neue zu rekapitulieren – und in Frage zu stellen. Drittens neigt jeder neue Mitwirkende dazu, eigene Prioritäten und Schwerpunkte innerhalb des Auftrags zu setzen und damit das bisher Erreichte zu unterlaufen.

Jurorenkompetenz

Das größte Problem solcher Briefinggremien ist indes – ganz ähnlich wie bei Präsentationen –, dass beileibe nicht immer Fachleute an den Tisch geholt werden. Fatalerweise neigen besonders unsichere Unternehmen zu einer Strategie geteilter Verantwortung, die selten aufgeht. Man will sich des Rats und der Unterstützung von Kollegen versichern, möglichst viele Meinungen einbinden, die kommunikativen Entscheidungen auf eine möglichst breite Basis stellen – und stiftet de facto nur Verwirrung bei allen Beteiligten.

Typisch für solche Fälle sind Briefings, die nicht strukturiert vorbereitet und vermittelt werden, sondern in zahllosen Abstimmungsrunden häppchenweise entstehen. Das findet seine Entsprechung in der Projektabwicklung, die mit zahllosen zwischengeschalteten Kontrollstufen und zeitraubenden Meetings belastet wird. Zu allem Überfluss wird dann das Ergebnis jeder Zwischenstufe von neu hinzukommenden Beteiligten weidlich aufs Korn genommen.

Unsicherheiten und Wankelmut

Das nimmt an sich nicht Wunder, denn natürlich ist jeder motiviert und will sein bestes leisten, seine Ideen und Vorstellungen einbringen. Leider beruhen diese sehr häufig weniger auf fachlichen Qualifikationen in Sachen Kommunikationsstrategie als auf persönlichem Geschmack, eigenen Erlebnissen und Vorstellungen. Jeder nutzt Sprache, jeder liest Zeitschriften, jeder ist irgendwo Kunde, jeder täglich der Werbung ausgesetzt – also sind wir auch der Überzeugung, diese Erfahrungen bildeten eine ausreichende kommunikative Kompetenz, um einen (aus der eigenen Perspektive natürlich immer und durchweg vernünftigen) Beitrag zur Diskussion zu leisten. Wenn dann noch interne Meinungsunterschiede zwischen einzelnen Abteilungen in die Arbeit mit dem Dienstleister hineingetragen werden, ist das Hü-Hott vorprogrammiert.

Ziel- und Umfangsänderungen während der Projektarbeit aber bilden den schlimmsten und überflüssigsten Eingriff, den sich Auftraggeber leisten können. Es ist, als stiegen Sie in ein Taxi und nennten dem Fahrer auf halbem Weg ein neues Ziel. Was dabei oft vergessen wird: Das Taxometer tickt weiter. Und rattert Kosten zusammen, die Sie am Ende auf Ihrer Rechnung wiederfinden, ohne dass diese mit einem konkreten, handfesten Ergebnis legitimiert wären.

Wir haben selbst Projekte erlebt, bei denen auf diese Weise ein normalerweise in vier Wochen abzuwickelndes Projekt mühelos auf anderthalb Jahre gestreckt wurde. Man muss nicht betonen, dass das Endergebnis niemanden mehr zufrieden stellen konnte, sondern nur noch aus Erschöpfung akzeptiert wurde.

Praxis-Tipp

Klare Verantwortlichkeiten, klare Position

- Stellen Sie für Ihr Unternehmen die Verantwortlichkeit für jedes Projekt klar, indem Sie eine Einzelperson oder ein fest umrissenes Projektteam von nicht mehr als drei Personen benennen, die oder das mit ausreichend Entscheidungskompetenz ausgestattet ist und von Anfang bis Ende für die Projektarbeit verfügbar ist.
- Ändern Sie nicht die Aufgabenstellung bei laufender Projektarbeit. Richtungswechsel kosten Geld. Ihr Geld.
- Haben Sie Vertrauen zu Ihren eigenen Entscheidungen.
- Vermeiden Sie es unbedingt, nicht abgeschlossene Abstimmungsprozesse aus dem Unternehmen ins Briefing mitzunehmen und dort auszutragen.

Mit einer Stimme – Die Mannschaft hinter sich bringen

Positionierung im Unternehmen

Zeit und Aufwand für die Informationssammlung im eigenen Haus sind *eine* Sache, die berücksichtigt sein will, eventuelle Hemmnisse, die sich dieser Arbeit entgegenstellen, eine andere. Widerstände aus dem eigenen Haus können Ihre Vorarbeiten zum Briefing beträchtlich erschweren. Alles, was über die Grundprobleme menschlicher und organisatorischer Kommunikation gesagt wurde, gilt natürlich auch innerhalb des eigenen Unternehmens. Machtspiele und Grabenkämpfe zwischen den Beteiligten, Abteilungsegoismus, unterschiedliche Sprachen und nicht kompatible Kompetenzen gehören in vielen Unternehmen zum Alltag. Das stellt Sie vor zusätzliche Probleme. Aufgaben und Ziele unmissverständlich und eindeutig zu formulieren, ist eine Vorbedingung jedes erfolgreichen Briefings. Diese inhaltliche Position müssen Sie aber im Haus abstimmen, nach innen und oben legitimieren, Ihre Entscheidungen absichern und sich so den Rücken für Ihre Arbeit freihalten. Genau dabei kommen Ihnen weitere Hürden in die Quere.

Ihre interne Unternehmensorganisation und die Akzeptanz, die Sie als Marketingvertreter in Ihrem Unternehmen genießen, hat so direkte Auswirkungen auf die Qualität Ihrer Briefings. Welche Rolle spielen Sie als Werbe- oder Marketingleiter im Miteinander der Abteilungen? Wie gut gelingt es Ihnen, diese Rolle den Kollegen verständlich zu machen? Wie wird Ihre Arbeit eingeschätzt? Vertraut man Ihnen? Hört man auf Ihren fachmännischen Rat? Oder fühlt man sich von Ihnen überfahren?

Projekt Marketing-Bruchstellen

Im Jahr 2002 hat sich eine Studie diesem erstaunlich wenig beackerten Feld zugewandt. Initiiert wurde das »Projekt Marketing-Bruchstellen« von der Zeitschrift ›absatzwirtschaft‹ in Zusammenarbeit mit Peter Schütz, Professor der Fachhochschule Hildesheim. Ausgangspunkt der Untersuchung war eine gängige Erkenntnis: »Das Marketing als Relais hat viele Schnittstellen zu anderen Funktionen. Dabei wird es jedoch zunehmend schwerer, die Stimme des Kunden durch die Bereiche bis in die Entwicklung zu tragen.« (Schütz (2002b), S. 33)

Schütz befragte in einer ersten Phase Leser der ›absatzwirtschaft‹ und des ›Handelsblatt‹ – insgesamt 240 Führungskräfte und Mitarbeiter aus Betrieben aller Branchen und Größen. In 60 persönlichen Interviews mit ausgewählten Teilnehmern vertieften die Forscher die Ergebnisse. Die vielleicht wichtigste Erkenntnis war: Die größten Hürden für das Marketing liegen im eigenen Betrieb.

Das kommt nicht von ungefähr. Marketingabteilungen haben quer durch alle Branchen, in kleinen, mittleren wie größeren Unternehmen mit einem schlechten Image im eigenen Haus zu kämpfen. Ihre Arbeit wurde unmissverständlich mit entsprechenden, altbekannten Stereotypen belegt.

Quelle: absatzwirtschaft Sonderheft 2000, S. 40

Wie gering angesichts solcher Werturteile die Bereitschaft anderer Unternehmensteile ausfällt, vorbehaltsfrei und sachorientiert mit den eigenen Kommunikationsprofis zusammenzuarbeiten, liegt auf der Hand. Um gute Briefings überhaupt erst möglich zu machen, müssen Sie deshalb zuallererst Vorarbeit im Unternehmen leisten. Sie müssen laufenden Kontakt nach innen halten, sich ein sicheres Wissensfundament erarbeiten und Einsichten in die Haltungen der Abteilungen und Bereiche gewinnen. Ein klares Briefing vom internen Kunden einzuholen, wird zur vordringlichsten Aufgabe. Das gilt nicht nur für die horizontale Abstimmung zwischen den einzelnen Abteilungen, sondern auch für die vertikale Abstimmung mit übergeordneten Entscheidern.

Nur durch eine geeignete Pflege dieser internen Kunden-Lieferanten-Beziehungen können Sie verhindern, dass Werbung und Kommunikation zum Freizeitvergnügen einzelner Entscheidungsträger werden oder die Marketingabteilung zum Unternehmen im Unternehmen degeneriert.

Persönliches Networking

Eine betriebsinterne Kommunikationsarchitektur, wie sie ein Intranet bietet, kann dabei wertvolle Dienste leisten. Thorsten Krahn, Trade-Marketing Manager bei Tchibo, der sich an der zitierten Studie beteiligte, geht allerdings davon aus, dass die größte Bedeutung einem funktionierenden Netzwerk zwischen den Schlüsselpositionen zukommt. Das ist eine Einsicht, die sich mit unseren praktischen Erfahrungen deckt. Wenn die persönlichen Beziehungen der Abteilungsleiter und Entscheidungsträger unter- und zueinander im Argen liegen, schlägt sich das immer in der Qualität der Briefings nieder. An diesen persönlichen Netzwerken zu arbeiten wird zu einer Aufgabe, der Sie kaum eine zu hohe Priorität beimessen können.

Interne Abstimmungsprozesse

Kleinere Betriebe haben aus diesem Blickwinkel einen gewissen Vorteil. Ergebniskritische Abstimmungsprozesse nehmen mit zunehmender Arbeitsteilung zu. In großen Betrieben sind die Entscheidungswege häufig länger, umfassen mehr Schnittstellen und bergen deshalb auch mehr Fallstricke für den Informationsfluss. Letztlich resultiert daraus auch eine längere Vorbereitungszeit fürs Briefing. Allerdings bieten größere Unternehmen auch einen breiteren, zumindest theoretisch direkt greifbaren Wissensfundus (über Märkte, Zielgruppen usw.). Eine eigene Research- oder Marktforschungsabteilung kann Ihnen wertvolle Infos zuliefern – wenn sie will.

Abteilungsegoismus

Den Goodwill Ihrer Kollegen brauchen Sie indes nicht nur vonseiten jener Abteilungen, die in der Wertschöpfungskette dem Marketing vor- oder nachgeordnet sind. Gerade Querschnittsressorts, die um Budgets konkurrieren, tendieren dazu, Erbhöfe mit großem Elan zu verteidigen und zeigen sich entsprechend spröde, wenn es darum geht, die Aktivitäten des Marketing zu unterstützen. Vollends fatal wird die Situation, wenn auch noch verschiedene marketingrelevante Abteilungen exisiteren, die statt zusammenzuarbeiten ihren Bereichsegoismus pflegen.

»Die lehrbuchmäßige Umsetzung der integrierten Kommunikation wird jedenfalls nicht dadurch erleichtert, dass in Automobilkonzernen klassische Medien, Direkt- und Online-Marketing, Messen und Ausstellungen sowie Sponsoring ihr Eigenleben führen. Schafft man dann noch neben der Verantwortung für das Massengeschäft eine CRM-Abteilung für die wertvollen Segmente, muss neben dem Montag auch noch der Dienstag als Meeting-Tag geblockt werden.« (Schütz (2002b), S. 36)

Man machte es sich trotzdem zu einfach, wollte man das Scheitern einer vernünftigen Briefingvorbereitung nur dem egoistischen Unwillen der eigenen Kollegen anlasten. Nicht selten entsteht dieser Unwille erst als Reaktion auf Defizite in der Arbeit der Marketingabteilungen nach innen. Wo der Informationsfluss von den Kommunikationsprofis zu den Fachabteilungen mehr schlecht als recht funktioniert, darf man sich nicht wundern, wenn die Fachabteilungen umgekehrt wenig Bereitschaft zeigen, auf – häufig auch noch kurzfristige – Anforderungen hin präzise Informationen zu liefern. Wie sehr solche internen Probleme auf die Arbeit des Dienstleisters durchschlagen, zeigt das folgende Beispiel.

Beispielfall

Punkt 1 Punkt 2 Punkt 5 Punkt 1 Punkt 6

Auftraggeber war die Kommunikationsabteilung eines Betriebes der öffentlichen Hand, der erst jüngst aus der Zusammenlegung zweier vorher getrennter Unternehmen gebildet worden war. Mit großem Elan hatte der Geschäftsführer die Entwicklung eines neuen Erscheinungsbildes vorangetrieben, dem fortan alle Publikationen seines Hauses folgen sollten. Mit dem neuen Auftritt wollte er die Abteilungen, die einst miteinander konkurrierten und sich alles andere als grün gewesen waren, zusammenschmieden und lang gepflegte Feindschaften überwinden. Zudem sollte eine stärkere Hinwendung zu den Endverbrauchern, also eine Öffentlichkeitsarbeit mit Stoßrichtung auf die Kunden der Kunden möglich werden.

Eine Designagentur wurde mit der Aufgabe betraut und entwickelte mit großer gestalterischer Finesse ein umfangreiches Design Manual voller Farbcodierungen, Logovarianten und stringent durchdeklinierter Layoutregeln, das die Äußerungen des Unternehmens auf eine gemeinsame Linie brachte.

Wie bei Folgeinstitutionen der öffentlichen Hand üblich wurde wenig später die Realisierung einer Broschüre (nehmen wir der Einfacheit halber an: einer Publikation über neue Recyclingtechnologien) ausgeschrieben und die beauftragte Agentur auf den Einsatz des Erscheinungsbilds verpflichtet. Die Broschüre enthielt Fachwissen, das für die Experten brandneu und allein aufgrund dieses innovativen Gehalts hochinteressant war. Die breite Öffentlichkeit (also die Kunden der Kunden) konnte(n) mit den Informationen wenig anfangen.

Die Fachabteilung lieferte der Agentur voller Stolz eine nach wissenschaftlicher Art aufbereitete Textvorlage mit zahlreichen Unterpunkten und eingestrichenen Listen. Das Problem: Eine so stark strukturierte Vorlage war im Rahmen der Gestaltungsvorgaben nicht zu layouten. Das dreispaltige Seitenlayout bot in keiner Weise genügend Raum, um die Zu- und Unterordnungen durch Einrückungen in den ästhetisch schmalen Spalten kenntlich zu machen. Das war von den Machern durchaus gewollt. Veröffentlichungen des Hauses sollten leserfreundlich sein und sich auf maximal drei Hierarchieebenen innerhalb der Texte beschränken. Für die Agentur bedeutete das die – auch vom Referat Kommunikation betonte – Notwendigkeit, den Text zu überarbeiten und aus der wissenschaftlichen eine auch für Nichtfachleute zugängliche Textform zu machen.

Als der Text zur fachlichen Korrektur an seine Urheber zurückging, entbrannte ein Sturm im Wasserglas. Auf keinen Fall, so die erboste Fachreferentin, könne man hinnehmen, dass die klare gedankliche Struktur des Textes so mit Füßen getreten würde. Das Designmanual sei eine Kopfgeburt der Zentrale, die jeder Informationsgewohnheit der Fachleute Hohn spreche. Was man damit jedem Fachtext antäte, sehe man ja deutlich an der vorgelegten Arbeit. Die Inhalte seien zwar alle enthalten und an sich richtig wiedergegeben, doch die Form geriere sich wie eine Publikumsbroschüre und entspräche in keiner Weise der wissenschaftlichen Bedeutung der darin wiedergegebenen Erkenntnisse.

Das Kommunikationsreferat stand damit vor der unangenehmen Entscheidung, das vom Chef gewünschte Erscheinungsbild kompromisslos durchzuboxen und die Fachabteilung vor den Kopf zu stoßen oder die mühsam entwickelte Gestaltungslinie aufzugeben und Schwächen in der eigenen (Vor-)Arbeit einzugestehen. Natürlich wurde am Ende eine Kompromisslösung gefunden, die keine der beiden streitenden

Parteien im Hause, nicht die ausführende Agentur und erst recht nicht die möglichen Leser zufrieden stellen konnte.

Ein schwieriger Fall. Keiner der vertretenen Meinungen konnte man eine gewisse Berechtigung absprechen. Als es an die Realisierung der Broschüre ging, war die Fehlerquelle schon in ganzer Breite angelegt, weil das neue Erscheinungsbild über die Köpfe der Betroffenen hinweg entwickelt worden war. Eine stärkere Einbindung der Fachabteilungen hätte der Designagentur vermutlich rechtzeitig gezeigt, dass bei aller Hinwendung zu einem erweiterten Publikum auch weiterhin Fachbroschüren mit spezifischen Gesetzmäßigkeiten auf den Tisch kamen, die man mit einer eigenen Layoutvariante im Erscheinungsbild hätte berücksichtigen müssen. Welcher der beiden Seiten man Sturheit und Engstirnigkeit vorwirft, ist in solchen Fällen nur noch davon abhängig, welcher Seite man selbst angehört. Einzig ein besserer Informationsfluss zwischen Kommunikationsabteilung und Fachabteilungen schon lange vor dem konkreten Auftrag hätte die Zwickmühle verhindern können.

Ist das Marketing also selbst schuld, wenn es von den Fachabteilungen blockiert wird? Sicher ist: Viele Diskrepanzen lassen sich durch einen verbesserten Austausch aus dem Weg schaffen. Dennoch gibt es immer wieder Fälle, bei denen auch ausgiebige Diskussionen und Abstimmungen ergebnislos bleiben.

Demokratisch entscheiden?

Dafür verantwortlich ist ein grundlegendes gesellschaftliches Problem, das der Kulturphilosoph und Publizist José Ortega y Gasset schon 1929 mit erstaunlicher Weitsicht beschrieben hat. Nicht nur in öffentlichen Institutionen, sondern auch in den immer stärker partizipativ orientierten Unternehmen der Wirtschaft sollen Entscheidungsfindungsprozesse möglichst demokratisch ablaufen. Das Mitspracherecht setzt allerdings die Kompetenz der Gefragten voraus. So wie die Demokratie als Gesellschaftsform den mündigen und informierten Bürger braucht, wird das Wissen um die Grundregeln der Kommunikation zur conditio sine qua non, wenn kommunikative Entscheidungen partizipativ und gleichberechtigt gefällt werden sollen. Die immer tiefer gehende Spezialisierung der Arbeitswelt macht dieses Überblickswissen zunehmend schwieriger und führt zugleich dazu, dass seine Notwendigkeit immer weniger erkannt wird.

Der Spezialist als Laie

»Der Spezialist ist in seinem winzigen Weltwinkel vortrefflich zu Hause; aber er hat keine Ahnung von dem Rest. [...] Er ist nicht gebildet, denn er kümmert sich um nichts, was nicht in sein Fach schlägt; aber er ist auch nicht ungebildet, denn er ist ein Mann der Wissenschaft und weiß in seinem Weltausschnitt glänzend Bescheid. Wir werden ihn einen gelehrten Ignoranten nennen müssen, und das ist eine überaus ernste Angelegenheit; denn es besagt, dass er sich in allen Fragen, von denen er nichts versteht, mit der ganzen Anmaßung eines Mannes aufführen wird, der in seinem Spezialgebiet eine Autorität ist.

Tatsächlich ist hiermit das Gebaren der Fachgelehrten gekennzeichnet. In den anderen Wissenschaften, in Politik, Kunst, sozialen Angelegenheiten, hat er die Ansichten eines Wilden, eines hoffnungslosen Stümpers, aber er verteidigt sie mit Nachdruck und Selbstvertrauen, ohne Rücksicht – und das ist das Widersinnige – auf die dort zuständigen Fachleute. Als die Zivilisation ihn zum Fachmann machte, hat er sich unerreichbar und wohlzufrieden hinter seinen engen Grenzen verschanzt; und eben dies innere Gefühl von Selbstgenügsamkeit und Tüchtigkeit treibt ihn dazu, auch außerhalb seines Spezialgebietes das große Wort führen zu wollen. So kommt es, dass sich selbst Männer, die einen Höchstfall von Qualifikation, von spezieller Begabung, und sonach den Gegenpol zum Massenmenschen darstellen sollten, in fast allen Lebensbereichen wie undifferenziertes und durchschnittliches Volk betragen.« (Ortega y Gasset (1959), S. 122)

Marketing versus Fachabteilung

Es wird immer wieder Situationen geben, in denen eine Entscheidung des Marketing gegen den Willen der Fachabteilungen ausfallen muss. Alles was Sie tun können, um auch aus solchen Situationen das Beste zu machen, ist, durch ständige Legitimation der eigenen Arbeit im Unternehmen eine *Vertrauensbasis* aufzubauen. Nur sie kann den Überstimmten das Gefühl geben, dass nicht Willkür und Überheblichkeit der Kommunikationsprofis, sondern für sie vielleicht nicht in letzter Konsequenz nachvollziehbare, aber doch fundierte fachliche Entscheidungen dazu geführt haben, dass sie sich den Experten beugen mussten.

Haben Sie das Recht zu briefen? – Operationale und strategische Befugnis

Ein Faktor, der maßgeblich Ihre Position bestimmt, fehlt uns noch. Es ist ein Faktor, der weniger eine Frage der bewussten Wahl als vielmehr der Einordnung in die hierarchischen Strukturen des eigenen Unternehmens ist.

Entscheidungskompetenz und Hierarchie

Wir hatten weiter vorne gezeigt, dass im Unternehmen verschiedene, ineinander eingebettete Strategieebenen bearbeitet werden müssen. Die saubere Trennung zwischen den verschiedenen Ebenen fällt oft – auch das hatten wir gesagt – nicht einmal im Unternehmen selbst leicht. Was das Problem zusätzlich verschärft, ist, dass die Entscheidungskompetenzen auf den verschiedenen Ebenen so gut wie nie in den Händen einer einzigen Person liegen. Je nach Unternehmen sind sie zwischen Geschäftsleitung und Marketing, aber auch innerhalb der Marketingabteilung auf mehrere Akteure verteilt.

Gerade Marketingabteilungen größerer Unternehmen bilden eine Welt im Kleinen, bei denen beileibe nicht nur der strategiebefugte Abteilungsleiter Dienstleister aus dem Kommunikationsbereich brieft. Für Agenturen wird das zum Problem, wenn beispielsweise ein Mitarbeiter des Auftraggebers von seinem Vorgesetzten damit beauftragt wurde, ein operationales

Kreativbriefing zu erteilen, und sich bei der konstruktiven Bearbeitung des Themas mit der Agentur herausstellt, dass es noch strategischen Klärungsbedarf gibt.

Der Dienstleister benötigt viel Fingerspitzengefühl, um seinem direkten Ansprechpartner in solchen Fällen klarzumachen, dass es an der Zeit ist, die nächsthöhere Entscheidungsebene ins Boot zu holen, ohne ihm zugleich das Gefühl zu vermitteln, er sei ein Handlungsgehilfe und Subalterner, der mit dieser Aufgabe an seine Grenzen stoße. »Es ist immer besonders heikel,« sagte uns ein gewiefter Agenturleiter, »wenn wir an eine Stelle geraten, wo ich unseren Kunden an sich fragen müsste, ob er überhaupt das *Recht* hat, uns zu briefen.«

Operative oder strategische Befugnis

Gehen Sie als Auftraggeber offen und sachlich mit dem Problem begrenzter Kompetenzen um – gerade weil es beträchtliches Potential für Konflikte innerhalb Ihres Selbstbildes und Ihres Selbstwertgefühls birgt.

Wo Ihre Vorgesetzten es nicht tun, machen Sie frühzeitig sich selbst und danach auch Ihrem Dienstleister klar, auf welcher Ebene Sie als Vertreter Ihres Unternehmens agieren. Trennen Sie dabei strikt zwischen strategischen und operationalen Befugnissen.

Es ist keine Schande, wenn Sie Ihre Position auf ein rein operationales Herangehen festlegt. In vielen Unternehmen stellt eine operational orientierte Erwartung ohnehin die Grundhaltung dar, mit der man an den Dienstleister herantritt. Zeigt sich indes Entscheidungs- oder Handlungsbedarf, der über die reine Ausführung hinausgeht und in die Ebene der Kommunikations- oder gar Marketingstrategie hineinreicht, sollten Sie darauf vorbereitet sein und den Auftrag oder die aufgeworfenen Fragen an den dafür Entscheidungsbefugten weitergeben.

Aus uneingestandener Eitelkeit oder aus Furcht, der Vorgesetzte könnte einen schlechten Eindruck bekommen, werden vom Dienstleister geäußerte strategische Bedenken nicht selten einfach übergangen. Die Arbeit wird auf der operationalen Ebene munter vorangetrieben, obwohl klar ist, dass diese Ebene auf wackligen Beinen steht. Das ist das Schädlichste, was Sie tun können.

Das Ergebnis wird niemanden zufrieden stellen. In der Regel platzt die Blase früher oder später und Sie selbst stehen genau wie der von Ihnen beauftragte Dienstleister als begossene Pudel da, die nicht rechtzeitig genug erkannten, worin das eigentliche Problem lag.

Loyalität – Sich zum Partner positionieren

Kehren wir noch einmal zurück zu unserem alten Kämpen. Neben seinen präzisen Zielvorstellungen und seinem daraus resultierenden Talent zu menschlicher Führung gab es noch eine andere Eigenart, die ihn auszeichnete, und die alle Dienstleister, die mit ihm arbeiteten immer wieder unterstrichen: seine Loyalität mit den von ihm beauftragten Agenturen.

Das Team teilt Erfolg und Misserfolg

Was er klar erkannt hatte: Ist der Auftrag einmal ausgelöst, können Auftraggeber und Auftragnehmer nur noch zusammen siegen – oder gemeinsam untergehen.

»Es gehört« sagte er uns im Gespräch, »zu den großen Missverständnissen junger Kollegen, dass sie glauben, den Erfolg für sich reklamieren, Misserfolge aber auf den Dienstleister abwälzen zu können. Mit dem Hinweis auf die schlechte Leistung der Agentur den eigenen Kopf aus der Schlinge ziehen zu wollen, funktioniert nie. Wenn der Dienstleister Mist baut, bleibt immer eine gehörige Portion Dreck an einem selber hängen.«

Sein Rat, den wir hier nur dick unterstreichen und unverkürzt weitergeben können, lautete: Wenn Sie schon mit einem Bein im Boot stehen, ist es besser das andere auch gleich nachzuziehen. Geben Sie Ihrem Dienstleister jede Unterstützung, die Sie aufbieten können, damit er seine Arbeit so optimal wie möglich erledigen kann. Betrachten Sie sich als Teil eines Teams und ziehen Sie alle Fäden, die Ihnen zu Gebote stehen, damit das Projekt ein Erfolg wird. Je größer der Erfolg, in dem sich der Dienstleister sonnen kann, desto strahlender wird auch Ihr eigener ausfallen.

8. Kapitel
Der Blick ins andere Land – Wer ist Ihr Partner?

Denn nicht recht ist's dass ein Grieche,
so ein fremder Landdurchstreicher,
hier die Sitten der gewohnten
Grausamkeiten plötzlich ändre!
Calderon de la Barca – Über allem Zauber Liebe

Neben Ihrer eigenen wird die Positionsbestimmung Ihres Dienstleisters zum bestimmenden Faktor Ihres Briefings. Wie alle Menschen hängen auch Dienstleister an ihren eingeschliffenen Prozessen und Abläufen, an ihrem Fachwissen und ihrer Fachsprache. Und wie alle Menschen gestehen sie anderen, erst recht Externen wenn überhaupt dann nur widerwillig zu, die Sitten zu ändern. Deshalb müssen Sie die Welt der Gegenseite genau kennen. Wen wir gut kennen, können wir besser verstehen. Und wer sich verstanden fühlt, ist offener für Vorschläge und bereit, auf den anderen zuzugehen.

Die Kommunikationsbranche

Welches Bild machen Sie sich vom Auftragnehmer? Wie stimmig ist es? Wie vertraut sind Sie mit seinen Codes und Kulturen? Wie schätzen Sie ihn ein? Welche Position billigen Sie ihm zu? Sie werden diese wichtigen Fragen nur beantworten und Ihre Rolle als Übersetzer und Grenzgänger zwischen den Welten erfüllen können, wenn Sie erstens keinen gängigen Stereotypen aufsitzen, zweitens über ein geeignetes Basiswissen über die Welt der Kommunikation verfügen, Handwerkszeug, Grundlagen und Rahmenbedingungen kennen. Drittens und endlich brauchen Sie Ansprechpartner, die Ihnen die spezifischen Interna Ihres Dienstleisters zur Kenntnis bringen und übersetzen, damit Sie diese Spezifika in das Raster einordnen können, das sich aus Ihrem Basiswissen ergibt. Diesen drei Forderungen widmet sich dieses Kapitel.

Skurrile Mimosen – Wie die Kreativen sind und wie nicht

Klischees und Stereotypen

Werber sind empfindsame Kreaturen, schon von weitem an ihrer Exzentrik zu erkennen, stehen dauernd unter Strom und verbringen ihren Tag damit, sich abwechselnd an den Rand des Wahnsinns zu trinken und geniale Ideen zu haben. So oder so ähnlich sieht das Lieschen-Müller-Bild des Kreativen aus. Wie alle Klischees ist es falsch, falsch, falsch – und enthält am Grunde all dieser Falschheit trotzdem ein Körnchen Wahrheit. (Was Sie indes in Ihrem eigenen Interesse schnell vergessen sollten...).

Wo kommen solche Klischees her und warum stellen sie für die tägliche Arbeit so ein Problem dar?

Versuchen wir zunächst eine Antwort auf die erste Frage. Auffällig ist, dass die Branche selbst kräftig am Image des Kreativen als Ausnahmeerscheinung mitgebastelt hat. Werber, so schreibt etwa der Texter Rainer Baginski mit einem bestenfalls leise ironischen Unterton, seien Leute, die »schwer vermittelbar sind«, (Baginski (2000), S. 69), die »ein bisschen anders ticken« (a.a.O., S. 70), die »schräg gekleidet in Kundenmeetings gehen« (a.a.O., S. 72) und denen es gestattet sei, »sich infantil und exzentrisch zu verhalten« (a.a.O., S. 74). Die Erklärung dafür liefert er gleich mit: Das alles seien »Verkleidungen der Fantasie« (a.a.O., S. 75), durch die die Betroffenen damit fertig werden, dass sie ständig von Ideen überfließen, die ans Licht drängen. Permanente Geburtswehen sozusagen.

Selbststilisierung der Dienstleister

Die Wahrheit sieht wohl etwas weniger pathetisch aus. Ist es Zufall oder nicht, dass Baginski seine Ausführungen genau an dem Punkt ansetzt, wo er aufhört, über die Bewertbarkeit von Ideen und Kreativität zu sprechen? Wir glauben es nicht. Die Selbststilisierungen dürften gerade aus dieser Schwierigkeit resultieren. Eigene Ideen zu verteidigen ist für Kreative eine Überlebensnotwendigkeit. Je innovativer Ideen sind, desto schwerer lassen sie sich durchsetzen. Denn das Ungewohnte fordert immer zunächst den Widerstand heraus. Der Auftraggeber, ja selbst die Kollegen in der Agentur wollen überzeugt sein. Das scheint leichter zu werden, wenn man vorher entsprechende Duftmarken der eigenen Kompetenz gesetzt hat – durch Stilisierungen. Wie weit sich dieser Mechanismus bereits verbreitet hat, kann man kaum überschätzen. Tatsächlich haben wir immer wieder Briefings erlebt, in denen weniger erfahrene Auftraggeber so belanglose Details wie ausgefallene Frisuren, Armbanduhren, Schuhe oder schrill gemusterte Krawatten amüsiert und wohlwollend mit dem Hinweis kommentierten, so seien sie eben, die Kreativen. Sind sie tatsächlich so? Wenn ja, dann nur, weil sie zum Abziehbild ihres eigenen Images geworden sind.

Idee und Ausführung

Was aber – nochmal gefragt – ist an diesen Klischees problematisch? Die Antwort: Sie verstellen die Sicht auf die Realitäten der Projektarbeit. Ein Kreativer mag Ideen liefern, damit ist die Projektarbeit aber noch lange nicht getan. Eine Werbeagentur besteht nicht nur aus dem Art Director, der Entwürfe ausspuckt, sondern zu einem wesentlich größeren Prozentsatz aus zahllosen anderen Gewerken, die strukturiert, akribisch, zuverlässig, präzise und eben alles andere als madonnenhaft arbeiten müssen, wenn Ihr Projekt ein Erfolg werden soll.

Achten Sie auf diese Faktoren, die wir im Kapitel Partnerwahl als Arbeitskultur beschrieben haben. Sie bestimmen Erfolg oder Misserfolg Ihrer Kommunikation oft in weitaus größerem Maße als die sich im Scheinwerferlicht aalenden Ideensprudler.

Das glamouröse Image der Werber hat daneben aber noch eine andere fatale Wirkung. Es verleitet recht oft auch den Auftraggeber zum Wunsch, »dazu gehören« zu wollen. Bis zu einem gewissen Grad wird jeder Mensch vom Willen angetrieben, schöpferisch zu sein. Diese Kreativität zum Beruf zu machen fordert Mut und den Willen sich auf oft unsichere Arbeitssituationen einzulassen. Freiberuflichkeit und ein tägliches Sich-Beweisen-Müssen sind verständlicherweise nicht jedermanns Sache. Umso größer die Freude, wenn sich im sicheren Job einmal Gelegenheit ergibt, diese Seite der eigenen Persönlichkeit auszuleben. Immer wieder haben wir es erlebt, dass Geschäftsführer besonders engagiert in Kommunikationsprojekte einstiegen, weil diese ihnen die Chance boten, dem eigenen routinebestimmten Arbeitsalltag ein schillerndes, spielerisches Moment hinzuzufügen.

Der schöpferische Akt

Den Antrieb, sich im schöpferischen Miteinander wohl zu fühlen und mitwerkeln zu wollen, sollte man nicht unterschätzen. So verständlich dieser Wunsch ist, so problematisch wird er in der konkreten Projektarbeit – weil er in der Regel auf unausgegorenen und stereotypen Vorstellungen beruht, die mit der Realität wenig zu tun haben. Übertrieben formuliert könnte man sagen, mancher Auftraggeber heuert Kreative weniger als kompetente Problemlöser an, denn als persönliche Coaches für seine eigenen schöpferischen Aktivitäten.

Beispielfall

So habe ich mir das nicht vorgestellt

Mit einem ganzen Bündel frischer Ideen war der junge Optiker angetreten. In Ladendesign und Zusatzservices, in der Ansprache der Kunden und in seiner Preispolitik konnte er mit Recht für sich in Anspruch nehmen, das typische Optikerangebot durch Aufsehen erregende Neuerungen abgelöst zu haben. Um dieses Angebot nicht nur der Laufkundschaft bekannt zu machen, beauftragte er ein Gestaltungsbüro damit, eine Website zu entwickeln, die seinen Anspruch auf innovative Optikerleistungen inhaltlich und formal transportierte.

Als die ersten Screen Designs vorlagen, zeigte sich, dass er mit den Gelegenheiten zur Einflussnahme, die ihm die klassischen Korrekturdurchläufe boten, nicht wirklich zufrieden war. Er wollte mitgestalten und bat seinen Dienstleister, ihm die Chance zu geben, persönlich mit dem Designer am Bildschirm angemessenere Lösungen zu entwickeln. Kundenberater und Designer sträubten sich lange gegen ein Vorgehen, das aus ihrer Sicht den Albtraum jedes Gestalters darstellte. Erst nachdem auch drei weitere Entwürfe abgelehnt waren, ohne dass sich aus diesen Ablehnungen konkrete Hinweise für die weitere Arbeit ableiten ließen, gab man nach.

Der Kunde kam. Doch die Arbeit gestaltete sich ganz anders, als er das erwartet hatte. Er warf seine Wünsche und Vorstellungen in die Diskussion und war mehr als erstaunt, dass seine spielerischen Ideen sofort einen Rattenschwanz aufwändiger technischer Änderungen nach sich zogen. »Für dieses Bild einen grünen Hintergrund mit einer Blätterstruktur!« hieß für den Gestalter: Archivarbeit, um die geeigneten Motive zu finden, sie vorbearbeiten, farbkorrigieren und dann elektronisch in den gewünschten Produktshot einzufügen. Nach einem Tag streckte der Optiker die Waffen: »So hatte ich mir das aber nicht vorgestellt. Das ist alles richtig mühselige und technisch pfriemelige Arbeit. Dafür habe ich

Beispielfall

nicht die Zeit. Und das ist auch alles bei weitem nicht so spaßig, wie ich mir das vorgestellt hatte.« Diese Erkenntnis und ein zarter Hinweis des Kundenberaters auf die Kosten, die die Stundenleistungen des Designers und der gar nicht berechnete Eigenaufwand des Auftraggebers verursachten, führte am Ende zur Einsicht. Die abgelehnten Entwürfe wurden noch einmal hervorgezogen und zum ersten Mal schlüssig korrigiert. Drei Tage später war eine Lösung gefunden, mit der der Kunde seither ausgesprochen zufrieden ist.

Lassen Sie sich von gängigen Klischees über Ihre Dienstleister nicht aufs Glatteis führen. Kreativität ist wichtig für den Erfolg Ihres Projekts. Sie am äußeren Auftreten des Dienstleisters festzumachen, heißt allerdings Effektivität mit Effekthascherei verwechseln. Lassen Sie sich von den Klischees auch nicht dazu verleiten, Ihre eigene Rolle als Auftrag*geber* zu vernachlässigen. Mit Ihrem Briefing *delegieren* Sie Arbeiten an Experten. Um sich selbst kreativ zu betätigen, gibt es sinnvollere und weniger kostspielige Angebote.

Was muss man von der Arbeitswelt der Gegenseite verstehen?

Jedes Briefing, hatten wir gesagt, ist ein Knotenpunkt zwischen zwei Prozesswelten. Wer diesen Knoten gut strukturieren und die damit ausgelösten Prozesse optimieren will, muss wissen, wie diese Abläufe aussehen.

Prozesse des Dienstleisters kennen

Die Prozesse *vor* dem Briefing (Abstimmung und Informationssammlung im eigenen Unternehmen) kriegen Sie mit etwas Mühe in den Griff. Was nach dem Briefing kommt, ist eigentlich Sache des Auftragnehmers. Doch um den Austausch zu moderieren und als Ansprechpartner ernstgenommen zu werden, müssen Sie die Abläufe zumindest nachvollziehen können. Die Arbeit Ihres Dienstleisters ist keine Blackbox, von der für Sie nur der Output relevant ist. Erst der Blick hinter die Fassade hilft, potemkinsche Dörfer zu entlarven.

Sie sollten...

- die **Berufsbilder** in den beteiligten Gewerken kennen, um zu wissen, wer was macht, wie die einzelnen Aufgaben ineinander greifen und aufeinander folgen.
- **grundlegendes Handwerkswissen** aus Gestaltung und Kommunikation parat haben, um einschätzen zu können, welche Zeitbudgets für die Erledigung der Einzelschritte nötig sind, und um die Qualität der gelieferten Arbeit zu beurteilen.
- die **Branchenüblichkeiten und -gewohnheiten** kennen, um für sich selbst zu entscheiden, welche davon sinnvolle Praxislösungen und welche willkürliche Manierismen sind.

- die laufenden **Trends und Fortschreibungen** der Branche verfolgen, damit man Ihr Fachwissen nicht mit dem Hinweis auf die jüngsten Entwicklungen aushebeln kann.

Prozesse im Wandel

Gerade der letzte Punkt macht die Sache nicht eben einfacher. Es gibt kaum eine schnelllebigere Branche als die Welt der Kommunikation. Die IT-Entwicklung in Design und Produktion und der Aufstieg des Internets haben zu völlig neuen Berufsbildern geführt und traditionelle Zweige der Kommunikation heftig durcheinander gewirbelt.

So scheint beispielsweise das klassische Bildarchiv in Auflösung begriffen. Das Aufkommen honorarfreier Photo-CDs stellt Sie vor eine neue Wahl: Möchten Sie billige Fotos einsetzen – und dafür den Nachteil nicht mehr vorhandener Exklusivität in Kauf nehmen? Oder lieber eine eigene, kreativere Bildsprache für Ihr Unternehmen entwickeln, dafür aber auch einen entsprechenden Preis bezahlen? Welche Vorteile bietet Ihnen die schnell und kostengünstig zu produzierende Digitalfotografie? Wir haben bei mehr als einem Job erlebt, dass ein Werbeleiter ungeeignete Fotos mit dem Hinweis ins Spiel brachte: »Aber das kann man ja heute mit dem Computer alles retuschieren«. Natürlich kann man heute mehr machen als vor zehn oder zwanzig Jahren. Aber auch die elektronische Bildverarbeitung erledigt sich nicht von selbst. Für ausgefeilte Retuschen braucht es auch am Computer versierte Fachleute, deren Stundensatz Sie in Ihre Kostenplanung einbeziehen müssen. All das müssen Sie in Ihrem Briefing berücksichtigen – und deshalb einschätzen können.

Noch ein Beispiel, das zeigt, wie nahe Sie am Puls der technischen Entwicklung sein sollten, sind Dateiformate (ein Thema, dem wir uns bei den formalen Aspekten Ihres Briefings ausführlicher widmen werden). Wenn Sie Ihrer Agentur Bildmaterial zuliefern, ist es wichtig, unterscheiden zu können, welches der üblichen Dateiformate von JPEG bis Bitmap und von Tiff bis Gif für welche Abbildungsart (Foto, Vektorgrafik oder Strichzeichnung) am geeignetsten ist – und welche Formate Ihr Dienstleister verarbeiten kann.

Fortbildung und Wissensaktualisierung

Als Auftraggeber bleibt Ihnen deshalb nichts anderes übrig, als laufend Wissen über die beauftragten Disziplinen zu sammeln, sich weiterzubilden und Ihre Kenntnisse so gut wie irgend möglich auf Stand zu halten.

Der beste und ökonomischste Weg dazu ist noch immer der, den Profis bei der täglichen Arbeit über die Schulter zu schauen. Fragen Sie – wir sagen es einmal mehr – unbekümmert nach, wenn Sie etwas nicht verstehen. Versuchen Sie sich die Zeit zu nehmen, den Produktioner der von Ihnen beauftragten Agentur einmal zur Druckerei zu begleiten, oder sich mit ihm in einem Arbeitsgespräch vorab über die Dateiformate abzustimmen, die der Dienstleister verarbeiten kann. Informieren Sie sich bei Ihrer Agentur nach den genauen Aufgabengebieten des Art Direktors, der Grafik, des DTP-Operators, des Konzeptioners, des Texters, des Programmierers, des Webdesigners, des Messebauers, der Lithoanstalt usw.

Es ist vor diesem Hintergrund kein Zufall, dass Werbeleiter, die aus Agenturen zum Unternehmen gewechselt sind, häufig einen gewissen Vorsprung in Sachen Briefingqualität verzeichnen können.

Der zweitbeste Weg, sich das nötige Arbeitswissen des Partners anzueignen, ist der, es sich anzulesen.

Über die Berufsbilder können Ihnen Berufsverbände und Interessenvertretungen schlüssig Auskunft geben. Ausführliche Auskunft und Informationsmaterial erhalten Sie bei:

www.adc.de	Art Directors Club für Deutschland (ADC)
www.agd.de	Allianz deutscher Designer e.V. (AGD)
www.bunddeutschergrafikdesigner.de	Bund Deutscher Grafik-Designer e.V. (BDG)
www.bvdw.org	Bundesverband Digitale Wirtschaft e.V. (BVDW)
www.bff.de	Bund Freischaffender Foto-Designer e.V. (BFF)
www.designerinnen-forum.org	Designerinnen Forum e.V.
www.dprg.de	Deutsche Public Relations Gesellschaft e.V. (DPRG)
www.germandesign.de	Deutscher Designerverband e.V. (DDV)
www.ddc.de	Deutscher Designer Club e.V. (DDC)
www.designertag.de	Deutscher Designertag e.V. (DT)
www.ddv.de	Deutscher Direktmarketing Verband e.V. (DDV)
www.marketingverband.de	Deutscher Marketing-Verband e.V. (DMV)
www.eaca.be	European Association of Communication Agencies (EACA)
www.werbetexter-ffw.de	Fachverband Freier Werbetexter e.V. (FFW)
www.gwa.de	Gesamtverband Kommunikationsagenturen e.V. (GWA)
www.kommunikationsverband.de	Kommunikationsverband.de
www.german-design-council.de	Rat für Formgebung/German Design Council
www.tgm-online.de	Typographische Gesellschaft München (TGM)
www.vdid.de	Verband Deutscher Industrie Designer e.V. (VDID)

Verband Deutscher Papierfabriken (VDP)	*www.vdp-online.de*
Verband Deutscher Werbefilmproduzenten e.V. (VDW)	*www.werbefilmproduzenten.de*
Verband Deutscher Zeitschriftenverleger (VDZ)	*www.vdz.de*
Vereinigung der Webdesigner e.V. (VDWD)	*www.vdwd.de*

Das aktuelle Handwerkswissen beschreiben zahlreiche Publikationen, die über den Buchhandel erhältlich sind. Als kleine Hilfestellung in der unübersehbaren Flut der Fachliteratur wollen wir Ihnen zu den wichtigsten Einzelthemen ein oder zwei grundlegende Werke empfehlen, die eine übersichtliche und verständliche Einführung geben. Weitere finden Sie in der Literaturliste am Ende des Buches.

Literatur zum Arbeitswissen

Praxis-Tipp

- **Sprache und Text**
  Zu diesem grundlegenden Bereich der Werbung sind bislang nur wenige wirklich nützliche Bücher erschienen. Eine Menge Handwerkswissen vermittelt das »Handbuch Werbetext«, das Carsten *Heintzsch*, Chief Creative Officer der Agentur Saatchi & Saatchi, mit seinen Kollegen Jörn Winter (Hothum & Winter), Reinhold Scheer (McCann-Erickson) und Delle Krause (Ogilvy & Mather) vorgelegt hat. Wer's anekdotenhafter mag, findet Schmonzetten mit Lerneffekt im Buch »Die Mörderfackel« von Armin *Reins*.
  Weitere Titel im Literaturverzeichnis von Dulisch (2000), Janich (2001), Maciuba-Koppel (2002) und – ganz allgemein zum Umgang mit Sprache – von Wolf Schneider (1984) und Bastian Sick (2005).
- **Musik und Klang**
  Den besten Überblick über den aktuellen Stand gibt Klaus *Wüsthoffs* 1999 erschienenes Buch »Die Rolle der Musik in der Film-, Funk- und Fernsehwerbung«, das mittlerweile in der 2. Auflage vorliegt.
  Weitere Werke von Bullerjahn (2001), Helms (1991), Neubauer/Wenzel (2001), Ringe (2005), Schneider (1997) und Tauchnitz (1990).
- **Farbe**
  Eva *Hellers* »Wie Farben wirken« ist nach wie vor das Hauptwerk zur Farbpsychologie, auch wenn das Buch mittlerweile einige Jahre auf dem Buckel hat und in manchen seiner Farbschemata doch eher als Zeitstück der 70er-Jahre und weniger als verlässlicher Spiegel des aktuellen Farbempfindens gelten muss.
  Sinnvoll für jeden Werbeleiter ist es, die gängigen *Farbfächer* (HKS und Pantone) bei der Hand zu haben. Sie sind in jedem Fachgeschäft für Grafikbedarf erhältlich.

Praxis-Tipp
Literatur zum Arbeitswissen

Weitere Werke zum Thema Farbe von Braem (2003), Bühler (1998), Carter (2002a), Eisemann (2000), Fraser/Banks (2005), Frieling (2005), Gekeler (2003), Götz (1998), Homann (2005), Itten (2003), Krause (2003), Küppers (2004), Küthe (2003), Pring/Campbell (2001), Sutton/Whelam (2005), Waldschmidt (2005), Wargalla (2003) und Welsch/Liebmann (2004).

- **Infografik**
  Gut lesbar und reich bebildert liefern Trevor *Bounford* und Alastair *Campbell* mit dem Buch »Digitale Diagramme« eine gute Einführung in die Arbeit an und mit Infografiken.
  Nach wie vor der Klassiker zum Thema ist Edward *Tufte*. Weitere Bücher zum Thema von Jansen/Scharfe (1999), Tufte (1990), Tufte (1997), Tufte (2001), Wildbur/Burke (1998) und Woolman (2002).
- **Schrift und Typografie**
  Nicht nur informativ, sondern auch knapp, übersichtlich, liebevoll gemacht und zu einem guten Preis erhältlich ist Indra *Kupferschmid's* »Buchstaben kommen selten allein«. Wesentlich teurer, aber auch gründlicher ist »Detailtypografie« von Friedrich Forssman und Ralf de Jong, das in kürzester Zeit zur Bibel der Typografen avancierte.
  Im Handel sind zahlreiche, hier nicht näher aufgelistete Monographien einzelner Schriftdesigner wie Emil Ruder, Adrian Frutiger oder Erik Spiekermann, aber auch eine Vielzahl allgemeiner Einführungen erhältlich, unter anderem von Ambrose/Harris (2005), Baines/Haslam (2002), Bollwage (2005), Bosshard (1996), Bosshard (2000), Carter (2002a), Carter/Day Meggs (2002b), Context (1991), Frutiger (2005), GDP/Frick (o.J. a), GDP/Frick (o.J. b), Gerstner (1990), Götz (1998), Herrmann (2005), Hochuli (2005), Hübener (2004), Königshausen (2005), Pring (2000), Ruder (2001), Siemoneit (2005), Stammbach (2005), Tschichold (2001), Turtschi (2000 b), Waidmann (1999), Willberg (2000), Willberg/Forssman (1997, 1999, 2001) und Willberg/Thomas (1990).
- **Grafik, Layout und DTP**
  Bisher leider nur auf Englisch erhältlich ist Michael *Johnsons* Buch »Problem Solved«, das Grafik Design aus einer eher funktionalen Perspektive behandelt und dabei auf zahlreiche Beispiele aus der Werbegeschichte zurückgreift.
  Wer einen übersichtlichen, umfassenden und auch für Laien zugänglichen Überblick über das Thema Grafik Design sucht, findet ihn derzeit wohl am besten in Cyrus Dominik *Khazaelis* »Crashkurs Typo und Layout«, das als Taschenbuch bei rororo erschienen ist.
  Auch für diesen Bereich gibt es zahllose Monographien und allgemeine Werke wie die von Böhringer (2003), Fries/Witt (2002), GDP/Frick (o.J. c), GDP/Frick (o.J. d), Graefen (2001), Hamann (2004), Lewandowsky/Zeischegg (2002), Luidl (2000), Maxbauer (2002), Müller-Brockmann (1996, 2004), Nilitschka (1997), Nilitschka/Fritz (1990), Schurr (2001), Stankowski (1994), Swann/Dabner (2005), Turtschi (2000 a), Zuffo (1998) und Zwimpfer (1994).

Praxis-Tipp
Literatur zum Arbeitswissen

- **Druck und Verarbeitung**
  Markus *Goldammer* liefert mit »Imprimatur. Ein Lesebuch zum Drucken« eine gut verständliche Einführung samt Glossar der wichtigsten Druckbegriffe, die man auch ohne große Vorkenntnisse versteht.
  Weitere im Literaturverzeichnis aufgeführte Werke sind Baeseler (2002), Baltis (1993), Bauer/Giesriegl (2000, 2002), Baufeldt (2000), Gevatter (1999), Hey (o.J.), Kipphan (2000), N.N. (2001a), Schmiedt (1992), Sidles (2002), Teschner (1997, 2002) und Trösch/Baltis/Neuenschwander (2001).

- **Fotografie, Film und Video**
  Gleich drei Berufsverbände der Werbewirtschaft haben sich bei der Herausgabe des Buchs »Werbefilme produzieren« von Hatto *Kurtenbach* und Stephanie *Bingel* abgestimmt. Das macht das Buch zum Standardwerk.
  Zum Thema Werbefotografie dagegen gibt es derzeit keine vernünftige Anleitung in Buchform.
  Noch immer das Standardwerk zu den Grundlagen der Fotoverwendung ist Werner *Kröber-Riehls* 1993 erschienenes und leider nicht mehr lieferbares Buch »Bildkommunikation«.
  Wenn Sie sich einen Überblick über den aktuellen Stand der gängigen Bildsprachen verschaffen wollen, sollten Sie einfach bei den wichtigsten Bildagenturen Kataloge ordern. Die gibt's in der Regel kostenlos oder gegen eine kleine Schutzgebühr.
  Die Adressen der Archive finden Sie im jährlich erscheinenden Bildquellenbuch des Bundesverbandes der Pressebildagenturen und Bildarchive (BVPA (2003)).
  Weitere wichtige Werke zu unterschiedlichen Aspekten der Bereiche Fotografie und Film liefern Barthes (1964), Belting (2001), Busch (1989), BVPA (2003), Curran (2000), Davies (2002), Haasz (2004), Jähne (2005), Jenny (2000), Krisztian/Schlempp-Ülker (1997), Maaßen (1995), Maschke (2004), Mielke (1996), Pfennig (2006),Tönnies (2005) und Walter (2004).

- **Animation**
  Sehr grundlegend und mit vielen Beispielen gehen Peter *Lord* und Brian *Sibley* das Thema Animation an – auch für Anfänger gut verständlich.
  Weitere Werke von Blair (1995), Chapman (2002), Krisztian/Schlempp-Ülker (1997) und Williams (2001).

- **Messe und Ausstellung**
  »Messen Meßbar Machen« wollen Matthias *Huckemann* und Dieter S. *ter Weiler.*
  Dem Buch, das den Schwerpunkt auf Planung und Auswertung der Messeauftritte setzt, liegt eine CD-ROM bei, die die eigenen Planungen unterstützen soll.
  Weitere Bücher zum Thema von Arnold (2000, 2002), AUMA (1996), Barkowski (2004), Clausen (2005), Friedmann (1998), Kirchgeorg (2003), Marquart (2000), Meisner (2005), Morgan (2004), Robertz (2005),

Schwarz/Teufel (2001), Selinski/Sperling (2001) und Wenz-Gahler (1999, 2002).

- **Internet und Multimedia**
Auch auf dem Papier hat das Internet eine Informationsflut ausgelöst. Tausende Bücher beschäftigen sich mit der Arbeit an Websites.
Als Einleitung geeignet scheint uns »Internet-Projektmanagement« von Thomas R. *Köhler*, weil es verständlich geschrieben ist und das Arbeitsgebiet aus Sicht des Auftraggebers darstellt.
Ebenso hilfreich, weil besonders praxisnah, sind die beiden auch als Doppelband veröffentlichten Bücher von David *Siegel* über »Killer Web Sites«.
Weitere aktuelle Werke zum Thema im Literaturverzeichnis: Bartel (2003), DDV (2001c), DDV (2002b), Farrington/Holzschlag (2002), Gropengiesser (1999), Hamm (2000), Hentschläger/Wiener (2002), Hübner/Breßler/Rohloff (2002), Lankau (2001), Niederst (2001), Pring/Campbell (2001), Schenk (2001), Skopec (2003), Vartanian (2001), Vogt (2000) und Wirth (2002).

- **Verträge und Recht**
Ein Thema, bei dem wir Ihnen eine einzelne Leseempfehlung versagen müssen. Zu unterschiedlich sind die Themen, die von den Büchern jeweils behandelt werden – darunter Urheberrecht, Patentrecht und Markenschutz, Verlagsrecht, Werberecht für spezielle Branchen oder Produkthaftung.
Bahner (2001), Berlit (2005), Bristot (o.J.), DDV (2001a), DDV (2002b), Harke (2001, 2006), Hillig (2002), Hoeren/Nielen (2004), Hohmeister/Goretzki (2000), Ilzhöfer (2005), Jaeger-Lenz (1999), Katzenberger (1996), Koch (1990), Koch (1996), Kreifels/Breuer/Maidl (2000), Maaßen (1995, 2002 b), Mielke (1996), Nennen (2003), Plener (2000), Rath-Glawatz (1995), Ruoss (2002), Schack (2005), Schulze (2004), Wehrmann (1973), Zanger (1996), Zentek (1998, 1999) und Zentek/Meinke (2002).

- **Berufsbilder und Arbeitsfelder**
Eigentlich für Jugendliche und Berufseinsteiger gedacht, liefern zwei Werke von Martin *Massow* den knappsten Überblick über die Vielzahl neuer und alter Berufsbilder im Kommunikations- und Kreativbereich: Der »Atlas neue Werbe- und Kommunikationsberufe« und der »Atlas der kreativen Berufe«, die beide bei Ullstein als Taschenbuch erschienen sind.
Weitere Werke von Baufeldt (2000), Behrens (1996), Bolender-Wachtel (1999), DDV (2001b), Hoffmann/Kern (2001), Ludwig (1997), N.N. (o.J.)/Berufe in Media-Agenturen und Zentek/Blase (2001) sowie vom Gesamtverband Kommunikationsagenturen (GWA).

Wünschelrute Kontakter

Der Kundenberater oder Kontakter einer Agentur ist Ihr direkter Ansprechpartner im Briefingprozess und spielt dementsprechend eine Schlüsselrolle für Ihren Erfolg. Auch er muss versuchen, die unterschiedlichen Arbeitsweisen und -kulturen auszugleichen.

Vermittler auf Auftragnehmerseite

Wie der Werbeleiter auf Auftraggeberseite ist er Moderator, Regisseur und Übersetzer zwischen den Welten. Der Kontakter weiß deshalb als erster, wenn etwas schief läuft. Und kann am schnellsten herausfinden warum. Das macht Manöverkritik von seiner Seite so wertvoll. Seine Reaktionen sind die Wünschelrute, an der Sie ablesen können, wie die Zusammenarbeit mit Ihnen auf Seiten des Dienstleisters gesehen wird.

Der Kontakter ist in umgekehrter Richtung auch die Verteilstelle aller Inputs an die verschiedenen Abteilungen der Agentur. Was bei ihm falsch ankommt, wird sich wie ein übler Kettenbrief in alle darauf folgenden Aufgaben weiter transportieren. Kleine Verständnisfehler schaukeln sich dabei schnell zum ausgewachsenen Desaster hoch. Das können Sie verhindern, indem Sie sich alles, was bisher über den pfleglichen Umgang und offene Kommunikation mit dem Dienstleister gesagt wurde, im Umgang mit dem Kontakter zum doppelt gültigen Grundsatz machen.

Umgang mit Kontaktern

Ein sicheres Verfahren, Ihrem Anliegen selbst ein Bein zu stellen, ist es, den Kontakter als überflüssigen Wasserträger zu behandeln, und ihm zu verstehen zu geben, dass Sie ihn nur Zähne knirschend als zeitweiligen Ersatz für den durch andere Termine gebundenen Agenturchef gelten lassen. Wenn das Briefing tatsächlich mit einem diplomatischen Kontakt zu vergleichen ist, sollte klar sein: Keine Diplomatie kommt ohne Doppelagenten aus.

Wenn Sie Anlass zu Kritik an den Arbeiten Ihres Dienstleisters haben, setzen Sie sich mit der »anderen Seite« unter Vermittlung Ihres Kundenberaters an einen Tisch. Hören Sie zu, suchen Sie gemeinsam nach Lösungen. Fordern Sie den Kontakter in seiner Vermittler- und Beraterrolle.

Wenn Sie mit einem Kontakter nicht klar kommen, führen Sie ein klärendes Gespräch, in dem Sie belegen, wo Sie Ansatzpunkte für Verbesserungen sehen. Benennen Sie Ihr Selbstverständnis, erklären Sie, was Sie erwarten. Stellen Sie aber auch die Frage: Was kann ich dafür tun? Denn ein Kommunikationsproblem ist zunächst einmal Ihr eigenes Problem – weil es Ihnen schlechtere Ergebnisse bei der Ausführung beschert. Deshalb ist ein solches Gespräch immer in Ihrem Sinne.

Partnerwechsel als letzter Ausweg

Hilft das nicht, kommen Sie um einen Wechsel des Ansprechpartners nicht herum. Bei Agenturen kann das ein Wechsel innerhalb des Dienstleisters zu einem neuen Kontakter sein. In jedem anderen Fall lautet der beste Rat: Erinnern Sie sich an die Regeln der Spieltheorie. Trennen Sie sich von Ihrem Auftragnehmer, bevor beide Seiten sich in Scharmützeln aufreiben, die nichts mit der Sache zu tun haben.

Allerdings sollten Sie sich über eins keine Illusionen machen. Der Wechsel wird selten sofort eine spürbare Besserung der Ergebnisse und Entlastung für Sie bringen. Zunächst bedeutet jeder Austausch des Ansprechpartners auf Dienstleisterseite mehr Aufwand für Sie selbst. Sie müssen von vorne anfangen, alles neu erklären und den Wissensstand wieder von Null aufbauen.

Diesen Aufwand nimmt man etwas bereitwilliger in Kauf, wenn er entstanden ist, weil man sich selbst von einer nicht funktionierenden Arbeitsbeziehung befreien wollte. Es gibt allerdings genügend Fälle, in denen ein Wechsel des Ansprechpartners ohne Ihr Zutun fällig wird – etwa wenn ein Mitarbeiter die Agentur verlässt, durch Krankheit für längere Zeit ausfällt oder andere nicht zu beeinflussende Umstände eintreten.

Wann immer und wodurch auch immer ein Wechsel nötig wird, sollten Sie darauf bestehen, dass Ihr alter Ansprechpartner den neuen umfassend in sein Aufgabengebiet einführt. An sich ist so eine formelle Jobübergabe eine Selbstverständlichkeit, aber selbst wenn sie erfolgt, können wie bei jedem Kommunikationsakt Informationen verloren gehen. Kontrollieren Sie deshalb die dabei übermittelten Informationen bei einem Gespräch mit dem neuen Kontakter. Füllen Sie vorhandene Lücken auf und stellen Sie sicher, dass das für die Erledigung Ihrer Aufträge nötige Wissen nicht mit dem Arbeitnehmer die Agentur verlässt.

Praxis-Tipp

Wechsel des Ansprechpartners

Auf keinen Fall einlassen sollten Sie sich auf...

- ...einen Kontakterwechsel im laufenden Job, der nicht auf unbeeinflussbare Faktoren wie Krankheit o.Ä. zurückzuführen ist. Interne Umorganisationen Ihres Dienstleisters dürfen nicht zu Ihren Lasten gehen.
- ...einen Kontakterwechsel ohne formelle Jobübergabe, die Sie korrigieren und ergänzen können. Fordern Sie deshalb vom neuen Kontakter ein Rebriefing. Noch besser: Machen Sie es möglich, bei der Job-Übergabe persönlich anwesend zu sein.

Kleiner Trost, der für den Zusatzaufwand durchaus entschädigen kann: Ein Wechsel des Ansprechpartners bietet immer auch eine Chance, alteingesessene Missverständnisse auszuräumen, neue Perspektiven zu gewinnen und zu einer frischeren Sichtweise auf die eigene Arbeit zu gelangen.

9. Kapitel
Sie sind dran – Vorarbeiten zum Briefing

> Vor Verdienst aber setzten den Schweiß die unsterblichen Götter; lang und steil zwar erhebt sich zu diesem der Fußpfad und zu Anfang auch rauh; doch wenn du zur Höhe gelangest, leicht dann zieht er dahin, so schwer er anfangs gewesen.
>
> *Hesiod – Werke und Tage*

Als Auftraggeber sind Sie als erster am Zug. Ihre Aufgabe ist es, die Kommunikationsprozesse zu managen, die dem Briefing vorausgehen: Sie müssen die Ziele definieren, die Aufgabe festlegen und alle für den Auftraggeber nötigen Informationen sammeln und aufbereiten. Im Prinzip ist Ihr Dienstleister der erste, den Sie durch geeignete Argumente und Fakten von den Qualitäten Ihres Produktes überzeugen müssen. Das wird nur gelingen, wenn Sie diese auch parat haben.

Ökonomie des Briefings

Je effizienter und reibungsloser die Zusammenstellung der für das Briefing nötigen Daten, Fakten und Vorlagen läuft, desto geringer wird am Ende Ihr Arbeitsaufwand sein. Umso erfolgreicher wird aber auch das Ergebnis Ihres Briefings ausfallen.

Letztlich ist es eine Frage der Ökonomie und des eigenen Zeitmanagements. Eine unzureichende Vorbereitung scheint nur auf den ersten Blick leichter – weil der erhöhte Aufwand an den Dienstleister ausgelagert wird. Doch selbst wenn es diesem gelingen sollte, alle fehlenden Fakten und Informationen über Ihr Unternehmen und Ihr Produkt zusammenzutragen, fällt die Freiheit, die Sie dabei gewonnen haben, in Form erhöhter Betreuungskosten wieder auf Sie zurück. Auch Agenturen müssen kostendeckend arbeiten.

Mit jedem Briefing machen Sie deshalb in der Regel zuallererst sich selbst Arbeit. Es sei denn, Sie nehmen in Kauf, dass Ihr Projekt so unkoordiniert verläuft wie im folgenden Beispiel...

Beispielfall

Herr S. hat Stress...

Ein Stadtfest mit bundesweiter Bedeutung sollte vorbereitet werden. Die zuständige Verwaltung hatte die Ausrichtung an eine Eventagentur vergeben, diese wiederum einen Programmkoordinator eingesetzt, dem es auch oblag, das Programmheft zu den Feierlichkeiten inhaltlich zu betreuen. Nennen wir ihn: Herrn S.

Herr S. – vollauf ausgelastet mit seinen organisatorischen Aufgaben – entschied, das Programmheft an einen Subunternehmer zu vergeben. Weil ihn äußere Umstände unter erheblichen Zeitdruck brachten, konnte Herr S. beim ersten, mündlichen Briefing zum eigentlichen Programm noch keine Angaben machen, verwies entschuldigend auf den laufenden Prozess und versprach, alle Daten in spätestens zwei Tagen nachzuliefern.

Vier Tage nach dem Meeting traf bei der Agentur via E-Mail eine unkommentierte Datei ein. Sie enthielt ein Jahr alte Planungen zu Auf- und Abbauzeiten der verschiedenen Bühnen – aber nur vage Infos zu den Rednern und Künstlern, die auf diesen Bühnen auftreten sollten. Genau das aber sind Informationen, die für ein Programmheft zählen. Auf Anfrage schickte Herr S. – wieder zwei Tage später – eine weitere Datei, diesmal drei Monate alt, die den Zeitangaben der ersten in weiten Teilen widersprach. Über Telefon wurde geklärt, welche Programmpunkte gelten sollten: Es waren einige aus der ersten, einige aus der zweiten Liste.

An diesem Punkt erstellte der Redakteur des Heftes eine Liste mit Ja/Nein-Fragen zum Inhalt, deren Antworten zumindest eine erste Seitenplanung für das Programmheft möglich machen sollten. Auf den Punkt befragt konnte Herr S. alle nötigen Antworten geben. Die Arbeit am Heft konnte losgehen.

Als der Text fertig war, mailte ihn die Redaktion an Herrn S. Die Bitte um Korrektur blieb jedoch ohne Reaktion. Telefonisch fragte man nach. Herr S. konnte nur die Auskunft geben, alles sei im Fluss. Man solle ruhig mit dem Layout beginnen, schließlich dränge die Zeit. Zwei Tage später erhielt er mit Boten einen gelayouteten Dummy des Heftes, verbunden mit der nochmaligen Bitte um eine – auch inhaltliche – Korrektur. Denn noch immer strotzte das Programm von Fragezeichen und Auslassungen. Zeitdruck zwang ihn, den Termin verstreichen zu lassen.

Zwei weitere Tage und mehrere Telefonate danach fand Herr S. endlich Gelegenheit, die aktuelle Programmversion per E-Mail abzuschicken. Überarbeitet und übermüdet wie er war, griff er allerdings daneben – und hängte statt der neuen eine der bereits ganz zu Anfang gelieferten, völlig veralteten Dateien an seine Mail. Erst per E-Mail, dann durch mehrfaches Telefonieren auf sein Versehen aufmerksam gemacht, schickte Herr S. am Tag der geplanten Drucklegung eine weitere Nachricht – diesmal mit der *zweiten* veralteten Datei. Als die Agentur daraufhin entnervt anrief, explodierte auch Herr S.: »Glauben Sie, ich habe nichts anderes zu tun? Nerven Sie mich nicht dauernd, dann kann ich's ja gleich selber machen!«

Das würde Ihnen nicht passieren? Vielleicht. Auf den ersten Blick scheint die Geschichte klar die Unfähigkeit und Desorganisation des Herrn S. zu belegen. So würde das auch jeder Dienstleister sehen – verständlicherweise. Tatsächlich aber hatte sich Herr S. auf ein Himmelfahrtskommando eingelassen, bei dem er nicht gewinnen konnte. Die Vorbereitungszeit für das Fest selbst war viel zu knapp kalkuliert, S. geriet in ungeheuren Zeitdruck, den die mangelnde Entscheidungsfreude seines eigenen Auftraggebers nicht eben entschärfte. Also suchte er sein Heil in der Beauftragung eines Subunternehmens, unterschätzte

Beispielfall

dabei aber den Eigenanteil an Arbeit, der nötig war, um das Projekt über die Bühne zu bringen.

Die Geschichte illustriert, dass der Weg in die Desorganisation ein Weg der kleinen Schritte ist, den nur eine frühzeitige, strukturierte und mit realistischen Zeitbudgets hinterlegte Vorbereitung verhindern kann.

Dann klappt's auch mit dem Designer … – Informationen aus dem Haus

Informationssammlung als Prozess

Das Sammeln der zur Aufgabenerledigung nötigen Informationen ist ein Kommunikationsprozess. Um diesen Prozess bestens vorzubereiten, sollten Sie sich zu Beginn einige Fragen zur nahe liegendsten Quelle stellen – Ihrem eigenen Unternehmen.

- Aus welchen Abteilungen bekommen Sie relevante Informationen?
- Welche Personen, welche Stellen, welche Entscheidungsträger in Ihrem Unternehmen wollen Sie einbinden, um alle Interna zusammenzutragen?
- Wer sind Ihre Informationsquellen in Produktentwicklung, Vertrieb oder Strategie- und Kostenplanung Ihres Unternehmens?
- Wo können Sie Ihrem Dienstleister guten Gewissens kontrollierte Direktkontakte schaffen, die das Phänomen der stillen Post vermeiden helfen?

Ein Dienstleister, der mitdenkt, wird Sachfragen stellen. Haben Sie eine Liste der Ansprechpartner für die verschiedenen Unternehmensbereiche angelegt, können Sie in diesem Fall gezielt und schnell reagieren. Das erleichtert Ihre Arbeit erheblich.

Praxis-Tipp

Interne Informationssammlung

Organisieren Sie die vorbereitende Informationssammlung Ihres Briefings wie ein eigenständiges Projekt:

- Erstellen Sie eine Liste der nötigen Informationen aus Ihrem Unternehmen (eine Vorlage finden Sie gleich im Anschluss an diese Tipps) und ordnen Sie Ihre internen Quellen den einzelnen Punkten zu.
- Die Liste der Quellen kann gleichzeitig als Liste möglicher Ansprechpartner bei Rückfragen des Auftragnehmers dienen. Bereiten Sie sie deshalb so auf, dass Sie diese Liste oder Teile daraus wo nötig an Dritte weitergeben können.
- Fragen Sie die Inhalte, die Sie brauchen, möglichst schriftlich bei Ihren Quellen ab. Nennen Sie dabei eine feste Deadline für die Erledigung.

Praxis-Tipp
Interne Informationssammlung

- Dokumentieren Sie den Eingang der Informationen in Ihrem Zeitplan.
- Legen Sie den eigentlichen Briefingtermin so fest, dass Sie Ihren internen Quellen einen kleinen, gut versteckten Zeitpuffer für die Zuarbeit einräumen können. Sie kennen Ihre »Pappenheimer« am besten – und wissen, wer üblicherweise wann liefert. Planen Sie das ein.
- Überdenken Sie Projekte, die Ihnen einen unrealistischen Zeithorizont aufzwingen, von Grund auf. Anstatt sich selbst und den Dienstleister auf brüchiges Eis zu führen, versuchen Sie, mit ihm machbare Alternativen zu entwickeln.

Checkliste

Interne Informationsquellen

Welche Informationen helfen Ihnen bei der Vorbereitung Ihres Briefings weiter und welche Abteilung könnte diese zur Verfügung stellen? Die Antwort auf diese Frage wird je nach Unternehmensgröße und -struktur sehr unterschiedlich ausfallen. Wir haben als Checkliste eine Regelstruktur für größere Unternehmen zusammengestellt, die Sie den spezifischen Gegebenheiten in Ihrem Betrieb anpassen sollten. Gerade in kleineren und mittleren Unternehmen lässt sich diese Liste stark verkürzen, weil etliche der genannten Bereiche und Funktionen kumuliert von einer Stelle wahrgenommen werden.

Geschäftsführung

Grundlagen der Unternehmens- und Marketingpolitik

- Geschäftsgrundsätze/Unternehmensphilosophie (Allgemeine Wertvorstellungen, »basic beliefs«, Verhaltensweisen)
- Unternehmenszweck (Betätigung, Rolle, Potentiale, Corporate Mission, Corporate Culture)
  - Gewinnstreben
  - Umsatzstreben
  - Wirtschaftlichkeitsstreben
  - Sicherung des Unternehmenspotentials
  - Sicherung der Liquidität
  - Unabhängigkeits- und Vereinigungsstreben
  - Prestigestreben, Machtstreben (Bekanntheitsgrad, Image)
  - ethische und soziale Bestrebungen
  - sonstige Zielvorstellungen (z.B. schöpferische Betätigung, Selbstverwirklichung)
- Unternehmensziele (speziell: Return of Investment/ROI)
- Marktstellungsziele (Marktanteil, Umsatz, Marktgeltung, neue Märkte)
  - Gewinn-, Rentabilitätsziele (Gewinn, Umsatzrentabilität, Rentabilität des Gesamtkapitals, Rentabilität des Eigenkapitals)
  - finanzielle Ziele (Kreditwürdigkeit, Liquidität, Selbstfinanzierungsgrad, Kapitalstruktur)

- soziale Ziele in Bezug auf die Mitarbeiter (Arbeitszufriedenheit, Einkommen und soziale Sicherheit, soziale Integration, persönliche Entwicklung)
- Macht- und Prestigeziele (Unabhängigkeit, Image und Prestige, politischer Einfluss, gesellschaftlicher Einfluss
- Restriktionen (z.B. Wahrung der Selbstständigkeit des Unternehmens)

- Grundlegende Stadien der Unternehmensentwicklung (Unternehmensgeschichte)

Headquarter

- Länderstrategie

Vertrieb

- Kundenwünsche
  - Kundenbedürfnisse
  - Feedback von Aktionen
  - Wettbewerbsinfos
  - Kundensprache
  - Infos aus Tagesgeschäft
  - Adressen für Customer Relations Management (CRM)

Kundendienst/Service

- Anregungen der Kunden
- Probleme der Kunden

Forschung und Entwicklung

- Produktkonzepte
- Design und Designkonzepte
- Trends, Innovationen, Stand der Technik

Produktion

- Produkt-Know-how
- Produktstrategie
- Produktplanung
- Produktlebenszyklus
- Produktqualität
- Produktversionen
- Produktionsmenge
- Produktionsverfahren/Herstellungsmethoden
- Produktionslaufzeiten
- Fachbegriffe der Techniker

Einkauf

- Lieferantenbeziehungen
- Aushandeln von Lieferbedingungen (Rabatte)
- Organisationsmethoden

Logistik

- Adressen für CRM (Customer Relations Management)
- Lieferzeiten
- Bestände

Marktforschung / Research

- Markt
  - Marktanalysen (Gesamtmarkt und Teilmärkte)
  - Marktpotentialeinschätzungen
  - Marktvolumen (Menge/Wert) insgesamt
  - Marktvolumen (Menge/Wert) wichtiger Teilmärkte und des Gesamtmarkts nach Produktarten, Produktgruppen, Preisklassen, Packungsarten, Packungsgrößen, Regionen (national, international)
  - Entwicklung benachbarter Märkte (mögliche Substitutionsbereiche)
- Abnehmer
  - Art und Zahl der Abnehmer insgesamt
  - differenzierte Abnehmerstruktur
    - horizontale Unterscheidung nach geographischen, demograpischen, sozialökonomischen Kriterien (Region, Alter, Geschlecht, Familienstand, Haushaltsgröße, Einkommen, Beruf, Ausbildung, Wohnort)
  - Segmentierung der Abnehmerschaft (Kundenloyalität, Marken- und Einkaufsstättentreue)
    - vertikale Unterscheidung nach Verhaltensmerkmalen, Einstellungen und Erwartungen (etwa an benefits) – Kaufmotive, Markentreue, Preisempfindlichkeit, Verbrauchsintensität
      - affektiv: Wertungen in Bezug auf das Objekt
      - kognitiv: Wissen über das Objekt
      - konnotativ: Dispositionen in Bezug auf das Objekt
      - Adaptorengruppe: Innovatoren/frühe Übernehmer/frühe Mehrheit/späte Mehrheit/Nachzügler
  - Analyse der Abnehmerschaft
    - laterale Unterscheidung nach Konsumententypologien und Rollenverhalten, Lebensstil bzw. Lebensgewohnheiten (»lifestyle«): (Extrovertiertheit, Introvertiertheit, Sicherheitsbedürfnis, Risikobereitschft, situatives Rollenverhalten)
      - lebenszyklisch
      - typologisch
      - rollenspezifisch
- Wettbewerb
  - Art und Zahl der Mitbewerber

  - differenzierte Wettbewerbsstruktur
    - Größenstruktur, Klassenstruktur
    - Programmstruktur (z.B. Produktvielfalt, -auswahl)
    - Technologie (z.B. technologische Besonderheiten, Innovationen)
    - Marktanteilsstruktur
    - Distributionsverhältnisse
    - verfolgte Marketingstrategien/Wettbewerbsstile
    - Marketing-/Werbeaufwendungen
    - Aufwand für Forschung und Entwicklung
      - Imagevoraussetzungen im Vergleich zum Wettbewerb (auf Verbraucher- und Handelsebene)
    - Unternehmensimage
    - Corporate Identity
    - Produktimage
- Absatzmittler (Handel)
  - Art und Zahl der Absatzmittler
  - differenzierte Handelsstruktur
    - Großhandel/Einzelhandel
    - Fachhandel/allgemeiner Handel
    - Organisationsformen
    - Sortimentsschwerpunkte
    - Bedienungsformen
    - Beratungs- und Serviceniveaus
    - Marktanteile
    - Schwerpunkte der Handelspolitik (z.B. inkl. Eigenmarkenkonzepte)
    - bevorzugte Belieferungssysteme (z.B. Direkt-, Strecken-, Überweisungsgeschäft)
    - typisches Dispositionsverhalten (z.B. Einkaufszeiten, Einkaufsmengen, Aktionsbereitschaft)
- Prognosen und Projektionen
  - Entwicklung des künftigen Marktvolumens (insgesamt/differenziert)
  - wichtige Abnehmertrends (inkl. sich entwickelnder neuer Zielgruppen)
  - erkennbare Wettbewerbsentwicklungen (inkl. neue direkte/indirekte Anbieter)
  - grundlegende Trends im Handel (inkl. neue Absatzwege)
- Umweltentwicklungen
  - Entwicklung der Ressourcen
  - technologische Entwicklungen
  - gesellschaftliche Entwicklungen
  - ökonomische Bedingungslagen/Trends
  - Szenarien

Public Relations

- Pressespiegel
  - eigene Publikationen

  - externes Feedback vom
    - Markt
    - Abnehmer
    - Wettbewerb
    - Absatzmittler (Handel)
- interne Kommunikation
- externe Kommunikation
  - Imagevoraussetzungen im Vergleich zum Wettbewerb (auf Verbraucherebene, Handelsebene)
    - Unternehmensimage
    - Corporate Identity
    - Produktimage
- Prognosen und Projektionen
- Umweltentwicklungen

Human Resources

- Mitarbeiter
- Personal
- Personalentwicklung
- Trainings

Finanz-, Kredit-, Rechnungswesen (Finanz-Know-how)

- Budgets
- kostendeckende Preisbildung, Preisspielraum
- Kreditbedingungen
- Kreditwürdigkeit des Kunden
- Verfahren beim Einziehen der Rechnungsbeträge
- Rechnungstransaktionen (Standard, Sonderbedingungen, Nachlässe)

Controlling

- Entwicklung des Absatzes/Umsatzes insgesamt
- Entwicklung des Absatzes/Umsatzes differenziert (allgemein, aktionsabhängig, projektabhängig)
  - Produktarten/Produktklassen (Absatzmenge)
  - Absatzpreise (Preisklassen)
  - Packungsarten/Packungsgrößen
  - Regionen (national/international)
  - Abnehmergruppen
  - jeweilige Marktanteile im Vergleich zu den wichtigsten Wettbewerbern
- differenzierte Entwicklung von Kosten und Deckungsbeiträgen (bzw. Gewinnsituation, wenn möglich im Vergleich zum Wettbewerb)
- Ist-Portfolios
  - Analyse eigener Portfolios
  - wichtige Wettbewerbsportfolios
  - Erfahrungskurvenpositionen (eigene und die wichtiger Wettbewerber)

Checkliste
Interne Informationsquellen

EDV/IT

- Beratung bei der Auswahl von Software (etwa für CRM)
- Inhouse-Kapazitäten für technische Services
  - Programmierungsleistungen für Präsentationsmedien
  - Serverleistungen (Webhosting)
  - technische Struktur und Verteilung eingehender E-Mails
- Marktinformationen aus eBusiness
  - Nutzungsstatistiken/Interessentenstruktur der Website
  - Organisation und Kapazitäten Rücklaufbearbeitung Internet

Recht/Justitiar

- Werberecht
- Schutzrechte
- Vertragsrecht
- Markenrecht

Qualitätsmanagement

- Ablaufpläne
- Richtlinien
- Vorschriften
- Zertifizierungen

Geschäftsentwicklung (Business Development)

- strategische Informationen
- Allianzen

Detektivisches Gespür – Wissenswerte recherchieren

Glücklich, wer bei der Daten- und Informationssammlung auf eine eigene Abteilung für Research und Marktforschung zurückgreifen kann. Doch mit dem Glück ist es immer dasselbe: Es ist nur wenigen vergönnt. In der Regel werden Sie gezwungen sein, die internen Informationen zum Produkt, zu Ihren Unternehmens- und Vertriebsstrategien durch eigene Recherchen zum Markt zu vervollständigen. Das betrifft hauptsächlich das nötige Hintergrundwissen über Märkte und Zielgruppen, deren Profile und Verhaltensweisen sowie die Aktivitäten Ihrer Wettbewerber.

Primär- und Sekundärinformationen

Marktforscher unterscheiden zwischen Sekundär- und Primärinformationen. Mit *Sekundär*informationen nutzen Sie bereits vorhandene Erhebungen und Faktensammlungen anderer als Quelle. *Primär*informationen gewinnen Sie durch eigene Erhebungen (Kundenbefragungen, Markttests usw.). Beide Formen haben ihre Vor- und Nachteile. Sekundärforschung lässt sich schneller betreiben und kostet auch weniger, ihre Ergebnisse sind indes allgemein und stehen auch Ihren Mitbewerbern zu Gebote.

Primärerhebungen fordern mehr Zeit und Geld, liefern dafür aber exklusive und differenziertere Informationen. Grundsätzlich ist es ratsam, zunächst Sekundärdaten zu sammeln, und danach noch vorhandene Wissenslücken durch Primärforschung zu schließen.

Sekundärdaten ankaufen

Eine Art, auf die Sie sich Sekundärinformationen beschaffen können, ist, sie anzukaufen oder professionelle Informationsbroker mit ihrer Zusammenstellung und Auswertung zu beauftragen.

- **Adressverlage** liefern zumindest für den Consumerbereich schon lange nicht mehr nur Name und Anschrift potentieller Kunden, sondern auch Details zu deren Konsumverhalten bis hin zum detaillierten Kundenprofil und zu Auswertungen, aus denen Sie Markttrends ablesen können. Der elektronische Zahlungsverkehr mit Kredit- und Rabattkarten sorgt heute – trotz Einschränkungen durch den Datenschutz – für ein nie gekanntes Maß an Transparenz der Kauf- und Konsumgewohnheiten.
- **Marktforschungsinstitute** und spezialisierte Beratungsfirmen bieten Ihnen nicht nur komplette Erhebungen zu Märkten und Teilsegmenten, sondern liefern dazu auch Übersichten, Auswertungen und Trendableitungen, mit denen Sie Ihren Zielmarkt auch perspektivisch ausreichend beschreiben können.

Sekundärdaten vom Dienstleister

Eine *zweite* Art, wie Sie an die richtigen Daten kommen, ist die, sich schlicht den richtigen Dienstleister auszusuchen. Es muss ja nicht gleich die Agentur sein, die auch für Ihren größten Konkurrenten arbeitet. Nicht selten haben Agenturen Spezialgebiete, auf denen sie sich bestens auskennen. Das kann Ihnen sehr viel Zeit bei der Vorbereitung des Briefings sparen. Nachprüfen, ob dieses Marktwissen auch tatsächlich in der nötigen Tiefe vorhanden ist, müssen Sie allerdings immer noch. Und das wird Ihnen nur gelingen, wenn Sie selbst der Agentur – was dieses Wissen angeht – nicht meilenweit hinterherhinken. Es scheint also alles nichts zu helfen, Sie müssen wieder selber ran. Aber keine Angst: Es ist halb so schwer, wie es aussieht…

Sekundärdaten selbst recherchieren

Man hat die Sekundärforschung »Marktforschung vom Schreibtisch aus« genannt (Kastin (1999), S. 108). Das trifft es eigentlich ganz gut. Was Sie heute für vernünftige Sekundärforschung brauchen, ist etwas Sitzfleisch, einen Computer mit Internetanschluss und die Fähigkeit zu recherchieren. Auch dafür gibt's Regeln und Methoden, die wir getrost aus anderen investigativen Disziplinen abkupfern können. Wie's geht, zeigt uns etwa der Journalismus.

Praxis-Tipp

Recherchetechnik

- Erster Schritt jeder Informationsrecherche: präzise Fragen stellen. Genauso gut, bisweilen sogar besser ist es, statt der Frage eine These zu formulieren. Das können eigene Einschätzungen, Meinungen oder Vorstellungen sein. Ziel der Recherche ist es dann, Ihre These durch Belege zu untermauern oder zu verwerfen.

- Um Vorurteile auszuschließen, sollten Sie darauf achten, dass der Thesengeber nicht zugleich auch die Recherche übernimmt. Gerade in mittelständischen Unternehmen ist es ohnehin sinnvoll, für die Recherche ein Team zu bilden, die Suchfelder abzustecken und dann an die Beteiligten zu verteilen. Schließlich müssen die Aufgaben in aller Regel neben der laufenden Arbeit erledigt werden.
- Die Informationssuche beginnen Sie nach dem Schneeballsystem. Lassen Sie sich von Verweisen leiten, rollen Sie Ihren Schneeball von Information zu Information und sehen Sie zu, wie er wächst.
- Beherzigen Sie dabei einen alten journalistischen Grundsatz: Informationssuche braucht immer Quellenkritik. Versuchen Sie die Glaubwürdigkeit und Zuverlässigkeit Ihrer Quellen einzuschätzen. Nicht alles stimmt, nur weil es niedergeschrieben wurde. Papier ist geduldig, Webseiten sind womöglich noch schneller und unbedachter zusammengetippt. Achten Sie nicht nur darauf, was gesagt wird, sondern auch wer es sagt.
- Ihr Schneeball wird zur Lawine? Zeit für den zweiten Schritt: Setzen Sie eine Grenze. Ziehen Sie Zwischenbilanz indem Sie Ihre Fundstücke ordnen, das angehäufte Wissen strukturieren und in Relation setzen. Dann werden Lücken erkennbar. Weitere Recherchen sollen in diesem Stadium gezielt diese Leerstellen auffüllen, bis die Informationsdichte erreicht ist, die Sie zur Beantwortung der aufgeworfenen Fragen oder zur Verifizierung oder Falsifizierung ihrer Thesen brauchen. Lassen Sie sich nicht von diesem Ziel abbringen und von spannenden Nachrichten auf Seitenwege führen. Grenzenlosigkeit in der Informationssuche ist tödlich. Das Problem der meisten Recherchen ist nicht, Informationen zu finden, sondern die richtigen, will sagen: wichtigen auszufiltern. Man kann, so formuliert es ein journalistisches Lehrbuch, »jedes Thema auch ›zu Tode‹ recherchieren, wenn genug Zeit und Geldmittel gegeben sind: Bald einmal ist so viel Wissen über Umstände und Hintergründe angehäuft, dass der Wald vor so viel Bäumen aus den Augen verschwindet.« (Haller (1987), S. 31)
- Letzter und wichtigster Schritt jeder Recherche: Werten Sie die Informationen aus. Schreiben Sie das Ergebnis nieder, strukturieren Sie ihre Funde und ziehen Sie angemessene Schlüsse aus dem Datenmaterial. Jede Statistik wird erst brauchbar durch Ihre Interpretation. Denn erst mit diesem Schritt werden die Ergebnisse auf der Basis des spezifischen Frageinteresses bewertet.

Die Quelle kanalisieren – Informationsflut im Internet

Das Internet, als ominöser Wissensspeicher in aller Munde, macht Ihnen heute die Recherche beträchtlich leichter. Allerdings wird gerade in diesem Schlaraffenland der Informationen ein strukturiertes Vorgehen überlebensnotwendig, um nicht im Pudding stecken zu bleiben. Das Schneeballsystem hat im Internet einen eigenen Namen: Websurfing. Im Anfangsstadium Ihrer Suche kann es durchaus hilfreich sein, sich so von Link zu Link weiterzuhangeln. Nutzen Sie diese Phase, um sich nebenbei eine vielseitige Stichwortsammlung anzulegen. Die brauchen Sie zum gezielten Einsatz in Suchmaschinen. Google, Lycos, Yahoo & Co sind die sich selbst generierenden Indices des Netzes. Sie alle öffnen ihre Tore nur dem, der das »Sesam-öffne-Dich!« beherrscht. Dabei macht Übung den Meister. Ein paar Grundregeln haben wir hier zusammengestellt.

Praxis-Tipp

Internetrecherche mit Suchmaschinen

- Recherchieren Sie immer nach Substantiven im Singular. Plurale und Zusammensetzungen werden automatisch mit angezeigt.
- Kleinschreibung sucht immer nach Klein- und Großschreibung, Großschreibung dagegen nur nach Großschreibung.
- Verwenden Sie mehrere Stichworte um die Ergebnisse einzugrenzen. Die Boolesche AND-Verknüpfung ist als Voreinstellung bei fast allen Suchmaschinen üblich.
- Fast alle Suchmaschinen (und die meisten Suchfelder in Archiven) verstehen diese vier Befehle:
  - + Ein Plus ohne Leerzeichen vor einem Wort bedeutet: Dieses Wort *muss* in den gesuchten Texten enthalten sein.
  - – Ein Minus ohne Leerzeichen vor einem Wort heißt: Das Wort *darf* nicht enthalten sein.
  - * Ein Sternchen direkt vor oder nach einem Suchwort ersetzt eine beliebige Buchstabengruppe. (so findet die Eingabe *kleid* sowohl »Damenoberbekleidung«, »Bekleidungsindustrie«, als auch »Sommerkleider« »kleidsam« – allerdings nicht »DOB«)
  - »...« Anführungszeichen signalisieren: Die dazwischenstehende Begriffskombination soll exakt in dieser Reihenfolge im Dokument vorkommen (z.B. »Trends im Markt«).
- Aktivieren Sie in Ihrem Browser die Option, Links immer in einem neuem Fenster zu öffnen. Das erlaubt Ihnen den direkten Rückweg zu den Suchergebnissen. Nebenpfade verfolgen Sie so konsequent und strukturiert in neuen Fensterästen. Weiterer Nebeneffekt: Sie merken schneller, wenn's zu viel des Guten wird. Die Informationsflut manifestiert sich in dicken Schichten übereinander liegender geöffneter Fenster. Das ist ein deutliches Zeichen, dass es Zeit wird, Ihre Suche stärker zu strukturieren.

Das Internet in seiner heutigen Form hat allerdings eine finstere Tücke. Der größte Teil des im Netz vorhandenen Wissens steckt im Verborgenen – oft gerade die wertvollsten Daten. Suchmaschinen sammeln ihren Datenbestand, indem sie so genannte Crawler durchs Netz schicken. Als Aufgabe erhält so ein Crawler – ein kleines, durchs Netz »kriechendes« Programm – eine Liste von Webadressen (URLs). Der Crawler untersucht die erste Seite der

Verborgene Daten i m Deep Web

Liste, speichert den Inhalt in einer Datenbank ab und sucht auf der Seite nach neuen Links. Wird er fündig, hängt er diese Seiten einfach an seine Liste der abzuarbeitenden Adressen an – ein automatisierter Websurfer mit Mission. Mit dieser Technik hat zum Beispiel Google heute mehr als drei Milliarden Websites erfasst. Fachleute schätzen, dass dies nur fünf bis höchstens zehn Prozent der tatsächlichen Inhalte im Netz sind. Was die Crawler nicht finden und die Seitenbetreiber nicht anmelden, bleibt im so genannten *Deep Web* verborgen. Denn bei Datenbanken – um ein Beispiel zu nennen, das uns besonders interessiert – dringen die Crawler nur bis zum Eingang vor. Zu den wertvollsten Informationsquellen für Ihre Recherche zählen aber genau solche kostenlose Archive (etwa von Tageszeitungen), Kataloge öffentlicher Bibliotheken, Datenbanken von Universitäten, Behörden, Statistik- und Patentämtern, Newsgroups (so etwas wie themenspezifische Schwarze Bretter im Netz) und digitale Produktkataloge. Die in ihnen enthaltenen Informationsseiten werden auf Abruf dynamisch erzeugt und bleiben deshalb für Crawler unsichtbar. Doch das Netz wäre nicht Netz, hätte es nicht auch für die Erschließung dieser Quellen geeignete Instrumente entwickelt. Die wichtigsten davon finden Sie neben weiteren hilfreichen Angaben in der folgenden Übersicht.

Praxis-Tipp

Marktstudien und Marktforschung im Internet

Das Internet ist ein schnelllebiges Medium. Deshalb können wir für die Verfügbarkeit der folgenden Sites natürlich nicht auf lange Sicht garantieren. Unter *www.handbuch-briefing.de* können Sie uns mitteilen, welche Erfahrungen Sie selbst im Netz gemacht haben, und uns bekannte aktuelle Veränderungen der aufgelisteten Websites einsehen.

Suchhilfen Deep Web

- **www.completeplanet.com**
  Eine Deep Web-Suchmaschine, in der 103 000 Datenbanken weltweit erfasst sind. Betreiber ist das Unternehmen Bright Planet, das hier auch zwei spezifische Rechercheprogramme (Lexibot und DeepQueryManager) für das Deep Web zum Kauf anbietet.

- **www.iboogie.tv**
  Suchmaschine, die neben den zugänglichen Websites durch den Einsatz von Quigo-Agenten auch Deep Web Inhalte mit in den Datenbestand aufgenommen hat.

- **www.findolin.de**
  Suchmaschine für Newsgroups. Für die professionelle Marktrecherche nur in Einzelfällen eine hilfreiche Ergänzung.

Marktforschungsdienstleister finden

- **www.ddv.de**
  Auf der Site des Deutschen Direktmarketing Verbands können Sie kostenlos das Mitgliederverzeichnis (Who is Who im Directmarketing?)

und die Broschüre ›Direkt zum Kunden‹ bestellen, die ein Verzeichnis professioneller Direktmarketing-Dienstleister mit geprüftem und anerkanntem Qualitäts- und Leistungsstandard enthält.

- **www.empirix.net**
  Auf dieser Site, die vom Berufsverband Deutscher Markt- und Sozialforscher getragen wird, können Sie Profile Ihnen namentlich bekannter Dienstleister einsehen oder nach frei definierbaren Kriterien den passenden Partner suchen.
- **www.bvdw.org**
  Der Bundesverband Digitale Wirtschaft bietet im Internet für seine Mitglieder einen kostenlosen Rechercheservice für Marktdaten.

Marktdaten finden

- **www.studienmonitor.de**
  ist ein Informations- und Rechercheportal speziell für Markt- und Verbraucherstudien.
- **www.genios.de**
  ist die für Marktrecherchen wohl wichtigste Sammlung von Datenbanken und Archiven. Recherchen sind nur für angemeldete Benutzer möglich. Kostenpflichtig sind die Suche selbst (abgerechnet wird pro Minute) und der Download von Dokumenten (je nach Quelle). Das rechnet sich aber schnell. Genios unterstützt Themen-, Branchen- und Unternehmensrecherchen und bietet Dossiers zu Wirtschaftszweigen und Branchen. Im Angebot sind Archive wichtiger Fachzeitschriften und -zeitungen (W&V, Horizont, Der Kontakter, absatzwirtschaft, kress-report, Media aktuell, DM, Handelsblatt, Wirtschaftswoche, Börsenzeitung, Financial Times, Business Week u.v.a.), das Nachrichtenmagazin Focus, Tages- und Wochenzeitungen wie Die Zeit, die Neue Zürcher Zeitung oder das Wall Street Journal Europe. Hinzu kommen Datenbanken aus allen Bereichen, darunter auch der GfK Marktforschung, m+a Messeinformationen und Mediadaten. Allein das Themenregister nimmt über 60 DIN A4-Seiten ein.
- **www.absatzwirtschaft.de**
  Die Site der gleichnamigen Fachzeitschrift bietet unter der Rubrik Datenbanken eine hilfreiche Suchmaschine, in der Studien nach Ersteller und Thema recherchiert werden können.
- **www.mediaundmarketing.de**
  Unter der Rubrik Marktforschung findet sich eine Datenbank mit Steckbriefen zu über 1000 Marktstudien – mit Angabe von Preis und Bezugsquelle. Zahlreiche Zielgruppenprofile gibt's direkt zum Downloaden.
- **www.sinus-sociovision.de**
  Ausgehend von grundlegenden Wertorientierungen und persönlichen Einstellungen zu Arbeit, Familie, Freizeit, Geld und Konsum werden in den Sinus-Milieus Gleichgesinnte mit ähnlicher Lebensauffassung

und Lebensstilen zusammengefasst – eine seit Jahren etablierte und bewährte Form der Zielgruppensegmentierung. Auf der Website selbst findet man einige Daten mit Kurzbeschreibungen.

- **www.shell-jugendstudie.de**
  Seit 1953 untersucht die Shell-Studie Ansichten und Haltungen von Jugendlichen und liefert biografische Interviews. Sie stellt derzeit das wichtigste und fundierteste dar, was über Zielgruppen unter 25 Jahren zu finden ist.
- **www.gujmedia.de**
  Der Verlag Gruner + Jahr bietet unter der Rubrik Mediaservice/Studienübersicht unter anderem die »FamilienAnalyse«, »Stern MarkenProfile«, »Geo Imagery« und »Wohnen & Leben«, aber auch zahlreiche Links.
- **www.bac.de**
  Im Burda Advertising Center finden sich die aktuelle media analyse (Reichweite und Nutzerstruktur deutscher Medien) sowie Zeitreihen zu Marktentwicklungen ausgewählter Branchen.
- **www.verkauf-aktuell.de**
  versammelt die wichtigsten Studien-Ergebnisse zu CRM, Vertrieb und E-Commerce. Das Abonnement des monatlich erscheinenden Newsletters ist kostenlos.
- **www.synergy.de**
  Diese private Website richtet sich vor allem an Studenten, die sich für Marktforschung interessieren. Enthält aber auch für Profis hilfreiche Links zu Marktdaten im Netz und Anbietern, Portalen, Zugängen, Quellen.

Glaubwürdigkeit von Quellen prüfen

- **www.denic.de**
  Die Genossenschaft DENIC ist für die bundesweit zentrale Registrierung von Domains (Webadressen) zuständig. Auf ihrer Website zeigt die Abfragefunktion »Whois« an, auf welchen Namen (Privatperson oder Firma) eine Domain registriert ist. Das Wissen, wer hinter einem Angebot steckt, gibt oft wichtige Hinweise auf die Glaubwürdigkeit.
- **www.internic.com**
  Internationale Domains und Top Level Domains (also Webadressen mit den Endungen .com, .org, .net, .info, .biz, .museum etc.) lassen sich hier ganz analog zur DENIC-Site recherchieren. Eingerichtet wurde sie von der ICANN (Internet Corporation for Asigned Names and Numbers), der zentralen Körperschaft für die Vergabe von Domains weltweit.

Nachgefragt – Wie wichtig ist eigene Marktforschung?

Wenn das Angebot an Studien und Informationen so reichhaltig ist, warum sind dann überhaupt noch Primärerhebungen nötig?

Primärdaten erheben

Für den *Consumer*bereich liegen heute tatsächlich so vielfältige und umfassende Daten vor, dass Sie in aller Regel ohne großen finanziellen Aufwand mit diesen Sekundärinformationen arbeiten können. Doch je spezialisierter Ihr Markt, je enger Ihre Zielgruppe, desto wahrscheinlicher wird es, dass Sie Primärerhebungen anstellen müssen – weil niemand sich die Mühe macht, für so spezifische Ansprüche Daten aufs Geratewohl zu erheben.

Befragung, Beobachtung, Test

Sind Sie in dieser Situation, tritt an die Stelle der Frage nach dem Woher? (also der Quelle) die Frage nach dem Wie? (der Methode). Königsweg der Primärerhebung ist die schriftliche, telefonische oder persönliche Befragung. Die Beobachtung ist die zweitwichtigste Methode. Sie wird hauptsächlich in den Sozialwissenschaften und in der Verhaltensforschung eingesetzt, kann aber durchaus auch für die Bestimmung möglicher Kundenprofile interessant sein (z.B. zur Beschreibung des Verhalten und der Reaktionen Ihrer Kunden am PoS). Der Test – die dritte zu nennende Methode – eignet sich im Marketing besonders für Aussagen über das Produkt und seine Derivate – etwa wenn Sie die Verständlichkeit von Gebrauchsanweisungen prüfen wollen. Schließlich existieren noch Sonderformen wie Panel-Untersuchungen oder Explorationen, die in der Regel aber professionellen Marktforschern vorbehalten bleiben.

Profis mit Primärerhebungen zu beauftragen, kann teuer werden. Ob sich das rechnet, entscheiden Sie selbst. Wir haben immer wieder festgestellt, dass besonders kleinere oder mittlere Betriebe, die sich einem Nischenmarkt widmen, für eine begrenzte Kundengruppe im Investitionsgüterbereich produzieren oder nur auf ein regional begrenztes Publikum zielen, vor diesen Kosten zurückschrecken – und deshalb ganz auf entsprechend fundierte und untermauerte Marktdarstellungen verzichten. »Ich kenne doch meine Kunden.« oder »Was soll mir ein Marktforscher erzählen, das ich selbst noch nicht weiß.« sind gängige Floskeln, mit denen das unangenehme Thema übergangen und am Ende selbst Sekundärinformationen als unwichtig abgetan werden. Vergessen wird dabei leicht, dass persönliche Einschätzungen selten zeitnah gewonnen wurden, sich nicht Eins zu Eins von einem lokalen Markt auf den anderen übertragen lassen und zudem immer durch die Anbieterbrille verzerrt sind.

Nur wer die eigenen subjektiven Eindrücke *belegen* und seine Zielgruppen auf der Basis eines fundierten, möglichst objektiviert gewonnenen Wissensstandes beschreiben kann, kann auch sinnvoll briefen. Wie gefährlich es ist, mit einer falschen Marktvorstellung an die Kommunikationsplanung heranzugehen, zeigt das folgende Beispiel.

Beispielfall

In Frankfurt verkauft sich das von selbst

Ein international erfahrener Bauinvestor hatte mit einem Wohnpark in Brandenburg ein Projekt angeschoben, dessen Verkaufsergebnisse so gar nicht in das erfolgsverwöhnte Portfolio des Unternehmens passen wollten. Die Eigenheime vor den Toren der Hauptstadt verkauften sich schlecht. Der Vertriebsleiter des im Rhein-Main-Gebiet ansässigen Unternehmens wurde von der Geschäftsleitung aufgefordert, die Verkäufe durch eine geeignete Kommunikationskampagne anzukurbeln und beauftragte eine Berliner Werbeagentur, die einige Erfahrung in diesem speziellen Markt mitbrachte.

Die Agentur überzeugte den zunächst unwilligen Vertriebsleiter davon, noch vor der Kampagnenplanung eine Marktanalyse zu erstellen. »Das Produkt ist völlig marktkonform,« lautete sein Einwand gegen den vermeintlich überflüssigen Schritt. »Wir bauen denselben Wohnpark auch in Frankfurt. Und da verkaufen sich die Häuser praktisch von selbst.« In Brandenburg waren dagegen von den geplanten 150 Reihenhäusern in drei Jahren gerade fünf verkauft worden. Warum, zeigte sich, als die Ergebnisse der Marktanalyse vorlagen. Zunächst hatte die Agentur die bisherigen Käufer direkt angesprochen und befragt. Alle fünf zeigten sich zu einem Interview mehr als bereit, hatte doch jeder von ihnen Beschwerden, die er gerne loswerden wollte. Die Interviews zeigten: Neben einigen kleineren architektonischen Unzulänglichkeiten (zu enge Treppe, zu hohe Schwelle zur Terrasse, ungünstige Fensterposition in der Küche, die dazu führte, dass Herd und Spüle nicht flexibel platziert werden konnten, usw.) sorgten vor allem zwei Punkte dafür, dass die Kunden unzufrieden waren – und in ihrem Bekanntenkreis kräftig gegen das Projekt wetterten. Nach Vertragsabschluss war der Kontakt zum Vertreiber schlagartig abgerissen, eine Nachbetreuung fand nicht statt. Gleichzeitig existierte der versprochene blühende Wohnpark bislang nur in den Simulationen. De facto erstreckte sich vor der Haustür ein weites ödes und winddurchpfiffenes Feld potentieller Bauplätze, das mit einem Park nicht einmal ansatzweise etwas zu tun hatte. Neben diesen Produktschwächen brachte die Marktanalyse weitere Probleme ans Licht. Interessenten fanden nur schwer zu dem abgelegenen Baufeld, weil eine Beschilderung vor Ort nur in Ansätzen vorhanden war – ganz im Gegensatz zu den Projekten nahe gelegener Mitbewerber. Die Information vor Ort – beim Sonntagsausflug ins Grüne – war indes einer der wichtigsten Erstkontaktwege für potentielle Kunden. Das wusste die Agentur einerseits aus laufenden Erhebungen bei verschiedenen Vertrieben (Maklern), andererseits aus Kundenbefragungen früherer Projekte. Auch die fünf Interviews mit den Käufern bestätigten diesen Trend. So unzuverlässig ein so kleines Befragungssample in statistischer Hinsicht auch sein mochte, so wertvoll erwies es sich doch als Gegencheck für die aus anderen Quellen vorliegenden Informationen zum Zielgruppenverhalten.

Beispielfall

Die Agentur lieferte dem überraschten Kunden, der Vertriebsanzeigen und Zeitungsbeileger erwartet hatte, am Ende ein Kampagnenkonzept, das ganz andere Instrumente enthielt: Vorschläge zur Produktverbesserung (Architektur), zur Aufwertung des Umfelds durch temporäre Freiflächengestaltung, Ideen zur Kundennachbetreuung und ein Kundenbenefitprogramm zur Generierung persönlicher Empfehlungen, ein Social-Sponsoring-Programm, das auf ein durch eine integrierte Medienanalyse festgestelltes Imageproblem des Ortes (Fremdenfeindlichkeit) abzielte, eine verbesserte Beschilderung vor Ort, Below-the-Line-Maßnahmen auf Wochenmärkten der Umgebung, Flyerverteilung in ausgewählten Zielgebieten (die mikrogeografische Verteilung der Zielgruppen ließ sich aus der Interessentendatei des Vertriebs relativ klar ableiten), und weitere individuelle Maßnahmen, die alle nur eines gemein hatten: Sie reagierten stringent auf Erkenntnisse über den Markt und die Zielgruppe. Unterm Strich entstanden durch diese Kampagne etwa dieselben Kosten, die der Kunde auch für die beabsichtigte Anzeigenkampagne budgetiert hatte. Kosten allerdings, die sich rasch amortisierten. Gegen den Markttrend stieg der Umsatz an Häusern im Projekt innerhalb weniger Monate erkennbar an.

Eigene Primärerhebungen wagen

Wenn unser Beispiel eines noch deutlicher unterstreicht als die Bedeutung einer differenzierten Marktbetrachtung an und für sich, dann dieses: Wo Ihnen keine anderen Möglichkeiten zur Verfügung stehen, sollten Sie sich ruhig selbst an eine Primärerhebung wagen. Das mag alles sehr begrenzt sein, ein Sakrileg für jeden Statistiker darstellen und am Ende nur mit Vorbehalten gültig sein. Und trotzdem: Es hilft Ihnen *immer*, wenn Sie Kunden und Marktteilnehmer direkt fragen. Sei es auch nur, dass Sie einige Antworten bekommen, die Sie nicht erwartet haben. Wenn Ihnen das zeigt, dass Sie nochmal gründlicher ranmüssen und Ihre Vorstellung vom Markt nicht stimmig ist – auch gut. Wäre es besser, Sie hätten das nicht gewusst und Kommunikationsmaßnahmen für einen Markt produziert, den es so gar nicht gibt?

Unser Rat lautet deshalb: Ran an den Kunden. Am einfachsten und direktesten mit einer Befragung. Wir wollen an dieser Stelle nicht zu tief in die Methoden solcher Erhebungen einsteigen. Es würde zu weit von unserem eigentlichen Thema führen. Doch ein verständliches und dabei dennoch fundiertes Fachbuch wie Kastin (1999) schafft es, Themen wie: Wie bildet man eine Stichprobe? Wie baut man einen Fragebogen auf? und Wie formuliert man Fragen? auf ganzen 34 Seiten in einer Tiefe zu behandeln, die für die meisten Fälle völlig ausreicht.

Primärerhebungen sind also keine Hexerei. Vor allem wenn man den Wert der gewonnenen Informationen berücksichtigt und sich klar macht, dass diese exklusiven Daten einen eindeutigen Vorsprung vor den Wettbewerbern darstellen.

Zwischen knapp und komplett – Informationen bewerten, auswählen und aufbereiten

> Das Etikett unterrichtete mich gründlicher über den nicht mehr vorhandenen Inhalt des Glases, als ich überhaupt unterrichtet werden wollte. Ich mache mir nur gerne von Zeit zu Zeit Popcorn, einmal im Monat ungefähr, aber dieses Etikett nahm meine unkomplizierte Haltung in Sachen Popcorn überhaupt nicht zur Kenntnis. Es ließ sich lang und breit über den Mann aus, der das Popcorn anbaute, und darüber, wie er das anstellte. Von Tausenden von »penibel« durchgeführten Experimenten war da die Rede und von vierzig Generationen von Saatgut, die durch genau ausgetüftelte Zuchtmethoden zu diesem ganz speziellen »Gourmet«-Popcorn entwickelt worden waren. Das Etikett erwähnte »liebevolle Sorgfalt« und Schutz vor »Fremdbestäubung«, es kamen Wörter wie »technisch« und »wissenschaftlich« vor, und das Produkt in dem Glas wurde als Popping Corn statt als Popcorn bezeichnet. Außerdem war die Rede von »unglaublich durchschnittlichen« Maissorten. Ich war überrascht, dass sie im Zusammenhang mit ihrem Mais nicht das Wort »universal« verwendeten.
> ...Ich hatte Kopfweh, und ich wollte von diesem ganzen Scheiß über den Farmer und sein »Popping Corn« nichts wissen...Es gibt eben nur soundso viel Platz für soundso viele Informationen hier im zwanzigsten Jahrhundert, und irgendwo muss man die Grenze ziehen, und ich würde sie ziehen, wenn ich das nächste Mal Popcorn kaufte.
>
> *Richard Brautigan – Penibles Popcornetikett*

Informationsflut

Was ein Zuviel an Informationen anrichten kann, hatten wir schon bei der externen Informationssuche angerissen. Analoges gilt für die Weitergabe an den Dienstleister im Briefing. Wenn Sie alle nötigen Informationen zusammengetragen haben, stellt sich deshalb gleich die nächste Frage: Wie können Sie diese nach ihrer Bedeutung für den Auftragnehmer bewerten, strukturieren und »kurz, knapp, komplett und konkret« aufbereiten?

Kurz und knapp sind nicht umsonst Bestandteile unserer 8K-Regel. Zwanzig Zentimeter hohe Papierstöße wird niemand aufmerksam durcharbeiten. Das verbietet dem Dienstleister in aller Regel seine Zeitökonomie. Auf der anderen Seite braucht er – fast genieren wir uns, es noch einmal auszusprechen – wirklich *alle* Informationen, um seine Arbeit sinnvoll beginnen zu können.

Unübersehbare Materialberge auf der einen, lückenhafte Exzerpte auf der anderen Seite sind die Klippen zwischen denen Sie hindurchsegeln müssen. Das ist am Ende gar nicht so schwierig, wie man denkt. Sie können die Informationen so vorstrukturieren, dass Ihr Dienstleister entscheiden kann, wie tief er einsteigt.

Praxis-Tipp

Informationsaufbereitung

- Kategorisieren Sie zunächst – soweit noch nicht geschehen – das Ihnen vorliegende Material nach Direktdaten, eigenen Auswertungen, fremden Auswertungen und Interpretationen.
- Erstellen Sie zumindest zum Produkt, zur Zielgruppe, zum Markt und zu Ihrem Unternehmen jeweils ein Faktenblatt, das die wichtigsten Stichworte enthält. Das nützt zuallererst Ihnen selbst. Was Heinrich von Kleist einst über »Die allmähliche Verfertigung der Gedanken beim Reden« gesagt hat, gilt auch fürs Schreiben: Während Sie formulieren, ordnen sich Gedanken auf eine Weise, die man oft nicht erwartet hätte.
- Damit Sie mit dieser Aufgabe nicht ganz bei Null anfangen: Nutzen Sie die Checklisten im 14. Kapitel, um Struktur in die Faktenflut zu bringen.
- Wenn Sie mit dem Dienstleister eine langfristigere Zusammenarbeit anstreben und/oder es sich um grundlegende strategische Aufgaben handelt, kann sich der Aufwand lohnen, den Auftragnehmer einen Tag in den eigenen Betrieb einzuladen und durch die Abteilungen zu führen. Das kann einen Teil der schriftlichen Informationen zum Unternehmen ersetzen oder zumindest sinnreich ergänzen. Die eigene direkte Erfahrung hilft oft mehr als umständliche Beschreibungen wenn es darum geht, die Firmenphilosophie oder die Corporate Culture zu verstehen. Gleichzeitig ergibt sich so die Chance für Direktkontakte mit den eigentlichen Informationsträgern – und Gelegenheit für die unbezahlbaren »dummen Fragen«, die am schnellsten zeigen, wo Verständnisschwierigkeiten liegen.
- Eigene Unternehmensbroschüren und anderes Sekundärmaterial sollten Sie nur als ergänzendes Material verstehen. Legen Sie es aber als Sicherheitskopie bei. Erinnern Sie sich an den Wert der Redundanz.

Das tut nichts zur Sache ... – Heikle Informationen weitergeben

> ... doch verlangen Sie nicht von mir, Ihren Wunsch zu erraten; ich wäre genötigt, alles aufzuzählen, was mir zu Gebote steht, um diejenigen zufrieden zu stellen, die seit einiger Zeit, die ich hier bin, an mir vorübergehen, und die Zeit, die zu dieser Aufzählung nötig ist, würde mein Herz vertrocknen und ohne Zweifel Ihre Hoffnung erlahmen lassen.
>
> *Bernard-Marie Koltès – In der Einsamkeit der Baumwollfelder*

Wie ehrlich muss man, wie offen darf man sein? Die Haltung, den Auftragnehmer als Erfüllungsgehilfen zu betrachten, der nicht alles wissen muss, ist weiter verbreitet als man denkt. Niemand kann Ihnen verbieten, diese Position zu beziehen. Sie dürfen dann aber auch nur die Leistung erwarten, die Ihrem Dienstleister im Rahmen der begrenzten Information möglich ist.

Wenn Sie ein optimales Ergebnis erwarten, sollten Sie vom Dienstleister bedingungslose Identifikation mit seinem Auftrag einfordern. Das setzt Vertrauen voraus und – soviel sollte anhand des bisher Gesagten klar sein – die kommunikative Erarbeitung gemeinsamer Ziele. Deshalb kommen Sie nicht umhin, Ihre Ziele und alle wichtigen Informationen, die diese Ziele beeinflussen, in ebenso konkreter wie umfassender Form mitzuteilen.

Schwächen offen legen

Ihr eigenes Interesse gebietet eine offene, vertrauensorientierte Informationshaltung. Das gilt um so mehr, je fundamentaler die Aufgabenstellung ausfällt. Machen Sie kein Ratespiel aus Ihrem Briefing. Und lassen Sie sich wichtige Informationen nicht aus der Nase ziehen. Erst recht nicht, wenn es sich um Schwächen Ihres Produkts handelt. Sätze wie »Aber das brauchen Sie gar nicht zu wissen ...« oder »Vergessen Sie das. Das dürfen Sie um Himmels willen nicht schreiben ...« sind in der Praxis an der Tagesordnung. Wir haben sie in vielen Briefings erlebt. Die Scheu, über Schwächen des eigenen Produkts zu sprechen, mag aus menschlicher Sicht verständlich sein. Aus unternehmerischer Sicht kann man sie nur als fahrlässig bezeichnen. Spätestens dem Kunden werden diese Schwächen ins Auge fallen. Teilen Sie sie dagegen Ihrem Dienstleister mit, lassen sich gemeinsame Strategien entwickeln, wie man damit in der Kommunikation umgeht. Das kann je nach Fall offensiv oder defensiv sein. Es wird Ihnen niemals weiterhelfen, so zu tun, als wüssten Sie nichts von den möglichen Löchern in Ihrer Argumentation.

Gerade bei erstmaliger Zusammenarbeit oder wenn es um Produkteinführungen mit einiger Tragweite geht, sind Vorbehalte dennoch kaum auszuschließen. Zumal Sie als Kommunikationsverantwortlicher auch an Weisungen Ihrer Vorgesetzten gebunden sind. Es braucht viel Fingerspitzengefühl, wenn im Unternehmen die Entscheidung fällt, wichtige Informationen – etwa aus Wettbewerbsgründen – nicht preiszugeben.

Im Grunde bleiben Ihnen zwei Wege, um sich abzusichern, dass der Dienstleister heikle Informationen angemessen behandelt.

Praxis-Tipp

Vertrauliche Informationen

- Sie können die Schweigepflicht in der Beauftragung oder durch ein separates Schriftstück schriftlich vereinbaren und ihre Nichteinhaltung mit einer angemessenen Vertragsstrafe belegen. Das sichert Sie zumindest einigermaßen gegen die wirtschaftlichen Folgen eines Vertrauensbruches ab.
- Der zweite Weg: Wickeln Sie heikle Aufträge nur mit Dienstleistern ab, die Sie kennen und die Ihre Vertrauenswürdigkeit bereits unter Beweis gestellt haben.

Auf weitere Praxis-Tipps müssen Sie in diesem Kapitel verzichten. Es gibt Situationen, für die es keine Patentlösungen gibt. Und alle allgemeinen Ratschläge, wie Sie mit solchen Situationen umgehen können, haben wir Ihnen bereits mit den allgemeinen Ausführungen über die Kommunikation mit dem Dienstleister an die Hand gegeben.

10. Kapitel
Auf Heller und Pfennig – Budget- und Kostenplanung

Selbst den weisesten unter den Menschen sind die Leute, die Geld bringen, mehr willkommen, als die, die welches holen.

Georg Christoph Lichtenberg – Physiognomische und pathognomische Beobachtungen und Bemerkungen

Wirtschaftskommunikation ist nicht zweckfrei. Jede Kommunikationsmaßnahme ist eine Investition. Investitionen aber sind unternehmensstrategische Entscheidungen. Die können nur Sie selbst treffen. Deshalb ist eine fundierte Abwägung von Zielen und Nutzen der erste Schritt jeder soliden Budgetplanung. Und deshalb kommt kein Briefing ohne eine klare Ansage zu den verfügbaren Mitteln aus: Ihr Budget setzt den Rahmen, in dem Ihr Dienstleister agieren soll und kann.

Kommunikation als Investment

Anders als bei der Anschaffung einer Maschine ist der Return kommunikativer Investitionen schwer einzuschätzen. Weil Kommunikation auf mittelbarem Wege, mit zeitlicher Verzögerung und quasi über Bande auf das wirtschaftliche Ergebnis zurückwirkt, gibt es keine betriebswirtschaftliche Formel für ihr Kosten-Nutzen-Verhältnis. Am sinnvollsten ist es, Kommunikation als Investment analog zu Forschung und Entwicklung zu betrachten.

Um die Kosten in den Griff zu bekommen, müssen Sie sich drei Fragen stellen:

- Welche Maßnahmen sind nötig, um die aus der strategischen Unternehmensplanung abgeleiteten Kommunikationsziele zu erreichen?
- Was kosten diese Maßnahmen?
- Wie viel Geld haben wir tatsächlich zur Verfügung (Liquiditätsfaktor)?

So weit, so machbar. Schwierig wird die Sache, sobald es um den Abgleich dieser Fragen geht. Viele Betriebe gehen zunächst vom zuletzt genannten Punkt aus und orientieren ihre Planung an der scheinbar fixen Obergrenze der verfügbaren Mittel. Das scheint logisch. Es muss aber nicht immer die unternehmerisch klügste Entscheidung sein.

Chancen und Risiken abwägen

Eine durchdachte Kommunikationsplanung kann durchaus dazu führen, dass man mehr Mittel investiert, als zur Zeit zur Verfügung stehen, weil die damit geschaffenen Instrumente neue Märkte oder Geschäftsfelder erschließen und so dazu gewonnene Marktanteile die höhere Investition legitimieren.

In der Budgetplanung müssen Sie also Chancen und Risiken abwägen und dazu verschiedene Szenarien betrachten. Die Festlegung hat damit immer eine strategische Komponente. Sie ist Teil der langfristigen strategischen Unternehmensplanung. Das macht die Antwort auf die Frage nicht einfacher: Was lassen wir uns die Kommunikation denn nun kosten?

Wie viel investieren? – Das Gesamtbudget planen

> Ich denke es gibt weltweit einen Markt für fünf Computer.
> *Thomas Watson, Vorstand von IBM, 1943*

> Es gibt keinen Grund, warum jemand zuhause einen Computer bräuchte.
> *Ken Olson, Präsident und Gründer von Digital Equipment, 1977*

> 640K sollten für Jedermann genug sein.
> *Bill Gates, Microsoft, 1981*

Fünf Arten der Budgetplanung

Es gibt fünf Arten, wie Unternehmen ihr Kommunikationsbudget festgelegen. Drei davon sind grober Unfug, die vierte weist in die richtige Richtung, greift aber zu kurz, und nur die letzte hier genannte kann man guten Herzens empfehlen.

Finanzorientierte Budgetplanung

Geht man von den verfügbaren Mitteln aus, wird Kommunikation als Luxusartikel behandelt. Was die betriebswirtschaftliche Ergebnisrechnung als Überschuss des sonstigen Firmengeschehens für vertretbar hält, kann in die Kommunikation investiert werden. Die Frage, wie viel aus planerischer Sicht nötig wäre, bleibt ungestellt. Auch eine Betrachtung der möglichen Refinanzierungen (durch Umsatzerhöhung in den etablierten und die Erschließung neuer Teilmärkte) wird nicht angestellt.

Stattdessen werden künftige Ausgaben auf der Basis der Vergangenheit kalkuliert. Das führt dazu, dass man meist prozyklisch statt antizyklisch agiert – und den Zusammenhang zwischen Situation, Aufwand und Nutzen elegant übergeht.

Umsatzorientierte Budgetplanung

Bei der zweiten Methode wird das Kommunikationsbudget als fester Prozentsatz der Umsätze gekennzeichnet, die in der vergangenen, der laufenden oder der kommenden Periode erzielt oder erwartet werden. Problem: Die Größe dieses Prozentsatzes kann nur auf mehr oder minder beliebigen Annahmen beruhen, die aus nebulösen Erfahrungswerten oder in der Branche kursierenden Vorstellungen abgeleitet werden. Und nebenbei: eigentlich sollte die Kommunikation doch den Umsatz beeinflussen und nicht umgekehrt, oder?

Diese Methode ist besonders beliebt in Branchen, die größere Investitionsvorhaben generieren. So wurde (und wird leider noch immer) im Immobilienbereich oft ein Prozentsatz der Bausumme als Kommunikationsetat angesetzt – ohne Ansehen der Produktqualitäten und der Marktsituation. Mit zunehmender Größe der Immobilie ergibt sich ein lineares Wachstum des Kommunikationsbudgets. Wäre das sinnvoll, könnte man ebenso gut sagen, dass ein doppelt so großes Gebäude eben zwei Vermietungsbroschüren erforderte. Es braucht nicht viel Nachdenkens, um zu erkennen, dass das nicht funktionieren kann.

Wettbewerbsorientierte Budgetplanung

Auch aus den Investitionen der Wettbewerber wird über einen angestrebten »Share of Voices«, also einen Anteil an der Marktstimme, das eigene Budget errechnet. Diese Methode basiert auf der Idee, dass gleiche Kommunikationsbudgets auch gleiche Marktanteile nach sich ziehen. Selbst wenn dem so wäre, diente der eigene Kommunikationsaufwand nur dazu, die Anstrengungen der Konkurrenz zu neutralisieren. Darum kann es nicht gehen. Der grundlegende Denkfehler bleibt aber, dass Qualität und Wirkkraft der Kommunikation unberücksichtigt bleiben. Doch genau darin liegt das Wesen erfolgreicher Werbung: sich über das Maß der Mitbewerber hinauszubewegen.

Budgetplanung anhand quantitativer Ziele

Ein bis heute übliches Maß, um das Aufwand-Nutzen-Verhältnis von Kommunikation (und ihren Medien) zu beurteilen, ist der Kontaktpreis. Er gibt an, wie viel ein Unternehmen aufwenden muss, um einen möglichen Kunden einmal mit der gewünschten Information in Kontakt zu bringen. Der Kontaktpreis scheint eine sinnvolle Größe, nicht nur um die Wirkung verschiedener Instrumente zu vergleichen, sondern auch die Ziele und damit den nötigen Aufwand zu planen.

Der Haken an der Sache: Die Wirkung Ihrer Kommunikation wird einzig auf ihren quantitativen Aspekt reduziert. Was ein solcher Kontakt bewirkt, ist nämlich in keiner Weise klar. Eine Studie des Instituts für Marketing und Kommunikation (IMK) vom August 2004 zeigt: Je nach Stadt prasseln Tag für Tag rund 6.000 Werbeeindrücke auf uns nieder. 6.400 sind es in Berlin, 5.300 in Frankfurt am Main. Doch nur drei davon prägen sich so ein, dass sich der Konsument am Ende des Tages noch an sie erinnern kann. Der gängige kommunikative Overkill entwertet damit auf weiten Strecken den Kontaktpreis als verlässliche Planungsgrundlage. In der Informationsgesellschaft wird es immer wichtiger, gezielt zu agieren – und deshalb auch bei der Budgetierung die qualitative Komponente zu berücksichtigen.

Budgetierung anhand qualitativer Ziele

Die schwierigste, aufwändigste, letztlich aber die einzig sinnvolle Methode ist es, die Höhe des Budgets an den – aus der strategischen Planung abgeleiteten – Kommunikationszielen zu orientieren. Anhand unternehmerischer Ziele (Marktdurchdringung, Marktanteile, Umsatzziele) wird dabei abgeschätzt, welcher kommunikative Aufwand nötig ist. Dieser wird dann anhand der addierten Einzelpreise mit Kosten hinterlegt.

Nur bei dieser Form der Budgetplanung fließt die von Ihnen angestrebte Investitionspolitik in die Planung ein: Suchen Sie schnelle Verkaufserfolge oder orientieren Sie sich auf einen langfristigen Markenaufbau? Sprechen Sie ein breites Spektrum unterschiedlicher Zielgruppen mit geringer Bindung an das Produkt an oder wenden Sie sich an eine klar definierte, sehr kleine Käuferschicht aus dem Luxussegment, die stark hofiert werden will, dann aber auf lange Sicht markentreu bleibt? Wollen Sie Ihre Position in einem enger werdenden Markt halten oder Ihr Angebot auf zukunftsfähige Geschäftsfelder ausdehnen? Nur eine saubere Ableitung von Kommunikationszielen und -instrumenten erlaubt es Ihnen, diese Faktoren in Ihrer Kostenplanung angemessen zu berücksichtigen.

Denn was Werbung kosten darf, entscheidet sich an der Frage, was sie erreichen soll. Und das ist eine Frage strategischer Planung.

Marktpotentiale abschätzen

Das bringt eine neue Variable ins Spiel: die Einschätzung der tatsächlich vorhandenen Marktpotentiale. Was man früher dem unternehmerischen Gespür anheim stellte, sollte heute eine Sache nachvollziehbarer Planungen Ihrer Marketingabteilung sein. Dabei kann man trotz aller kalkulatorischer Genauigkeit und trotz aller prognostischen Phantasie kräftig daneben liegen. Wie sehr, das zeigen die drei einleitenden Zitate zu frühen Marktprognosen in Sachen Personal-Computer. Da es aber nicht bei jeder Kampagne gleich um eine technische Revolution geht, stehen Ihnen in der Regel genügend Daten zu Gebote, den möglichen Nutzen zu quantifizieren – und eine fundierte Aussage über einen Aufwand in sinnvoller Größenordnung abzuleiten.

Darf's ein bisschen mehr sein? – Budget und Etats konkretisieren

Dienstleister einbinden

Erinnern wir uns an unser Modell der kommunikativen Planungsebenen (vgl. S. 16). Im unteren Teil dieser Grafik hatten wir festgehalten, dass es unterschiedliche Möglichkeiten gibt, an welchem Punkt dieses Gesamtprozesses ein Unternehmen auf die Hilfe geeigneter Dienstleister zurückgreifen kann. Schon bei der Planung der Marketingstrategie und erst recht bei der Kommunikationsplanung entscheiden sich viele Unternehmen, einen Dienstleister mit einzubinden. Analoges gilt für die Budgetplanung. Der Gesamtumfang Ihres Kommunikationsbudgets sollte sich aus den summierten Etats der einzelnen Maßnahmen berechnen. Deshalb ist es ratsam, einen zuverlässigen Dienstleister zu Rate zu ziehen, um diese Einzelmaßnahmen zu konzipieren und mit realistischen Kostenansätzen zu hinterlegen. Damit erleichtern Sie sich die Antworten auf gleich zwei der oben genannten Fragen: »Welche Maßnahmen sind nötig?« und »Was kosten diese Maßnahmen?«.

Ein gesundes Maß an Vorbehalten ist dabei durchaus angebracht, denn manche Agenturen sehen den besten Weg, eine Kampagne zu entwickeln, darin, erstmal unbeleckt vom Budget drauflloszuarbeiten und das Ergebnis später – nach einem Blick ins Kundenportemonnaie – zurechtzustutzen. Kunststück. Für den Dienstleister ist es das Einfachste. Das Problem an der Sache: Der Auftraggeber wird zum Störelement degradiert, das die schön ausgedachte Lösung in Grund und Boden kürzt.

Das demotiviert auf lange Sicht nicht nur beide Seiten, sondern führt auch dazu, dass Synergien zwischen einzelnen Instrumenten kaum mehr planbar sind. Wo niemand sagen kann, welche Einzelinstrumente dem im Nachhinein angesetzten Rotstift zum Opfer fallen, überlässt man die eigentlich unabdingbare gewichtete Vernetzung der Maßnahmen willig dem Zufall: Soweit die Euros uns eben tragen...

Budgetplanung als Prozess

Die konkrete Planung Ihres Budgets sollten Sie deshalb als Prozess anlegen. Einen Prozess, in den Sie einen zuverlässigen Dienstleister einbeziehen – ohne ihm gleich die Zügel schießen zu lassen. Um Gottes willen, werden manche von Ihnen sagen: Das heißt ja wohl, den Bock zum Gärtner zu machen. Aber – um im Bild zu bleiben – auch in der Garten- und Landschaftspflege ist es durchaus üblich, Bock und Schafe einzusetzen, um Wiesen kurz zu halten. Lösen Sie sich also von der Vorstellung, Sie müssten die gesamte Budgetplanung allein und ohne Hilfe in den Griff bekommen – und setzen Sie auch hier auf einen offenen Prozess, der das konstruktive Miteinander ins Kalkül zieht.

Das gilt nicht nur fürs Gesamtbudget, sondern erst recht für die einzelnen Etats, aus denen sich das Budget zusammensetzt. Oft verschweigen Unternehmen ihrem Dienstleister Etatobergrenzen, um ihn nicht zur Verschwendungssucht zu verführen. Die geheime Hoffnung, die sich dahinter verbirgt, ist, dass es vielleicht ja doch etwas billiger gehen könnte, als geplant. Tja, es *kann.* Nur darf man sich nicht wundern, wenn das Ergebnis dann auch so ausfällt, wie man es sich gewünscht hatte – reichlich billig.

Mit offenen Karten zu spielen, das hat uns die Praxis gelehrt, ist auch für den Auftraggeber der weitaus klügere Ansatz. Nutzen Sie eine im Voraus überschlagene Etatobergrenze als Mittel zur Spielraumbegrenzung. Das diszipliniert. Nicht nur den Dienstleister, sondern auch Sie selbst als Auftraggeber.

In der praktischen Arbeit zeigt sich nämlich sehr häufig eine Tendenz, die Instrumente in ihrem Entstehungsprozess mit immer mehr Anforderungen zu überfrachten. Das kostet Geld – wenn man es nicht im Auge behält.

Praxis-Tipp

Budgets fortschreiben

Schreiben Sie deshalb Änderungen der Anforderungen unbedingt im Budget fort. Oder noch besser: lassen Sie sie fortschreiben. Denn dafür können Sie ruhig den Dienstleister in die Pflicht nehmen und ein entsprechendes Prozedere in den Vertragsgrundlagen der Zusammenarbeit vereinbaren.

Der Gesamtverband Kommunikationsagenturen (GWA) hat für seine Mitgliedsagenturen Geschäftsbedingungen für den Einkauf von Leistungen entwickelt, die man sich getrost auch für die Beauftragung der Agenturen zu eigen machen sollte. Darin heißt es unter § 3: »Änderungen oder Ergänzungen des Auftrags sind dem Auftragnehmer nur zu vergüten, wenn sie

Praxis-Tipp
Budgets fortschreiben

einen Mehraufwand erfordern und der Auftragnehmer uns die Mehrkosten unverzüglich schriftlich angekündigt hat.« Will sagen: Ihr Dienstleister ist in der Pflicht, Änderungen des Leistungsumfangs anzuzeigen und daraus resultierende Preiserhöhungen freigeben zu lassen.

Nehmen Sie einen entsprechenden Passus in Ihre Vereinbarung mit Ihrem Dienstleister auf. Das sichert Ihnen ohne eigene Mühe ein Frühwarnsystem beim Kostenrisiko. Allerdings müssen Sie sich auch darüber im Klaren sein, dass Sie diese Mühe damit auf den Dienstleister verlagern. Das kostet ihn Zeit. Gerade bei engen Lieferterminen gilt es deshalb Prioritäten zu setzen, und festzulegen, was Ihr Dienstleister zuerst tun soll: Seine eigentlichen Aufgaben erledigen oder sich um den administrativen Teil der Zusammenarbeit kümmern.

Für Kommunikationsdienstleister heißt das umgekehrt: Achten Sie immer darauf, auch bei zwischen Tür und Angel zugerufenen Änderungswünschen die Folgen für die Gesamtkosten zu kalkulieren und vom Auftraggeber schriftlich freigeben zu lassen.

Budgetpuffer einplanen

In der Praxis bleiben trotz allem Unwägbarkeiten, denen Sie durch einen Budgetpuffer Rechnung tragen sollten. Was viele Projekte am Ende teurer werden lässt, als sie anfangs geplant waren, sind versteckte Kosten. Die ergeben sich nicht durch die Hinterlist der Dienstleister, sondern schlicht aufgrund der Tatsache, dass viele Kosten bestimmende Faktoren von vornherein gar nicht festzulegen sind.

Bevor der Architekt nicht die Planung des Baus abgeschlossen hat, kann kein Bauleiter sagen, welche Baumaterialien man braucht und was diese kosten werden. Bei Kommunikationsdienstleistungen sind solche Baumaterialien etwa der Ankauf von Urheberrechten (für Archivfotos), technische Kosten wie Programmierung, Lithografie und Druck, aber auch Nebenkosten wie Spesen, Kurierkosten usw. Sie werden erst kalkulierbar, wenn das Instrument klar konzipiert ist.

Was kostet ein Pfund Werbung? – Die Preise ansetzen

Nach der von uns vorgeschlagenen Methode wäre das ideale Gesamtbudget die Summe des Kostenaufwands für alle nötigen Maßnahmen. Welche Maßnahmen nötig sind, wird dabei aus den Zielen der strategischen Kommunikationsplanung abgeleitet. Damit sind wir endgültig bei der zweiten Frage, die Sie sich stellen müssen: Was kosten die Einzelmaßnahmen?

Selbst wenn Sie, wie vorn beschrieben, diese Aufgabe Ihrem Dienstleister übertragen, kommen Sie nicht darum herum, ihn zu kontrollieren. Für Ihre eigenen Aufwandsrechnungen haben Sie drei Möglichkeiten. Sie können auf Ihre eigenen Erfahrungen zurückgreifen, Preislisten zu Rate ziehen oder konkrete Angebote einholen und vergleichen.

Preise ansetzen nach Erfahrungswerten

Eigene Erfahrungen

Eigene Erfahrungen sind nicht das schlechteste Pfund, mit dem Sie wuchern können. Allerdings haben sich in den letzten Jahren die Preise deutlich nach unten bewegt – dank des globalisierten Wettbewerbs (Auch kleine Unternehmen drucken Broschüren heute im Ausland!), einer technologischen Entwicklung, die Medienleistungen immer verfügbarer macht (Wer hat vor 15 Jahren schon seine privaten Videos selbst geschnitten und vertont?) und nicht zuletzt auch vor dem Hintergrund einer angespannten wirtschaftlichen Lage, in der Unternehmen die Sparschraube an allen Enden angezogen haben. Preise ändern sich also. Das sollten Sie berücksichtigen, wenn Sie auf Vergleichsangebote zurückgreifen, die schon einige Zeit zurückliegen.

Erfahrungen anderer

Wenn Sie neu im Geschäft sind oder als Leiter eines kleinen Unternehmens nur unregelmäßig Kommunikationsdienstleistungen beauftragen, scheinen Erfahrungen von Kollegen ein möglicher Ersatz. Fragen kostet ja tatsächlich nichts. Aber Vorsicht! Jeder Kaufmann steht gerne als pfiffiger Verhandlungskünstler da. Vielleicht will Ihr Kollege die eigenen Lieferanten auch lieber für sich behalten. Auf jeden Fall gibt es Gründe genug, warum andere Unternehmen auf Ihre Frage ›Was habt Ihr denn bezahlt?‹ nicht immer mit der lauteren Wahrheit herausrücken. Selbst wenn sie das tun, kennen Sie noch immer nicht die Rahmenbedingungen, unter denen der genannte Preis zustande kam.

Preise ansetzen nach Preislisten

Erfahrungen kann man auch kaufen – in Form von Preislisten, die Ihnen die Kalkulation Ihrer Kommunikationsaktivitäten erleichtern sollen. Es gibt drei verschiedene Varianten: Verbandslisten, unabhängige Preislisten und Preislisten von Dienstleistern, die sich aufs standardisierte Massengeschäft eingestellt haben.

Verbandslisten

Berufsständische Interessensvertretungen und Verbände der Kommunikationsberufe haben als Referenz für ihre Mitglieder in den letzten zwanzig Jahren verstärkt Preislisten erarbeitet. Diese Listen werden heute auch von Gerichten bei Streitfällen hinzugezogen – mangels besserer Alternativen. Denn bei allem Bemühen der Herausgeber, ihren Listen offiziellen Charakter zu geben: Sie sind immer von Berufspolitik geprägt und entsprechend generös angesetzt. In der Praxis werden solche Maximalpreise bei Aufträgen regional agierender kleiner Unternehmen selten erreicht.

Der Designerverband AGD etwa hat mit dem Verein Selbständige Designstudios SDSt einen jährlich aktualisierten ›Tarifvertrag für Designdienstleistungen‹ abgeschlossen. De facto handelt es sich dabei um eine Preisempfehlungsliste. Tarifliche Verbindlichkeit hat sie nur bei Geschäften zwischen freien Designern und den Mitgliedern des SDSt. Aufgrund der hohen Nachfrage aus der Branche, der wenig andere Anhaltspunkte für marktübliche Preise zur Verfügung stehen, enthält diese Liste heute auch Angaben zu den Preisen für Text und andere, über das reine Design hinausgehende Leistungen.

Preislisten von und für Anbieter

Weitere Erfahrungswerte zu Kommunikationsdienstleistungen liegen in Buchform vor. Auch sie sind meist aus der Anbieterperspektive zusammengestellt. Sie finden bibliographische Angaben zu diesen Titeln im Literaturverzeichnis unter Brinzer (2002), Busse (1998), Hackenberg (2002), Hübner/Breßler/Rohloff (2002), Maaßen (2002), Maubach/Williny/Windelen (o. J.), Mauser (1993) und N.N. (2002).

Für den Fotobereich hat der Verlag PIAG zuletzt 2002 Fotohonorare und Konditionen in Europa gesammelt und veröffentlicht. Und der Bundesverband der Pressebildagenturen und Bildarchive (BVPA) gibt seit 1986 jährlich eine Empfehlungsliste heraus, die als Anlage des BVPA-Jahrbuchs oder als eigenständige CD-ROM-Version vertrieben wird.

Politisch motivierte Maximalpreise

An der BVPA-Liste zeigt sich deutlich, warum Sie Verbandslisten nur mit Vorbehalten als Referenz nutzen sollten. Es war jahrelang ein offenes und gern kolportiertes Branchengeheimnis, dass die BVPA-Liste nur bedingt die Usancen am Markt widerspiegelt. Sie wurde und wird von einer kleinen Arbeitsgruppe im BVPA erarbeitet, der Mittelstandsgemeinschaft Fotomarketing (MFM). Doch einzelne MFM-Mitglieder hielten die angesetzten Preise für zu hoch und unterliefen sie in ihren eigenen Agenturen regelmäßig durch deutlich günstigere, eigene Preislisten.

Bestelllisten

Eine zweite Variante der Orientierung bieten Preislisten von Massenanbietern, die Sie im Internet finden. Diese Anbieter kommen indes meist aus der Produktion (große Druckereien, CD-Produzenten oder Softwarehäuser). Entsprechend wird der kreative Aufwand nur als Mitläufer angeboten und so weit als möglich standardisiert. Das sorgt dafür, dass die Preise sehr niedrig ausfallen. Allerdings erhalten Sie in Sachen Kreativität und Problemlösung auch nur eine standardisierte Mindestleistung, die Ihnen nicht unbedingt weiterhilft.

Listen von und für Auftraggeber

Unter dem Titel »Das kostet Kommunikation« gibt die Verlagsgruppe Handelsblatt eine Liste heraus, die – bedingt durch die Leserschaft der im Verlag erscheinenden Zeitschriften – eher aus der Perspektive der Auftraggeber an die Sache herangeht (Skroch u.a. 2004). Die darin veröffentlichten Zahlen werden in einer Umfrage bei Lesern des Handelsblatts und der Zeitschrift »absatzwirtschaft« ermittelt.

Die einzige unabhängige Liste, die wir kennen, ist »Wie viel kostet Werbung? Rotstift – Kostenkontrolle in der Unternehmenskommunikation« (Frank 2005). Sie wird seit 1998 fortgeschrieben – von einem süddeutschen Consultingunternehmen, das sich auf die Optimierung von Kommunikationsaktivitäten spezialisiert hat. Zu beziehen ist sie übers Internet unter www.werbecheck.de.

Preise über konkrete Anfragen ermitteln

Das erste, was an den meisten der genannten Listen auffällt, ist die große Preisspanne, die dort für ein und dieselbe Leistung angegeben wird.

Offensichtlich sind die Preise in hohem Maße von Faktoren abhängig, die projekt- und womöglich kundenspezifisch sind.

Die sicherste Methode ist deshalb, die geplanten Maßnahmen konkret bei mehreren Dienstleistern anzufragen, und die Angebote zu vergleichen. Auch das hat aber seine Tücken.

Wenn Sie Leistungen nur aus Interesse am Preisspektrum ausschreiben, machen Sie – darüber sollten Sie sich im Klaren sein – sich selbst, aber auch den angesprochenen Dienstleistern eine Menge Arbeit. Wenn Sie solche fingierten Ausschreibungen zu häufig einsetzen, müssen Sie damit rechnen, spätestens nach der dritten Anfrage ohne Auftrag kein Angebot mehr zu erhalten. Deshalb sollten Sie diese Methode der Preisermittlung schon im eigenen Interesse nicht überstrapazieren.

Praxis-Tipp

Preisansätze ermitteln

Nutzen Sie so viele Quellen als möglich, um sich eine Idee über angemessene Preisansätze zu verschaffen. Berücksichtigen Sie dabei aber immer:

- Preislisten von Designverbänden enthalten politisch motivierte Maximalpreise.
- Preise aus vorliegenden Preislisten eines Massenanbieters müssen Sie genau darauf prüfen, ob die darin enthaltenen Kreativleistungen für Ihre Zwecke wirklich ausreichen.
- Und auch konkrete Angebote müssen Sie genau unter die Lupe nehmen, um nicht Äpfel mit Birnen zu vergleichen.

Lassen Sie individuelle Angebote von Beginn an detaillieren. Fragen Sie schon in Ihrer Anfrage genau: Was ist enthalten im Posten »Layout«? Ein Entwurf, zwei Entwürfe? Der anschließend nötige Umbruch und Satz? Ein gutes Raster für diese Detaillierung bietet das Schema der Kostenarten, das Sie auf Seite 115 finden.

Angebote lesen lernen

Dieses Schema macht es Ihnen möglich, verschiedene Angebote unterschiedlicher Dienstleister zu hinterfragen und zu vergleichen – allein indem es Ihnen zeigt, was alles *nicht* im Angebot steht. In der Praxis zeigt sich nämlich: Es ist nicht so einfach, wie man denken sollte, ein Angebot wirklich zu verstehen. Etliches, was auf die Gesamtkosten gewaltige Auswirkungen hat, verbirgt sich nicht selten zwischen den Zeilen.

Die üblichen Preise – Faktoren der Kalkulation

Für Kommunikationsdienstleistungen gibt es keine Preisbindung. Und weil Produktion und Vertrieb hier meist in eines fallen, können Sie nicht einmal wie bei anderen Produkten auf unverbindliche Preisempfehlungen eines Herstellers zurückgreifen, um den Händler zu kontrollieren. Die Preise divergieren deshalb horrend. Begründen lässt sich diese große Bandbreite letztlich über das spezifische Produkt. In Werbung und PR kaufen Sie vor allem Ideen, Lösungen und kreative Leistungen. Wie aber lässt sich das mit einem Preis hinterlegen, der nicht vollkommen willkürlich ist?

Preis nach Nutzen

Die Branche hat auf diese Frage einige Antworten gefunden. Die gängigste: Der Preis der Leistung bemisst sich nach dem Nutzen, den der Auftraggeber aus ihr zieht. Die Idee: Große, international tätige und umsatzstarke Unternehmen profitieren am stärksten von einer Kommunikationsmaßnahme – und zahlen deshalb entsprechend mehr als kleine Anbieter mit regionalen, begrenzten Märkten. Das klingt einleuchtend. Um diesen Nutzen zu benennen, braucht es allerdings weiterer Hilfskonstruktionen. Denn um ihn zu errechnen, müsste der Dienstleister auch die Gewinnspanne des Produkts kennen und genau sagen können, wie sich die von ihm geleistete Arbeit auf die Nachfrage auswirken wird. So haben sich im Grunde vier Hilfsfaktoren durchgesetzt, die die Höhe des Preises beeinflussen. Fangen wir mit dem problematischsten an.

Kostenfaktor Agenturgröße

Drei Kategorien

Bekannte und erfolgreiche große Agenturen sind teuer, weniger bekannte günstiger. Der erste Gedanke der dahinter steckt: eine große Agentur ist nicht umsonst groß geworden. Der Markt macht die Preise. Und was alle wollen, wird automatisch teurer. Im Grunde bezahlen Sie also das Renommee eines Dienstleisters mit – ohne dass dabei ein kausaler Zusammenhang mit seiner tatsächlichen Problemlösungs- oder Kreativkompetenz belegbar ist.

Es gibt aber noch eine zweite Begründung. Größere Agenturen unterhalten wesentlich aufwändigere administrative Strukturen. In Zeiten knapper Kassen wird das von Kunden gern als »Wasserkopf« abgetan. In Sachen Projektmanagement kann dieses stehende und eingefahrene Netz dem Kunden allerdings auch erheblich nützen und eigenen Steuerungsaufwand sparen.

Eine der gängigen Preislisten unterscheidet beim Faktor Agenturgröße drei Kategorien. Am teuersten sind Top 50-Agenturen. Ob ein Dienstleister dazu zählt, bemisst sich nach seinem Umsatz und der Zahl der Beschäftigten. Tatsächlich spielt heute aber immer auch eine Rolle, wie viele Awards und Preise die Agentur einheimsen konnte. Das ist der Grund, warum manche Agenturen horrende Summen ausgeben, um bei anerkannten Awards mit an sich für die Schublade produzierten Kampagnen zu glänzen. Es zahlt sich aus. Oder vielmehr: man lässt es sich ausbezahlen.

Unter die mittlere Kategorie fallen Agenturen mit in der Regel bis zu 50 Mitarbeitern. Sie betreuen neben großen Etats auch kleinere und mittlere Unternehmen und legen dabei je nach Kunden oft eine deutlich variierende Preispolitik an den Tag. Die dritte und weitaus häufigste Kategorie sind kleine Agenturen bis 20 Mitarbeiter und Freiberufler. Bei ihnen fällt dieser Kostenfaktor am geringsten aus. Da bei ihnen aber auch die administrative Infrastruktur weniger entwickelt ist, müssen Sie abwägen, ob der höhere Steuerungsaufwand, der nötig wird, die Ersparnis nicht wieder wettmacht.

Kostenfaktor Aufwand

Risikofaktor Kunde

Umfang und Schwierigkeitsgrad der Aufgabe sind der zweite Kostenfaktor. Den Arbeitsaufwand einzuschätzen, ist an sich schon nicht eben einfach. De facto fließen aber nicht nur Überlegungen zum Zeitbedarf der kreativen Arbeit ein. Bisweilen werden Aufschläge angesetzt, um sich gegen den »Risikofaktor Kunde« abzusichern. Dieses Aufwandsrisiko kann sich durch eine bekanntermaßen lange Abstimmungskette im Haus des Kunden ergeben, die die Prozesse über das, was als üblich empfunden wird, hinaus verlängert. Es kann sich aber auch auf die Erfahrung beziehen, dass der Kunde dazu neigt, Projekte ungenügend vorzubereiten, woraus sich häufige und immer aufwändige Richtungswechsel mitten im Projekt ergeben. Gleiches gilt für eilig angesetzte Aufträge ohne ausreichendes Zeitbudget. Auch das wird sich Ihr Dienstleister über einen Eilzuschlag vergüten lassen: »Schnell, schnell!« ist teuer – nicht nur wegen der in solchen Projekten häufig nötigen Nacht- und Wochenendarbeit, sondern auch, weil der Zeitdruck durch mangelnde Kontrolle erhebliche Risiken birgt. Eine solide Planung bewahrt sie auch vor diesem Kostentreiber. Ausgeschlafen ans Werk zu gehen, führt also nicht nur zu besseren Ergebnissen, es schlägt sich auch in günstigeren Preisen nieder.

Ihr persönliches Kooperationsverhalten wird ein Dienstleister deshalb – spätestens beim zweiten Auftrag – in seiner Preiskalkulation berücksichtigen. Im Extremfall kann das bis zum bewusst utopischen Abwehrpreis gehen, bei dem der Anbieter es darauf anlegt, einen Auftrag gar nicht erst zu erhalten – oder wo doch, dem vermeintlich schwierigen Kunden zumindest ein fürstliches Entgelt für die erwarteten Probleme abzuknöpfen. Keine Sorge, das wird Ihnen nicht passieren. Allein die Tatsache, dass Sie mit Hilfe dieses Buches überlegen, wie Sie Ihre Arbeit optimieren können, wird solche Abwehrpreise verhindern. Ein gut vorbereitetes Briefing auf der Basis fundierter Planung ist deshalb an sich schon eine Kostensparmaschine.

Kostenfaktor Kundenumsatz und -größe

Hoher Umsatz, hoher Preis

Eine Art, den Nutzen, den der Kunde aus einem Projekt zieht, behelfsmäßig einzuschätzen, ist der Blick auf den Kundenumsatz und die damit meist verbundene Zahl der Mitarbeiter. Das ist nicht ganz von der Hand zu weisen, auch wenn selbst umsatzstarke Unternehmen bisweilen Produkte für Nischenmärkte oder mit geringerer Gewinnspanne kommunizieren müssen und wollen. Für die Preisgestaltung heißt das: Große, umsatzstarke Unternehmen zahlen in aller Regel mehr für eine Leistung als kleine, umsatzschwache.

Kostenfaktor Verbreitung

Die räumliche und zeitliche Verbreitung des angefragten Kommunikationsinstruments gilt ebenfalls als Indiz für die Größe von Absatzmarkt und resultierendem Nutzen. Deshalb sind regional verbreitete Anzeigen und Broschüren mit kurzer Laufzeit bei gleichem Arbeitsaufwand deutlich günstiger als internationale mit langer Dauer.

Auch das ist nachzuvollziehen. Eine Anzeige, die weltweit für ein weit verbreitetes Hochpreisprodukt auf dem Consumermarkt wirbt (sagen wir: ein Auto) kann natürlich ganz andere Umsätze für den Auftraggeber generieren, als eine, die in einer Fachzeitschrift ein billiges B2B-Produkt bewirbt, das auf einen engen, stark spezialisierten regionalen Markt zielt.

Mehrsprachig heißt teurer

Dieser Gedanke führt dazu, dass etwa in Preislisten für Fotohonorare ein Zuschlag von 25 Prozent fällig wird, sobald ein Foto in einer Broschüre erscheint, die Text in einer zweiten Sprache enthält. Bei einer viersprachigen Broschüre können so die Fotokosten 100 Prozent über dem Normalsatz liegen. Das leuchtet vielen Kunden nicht mehr ein, lässt sich aus dem Kostenfaktor Verbreitung aber durchaus ableiten und argumentieren.

Das Problem ist, dass die Kommunikationsbranche bislang nicht gerade darin geglänzt hat, ihre Kalkulationsgrundlagen transparent zu machen. Wie kriegt man Licht ins Dunkel? Lassen Sie uns zunächst hinterfragen, worüber sich auch die Dienstleister viel zu wenig strukturiert Gedanken machen: Wofür bezahlen Sie eigentlich?

Wofür bezahlen Sie eigentlich? – Die Kostenarten

In jedem Angebot und jeder Rechnung über Kommunikationsdienstleistungen steckt eine Fülle von Kostenarten, die in den seltensten Fällen stringent getrennt werden. Wie komplex die Sache sein kann, zeigt Ihnen unsere Grafik. Natürlich wird nicht jede Kostenart in jedem Projekt auftauchen. Aber allein die Trennung zwischen Kreationskosten und Rechteerwerb, also zwischen dem nach Stunden berechneten Aufwand für die Entwicklung einer Idee oder eines Layouts und dem an sich frei verhandelbaren Preis, den Sie dafür bezahlen, die Idee oder das Design nutzen zu dürfen, ist so wichtig, dass es uns ratsam schien, eine Übersicht zusammenzustellen. Zumal das unseres Wissens bisher noch niemand gemacht hat.

Kostenarten bei Kommunikationsdienstleistungen

+ Kreationskosten

- Planung
  - Strategieplanung
  - Kampagnenplanung (Maßnahmen und Media)
- Konzept, Idee, Entwurf
  - Idee & Konzept
  - Grafik, Typografie & Layout
  - Umbruch & Satz (Reinzeichnung)
  - Fotos & Illustrationen
  - Text
  - Komposition & Musik
  - Raumplanung & Architektur
  - Regie & Creative Direction
  - etc.
- Internationalisierung / Übersetzung

+ Rechteerwerb

- Nutzungsrechte
  - Abgleich an Urheber
  - Abgleich an Verwertungsgesellschaften
- Abgleich Rechte am eigenen Bild
- Abgleich Rechte an Locations
- Abgleich Patentrechte

+ Sozialkosten

- Künstlersozialabgabe

+ Abwicklungskosten

- Recherche und Beschaffung
  - Markt- und Wettbewerbsrecherchen
  - Fotorecherche / Art Buying
  - Locationhunting
  - Castings und Props Research
  - Recherche der Rechtsinhaber
- Abstimmung und Koordination (Projektmanagement)
  - Kontakt
  - Zweitlieferantenkontrolle
- Qualitäts- und Leistungskontrolle
  - Präsentationskosten (inkl. Material)
  - Korrekturdurchläufe
  - Lektorat und Korrektorat
- Logistik
  - Archivierung
  - Auslieferung
  - Zölle
  - Kuriere und Porto
  - Reisekosten und Spesen

+ Ausführungskosten* (Produktion, Distribution und Schaltung)

**für jeden einzelnen Produktionsschritt (je nach Projekt z.B. Anzeigenschaltung, Plakatschaltung, Lithografie, Proofs, Druck und Verarbeitung, Tonaufnahme, Filmdreh, Website-Programmierung, CD-Pressung, Herstellung und/oder Ankauf Giveaways, Messebau usw.)*

- Material
- Arbeitsaufwand/Dienstleistung

Nur wer weiß, wo und wie Kosten entstehen, kann Angebote wirklich bewerten und dem Dienstleister sagen, wo und wie das Verhältnis zwischen Preis und Leistung optimierbar ist. In der Praxis wird Kreation und Nutzungsrecht meist mit einem einzigen Preis hinterlegt. Sonderkosten, wie die Künstlersozialabgabe oder Logistikkosten werden gern ausgespart – und später als Extraaufwand nachberechnet. Das müssen Sie wissen und wo nötig hinterfragen.

Kostenart: Kreationskosten

Den Aufwand für Planung und Kreation entgelten Sie nach Stunden. Davon haben Sie aber nichts ohne das Recht, die erarbeiteten Ergebnisse auch nutzen zu dürfen. Deshalb wird beides – Stundenaufwand und Nutzungsrecht – fast immer als gemeinsamer Preis angesetzt. Wenn Sie klar sehen wollen: Fragen Sie nach, bitten Sie Ihren Dienstleister um Aufschlüsselung.

Nahtloser Übergang zur Ausführung

Nicht nur dieser Branchenusus verschleiert die eigentliche Höhe der Konzeptionskosten. Oft sind sie nur schwer von den Ausführungskosten zu trennen. Der Posten Layout beinhaltet meist auch Satz und Umbruch. Sinnvoller wäre eine kalkulatorische Trennung zwischen der Gestaltung des Grundlayouts und dem Satz (als Umsetzungsteil). Da aber jede Seite im Design leicht variiert wird, steckt auch in den reinen Satzkosten ein Kostenanteil für die Kreativleistung Gestaltung – es sei denn es handelt sich bei Ihrem Printvorhaben um einen Katalog, dessen einzelne Seiten der Grafiker strikt nach Schema F abarbeiten kann. Ähnlich sieht es bei Fotos und Illustrationen aus. Gerade Fotokosten können Sie mit einigem Recht auch unter die Ausführung rechnen, denn gerade hier fällt die Kreation des Fotografen, der ein Foto beim Blick durch den Sucher komponiert, und der Druck auf den Auslöser, der die Idee ausführt, fast völlig in eins.

Vollends strittig dürfte sein, dass wir im Schema die Übersetzungskosten der Konzeption zugeordnet haben. Mancher wird argumentieren: Gerade hier geht es ja nun wirklich um eine Eins-zu-Eins-Übertragung. Das stimmt nicht ganz. Jede halbwegs vernünftige Übersetzung enthält ein starkes Kreationselement. Wer's nicht glaubt, soll mal ein Übersetzungsprogramm benutzen. Na bitte. Von wegen und so Standardisierbarkeit.

Praxis-Tipp

(Nicht) sparen an den Konzeptionskosten

Ausgerechnet mit den Konzeptionskosten müssen wir anfangen! Planung, Idee und Konzeption sind die Bereiche, in denen wir Ihnen am vehementesten von Knauserigkeit abraten: Nicht zuletzt, weil ein durchdachtes Projekt immer kostengünstiger ist, als ein zusammengeschustertes. Zwei Tipps haben wir aber:

- Sorgen Sie durch ein vernünftiges Briefing und strategische Planung dafür, dass die Kreation in die richtige Richtung läuft und teure Umwege und Sackgassen vermieden werden.

- Beachten Sie, dass renommierte Kreative auch renommierte Preise verlangen.

Praxis-Tipp

Kostenart: Rechteerwerb

Welche Rechte müssen Sie und welche können Sie überhaupt erwerben? An vorderster Stelle stehen die Nutzungsrechte an der beauftragten Kreationsleistung. Die kommt aber meist nicht ohne Bestandteile aus, die die Rechte Dritter berühren (z.B. Fotoankauf, Einsatz von Models oder Hintergrundmusik in Werbespots usw.) Wer hier nicht von vornherein sauber arbeitet, geht ein hohes Kostenrisiko ein. Schadensansprüche von Inhabern nicht abgegoltener Rechte können teuer werden. Der Wert dieser Rechte wird zwar im Streitfall individuell abzuwägen sein, doch gibt es zahllose Präzedenzfälle. Gerichte gestehen oft ein doppeltes Honorar zu, wenn Bilder, Texte oder auch Layouts kopiert werden, ohne die Rechte abzugleichen. Dazu kommen dann noch die Strafe für die Rechtsverletzung und die Gerichtskosten.

Laxe Praxis, strenges Recht

Dennoch ist unser Bewusstsein noch immer nicht so geschärft, wie man das in einer Gesellschaft erwarten sollte, in der Ideen und Kreationen eine der umsatzstärksten Produktgruppen bilden. Noch 2003, bei der letzten Novellierung des Urhebergesetztes, sah sich das Bundesjustizministerium in der Notwendigkeit, eine Kampagne (»Kopien brauchen Originale«) zu lancieren. Und die Werberzeitschrift W&V schrieb 2004, dass die letzte Verschärfung des Urheberrechts 2003 sich in der Praxis noch in keiner Weise niedergeschlagen hat.

Dabei klauen auch die Werber selbst nach Strich und Faden – bewusst und unbewusst. Für so manche Kampagne lässt man sich gerne mal durch Entwürfe anderer »inspirieren«. Da werden Broschürenlayouts mit kleinen Veränderungen übernommen, Bilder und Fotos ohne Zögern aus dem Internet geladen. Gerade bei kleinen Auflagen und begrenzter Verbreitung glaubt man, das Risiko in Kauf nehmen zu können. Unsere Erfahrung lehrt: Man fährt besser mit Ehrlichkeit.

Urheberrecht versus Nutzungsrecht

Es ist grundlegend, dass Sie den Unterschied zwischen Urheberrecht und Nutzungsrecht kennen. Das Urheberrecht geht in Deutschland mit dem schöpferischen Akt automatisch auf den Urheber über. (In Amerika dagegen muss es vom Urheber erst beansprucht werden. Daher die dort übliche Kennzeichnung mit dem ©.) Dieses Urheberrecht ist auch nicht veräußerbar. Was Ihnen der Urheber verkaufen kann, ist einzig das Recht, sein kreatives Produkt zu nutzen.

Umfang der Nutzung

Beim Erwerb des Nutzungsrechts sollten Sie immer klären, in welchem Umfang es Ihnen eingeräumt wird: Für die einmalige Nutzung in einer Broschüre? Wie sieht es dann beim Nachdruck aus? Oder bei einer Adaption auf der Website? Müssen Sie also in den nächsten Jahren laufend nachhonorieren? Oder kaufen Sie die Nutzungsrechte weltweit und ohne

Einschränkungen? Auch das hat Tücken: Unter Umständen kaufen Sie damit ein Recht, das Sie gar nicht brauchen. Nur eine solide Kommunikationsplanung hilft Ihnen, Nutzungsrechte im richtigen und das heißt: nötigen Umfang einzukaufen und so die Kosten zu optimieren.

Verjährungsfristen

Noch eins: Lassen Sie sich nicht aufs Glatteis führen von Leuten, die Ihnen den Bären aufbinden wollen, das Urheberrecht verjähre rasch. Es erlischt de jure erst 70 Jahre nach dem Tod des Urhebers, kann aber von dessen Erben unter Umständen verlängert werden. Und auch Archive und Museen, die Eigentümer historischer Abbildungen und Kunstwerke sind, können mit Fug und Recht ein Nutzungshonorar verlangen – auch wenn das Urheberrecht an einem Dürer schon lange erloschen ist.

Verwertungsgesellschaften

Weil das Nachverfolgen der Urheberrechte für den einzelnen Kreativen schier unmöglich ist, haben sich schon vor Jahrzehnten Verwertungsgesellschaften gebildet, die das für ihn übernehmen. Obwohl an sich private Solidargemeinschaften der Urheber haben diese Verwertungsgesellschaften eine quasi-amtliche Funktion – mit gesetzlich verankerter Monopolstellung unter der Aufsicht des Deutschen Patentamts. Die in Deutschland bekannteste ist die GEMA. Die weiteren für den Bereich der Wirtschaftskommunikation relevanten Verwertungsgesellschaften sind:

- Gesellschaft für musikalische Aufführungs- und mechanische Vervielfältigungsrechte (GEMA) – www.gema.de
- Verwertungsgesellschaft Bild-Kunst (VG Bild-Kunst) – www.bildkunst.de
- Verwertungsgesellschaft Wort (VG Wort) – www.vgwort.de
- Gesellschaft zur Verwertung von Leistungsschutzrechten mbH (GVL) – www.gvl.de

Die meisten Verwertungsgesellschaften vermitteln Ihnen den direkten Kontakt zum Autor. Die GEMA dagegen verkauft Ihnen das Recht zur Nutzung eines Musikstücks direkt – und rechnet Ihr Entgelt dann mit den Autoren ab. Wenn Sie Musikstücke in Ihrer Werbung einsetzen wollen, wird es deshalb oft der Fall sein, dass Sie diese Nutzung nicht dem Urheber direkt, sondern der Verwertungsgesellschaft GEMA honorieren müssen.

Es gibt noch zwei weitere, häufig auftretende Rechte Dritter, die Sie abgleichen müssen.

Locationrecht

Schon um auf öffentlichem Straßengelände filmen zu dürfen, brauchen Sie eine Drehgenehmigung. Das gilt erst recht auf privatem Grund, wo sich die Eigentümer ihre Zustimmung meist entsprechend vergüten lassen. Besonders schwierig kann dieses Hausrecht des Eigentümers an semiöffentlichen Plätzen werden. Die Stiftung Schlösser und Gärten in Berlin zum Beispiel versucht seit Jahren zu unterbinden, dass etwa im Schlosspark Sanssouci Aufnahmen gemacht werden, die nicht von ihr kontrolliert und autorisiert wurden und schickt schon auch mal eine Abmahnung, wenn man ein solches Foto in einer Werbebroschüre einsetzt.

Dann braucht es viel Verhandlungsgeschick – oder im schlimmsten Fall einen versierten Anwalt.

Als wäre das nicht genug, funkt oft auch noch das Urheberrecht dazwischen. Beispiel Architektur: Das neue Urheberrecht sieht seit 2003 vor, dass Gebäude ohne Rechteklärung mit dem Architekten nur noch dann fotografiert werden dürfen, wenn das aus öffentlich zugänglicher, üblicher Perspektive geschieht. Ein Fotograf auf der Leiter, erst recht auf dem Drehkran, muss vor Veröffentlichung eigentlich die Genehmigung des Architekten einholen. Das mag spitzfindig scheinen. Es bietet aber viel Potential für Prozesse, die sie arm machen können.

Recht am eigenen Bild

An einem weiteren Kostenpunkt ist der tote Otto von Bismarck schuld. Ein Foto seiner Leiche führte 1907 zum Kunsturhebergesetz (KUG). Es schreibt das Recht am eigenen Bild fest und gilt bis heute. Danach dürfen Sie Bildnisse (also nicht nur Fotos, sondern auch Karikaturen oder Zeichnungen) nur mit Einwilligung des Abgebildeten oder (nach dessen Tode) seiner Angehörigen publizieren. Ausnahmen sind Personen »aus dem Bereich der Zeitgeschichte«, Bilder, auf denen die Person nur als »Beiwerk« einer Landschaft erscheint, Bilder von öffentlichen Versammlungen und Veranstaltungen und Abbildungen »im höheren Interesse der Kunst«.

Vorsicht! Bei einer Verwendung zu Werbe- oder Geschäftszwecken sind auch diese Ausnahmen ausgehebelt. Denn das Gesetz macht klar: Das Recht am eigenen Bild ist kommerzialisierbar und hat einen Vermögenswert. Den müssen Sie abgelten. Sie brauchen also auf jeden Fall ein schriftliches Einverständnis, in der die genaue Art der Verwendung (also der Umfang des Nutzungsrechts) festgeschrieben ist, bevor Sie ein Foto einer Person in Ihrer Werbung veröffentlichen. Das reine Fotografieren einer Person an sich (d.h. ohne diese Aufnahme zu veröffentlichen) war lange nicht verboten. Seit 2004 gibt es allerdings im Strafgesetzbuch (StGB) den Paparazzi-Paragrafen 201 a, der unter bestimmten Umständen auch schon das reine Filmen oder Fotografieren unter Strafe stellt.

Beispielfall

Das merkt doch keiner!

Ein Reiseveranstalter hatte den Afrikateil seines Katalogs mit dem Foto eines Stammesfestes mit tanzenden Kriegern eingeleitet. Das Motiv hatte er sich bei einer Bildagentur ausgesucht. Deren Hinweis, es gebe für dieses schon etliche Jahre alte Foto keine Model Release, wischte der Werbeleiter beiseite. Wie sollte ein afrikanischer Eingeborener Wind davon bekommen, dass er Jahre später in einem exklusiven Reisekatalog mit kleiner Auflage erscheine? Und selbst wenn: Was sollte er dagegen haben?

Es kam, wie es kommen musste. Eines Tages erhielt der Reiseunternehmer Post vom Anwalt. Der vorderste »Krieger« auf dem Foto war der Juniorchef eines angesehenen afrikanischen Unternehmens, der in Göttingen studiert hatte und heute vielfältige Geschäftsbeziehungen

Beispielfall

nach Deutschland unterhielt. Einer seiner Kunden hatte ihn auf das Bild aufmerksam gemacht und mit reichlich Häme nachgefragt, ob er denn zuhause wirklich für deutsche Touristen tanze. Der Juniorchef, der seinem Großonkel zuliebe in jungen Jahren an dem traditionellen Ritual teilgenommen hatte und dabei fotografiert worden war, antwortete mit erstaunlicher Geistesgegenwart: »Bisher nicht. Aber wenn dafür ein Markt da ist, lasse ich mir das natürlich gut honorieren. Warten Sie's ab – und danke für den Hinweis.« Die Lehre, wie sehr man mit der Einschätzung »Das merkt doch kein Mensch!« daneben liegen kann, musste sich der Reiseveranstalter tatsächlich einiges kosten lassen...

Praxis-Tipp

Sparen an den Nutzungsrechten

- Überlegen Sie genau, welchen Umfang die Nutzungsrechte haben müssen, die Sie bezahlen. Ist ein weltweiter Einsatz wirklich geplant? Ist Exklusivität wirklich nötig? Die Wahrscheinlichkeit, dass ein Mitbewerber sich dazu entschließt, mit einem bereits von Ihnen eingesetzten Motiv zu werben, ist in der Regel gering. Vor allem, wenn der Mitbewerber Ihre Werbung kennt. Wenn Sie umgekehrt für einen zu kleinen Umfang Rechte einkaufen, müssen Sie laufend nachhonorieren, sobald eine Broschüre auch nur nachgedruckt wird.
- Eine vorausschauende Kommunikationsplanung erleichtert das nötige Nutzungsrechtemanagement ungemein. Dazu gehört auch, dass Sie mit Ihrem Dienstleister absprechen, welches Nutzungsrecht Sie nach Ablauf der Zusammenarbeit haben. Klären Sie z.B. vorab: Können Sie einen Slogan auch Jahre später und in Kooperation mit einem anderen Urheber nutzen?
- Schummeln zahlt sich nicht aus. Selbst wenn das Risiko gering scheint: Die finanziellen Auswirkungen sind so gravierend, dass Sie die Finger davon lassen sollten. Im schlimmsten Fall nutzt alles bezahlen nichts. Verletzte Persönlichkeitsrechte können dazu führen, dass Sie eine fertige Broschüre einstampfen müssen. Und zur Messe mit leeren Händen dastehen. Wenn Sie sich trotz dieser Warnung für das Risiko entscheiden: Besorgen Sie sich frühzeitig einen im Urheberrecht versierten Anwalt. Und beten Sie regelmäßig.
- Profi-Models, die den Wert des Rechts am eigenen Bild genau kennen, durch Personen aus dem eigenen Umfeld zu ersetzen, kann Geld sparen. Es kann. Tatsächlich hilft es in den seltensten Fällen. Auch hier brauchen Sie ein schriftliches Model Release. Hinzu kommt: Amateure sind keine Profis. Entsprechend oft müssen solche Shootings dann wiederholt werden. So kann sich der Aufwand des Fotografen zu Höhen aufschaukeln, die jedes Modelhonorar übersteigen. Und Ihre Ersparnis komplett zunichte machen.

- Vorlagen für Freigabeerklärungen abgebildeter Personen (Model Releases) finden Sie u. a. in Maaßen (1995). Ein wenig Recherche im Internet liefert ebenfalls eine Menge Beispiele, nach denen Sie Ihren eigenen Freigabetext gestalten können.

Praxis-Tipp
Sparen an den Nutzungsrechten

Sozialkosten

So unglaublich es klingt: Bei der Beauftragung kreativer Dienstleistungen können Arbeitgeberkosten anfallen. Genauer: die Künstlersozialabgabe. Sie wird seit 1983 erhoben, um die Künstlersozialversicherung (KSV) mitzufinanzieren.

Künstlersozialversicherung

Die KSV wurde eingerichtet, um freiberufliche Künstler und Publizisten sozial abzusichern. Das Konstrukt funktioniert wie eine übliche gesetzliche Sozialversicherung für Arbeitnehmer, nur dass der sonst übliche 50-prozentige »Arbeitgeberanteil« anders finanziert wird. 20 % der Beiträge übernimmt der Bund, 30 % muss die KSV selbst erwirtschaften. Damit sie das kann, hat der Gesetzgeber die Künstlersozialabgabe eingeführt.

Künstlersozialabgabe

Jeder regelmäßige Verwerter, d.h. jeder, der mindestens vier mal im Jahr einen freiberuflichen Künstler, Musiker, Journalisten, Fotografen, Übersetzer, Texter, Illustrator, aber auch Bildredakteur usw. beauftragt, ist danach gesetzlich verpflichtet, einen Betrag in Höhe eines von Jahr zu Jahr variierenden Prozentsatzes des Auftragsvolumens an die KSV abzuführen. Dieser Satz wird für jedes Jahr neu festgelegt. 2005 betrug er 5,8 %, 2006 liegt er bei 5,5 %. Die aktuellen Sätze finden Auftraggeber auf der Website der KSV unter www.kuenstlersozialkasse.de.

Damit's vollends kompliziert wird: Sobald Sie eine GmbH oder einen Dienstleister beauftragen, der in einer anderen Rechtsform als Firma auftritt, müssen Sie sich um diese Abgabe nicht mehr kümmern. Sie wird nur bei Freiberuflern fällig, und auch nur bei deren erstem, direkten Rechnungsempfänger. Wenn Ihre Werbeagentur also einen Freiberufler mit hinzuzieht und dessen Leistung über die Agentur abgerechnet wird, ist Ihre Agentur zur Abgabe verpflichtet.

Mehr Prüfungen

Lange Jahre war diese Abgabe eher ein Exot, von dem nur ein geringer Prozentsatz der betroffenen Auftraggeber überhaupt wusste. In Zeiten knapperer Kassen und steigender Versichertenzahlen pocht die öffentliche Hand heute aber darauf, dass das Gesetz mit mehr Nachdruck umgesetzt und seine Einhaltung stärker kontrolliert wird. Die Zahl der Prüfungen betroffener Betriebe – die oft mit schmerzhaften Nachzahlungen verbunden sind – steigt laufend.

Praxis-Tipp

Sparen an den Sozialkosten

Einen wirklichen Praxistipp gibt es hier nicht. Sie sind gesetzlich zur Künstlersozialabgabe verpflichtet. Natürlich können Sie sich darauf versteifen, mit Freiberuflern nicht mehr zusammenzuarbeiten. Tatsächlich ist deshalb bereits eine Diskussion im Gange, ob die KSV – konsequent umgesetzt – den von ihr begünstigten Freiberuflern nicht mehr schadet als nützt. Bei GmbHs als Auftraggebern verschwindet das Problem aber nur scheinbar. Denn auch eine als GmbH firmierende Werbeagentur muss die Abgabe für Übersetzer und andere Subunternehmer zahlen und wird sie deshalb an Sie weiterberechnen. Melden Sie Ihr Unternehmen deshalb bei der KSV an. Das spart Ihnen wenigstens das böse Erwachen hoher Nachforderungen bei unerwarteten Firmenprüfungen.

Abwicklungskosten

Ein erheblicher Teil der Kosten, die man Ihnen berechnet, geht aufs Konto des nötigen Projektmanagements. Dieser Aufwand für die Koordination wird meist überhaupt nicht erkannt und leider auch nicht benannt, wie das folgende Beispiel zeigt.

Beispielfall

Sündhaft teure Logos

Nachdem 2004 aus der Bundesanstalt für Arbeit die Bundesagentur für Arbeit wurde, ließ diese das bekannte Logo der Arbeitsämter (ein rotes A im weißen Kreis) überarbeiten. Heraus kam – ein weißes A in rotem Kreis. Ende April 2005 meldete der »Spiegel«, die Kosten für das neue Logo, das gestalterisch so bedenklich nah am alten lag, beliefen sich auf 100.000 Euro. Das öffentliche Entsetzen war groß. Die Oppositionsparteien feuerten aus allen Rohren, die Medien zogen erfreut mit. Was folgte, war ein Aufstand, der in weiten Teilen dem glich, den zehn Jahre zuvor die Überarbeitung des Logos der Deutschen Bahn ausgelöst hatte. Ein Skandal war geboren.

Schaut man sich die Fakten an, sieht die Sache allerdings etwas anders aus. Tatsächlich hatte das Logo nur 30.000 Euro gekostet. Auch das scheint viel für einen gestalterischen Entwurf. Doch enthalten in solchen Zahlen ist in der Regel auch die Abstimmung mit Entscheidungsträgern und die Prüfung, ob sich das Logo nachher auch umsetzen und anwenden lässt. Dabei gilt: je größer die auftraggebende Organisation, desto mehr Abstimmungsrunden sind nötig, weil zahllose Stellen ihre Zustimmung geben müssen. Da zudem geprüft werden muss, ob das Logo sich auch in allen Anwendungen umsetzen lässt, steigen die Preise schnell in scheinbar astronomische Höhen. Lässt sich das gewählte Rot in Druckfarben (HKS / Pantone) und Schilder- bzw. Lackierungsfarben (z.B. RAL) gleichermaßen umsetzen? Wie wirkt die Farbe auf Glas, wie auf hinterleuchteten Schildern? Wer produziert diese Schilder? Wer muss deshalb informiert werden? Addiert man dazu die Kosten für ein

Corporate Design Manual in entsprechender Auflagenhöhe und zieht man zudem den Kostenfaktor »Größe des Auftraggebers« und »Verbreitung« in Betracht, wird schnell klar, wie der Preis zustande kam.

Allerdings, auch das sei nicht verschwiegen, grub die Bundesagentur an der eigenen Fallgrube kräftig mit. Erst als die Zeitschrift »absatzwirtschaft« Wind von der Sache bekam, entschloss man sich, den Re-Launch überhaupt bekannt zu geben – mit einer eilends zusammengeschusterten Pressemeldung, die zwar seitenweise Schmus enthielt, aber weder das Logo selbst zeigte, noch dessen Urheber benannte.

Wie leicht ließen sich solche Skandale vermeiden, wenn man die Kalkulationsgrundlagen transparenter machte. Doch davon sind die meisten Dienstleister weit entfernt. Zwar werden in vielen Angeboten und Rechnungen Kontakter- oder Beraterstunden ausgewiesen, doch schon dabei verwischen die Grenzen, weil der Kundenberater meist Entwickler und Vermittler, Ideengeber und Projektmanager zugleich ist.

Lieferantenkontrolle

Damit nicht genug: auch eine weitere, nicht unerhebliche Koordinationsleistung wird eher versteckt als genannt. Ihr Dienstleister kontrolliert nämlich auch seine eigenen Lieferanten – zum Beispiel bei der Drucküberwachung. Um diesen Aufwand nicht jedes Mal aufs neue mit Stundenzetteln belegen zu müssen, berechnet die Branche Provisionen nach zwei verschiedenen Modellen. Damit schießt man sich allerdings ein Eigentor. Viele Auftraggeber gehen heute davon aus, dass Agenturen unter der Hand größere Provisionen von jedem Subunternehmer überwiesen bekommen. Das entspricht schon lange nicht mehr der Wahrheit.

AE-Provision

Schauen wir uns die beiden Arten der Provisionsberechnung genauer an. Da ist zunächst die AE-Provision. AE steht für Annoncen-Expedition. Annoncen-Expeditionen kamen im 19. Jahrhundert auf und makelten damals zwischen Zeitungen und Werbetreibenden die Schaltung von Anzeigen. Im Grunde waren sie Vorläufer der heutigen Werbeagenturen mit einem deutlich engeren Aufgabenfeld. Heute versteht man unter AE-Provision ein Entgelt, das Verlage den Agenturen für vermittelte Anzeigenaufträge zahlen. In der Regel liegt sie bei 15 % des Auftragsvolumens.

Service Fee

Aus diesem Prozentsatz haben die Agenturen die Höhe der Service Fee abgeleitet. Sie tritt auf bei einem Verfahren, bei dem die Werbeagentur Fremdkosten zuzüglich eben jener »Dienstleistungsgebühr« an den Auftraggeber weiterberechnet. Üblich sind 17,65 %. Woher kommt diese seltsam unebene Zahl? Ganz einfach: 17,67 % Aufschlag auf den Nettopreis entsprechen 15 % vom Bruttopreis vor Steuern – und damit der Höhe der AE-Provision. Mittlerweile ebenfalls üblich sind – gerade bei kleineren Agenturen – 11,11 % Service Fee. Das entspricht analog einer Provision von 10 %.

Was ursprünglich aus dem Wunsch von Verlagen geboren wurde, durch Provisionen mehr Anzeigen zu akquirieren, hat sich so zu einer generellen

Unkostenpauschale entwickelt, die auf jede Drittrechnung aufgeschlagen wird und in der man Koordinationskosten scheinbar elegant subsumiert. Dabei vermischt sich auch in der Branche selbst die Idee einer Handelsspanne mit der Gegenfinanzierung des durch den Drittauftrag ausgelösten Koordinierungsaufwandes – eine unsaubere, aber eben leider gängige Lösung.

Kontrollkosten

Auch Kontrollkosten werden meist nur ausgewiesen, wenn sie ein externer Experte übernimmt: z.B. bei Lektorat (sprachliche, semantische und inhaltliche Prüfung) und Korrektorat (orthographische und gestaltungstechnische Prüfung). Die eigene, interne Kontrolle rechnen Agenturen meist in den Arbeitsaufwand der Kreation mit ein.

Nicht vergessen sollte man, dass es im Miteinander von Kunde und Auftraggeber auch eine Leistungskontrolle vorab gibt, die oft in der Kalkulation versteckt wird. Präsentationskosten rechnen viele Dienstleister nämlich in die Kalkulationen der ersten Aufträge ein, soweit kein angemessenes Entgelt für den beim Pitch getriebenen Aufwand bezahlt wurde.

Logistikkosten

Als Fremdkosten der Koordination fallen Logistikkosten an – etwa bei der Auslieferung Ihrer Druckerzeugnisse. Üblicherweise kalkulieren Druckereien so, dass die Lieferung an eine Adresse frei Haus im Druckpreis enthalten ist. Das kann wichtig werden, wenn Sie eine Broschüre für eine Veranstaltung in Singapur brauchen, die erst so knapp vor dem Termin fertig wird, dass Sie eine Extraauslieferung direkt von der Druckerei in Anspruch nehmen müssen. Auch die Produktion bei günstigen Druckereien im Ausland erhöht den Kostenaufwand für die Auslieferung, zu dem dann gegebenenfalls noch Einfuhrzölle kommen können.

Porto, Kuriere und Reisekosten

Porto- und Kurierkosten spielen im digitalen Zeitalter eine deutlich geringere Rolle als noch vor Jahren. Reisekosten können dagegen teuer werden – besonders wenn Sie eine Agentur aus einer anderen Stadt beauftragen. Klären Sie deshalb vorab, welche Reiseart (per Bahn, per Auto, per Flugzeug) und welche Übernachtungskosten für wie viele Agenturmitarbeiter Sie bezahlen wollen und können, und geben Sie sich nicht damit zu frieden, wenn Ihr Dienstleister diesen wichtigen Posten nur mit einem lakonischen »zzgl. Reisekosten« abtut.

Teure Recherchen

Auch Recherchekosten haben wir in unserem Schema unter die Projektmanagementkosten gefasst, weil sie die eigentliche Arbeit nur vorbereiten. Dennoch können sie eine durchaus eigenständige Leistungsart darstellen.

Wie hoch der Aufwand für die Marktrecherche sein kann, haben wir im letzten Kapitel ausgiebig erläutert. Wenn Sie die Marktforschung Ihrem Dienstleister anvertrauen, schlägt sich das deshalb spürbar auf die Kosten nieder. Je nach Auftrag können diese Recherchen zudem deutliche Folgekosten auslösen – etwa wenn Sie für Mailings Adressen ankaufen müssen.

Art Buying

Fotorecherche und Art Buying haben sich – gerade in jüngster Zeit – zu einem deutlichen Kostenfaktor entwickelt. Zwar sind heute viele Bilder

Material und Arbeitsaufwand

gratis im Internet verfügbar, deren Verwendung die Gesamtkosten für Nutzungsrechte deutlich günstiger machen kann. Man muss aber wissen, wo. Diese Quellen zu finden und die Verwendung abzustimmen kostet viel Zeit – und Geld. In vielen Projekten, die wir erlebt haben, stellte die Bildredaktion nicht ohne Grund einen größeren Aufwand dar, als die eigentlichen Honorare.

Recherche der Rechtsinhaber

Besonders preistreibend kann sich der Rechteabgleich auf Ihre Rechnung auswirken. Denn die Recherche der tatsächlichen Rechtssituation erfordert erheblichen Aufwand. Für besonders komplexe Sachlagen gibt es zwar Clearingstellen und spezialisierte Anwälte. So haben die Verwertungsgesellschaften eine Clearingstelle Multimedia eingerichtet, weil gerade im multimedialen Bereich viele Versatzstücke verwendet werden, die jedes für sich schon mit unterschiedlichen Rechten behaftet sind. Doch auch diese Rechtshelfer arbeiten nicht umsonst.

Beispielfall

Das schenken wir uns

Ein Unternehmen, das Litfasssäulen in Städten vermarktete, wollte sich zum eigenen Firmenjubiläum mit einer rundum schönen Broschüre beschenken. Die Idee der Agentur schien brillant: Ein bebilderter Rückblick auf 50 Jahre Außenwerbung, der zeigte, wie sich erfolgreiche Kampagnen im Stadtbild widerspiegelten. Um die historischen Fotos aufzuspüren, zog man einen Bildredakteur hinzu. Und merkte bei dessen Angebot, dass die schöne Idee auch eine schöne Stange Geld kosten würde.

Der Bildredakteur machte darauf aufmerksam, dass auch bei Plakaten von vor fünfzig Jahren alle Rechte noch abzugelten seien. Da viele der Agenturen gar nicht mehr existierten, galt es, in detektivischer Kleinarbeit, die beteiligten Urheber vom Fotografen über den Grafikdesigner bis zum Texter, aber auch die abgebildeten Models ausfindig zu machen. Man musste die damals abgeschlossenen Verträge – soweit noch verfügbar – sichten, um den Umfang der vereinbarten Nutzung zu prüfen und auf dieser Basis entscheiden, wen man alles um Erlaubnis bitten musste. Der Aufwand für die Recherche und den Rechteabgleich der erst noch zu findenden historischen Aufnahmen wäre enorm gewesen – und stand in keinem Verhältnis zu den reinen Produktionskosten der Publikation. Der Kunde traf daraufhin die weise Entscheidung, sich zuallererst diesen Aufwand zu schenken, und seine Agentur zu bitten, sich eine weniger aufwändige Broschürenidee einfallen zu lassen.

Praxis-Tipp

Sparen an den Abwicklungskosten

- Wichtigstes Potential für Einsparungen in der Abwicklung ist Ihr eigener Beitrag zur Optimierung des Abstimmungsaufwands. Machen Sie sich klar: Jede zusätzliche Abstimmungsrunde kostet Sie ebenso Geld wie unklare Ansagen oder schwammige Kritik, die Ihr Dienstleister nicht versteht. Ein solides Briefing ist auch für schlanke, aufwandsarme Abwicklungsprozesse schon die halbe Miete.
- Nicht jeder Aufwand, der nicht mehr auf Ihrer Rechnung auftaucht, ist deshalb schon gespart. Er kann auch auf Sie zurückfallen. Entscheiden Sie sich, ein eigenes Netzwerk von Dienstleistern zusammenzustellen, um die Verwaltungskosten einer Agentur einzusparen, haben Sie auch einen höheren Koordinationsaufwand – und die Kosten damit nur ins eigene Arbeitszeitbudget verlagert.
- Vertrauen spart Geld. Wenn Sie sich auf Ihren Dienstleister verlassen können, reduziert sich Ihr Kontrollaufwand. Müssen Sie wirklich tausend Excellisten führen? Wie viele teure Arbeitsstunden kostet Sie das? Auch dies ist ein Posten, den Sie zu den externen Rechnungen hinzuaddieren müssen, um ein klares Bild der Kosten zu erhalten.
- Klären Sie bei Produktionen im Ausland genau, welche Zölle und welche Logistikkosten anfallen.
- Klären Sie bei Beauftragung weit entfernter Dienstleister, welche Reisekosten auf Sie zukommen und wie sie abgerechnet werden.
- Fragen Sie bei umfangreichen Anzeigenkampagnen ruhig nach, ob Ihr Dienstleister bereit ist, einen Teil der AE-Provision an Sie weiterzugeben. Das ist bei größeren Schaltvolumina durchaus nicht so unüblich, wie viele Agenturen behaupten.

Ausführungskosten

Was die Kostenstruktur Ihrer Kommunikationsprojekte so unübersichtlich macht, ist, dass in der Regel vielfältige Unterprojekte nötig sind. Welche das sind, ist von Mal zu Mal verschieden. Das führt zu einer verschachtelten Kostenstruktur. Im Grunde fallen für jeden der an Dritte vergebenen Ausführungsschritte Kosten an, die sich nach derselben Struktur wie beim Gesamtprojekt aufschlüsseln lassen. Besonders deutlich wird das bei so komplexen Subaufträgen wie der Produktion eines Werbefilms.

Wir haben in unserem Schema indes alle Kosten für Abstimmung, Koordination, Recherchen, Logisitik und Sozialabgaben der Ausführungsschritte bereits an den entsprechenden Themenstellen berücksichtigt – von der Auslieferung Ihrer Broschüren über die Künstlersozialabgabe bis zur Drucküberwachung.

Damit bleiben unter den reinen Ausführungskosten nur noch zwei Kostenarten: Material und Arbeitsaufwand. Sie fallen je nach Maßnahme sehr verschieden aus. Die Programmierung einer Website kommt praktisch ohne Materialkosten aus – sieht man einmal vom etwaigen Ankauf eines Redaktionssystems ab (das aber im Grunde auch nur Material gewordene Programmierarbeit darstellt). Damit ist hier der Arbeitsaufwand ausschlaggebend. Beim Druck kann das ganz anders aussehen. Edle, schwere Papiere können einen erheblichen Kostenanteil ausmachen. Bei Anzeigen sind Material- und Arbeitsaufwand bereits in einem gemeinsamen Fixpreis vorkalkuliert – den Schaltkosten. Ähnliches gilt bei Streuartikeln und Giveaways, die Sie ankaufen. Doch schon wenn Sie ein Feuerzeug mit Ihrem Firmenlogo bedrucken lassen, kommt zum Materialaufwand (Kosten fürs Feuerzeug und für die Druckvorlage) ein erneuter Arbeitsaufwand: die Kosten fürs Bedrucken.

Praxistipps, wie sie an den Ausführungskosten sparen können, gibt es so viele, dass wir hier nur die aufgezählt haben, die uns in der Praxis am häufigsten untergekommen sind. Mal betreffen sie das Material, häufiger aber den Aufwand. Der Übersichtlichkeit halber haben wir sie nach Projektarten aufgeschlüsselt.

Praxis-Tipp

Sparen an den Schaltkosten für Anzeigen

- Prüfen Sie, ob Ihre Kampagnenplanung so angelegt ist, dass Sie Schaltungsrabatte nutzen können. Praktisch jede Publikation bietet eine Malstaffel und eine Mengenstaffel an. Malstaffel heißt: Sie schalten Anzeigen in mehreren Ausgaben hintereinander. Mengenstaffel heißt: Sie schalten in einer Ausgabe mehrere Anzeigen. Für beides gibt's Prozente, die sich bei größeren Kampagnen zu erklecklichen Beträgen addieren.
- Fragen Sie nach Kombipreisen. Das sind teils erhebliche Rabatte bei der Schaltung in verschiedenen Titeln des gleichen Verlags. Aber Vorsicht: Je erheblicher der Rabatt, desto genauer sollten Sie prüfen, ob die zusätzlichen Titel wirklich ihr Geld wert sind.
- Binden Sie in die Kampagnenplanung Ihre PR-Abteilung ein. Gerade bei Fachpublikationen und nicht so auflagestarken Medien lassen sich mit etwas Fingerspitzengefühl Geschäfte auf Gegenseitigkeit abschließen. Will sagen: Sie schalten Anzeigen und Ihr Produkt oder Ihr Unternehmen wird dafür in einem redaktionellen Beitrag erwähnt. Das mag vielen unseriös klingen, ist aber Usus, und kann durchaus im gegenseitigen Interesse liegen. Eine Fachzeitschrift wird immer danach streben, gerade Neuerungen aus der Branche zeitnah vorzustellen. Insofern sind solche Absprachen keine reine Geschaftlhuberei.

Praxis-Tipp

Sparen im Printbereich

- Die meiste Arbeit beim Drucken steckt im Einrichten der Anlage. Je höher die Auflage, desto weniger fällt diese Anlaufzeit, und desto stärker der Papierpreis ins Gewicht. Gerade bei Auflagen im fünf- und sechsstelligen Bereich sollten Sie auf Standardpapiere zurückgreifen, wenn Sie sparen wollen.
- Sprechen Sie die Druckerei an, nutzen Sie Sonderangebote: Mancher Drucker hat noch Restbestände eines feinen Papiers herumliegen, das er Ihnen günstiger anbieten kann, obwohl es hinter dem von Ihnen gewählten qualitätsmäßig nicht zurücksteht.
- Die Bogengröße der Druckpapiere ist darauf ausgerichtet, möglichst viele Standardseiten unterzubringen. Der Drucker spricht vom »Nutzen« eines Bogens, wenn er klar machen will, wie viele Seiten er auf einem Bogen unterbringt. Sonderformate erzwingen oft eine geringen Nutzen und bedingen so viel teuren Papierabfall, der einfach weg geschnitten werden muss.
- Sonderformate sind auch in anderer Hinsicht teuer: Neben dem niedrigen Nutzen schlagen sie in der Verarbeitung (z.B. durch manuelles statt maschinellem Kuvertieren) und auch im Versand teuer zu Buche – denn auch die Briefgrößen der Post orientieren sich an gängigen Formatzuschnitten.
- Achten Sie auf die Versandkosten, wenn Ihr Dienstleister das nicht tut. Selbst bei einem Faltblatt, das vom Format her als Standardbrief durchgeht, können wenige Gramm Unterschied in der Papierqualität einiges am Portopreis ändern.
- Nutzen Sie bei kleinen Auflagen Digitaldruckereien. Hier fällt der Anlaufaufwand großer Druckmaschinen nicht so sehr ins Gewicht.
- Sonderverarbeitungen wie Prägungen, Stanzungen und Falzungen sind kostenintensiv, weil sie viel Handarbeit bedingen. Bei kleinen Auflagen fallen die Kosten für die Anfertigung des Prägestempels oder individueller Stanzvorlagen stärker ins Gewicht. Auch hier gilt: Standard spart – und muss nicht einmal alltäglich sein. So bieten spezialisierte Mappendruckereien hunderte Varianten von Mappenzuschnitten. Lassen Sie also Ihren Designer nicht auf Ihre Kosten das Rad neu erfinden!
- Finger weg von »modularen Lösungen«! Das ist ein schmerzlich erkaufter Rat aus der Praxis. Es klingt zunächst verlockend, wenn Ihnen Ihr Konzeptioner vorschlägt, jedem Kunden sein Infopaket bedarfsgenau zusammenzustellen und in einer Mappe oder mit Wire-O-Bindung zu überreichen: Man kann kundengenauer agieren *und* die Kosten für Broschürenaktualisierungen auf ein Minimum begrenzen. Das Handling haut aber in 99 von 100 Fällen nicht hin. Wer soll in Ihrem Unternehmen die aufwändige manuelle Zusammenstellung übernehmen? Was heißt das für Ihre Lagerhaltung? Und was kostet Sie dieser ganze Aufwand in Personalkosten? Unterm Strich ist eine klassische Broschüre, die regelmäßig aktualisiert wird, die billigere und bessere Lösung.

Sparen an der Website-Programmierung

Praxis-Tipp

- Eine solide konzeptionelle Vorbereitung Ihrer Website eröffnet Ihnen die größten Sparpotentiale. Schon kleine Änderungen am Ablaufschema können großen Aufwand beim Umprogrammieren verursachen.
- Dazu gehört auch die Frage: Wie schnell ändern sich die Inhalte? In welchem Zeitabstand müssen Sie deshalb den Programmierer erneut bemühen? Redaktionssysteme, mit denen Sie die Inhalte Ihrer Website selbst editieren können, waren noch vor wenigen Jahren ein ziemlicher Kostenfaktor. Heute gibt es einfache und günstige Lösungen, die sich in Zeiten der Weblogs fast von selbst entwickelt haben. Das spart Ihnen häufige Relaunches.
- Im Webdesign gibt es zahllose Möglichkeiten, ein und dieselbe Sache am Bildschirm darzustellen. Ein versierter Programmierer verschafft Ihrem Webauftritt einen schlanken technischen Unterbau, der entsprechend günstig ist. Holen Sie gerade hier also mehrere Angebote ein und vergleichen Sie diese genau.

Sparen an den Abbildungen

Praxis-Tipp

- Bei den Bildarchiven teilen sich heute zwei Großanbieter den Weltmarkt. Corbis (dahinter steckt Microsoft-Chef Bill Gates) und Getty Images sind die Global Players, die in einem ungeheuren Verdrängungswettbewerb den Markt der Bildarchive in den 1990er-Jahren unter sich aufgeteilt haben. Ihre Preise liegen auf relativ hohem Level. Kleine, regionale Anbieter sind meist offener für Verhandlungen. Und über Datenbanken im Internet und auf CDs sind sogar eine Menge honorarfreier Fotos verfügbar. Alle diese Wege an den Oligarchisten vorbei fordern eine Menge Rechercheaufwand. Dennoch bleibt unter dem Strich meist ein Plus, wenn Sie einen professionellen Art Buyer oder Bildredakteur einschalten. Ist er gut, kann er sein Honorar über die gesparten Fotohonorare durchaus mehr als wett machen.
- Mit der Digitalkamera kann heute jeder Laie – auch Sie selbst oder einer Ihrer Mitarbeiter – leicht und ohne teure Filme zu verschleudern nach Trial & Error fotografieren. Einfach draufhalten und nachher schauen. Irgendwas Brauchbares ist immer dabei. Und den Rest kann man ja digital so retuschieren, dass man ein Bild gar nicht mehr wiedererkennt. Aha. Hübsch ausgedacht. Aber lassen Sie uns diesen Irrglauben gerade rücken. Sicher richtig ist: Der klassische Fotograf wird immer seltener gebraucht. Auch weil sich die Bildersprache deutlich diversifiziert hat und »das richtige Foto« je nach Anwendung und Auftraggeber sehr unterschiedlich aussehen kann. Richtig ist auch: Meist reichen Digitalfotos für kleinere Druckvorhaben völlig aus. Gängige Profikameras (ab 8 Megapixeln) erlauben Druck in guter Qualität noch bis DIN A 3 und sogar darüber. Mehr braucht man nur

Praxis-Tipp

sehr, sehr selten. Auch die wegfallenden Kosten für Filmentwicklung und Scans helfen Ihnen sparen. Aber: Elektronische Retusche und die Bildverarbeitung im Pre-Print-Bereich ist etwas für hoch spezialisierte Profis. Das gibt es nicht umsonst. Kalkulieren Sie also genau, wenn Sie Qualität erst im Nachhinein in Ihre Aufnahmen zaubern wollen. Meist wird diese Rechnung nicht aufgehen.

Mehr fürs Geld – Wo kann man noch sparen?

Es klingt erstaunlich, was ein Beratungsunternehmen in Süddeutschland seit einiger Zeit anbietet. Bei einem Werbecheck machen die Berater ausfindig, wie Sie 20 bis 30 % Ihres Budgets einsparen können – ohne Nachteile in der Wirkung und oft auch ohne den Dienstleister zu wechseln. Wie geht das? fragt man sich. Die Antwort: Auf dem Königsweg der Budgetoptimierung – durch schlankere, reibungs- und fehlerfreie Prozesse.

Der Königsweg – Sparen durch Prozessoptimierung

Wir sind sicher, dass allein die Beachtung der in diesem Buch enthaltenen Ratschläge Ihre Werbekosten um zehn, zwanzig, vielleicht sogar dreißig Prozent senken kann. Genau das war der Ansatzpunkt, warum wir dieses Buch überhaupt geschrieben haben.

In den Produkt- und Prozessoptimierungen Ihrer Kommunikationsprojekte stecken Potentiale, gegen die andere Sparerfolge zur reinen Kosmetik verkommen.

Vorausschauende Planung

Einen Großteil dieser Potentiale sichert Ihnen bereits eine vorausschauende Planung. Sie erlaubt Ihnen nicht nur entspannter und damit gezielter und ohne teure Fehler zu agieren. Sie erlaubt es auch, saisonale Preistiefs zu nutzen. Wer immer erst Ende November merkt, dass Weihnachten naht, zahlt eben den Höchstpreis für angekaufte Postkarten, Kalender oder Werbeartikel. Im Sommer bieten dagegen viele Anbieter regelrechte Aktionswochen, deren deutlich reduzierte Preise einem die Mühe recht versüßen können, mitten im Juli ans Christkind zu denken.

Sparen durch Selbstdisziplin

Ein probates Mittel, versteckte Kosten zu deckeln, ist in diesem Sinne die schiere Selbstdisziplin. Allzu leicht, das zeigt die Praxis, erliegt man als Auftraggeber im Laufe des Projekts den Verlockungen besonders spektakulärer, exklusiver und teurer Fotos renommierter Fotokünstler oder dem Charme aufwändiger Prägungen im Printbereich – ohne zu Bedenken, dass sich durch solche Änderungen der Kostenrahmen spürbar erhöht oder andere, für den Gesamterfolg bedeutsame Kostenfaktoren bis zur Schmerzgrenze zurückgeschraubt werden müssen. Die Folge ist meist eine deutlich reduzierte Wirkung und damit Kosteneffizienz der angeschobenen Maßnahmen.

Das wichtigste Kontrollinstrument, um Folgekosten nicht in den Himmel wachsen zu lassen, haben Sie selbst in der Hand. Auch in der Kommunikationsbranche gibt es keine Möglichkeit, einen Maybach zum Preis eines Trabant zu erstehen. Überlegen Sie mit Ihrem Dienstleister, ob ein Passat nicht ohnehin eine Lösung wäre, die Ihrer Zielgruppe wesentlich angemessener ist.

Projektvereinbarungen strikt einhalten

Achten Sie darauf, dass Sie sich als Auftraggeber genauso bindend an die Projektvereinbarungen halten, wie Sie das von Ihrem Dienstleister erwarten. Erst dann ergibt die Budgetangabe im Briefing wirklich einen Sinn - weil sie Ihren Dienstleister herausfordert, seine Kreativität zu beweisen und Lösungen aufzuspüren, durch die die zur Verfügung stehenden Mittel optimal eingesetzt werden.

Sparen durch regionale Preisunterschiede

In den 1990er-Jahren lagen die Kreativhonorare in Berlin tendenziell niedriger als in den Werberhochburgen Frankfurt/Main, Hamburg und Düsseldorf. Der Grund: Die Stadt zog viele junge Kreative an, die vor Ort in einem relativ engen Markt konkurrierten. Ganz ähnlich bot sich nach dem EU-Beitritt der osteuropäischen Länder die Gelegenheit, zu einem erstaunlich günstigen Preis in Polen oder Tschechien drucken zu lassen. Hohe Auflagen werden heute ohnehin zunehmend in Südostasien produziert. Wer solche regionalen Unterschiede nutzen will, muss indes mitten in der Branche stecken, die Trends früh erkennen und die Lieferanten genau kennen. Laien sollten die Finger davon lassen. Es ist ein bisschen wie beim Warenterminhandel an der Börse. Das ist auch mit gutem Grund nicht jedermanns Sache.

Qualität und Aufwand im Auge behalten

Auch wenn die Globalisierung mittlerweile in vielen Bereichen die Ebene einfacher und kleiner B2B-Geschäfte erreicht hat, sollten Sie genau überlegen, ob Sie dabei die Qualitätskontrolle und den Aufwand für Abstimmung, Koordination und Logistik wirklich im Griff haben können. Am Ende steht der zeitliche und damit der verdeckte Kostenaufwand meist in keinem Verhältnis zu den Einsparungen. Und auf lange Sicht wird der globalisierte Wettbewerb ohnehin zu einer Einebnung solcher Unterschiede führen.

Sparen durch die Baisse

In Zeiten wirtschaftlicher Schwäche eröffnet sich immer die Chance, einen Dienstleister zu finden, der nicht auf Gewinn, ja nicht einmal mehr auf Kostendeckung zielt, sondern auf Verlustoptimierung. Besser ohne Kostendeckung arbeiten, als die zehn Mitarbeiter untätig herumsitzen zu lassen.

Der Haken an der Sache: Ein solcher Betrieb steckt in der Regel bereits in Liquiditätsengpässen. Das kann prekär werden, wenn Ihr Dienstleister mitten im Projekt Pleite geht und die vereinbarte Leistung nicht mehr erbringen kann. Selbst wenn Sie nicht den Verlust einer Akonto-Zahlung verschmerzen müssen: die Arbeit, die Sie selbst investiert haben, ist auf jeden Fall verloren.

Fraglich ist auch, ob Sie die Qualität erhalten, die Sie suchen. Denn ein Dienstleister, der ums Überleben kämpft, hat meist andere Sorgen, als Top-Qualität zu produzieren. Seien Sie also vorsichtig.

Sparen durch geschicktes Verhandeln

Dass Preise verhandelbar sind und sein müssen, ist ein Grundpfeiler des wirtschaftlichen Miteinanders. Ihr Verhandlungsgebaren sollte aber den Bereich der Fairness nicht verlassen. Unser Rat: Verschwenden Sie keine Zeit darauf, sich manipulative Verhandlungstechniken anzueignen. Das zahlt sich schon mittelfristig nicht aus. Hier gilt, was wir generell zum Miteinander im Projekt gesagt haben: Preisverhandlungen sollten kooperativ orientiert sein, sonst bezahlt man durch mangelnde Motivation und Leistung in Euros für die Cents, die man gespart hat.

Faire Preisverhandlungen

Das gilt ganz besonders bei Kommunikationsdienstleistungen, weil hier die Preise sehr weit divergieren und die einzelnen Leistungsumfänge meist nicht zu hundert Prozent beschreibbar sind. Für den Dienstleister ist es einfach, auf Minimalaufwand zu schalten und an einem der vielen Rädchen der Kostenstruktur die Qualität rauszudrehen. Das schlägt sich aber direkt in Abstrichen an der Qualität Ihrer Kommunikation nieder. Zudem wird Ihnen der Dienstleister beim nächsten Mal von vornherein ein zu hohes Angebot unterbreiten, weil er gelernt hat, dass Sie Ihn gerne runterhandeln.

Sparen durch Rabatte

Umgekehrt können Sie durch Vertrauen eine Menge gewinnen. Denn jede langfristige Kooperation eröffnet Ihnen die Chance von Rabatten. Die wird man Ihnen indes nur einräumen, wenn sich die Zusammenarbeit wirklich eng, regelmäßig und vertrauensvoll entwickelt. Wer bereits beim Erstauftrag argumentiert: »Wenn Sie da jetzt nachgeben, machen wir in Zukunft sehr viel miteinander...« wird meist auf taube Ohren stoßen. Darauf lässt sich kein ernstzunehmender Dienstleister ein – es sei denn er ist neu im Geschäft und muss erst lernen, was man von solchen Ankündigungen zu halten hat.

Sparen am falschen Ende

Es gibt zwei Bereiche, in denen übertriebenes Sparen zum Bumerang wird: in der strategischen Planung und der operativen Kontrolle Ihrer Kommunikation. Viel zu zahlreich sind die Beispiele, die wir in unserer Berufserfahrung erlebt haben. Da werden Schaltpläne soweit ausgedünnt, bis sie wirkungslos werden und zum sinnlosen Tropfen auf den heißen Stein verkommen, da wird lieber drei Mal teuer nachgedruckt, als von Anfang an genau zu kalkulieren, wie viele Exemplare einer Broschüre man tatsächlich braucht, da werden Websites nur nach ästhetischem »Gefällt mir« bewertet, ohne darauf zu achten, dass in der Ablaufstruktur absehbare Erweiterungen vorweg berücksichtigt werden.

Ganz ähnlich sieht's bei der Kontrolle aus. Vorschnelle Freigaben, weil sich der Auftraggeber im Stress des Kampagnenstarts nicht die Zeit nehmen kann, genau hinzusehen, haben mehr als einmal dazu geführt, dass Mailings und Broschüren auch in hohen Auflagen eingestampft werden mussten. Selbst wenn trotz Planung ohne Weitsicht und ungenügender Kontrolle Ihre Kommunikationsmaßnahme mehr recht und schlecht an den Start gehen kann, bleibt die Frage, wie viel Sie durch einen etwaigen Imageschaden kaputt machen. Vergleicht man diesen Nachteil mit dem Gewinn einer solchen Maßnahme, bleibt oft das überraschende Resümee: Besser ganz drauf verzichten, als der Zielgruppe verkorkste Broschüren, Websites oder Anzeigen zuzumuten.

Beispielfall

Für die Schublade zu teuer

Beim dritten Mal weigerte sich der Grafiker, den Auftrag auszuführen. Zweimal schon hatte ihn die ambitionierte Werbechefin mit der Gestaltung einer Anzeigenserie beauftragt. Zweimal schon hatte Ihr Chef die Kampagne gestoppt, weil ihm die Schaltkosten dann doch zu hoch waren. Zwar hatte der Grafiker jedes Mal sein Honorar erhalten und hätte so in aller Ruhe und für gutes Geld eine dritte Serie für die Schublade entwickeln können. Doch er besaß genug Weitsicht, um zu erkennen, dass ein klares Nein viel eher in seinem Sinne war.

In einem langen Gespräch mit der Kundin machte er Ihr klar, dass Ihr Konzept, den Chef durch tolle Motive vom Sinn einer Kampagne zu überzeugen, offensichtlich nicht aufging. Stattdessen schlug er vor, zuerst den Schaltplan zu erarbeiten, die erwartete Response mit Zahlen zu hinterlegen (Was bringt die Anzeigenschaltung dem Unternehmen?) und mit diesem Strategiepapier zum Chef zu gehen. Der hörte sich alles in Ruhe an – und gab dann im dritten Anlauf das Go! für die Kampagne.

Die Tücke des Kleingedruckten – Kostensicherheit durch klare Vereinbarungen

Ein Aspekt Ihrer Budgetplanung fehlt uns noch: die Kostensicherheit. Die erreichen Sie nur, wenn Sie mit Ihrem Dienstleister klare Vereinbarungen treffen, was im Auftrag enthalten ist, und was nicht. Erstaunlicherweise wird dieser wichtige Punkt meist als Grauzone abgehandelt – im Wortsinn. In winziger Schrift verdämmern in blassem Grau auf den Rückseiten der Angebote allgemeine Liefer- und Geschäftsbedingungen, die viele Auftraggeber keines Blickes würdigen, bis es zu spät ist.

Zu wertvoll scheint die eigene Zeit, um sie dem Kleingedruckten zu widmen, und zu unverständlich ist oft das, was da in rechtstauglicher Sprache festgehalten wird. Also verlässt man sich auf die Branchenusancen (oder das, was man dafür hält) und arbeitet auf der Basis unausgesprochener Erwartungen zusammen. Unser Rat: Lesen Sie das Kleingedruckte, und nehmen Sie sich die Zeit, zumindest bei den ersten Projekten einen klaren Vertrag mit dem Auftragnehmer zu schließen. Es zahlt sich aus.

Agenturvertrag

Zwei Arten von Verträgen sind im Kommunikationsbereich üblich: Agentur- oder Betreuungsverträge und Projektaufträge. Agenturverträge werden für eine bestimmte Zeit abgeschlossen – sozusagen als Abonnement auf bestimmte Leistungen, die Sie nach Bedarf festlegen können. Ihr Nachteil: Einer zieht immer den kürzeren. In den seltensten Fällen können Sie von vornherein wissen, wie viel Beratung und Dienstleistungen Sie in der Vertragslaufzeit tatsächlich brauchen. Kommunikation ist kein stetiger Fluss, sondern ein Instrumentarium, das sie gezielt und bedarfsgenau einsetzen sollten. Agenturverträge gehen von der Annahme aus, dass sich Höhen und Tiefen über die Zeit ausgleichen. Das haut aber – abgesehen vom reinen Abwicklungsaufwand – selten hin.

Projektvertrag

Fairer für beide Seiten (und entsprechend häufiger) sind Projektverträge. Sie beschränken sich auf ein konkretes Vorhaben, geben Ihnen damit ein größeres Maß an Freiheit, verlangen Ihnen aber auch mehr administrativen Aufwand und mehr Verantwortung für die langfristige Kommunikationsplanung ab. Auch bei den Projektverträgen gibt es zwei Varianten.

Dienstleister- oder Werkvertrag

Bei einem Dienstleistervertrag bezahlen Sie die geleistete Arbeit – unabhängig vom Ergebnis. In einem Werkvertrag definieren Sie das angestrebte Ergebnis und bezahlen das Endprodukt – unabhängig vom nötigen Aufwand. Welche Variante für Sie die bessere ist, müssen Sie selbst entscheiden. Beim Dienstleistervertrag kann es Ihnen passieren, dass Sie nachbudgetieren müssen, weil im Rahmen des beauftragten Volumens das Projekt nicht abgeschlossen werden kann. Beim Werkvertrag nehmen Sie in Kauf, dass Ihr Dienstleister wo immer es geht seinen Aufwand minimieren wird. Das kann zu Lasten der Qualität gehen.

Strittige Punkte

Woher aber wissen Sie, was man vereinbaren kann, soll oder muss? Die Praxis zeigt, dass fünf Punkte immer wieder zu Streitfällen führen und oft noch lange nach Projektabschluss Kosten verursachen können: der Abgleich der Rechte (Umfang der erworbenen Nutzungsrechte und Verantwortung für die Rechte Dritter), die Zeit nach Projektende (Dokumentation, Aufbewahrung und Herausgabe), der Umgang mit unvorhergesehenen Änderungen bei laufendem Projekt (Budgetfortschreibung), der Aufwand für Korrekturen und die Nebenkosten (Reisekosten, Logistik und Provisionen).

Wie unterschiedlich diese Bestimmungen ausfallen können, zeigen Ihnen die Dienstleister selbst. Der Gesamtverband Kommunikationsagenturen (GWA) bietet auf seiner Website www.gwa.de unter den Punkten »Klienten, dann »Mittelstandsempfehlung« zwei Varianten von AGBs als PDF-Dateien an. Die eine empfiehlt der Verband den Agenturen für den Vertrag mit dem Kunden, die anderen für den Vertrag mit den Lieferanten. In beide Richtungen ist dem Verband natürlich eine optimale Absicherung seiner Mitglieder Herzenssache. Das kann man nutzen, indem man beide vergleicht. Und so die Bedingungen herausfiltert, die man zwar als Auftraggeber gern drin hätte, als Auftragnehmer aber gerne vermeiden möchte. Ein bisschen zwischen den Zeilen lesen muss man schon, aber die kritischen Punkte sind nicht allzu schwer zu entdecken. Bei der Budgetfortschreibung hatten wir das bereits genutzt, um eine für den Auftraggeber aufwandsarme Art zu finden, den Dienstleister in die Pflicht zu nehmen. Aber auch für jeden anderen der genannten strittigen Punkte finden Sie dort wertvolle Hinweise, wie man sich absichern kann.

Praxis-Tipp

Vertragliche Festlegungen

Ziehen Sie noch einmal die Übersicht der Kostenarten zu Rate, um zu klären, was Ihre Vereinbarung mit dem Dienstleister enthalten muss. Achten Sie dabei vor allem auf folgende Punkte:

- Welche Rechte erwerben Sie? (zeitlicher und räumlicher Umfang der Nutzung)
- Wer übernimmt das Risiko etwa noch ungeklärter Rechte Dritter? (Model Release/Recht am eigenen Bild, Locationrechte, Hintergrundmusik im Werbespot etc.) Wenn Sie hier den Dienstleister mit in die Verantwortung nehmen, sichern Sie sich in der Regel einen umsichtigeren Umgang mit diesem Thema, das durch unerwartete Nachforderungen hohe Kosten generieren kann.
- Wie sind die logistischen Nebenkosten berücksichtigt? Sind sie transparent kalkulierbar? Legen Sie bei Reisekosten am besten das Verkehrsmittel, die Klasse (1. oder 2. Klasse im Zug, Business oder Economy Class im Flugzeug), die Übernachtungsart (Hotel welcher Kategorie?), die Häufigkeit und die Zahl der reisenden Mitarbeiter fest und benennen Sie die Person, die Reisekosten im Einzelfall freigeben muss.
- Wer übernimmt die Kosten für die Archivierung? Wie lange müssen Dateien und Unterlagen aufbewahrt werden? Ist der Dienstleister verpflichtet sie herauszugeben? Und in welcher Form? Das kann bei

Praxis-Tipp
Vertragliche Festlegungen

einem Agenturwechsel große Bedeutung kriegen – etwa wenn Ihr neuer Dienstleister alte Broschürenvorlagen erst neu erstellen muss, weil Ihre alte Agentur die Dateien nicht herausgibt.

- Wie ist der Umgang mit Nutzungs- und Urheberrechten nach Vertragsende geregelt? Können Sie z.B. Slogans und Ideen auch später und in Projekten mit anderen Dienstleistern nutzen?
- Wie wird das Recht auf Urhebernennung gehandhabt? AGBs von Fotografen enthalten oft einen Passus, dass eine unterlassene Nennung des Autoren 100 % Honorarzuschlag nach sich zieht. Handeln Sie deshalb individuelle Bedingungen vorab und in beidseitigem Einvernehmen aus!
- Wer muss bei Änderungen im Projekt das Budget fortschreiben? Sind Änderungen entgeltpflichtig? Muss Ihr Dienstleister auf kostenrelevante Änderungen mit Nachtragsangeboten reagieren?
- Bei wem liegt das Übermittlungsrisiko? Will sagen: Wer ist verantwortlich, wenn die Post eine Sendung mit Druckvorlagen verschlampt und deshalb die Broschüre nicht rechtzeitig zur Messe fertig wird? Wer, wenn bei der Auslieferung ein Wasserschaden die gesamte Ladung CDs unbrauchbar macht?

11. Kapitel
Gestern wäre gut – Die Zeitplanung

Warum geht dann alles schief bei der geringsten Eile? Die Technik im Trivialen fehlt. – Gefährlich ist stets das Unbedeutende. Dass Napoleon nicht genug geschlafen hatte, kostete ihn die Entscheidungsschlacht um Thron und Welt.

Prentice Mulford – Der Unfug des Lebens

Wie das Budget müssen Sie auch die Zeitplanung bereits im Briefing festlegen. Welche Schritte erwarten Sie in welchen Zeitspannen?

Arbeiten auf Zuruf nach dem Motto »Machen Sie mal schnell…« sind höchstens als Ausnahme und im Rahmen einer funktionierenden Partnerschaft denkbar. Denn nur hier haben Sie grundlegende Parameter vorher ausgelotet und können sie als bekannt voraussetzen. Wenn Sie Ihr Projekt sicher in den Erfolgshafen steuern wollen, müssen Sie ein vernünftig bemessenes Zeitkontingent für die Projektarbeit einkalkulieren.

Zeitdruck

Über den Zeitdruck zu stöhnen scheint zum guten Ton in der Agenturarbeit zu gehören. Das muss man indes nicht immer ernst nehmen. Achten Sie aber darauf, dass Ihre Zeitplanung realistisch bleibt. Und realistisch heißt: machbar für *beide* Seiten. Die Agentur kann auf Dauer nicht als Feuerwehr dienen, die laufend aufholt, was im Unternehmen verschwitzt wurde.

Ihre Zeitplanung – das ist ein weiterer Aspekt, den Sie berücksichtigen müssen – wird bindend für beide Partner sein. Das heißt: auch für Sie selbst. Wer den Dienstleister lange hängen lässt, um ihn dann umso heftiger unter Druck zu setzen, hat am Ende selbst den Schaden davon. Die Grenze zwischen Motivation und Verweigerung ist schmal. Sie programmieren Schludrigkeiten und Gleichgültigkeit vor, wenn doppelte Standards an Aufgabenerfüllung und Termintreue sichtbar werden. Jeder in Microsoft Project gebastelte Projektplan wird schnell zur vertraglichen Waffe, die genauso gut auf den Ersteller gerichtet werden kann.

Deadlines setzen

Wäre es also besser (wenn auch utopisch), den Dienstleister ohne Deadline werkeln zu lassen? Um Himmels willen! Mit Sicherheit nicht. Setzen Sie eine gesunde Deadline. Das strukturiert jede Arbeit – die Ihres Dienstleisters wie auch Ihre eigene. Achten Sie aber darauf, dass die Zeitvorstellungen ohne Qualitätsabstriche erfüllbar sind.

Um einschätzen zu können, was machbar ist und was nicht, brauchen Sie eine fundierte *Kenntnis der nötigen Abläufe*, um möglichst realitätsnahe Prognosen treffen zu können.

In der Vorbereitungsphase dieses Buches hatten wir Agenturen und Designbüros gebeten, uns zu einer festen Liste ausgewählter Projekte die benötigten Zeitbudgets zu kalkulieren. Das Ergebnis sah so aus:

Zeitaufwand für typische Kommunikationsprojekte
Ergebnis einer Stichprobenbefragung unter ausgewählten Dienstleistern

Projekt	*minimale Projektdauer (in Arbeitstagen)*	*maximale Projektdauer (in Arbeitstagen)*
Corporate-Design Entwicklung eines Logos für ein neu gegründetes Unternehmen, drei Entwürfe zur Auswahl	12	58
Produkteinführung umfassende Kampagnenplanung zur Neueinführung eines Produktes	16	35
Produkt-Flyer 2-Seiter DIN A4, Leporellofalz auf Din Lang, klassischer Druck, Auflage 10.000 Stück, incl. Inhaltsentwicklung, Text und Layout	6	36
Broschüre 12-Seiten (8 Innenseiten + Umschlag) DIN A4, Offsetdruck, Rückstichheftung, Schutzlack auf Umschlag, Auflage 5.000 Stück, incl. Inhaltsentwicklung, Text und Layout	20	53
Programmheft für Festival 64-Seiten (60 Innenseiten + Umschlag) DIN A4, Offsetdruck, Rückstichheftung, Auflage 25.000 Stück, incl. Inhaltsentwicklung, Text, Redaktion, Bildrecherche und Layout	35	80
Einladungskarte Klappkarte Din Lang, Digitaldruck mit Personalisierung, durchgehend 4-farbig, Auflage 250 Stück; incl. Inhaltsentwicklung, Text und Layout	9,5	30
Website geringer Umfang; ca. 10 reine Informationsseiten, einfache E-Mail-Anbindung ohne CGI-Formular (dynamische Inhaltsentwicklung), reine HTML-Programmierung nach vorliegendem Corporate Design, incl. Contententwicklung (Sitemap, Text und Screen Design)	21	47
Anzeigenkampagne Tageszeitung zur Produktvermarktung, Entwicklung von drei Motivserien zur Auswahl, incl. Fotoshooting, Mediaplanung und Schaltung	19	59
Händleranzeige IHK-Zeitschrift wiederkehrendes Einzelmotiv zur Schaltung in der regionalen IHK-Zeitschrift (Händlerakquise), ½ Seite einfarbig	15	30
Plakatserie Theaterwerbung: 4 Plakate für 4 Stücke, jeweils mit Premierenangabe; Schaltung im Stadtgebiet plus Überhangproduktion für sonstige Verwendung (Distribution durch das Theater) und freien Verkauf	20	47

Werbevideo zehnminütiges Vertriebsvideo eines Immobilienprojekts zur Weitergabe an Interessenten als VHS-Kassette (250 Stück in einfacher Papphülle), zum Einsatz am Point of Sale und zum mobilen Einsatz durch Außendienstler; incl. Drehbuchentwicklung, Videoshoots Realfilmsequenzen, Entwicklung und Realisierung Animationssequenzen, Sprecheraufnahmen/Vertonung, Schnitt und Überspielung/ Kopierung	28	86
Powerpoint-Präsentation mit 25 Einzelscreens, Erstellung einer Datei im PPT-Format zum Einsatz auf Veranstaltungen (Aktionärsversammlung, Vertriebsschulung etc.)	13	27
Reference Story PR-Text, Erarbeitung einer Fallstudie aus Kundensicht, inhaltliche Fokussierung auf ein Produkt, journalistische Aufbereitung zur Lancierung in der Presse, Umfang ca. 5.000 Zeichen (ca. Doppelseite Zeitschrift)	11	21
Giveaway Produktion Regenschirm mit eingedrucktem Logo und Slogan, Auflage 500 Stück	18,5	33

Arbeitszeit versus Projektzeit

Die Spannen, die zutage traten, waren – wie man sieht – beträchtlich. Was wir bereits vermuteten, bestätigte sich, als wir nochmals nachfragten: Diese Spannen entstanden nicht etwa durch den Unterschied zwischen fixer und gemächlicher Arbeitsweise. Unsere freundlichen Helfer hatten je nach Erfahrung sehr unterschiedliche Verzögerungs- und Beschleunigungsfaktoren kalkuliert – obwohl wir noch sehr viel detailliertere Arbeitsschritte vorgegeben hatten, als sie die Tabelle zeigt. Unser Fehler war es gewesen, eine wichtige Trennung in unserer Anfrage nicht klar unterschieden zu haben: die zwischen reiner *Arbeitszeit* (die Dienstleister immer in Stunden kalkulieren) und der tatsächlichen *Projektzeit* (die eher in Tagen angegeben wurde).

Die Diskrepanz zwischen beiden Größen ist erheblich. Wir selbst haben es erlebt, dass ein mit 100 Arbeitsstunden (nach Adam Riese also 12,5 Arbeitstagen) kalkuliertes Projekt sich über einen Zeitraum von viereinhalb Monaten (also rund 100 Arbeitstage) zog.

Was bedingt solche Unterschiede? In der folgenden Tabelle haben wir aus unserer eigenen Erfahrung und aus den Gesprächen mit den befragten Dienstleistern jene Faktoren isoliert, die vor allem für diese Diskrepanzen verantwortlich sind.

Verzögerungs- und Beschleunigungsfaktoren der Projektzeit		
Faktor	*Bedeutung*	*Wirkung*
hausinterne Abstimmung auf Auftraggeberseite/ Korrektur	extrem hoch	verzögernd
agentur- bzw. netzwerkinterne Abstimmung auf Auftragnehmerseite Sie wird vor allem dann notwendig, wenn mehrere Dienstleister beteiligt sind, die nicht in einem Haus sitzen.	hoch bis niedrig, je nach Dienstleisterorganisation	verzögernd
verzögerte Zuarbeiten auf Auftraggeberseite im Briefing noch nicht enthaltene Informationen und Materialien nachliefern	sehr hoch	verzögernd
Optimierte Abstimmung (Wissensmanagement) im Projektteam vermeidet Doppelarbeiten	hoch	beschleunigend
Vorproduktion von Bausteinen z.B. Fotoshootings, die besonders bei notwendigem Modelcasting oder witterungsabhängigen Außenaufnahmen recht zeitraubend sein können	hoch	verzögernd
Parallelarbeiten Wenn einzelne Arbeitsschritte für das Endprodukt unabhängig voneinander bearbeitet werden können, lassen sich die Abläufe straffen.	mittel	beschleunigend
Umsetzung/Produktionsprozesse Zeitaufwändiger bei komplexen inhaltlichen und gestalterischen Entwürfen und Sonderanfertigungen. Der simple Wunsch nach einer Prägung auf der Broschüre kann z.B. die Projektzeit durch den zusätzlichen Verarbeitungsschritt und die Notwendigkeit, einen entsprechenden Prägestempel zu produzieren, um eine Woche und mehr verlängern. Weitere Zeitprobleme können die Materialbeschaffung (z.B. ausgefallenes Papier) und produktionstechnische Schwierigkeiten verursachen.	mittel bis hoch	verzögernd
Dokumentation Wenn z.B. eine Corporate Design-Entwicklung noch vor der ersten Anwendung in einem ausführlichen Handbuch den einzelnen Abteilungen zur Verfügung gestellt werden soll oder eine Kampagnenplanung nicht nur in groben Zügen, sondern als ausführliche Dokumentation (Projekthandbuch mit Analysen und Herleitungen) erstellt werden muss.	mittel bis hoch	verzögernd
Sonderwünsche/Zusatzleistungen Darunter fallen z.B. bei der Websiteerstellung Services wie Verlinkung, Domainrecherche und technisches Hosting, bei Printprodukten die Auslieferung fester Kontingente an mehrere, weit auseinander liegende Verteilstellen, bei der Einladungskarte die Adressierung nach Datenbank, Kuvertierung und Versand u.Ä.m.	mittel bis hoch	verzögernd

Die Tabelle macht klar: Es gibt wenig Möglichkeiten, die Abläufe zu beschleunigen, aber viele Faktoren, die sie verzögern. Die gröbsten Zeitverzögerungen ergeben sich durch lange Abstimmungsperioden im eigenen Hause. Ganz sicher kontraproduktiv ist es deshalb, eine schnelle Erledigung zu erwarten, dabei aber möglichst viele Abstimmungstermine einzuschieben. Um sich den ultimativen Zeitkick vom Halse zu halten, müssen Sie gerade in dieser Hinsicht vorarbeiten – und wie vorne beschrieben, ihre eigene Position und die Abstimmungsabläufe im eigenen Hause klären. Und zwar *bevor* Sie mit dem Projekt durchstarten.

Viele Verzögerungsfaktoren

Doch auch in anderer Hinsicht ist Ihr Einfluss auf die tatsächliche Projektzeit hoch: Je besser vorbereitet das Briefing, desto weniger Rückfragen werden nötig und desto schneller sind die Aufgaben zu erledigen. Sie haben es damit zu einem Gutteil selbst in der Hand, wie zügig Ihr Dienstleister arbeiten kann.

Praxis-Tipp

Zeitbudgets kalkulieren

- Trennen Sie in der Zeitplanung zwischen Arbeitszeit und Projektzeit.
- Die Arbeitszeit liefert Ihnen der Dienstleister. Er muss sie prognostizieren, um das Projekt überhaupt kalkulieren zu können.
- Fragen Sie den Dienstleister aber auch nach seinen Prognosen für die Projektzeit – schon vor der Beauftragung. Nicht umsonst hat die Bewertung der Arbeitskultur als Auswahlkriterium so große Bedeutung.
- Eine detaillierte Nachbereitung abgelaufener Projekte macht Ihnen die Planung neuer Projekte erheblich leichter. Dokumentieren Sie Ihre Projekte schriftlich. Legen Sie sich so einen Fundus an, aus dem Sie Projektzeiten für bestimmte Arbeitsschritte immer wieder abrufen können. Vertrauen Sie dabei lieber Ihrer Dokumentation als dem eigenen Gefühl. Die Erinnerung trügt oft beträchtlich.
- Machen Sie es zum Grundprinzip Ihrer Zeitplanung, vom Harten ins Weiche zu schneiden. Funktionierende Zeitpläne erstellt man, indem man vom fixen Endtermin zurückrechnet.
- In aller Regel arbeiten Sie auf ein bestimmtes Datum hin. Das sind zum Beispiel anstehende Messetermine, langfristig laufende Anzeigenbuchungen oder auch Zeitpunkte, zu denen Sie Ihre Zielgruppe mit Sicherheit antreffen. Wenn etwa die Schulferien begonnen haben, trifft Ihre Tageszeitungsanzeige bei gleichem Kostenaufwand auf ein wesentlich kleineres Publikum als nach dem Schulbeginn im Herbst. Solche Endtermine sind der Ausgangspunkt Ihrer Zeitrechnung.
- Definieren Sie als nächstes Perioden und Abläufe, an deren Dauer nichts zu drehen ist. Produktionszeiten etwa sind nur bis zu einem gewissen Punkt verkürzbar. Das Papier Ihrer Broschüre braucht einfach eine bestimmte Zeit, um nach dem Druck zu trocknen, und auch Ihnen zuliebe wird ein Drucker keinen Turbomotor an die Rotationsmaschine montieren, um den Durchlauf Ihrer Bögen zu beschleunigen. Fragen Sie deshalb die fixen Produktionszeiten beim Dienstleister an.

Praxis-Tipp
Zeitbudgets kalkulieren

- Damit steht das Gerüst für die Zeitplanung. Setzen Sie jetzt die aus Ihrer eigenen Erfahrung oder aus der Anfrage beim Dienstleister gewonnenen Projektzeiten für die weiteren Einzelschritte ein. Ihr Zeitplan gewinnt Konturen.
- Aus diesen Konturen heraus können (und sollten) Sie zeitliche Zwischenziele formulieren. Bei einem Kreativbriefing ergeben diese sich zum Beispiel aus den Fragen: Bis wann erwarten Sie das Kostenangebot? Bis wann die ersten Entwürfe? Wie lange brauchen Sie, um im eigenen Haus eine Entscheidung für die gewünschte Linie zu fällen? Bis wann muss diese ausgearbeitet und detailliert sein?
- Ein weiterer Punkt, den Sie in Ihrem Zeitplan nicht vergessen dürfen: Welche Zuarbeiten sind nötig? Bis wann können diese realistisch erbracht werden? Dazu gehören Bausteine wie ein etwaiges Vorwort Ihres Geschäftsführers (interne Zulieferung), nötige Fotoshootings (externe Zulieferung), aber auch Fristen in der Anzeigenbuchung. Bei Fachzeitschriften, die nur monatlich oder gar nur einmal im Quartal erscheinen, liegt der Anzeigenschluss oft unerwartet weit vor dem Erscheinungstermin. Und die schönste Anzeige nutzt Ihnen nichts, wenn die nächste verfügbare Ausgabe des geeignetsten Schaltmediums erst erscheint, nachdem die Roadshow, zu deren Besuch sie Ihre Kunden motivieren soll, schon übers Land gerollt ist.

Projektplan

Mit dieser Vorarbeit sollten Sie in der Lage sein, einen relativ zuverlässigen Projektplan zu erstellen. Er könnte zum Beispiel so aussehen:

Projektplan Produkt-Flyer
2-Seiter DIN A4, Leporellofalz auf Din Lang, klassischer Druck, Auflage 2.000 Stück

Projektschritt	verantwortlich	Arbeitszeit (in Stunden)	Projektzeit (in Tagen)
Vorarbeiten zum Briefing • Zusammenstellung Inhalte • Recherche Markt & Zielgruppendaten • Einordnung Marketing-Mix • Aufgabenbeschreibung	Auftraggeber	8	4
• Abstimmung Briefing im Haus	Auftraggeber	2	2
• Entwicklung Inhaltsstruktur/ Basislayout	Dienstleister	5	1
• Freigabe/Korrektur Inhaltsstruktur/Basislayout	Auftraggeber	1	2
• Text	Dienstleister	3	1
• Bildredaktion	Dienstleister	5	-- (parallel zur Textarbeit)

Projektschritt	verant-wortlich	Arbeitszeit (in Stunden)	Projektzeit (in Tagen)
• Freigabe/Korrektur Text und Bild-auswahl	Auftrag-geber	1	2
• Endredaktion/Lektorat, ggfs. Scans der Bilder, digitale Bildvor-bereitung zum Druck, DTP, End-korrektur, Ausdruck, Dummy kleben	Dienstleister	8	2
• Freigabe Dummy/Druckfreigabe	Auftrag-geber	1	2
• Verfilmung/Belichtung	Lithoanstalt	2	1
• Druck, Verarbeitung und Auslie-ferung	Druckerei	2	3
	Gesamtdauer	**38 Stunden Arbeitszeit**	**20 Tage Projektzeit**
Eventuell anfallende zusätzliche Ablaufschleifen			
• Umsetzung Korrekturwünsche in Basislayout oder Inhaltsstruktur durch den Dienstleister und an-schließende Freigabe der Korrekturen durch den Auftraggeber		4	2
• Umsetzung Korrekturwünsche in Text und Bildaus-wahl durch den Dienstleister und anschließende Freigabe der Korrekturen durch den Auftraggeber		4	2
Zusatzzeiten bei aufwändigen Korrekturen		**8 Stunden**	**4 Tage**

Abstimmung zeitaufwändiger als Kreation

Die Tabelle führt sehr anschaulich vor Augen, dass Sie selbst 13 Stunden, die beteiligten Dienstleister etwa 25 Stunden für das Projekt aufwenden. Das belegt, was wir seit Beginn des Buches gebetsmühlenartig wiederholen: Sie müssen selbst einen beträchtlichen Arbeitsaufwand leisten. Die Tabelle zeigt aber auch, dass 12 Tage der Projektzeit auf das Konto des Auftraggebers, dagegen nur 8 Tage auf das der Dienstleister gehen. Grämen Sie sich nicht. Es ist in der Praxis tatsächlich so, dass Abstimmungsprozesse einfach größere Wartephasen bedingen als Kreationsprozesse. Das sollten Sie sich nicht als Ineffektivität anrechnen. Sie müssen dieses Faktum aber bei Ihrer Zeitplanung angemessen berücksichtigen.

Fixe Termine

Im konkreten Fall können Sie diesen Zeitplan durch eine weitere Spalte ergänzen, in die Sie das tatsächliche Datum eintragen, zu dem jeder Schritt abgeschlossen sein soll. So können Sie direkt ablesen, wann Ihr Flyer ausgeliefert sein wird.

Was aber, wenn Sie aus Ihrem Zeitplan ablesen können, dass das Projekt bis zum gewünschten Einsatztermin nicht verfügbar sein wird? Wird es zeitlich richtig eng, gilt es kühl abzuwägen zwischen dem Risiko einer mangelhaften Ausführung und dem Schaden eines Komplettverzichts auf das erwünschte Instrument. Die Erfahrung lehrt: Mit etwas Nachdenken lassen sich meist gangbare Auswege finden. Wenn etwa die Zeit bis zum Messetermin für die Produktion einer Broschüre nach menschlichem Ermessen (und den Angaben Ihres Zeitplans) nicht ausreicht, überlegen Sie doch, ob man während der Veranstaltung nicht mit anderen, im Rahmen des Zeitbudgets realisierbaren Instrumenten agieren kann. Sie können den Umfang der Broschüre kürzen, auf digitale Infomedien umsteigen, um Druck- und Produktionszeit zu sparen usw. Meistens kommt bei unrealistischem Zeitdruck nur Geldverblaserei heraus. Vielleicht ist es die letztlich bessere Alternative, zu der betreffenden Messe ›nur‹ ein Einzelblatt oder eine Befragung der Besucher vorzubereiten. Die Broschüre können Sie dann auf der Basis des vor Ort gewonnenen Adressmaterials nachreichen – und so ganz en passant eine Chance zum vertiefenden Zweitkontakt schaffen.

12. Kapitel
Es ist erreicht, oder? – Die schwierige Erfolgsmessung

Der große Erfolg ist oft nur ein großes Missverständnis.

Darius Milhaud

Ergebnisse kontrollieren …

In Deutschland noch wenig verbreitet ist die erfolgsorientierte Vergütung von Kreativdienstleistungen. An sich scheint die Idee, den Agenturpartner durch Prämien und Ergebnishonorierung aktiv führen und motivieren zu wollen, einleuchtend. Sie scheitert nur meist an den Schwierigkeiten, diese Erfolge glaubwürdig zu *messen.* Die Möglichkeiten einer quantifizierenden Ergebniskontrolle (im Fachdeutsch: Evaluation) in der Kommunikation sind begrenzt und fallen von Bereich zu Bereich recht unterschiedlich aus.

… im Direktmarketing

Beim *Direktmarketing* sind Sie noch in der besten Situation. Weil Sie genau wissen, wer angesprochen wurde, können Sie die Rücklaufkontrolle – etwa auf Mailings – relativ genau erfassen und quantifizieren.

… im eBusiness

In *eCommerce* und *eBusiness* erlauben die Nutzerstatistiken Ihrer Website, die Aufmerksamkeit zu beschreiben, die Ihr Auftritt erreicht. Die Zahl der Hits sagt Ihnen, ob man Ihre Site im Meer des Netzes findet, die Verweildauer informiert darüber, ob sie formal und inhaltlich auch so gestaltet ist, dass die Besucher sie annehmen. Welche direkten Wirkungen sich aus dem Kontakt ergeben – etwa im Hinblick auf Absatzziele – ist dagegen schon deutlich schwieriger quantifizierbar.

… in der Werbung

Kniffliger ist die Situation bei der klassischen *Werbung.* Ein kausaler Zusammenhang zwischen Werbeanstrengungen und Rückläufen ist nur durch Untersuchungen über die direkten Reaktionen der Angesprochenen messbar. Solche Erhebungen aber kosten Geld. Geld, das Sie aus Ihrem Gesamtbudget abzweigen müssen. Eine Ableitung aus mittelbaren Auswirkungen (etwa eine höhere Publikumsfrequenz am Point of Sale nach einer Anzeigenkampagne) gerät leicht in Gefahr, wichtige Faktoren zu übersehen und Ursachen zu vermuten, wo gar keine sind. Kamen mehr Käufer in Ihre Läden, weil die Anzeige in der Sonntagsausgabe der Tageszeitung so durchschlagend wirkte? Oder weil an diesem Wochenende die Ferien vorbei waren? Oder – noch schlimmer – weil Ihr Wettbewerber eine Novität auf den Markt brachte, die alle sehen wollten?

Um die Wirksamkeit von Werbemaßnahmen zu kontrollieren, müssen Sie *unmittelbare* Reaktionen auswerten, also so nahe an der Maßnahme ansetzen, dass andere Wirkfaktoren ausgeschlossen werden können. Das funktioniert in der Regel nur dann, wenn Sie entsprechende Hilfsmittel bereits in der Maßnahme selbst berücksichtigen. Was heißt das? Ihre Kommunikation muss ihr eigenes Feedback in Kanäle lenken, die die

Messung ermöglichen. Das kann zum Beispiel eine spezifisch eingerichtete Hotline sein, die nur über die Anzeigenserie bekannt gegeben wird. Aus der Anzahl der unter dieser Nummer eingehenden Rückläufe können Sie getrost auf den Aufmerksamkeitswert der Kampagne schließen.

... in der PR-Arbeit

Am schwierigsten und besonders kostenaufwändig wird die Ergebnismessung bei Imagearbeit und *Public Relations*. Wenn Sie es nicht mehr vor Augen haben: Blättern Sie zurück auf Seite 35, um sich noch einmal das Schaubild in Erinnerung zu rufen, das die zahllosen Faktoren der Medienwirkung in ein System zu bringen versucht. Unter so vielen Faktoren einzelne zu isolieren, wird zur schieren Sisyphosaufgabe. Natürlich lässt sich durch Befragungen ein Imagewandel faktisch nachweisen. Wie viel davon auf das Konto Ihrer Öffentlichkeitsarbeit geht, wie viel Sympathien Ihnen ungeschickt agierende Wettbewerber zugeschustert haben oder welcher Anteil der gestiegenen Akzeptanz Ihres Produkts gesellschaftlichen Veränderungen und Trends zu verdanken ist, wird aber auch durch die differenziertesten Messmethoden nur ungenügend belegbar sein.

Wenn Sie sich *für* die Ergebniskontrolle entscheiden, schaffen Sie damit einen nicht zu unterschätzenden Kostenfaktor in der Planung Ihrer Kommunikationsaktivitäten. Wir kennen genügend Betriebe, die diese Ausgaben scheuen und sich auf die Position zurückziehen, die letzte Messlatte sei der unternehmerische Gewinn. Das klingt auf den ersten Blick wirklichkeitsnah und praktisch – aber eben nur auf den ersten Blick. Noch einmal: Je weiter Sie in der Kommunikations- und Handlungskette nach hinten gehen, desto unsicherer und unklarer wird der Zusammenhang.

Beispielfall

Das führt doch zu nichts

Der Produzent eines Nischenprodukts aus dem Hobbybereich hatte für den Vertrieb seiner Produkte jahrelang auf ein Netzwerk von Vertretern gesetzt. Weil die Verkäufe Jahr um Jahr zurückgingen, entschloss sich die Geschäftsführung gegen die Meinung etlicher etablierter Mitarbeiter, eCommerce als ergänzenden Vertriebsweg einzuführen. Eine Fachagentur wurde damit beauftragt, eine Website zu konzipieren. Die Vorbehalte im Haus führten dazu, dass zunächst nicht das gesamte Potential des Netzes als Vertriebsinstrument ausgeschöpft, sondern nur eine Produktpräsentation mit Kontaktmöglichkeit angeboten werden sollte.

Nach einem halben Jahr meldete sich die Agentur wie verabredet und riet mit Verweis auf die beachtlichen Nutzerstatistiken der Site, Nägel mit Köpfen zu machen und einen kompletten elektronischen Bestellservice für Händler wie Endverbraucher einzurichten. Der Geschäftsführer reagierte kühl. Er könne an den Verkaufszahlen keine Verbesserung ablesen, es könne also keine Rede davon sein, dass die Website ihren Zweck erfülle.

Die Agentur entschloss sich, der Ursache dieser Diskrepanz zwischen Aufmerksamkeit und Erfolg auf den Grund zu gehen. Einige fingierte

Beispielfall

Interessentenanfragen brachten ein überraschendes Ergebnis: Auf keine der zehn via Netz abgesetzten Anfragen lag nach einer Woche eine Antwort vor. Die Responsebearbeitung schoben die unwilligen Mitarbeiter aus Prinzip auf die lange Bank, um so den vermeintlichen Jobkiller Internet zu torpedieren. Die schlampige Nachbearbeitung verwandelte die als kommunikatives Instrument durchaus erfolgreiche Website in ein vertriebstechnisches Desaster. Und das Unternehmen musste einen neuen Auftrag ausloben, wie die verschreckten Händler, die im Lauf vieler Wochen angefragt hatten, aber unbeachtet geblieben waren, doch noch für das Unternehmen gewonnen werden konnten.

Ist es am Ende also doch besser, ganz auf eine Ergebniskontrolle zu verzichten? Mitnichten. Messen Sie den Erfolg so gut Sie irgend können. Seien Sie sich dabei aber immer bewusst, dass die Isolation einzelner Faktoren in der Kommunikation ein schwieriges Unterfangen ist. Prüfen Sie alle möglichen Schwachstellen – auch die eigenen.

Evaluationskosten einkalkulieren

Vor allem wo große Budgets auf dem Spiel stehen, sollten Sie sich nicht scheuen, auch entsprechend umfangreiche Finanzmittel in die Evaluation zu investieren. Nur so können Sie Fehlentwicklungen rasch erkennen und entsprechend gegensteuern. Wenn du deinen Hintern schon riskieren willst, spann wenigstens ein Netz drunter, lautet eine alte Artistenregel.

Formulieren Sie deshalb Ihre Ansprüche an die Ergebniskontrolle und nehmen Sie diese *unbedingt* in Ihr Briefing auf. Ein ernstzunehmender Dienstleister wird Wege aufzeigen können, mit denen seine Arbeit in einem sinnvollen Rahmen belegbar zu machen ist.

13. Kapitel Das muss drin sein – Die Inhalte Ihres Briefings

»Das Wichtigste ist eine präzise Information. In der Mafia müssen akkurate, exakte Informationen umlaufen. Im anderen Fall versteht man nichts mehr und es entsteht ein großes Durcheinander.«

Don Antonio Calderone, sizilianischer Mafioso

Na endlich. Sind wir also doch noch bei der Frage angelangt, die uns alle am brennendsten interessiert: Was muss eigentlich rein ins Briefing?

Hintergrund-informationen

Tatsächlich sammeln wir die wichtigsten Bestandteile schon seit einigen Kapiteln zusammen – wenn auch zugegebenermaßen ohne Vorwarnung. Alle Vorarbeiten, die wir beschrieben haben, dienen letztlich einem Zweck: Inhalte für Ihr Briefing zusammenzutragen. Dazu gehören die Hintergrundinformationen zu Markt, Zielgruppen, Unternehmen und Produkt, Ihre Zeit- und Budgetplanung und auch Ihre Ansprüche an die Evaluation.

Zum Erfolgsrezept fehlt uns allerdings noch die wichtigste Zutat: die eigentliche Beschreibung der Aufgabe. Was ist der Zweck Ihres Briefings? Wo wollen Sie hin? Was soll Ihr Dienstleister tun?

Wissen, was man will – Wie Sie die Aufgabe stellen

Nur wer das Ziel kennt, kann treffen.

Griechisches Sprichwort

Ziele definieren die Aufgabe

Ihre kommunikativen Ziele definieren die Aufgabe des Dienstleisters. Dieser Satz ist bei weitem nicht so banal, wie er beim flüchtigen Drüberlesen scheinen mag. Er sagt erstens, dass es die eigentlichen *Ziele* sind, die die Aufgabe definieren – und eben nicht (oder zumindest nicht primär) Anweisungen, Vorgaben und eigene Vorstellungen darüber, *wie* diese Ziele zu erreichen sind. Er sagt aber auch, dass sich die Aufgabenstellung stringent aus übergeordneten unternehmerischen und Marketing-Zielen ableiten lässt – und nicht aus Willkür oder Geschmacksüberlegungen entsteht.

Verwenden Sie alle Ihnen zu Gebote stehenden Energien darauf, die gemeinsamen Ziele konsequent (Das ist nicht umsonst ein K unserer 8K-Regel!) herzuleiten und präzise zu definieren. Das ist nämlich in der Praxis wesentlich schwieriger, als man gemeinhin glaubt.

Ganz am Anfang hatten wir gezeigt, dass sich Ihre kommunikativen Ziele über eine Kaskade von Planungsebenen aus dem Unternehmensziel ableiten lassen. Falls Sie es nicht mehr parat haben: Schlagen Sie ruhig noch einmal die Grafik auf. Sie finden sie auf Seite 16. Das Problem – auch das hatten wir schon angedeutet: Auf der Ebene der Unternehmensplanung besteht noch weitgehende Einigkeit über richtige und falsche Ziele. Gewinn ist richtig, Verlust ist falsch.

Ziele deklinieren

Bei der Deklination auf die weiteren Stufen (Marketingplanung, Kommunikationsplanung, Kampagnenplanung, Entwurf einzelner Maßnahmen) kommen dann allerdings Faktoren ins Spiel, die von Fall zu Fall sehr verschieden ausfallen können und zudem noch einer subjektiven Bewertung unterliegen: Märkte, Zielgruppen, Mitbewerber, Unternehmenskultur usw. Es nimmt kaum Wunder, dass die Ableitungen von Folgezielen in vielen Fällen gravierende Fehler beinhalten.

Hinter mancher kommunikativen Aufgabenstellung verbergen sich viel grundlegendere, strategische oder gar unternehmerische Probleme. So sind Ziele, die sich auf Marktanteile, Penetration, Abverkäufe, Distribution oder Umsatzsteigerungen beziehen, keine Kommunikations-, sondern Marketingziele, die auch im Rahmen des Marketingkonzepts zu behandeln sind. Dafür ist der Kommunikationsdienstleister der falsche Ansprechpartner. Verwirrungen wie diese sind es aber, die aus so manchem Briefing einen Hilfeschrei machen.

Zugegeben: Es ist verführerisch zu denken, Werbung könne jedes Problem lösen und ausbügeln, was an anderer Stelle in Falten gelegt wurde. Doch Kommunikation ist und bleibt eine Variable unter vielen, die Ihr Unternehmen und Ihr Produkt auf den Erfolgsweg bringen kann. Eine Variable, die ziemlich viel vermag, die aber nicht allmächtig ist. Machen Sie sich vor dem Briefing zuallererst klar, was Kommunikation zur Erreichung Ihrer Ziele tun kann – und was nicht.

Ungeeignete Ziele

Gehen Sie dann daran, all jene hinterlistigen Anti-Ziele festzunageln, die sich in Ihr Briefing schleichen wollen, obwohl sie in einer Aufgabenstellung für den Kommunikationsdienstleister nun wirklich nichts zu suchen haben. Davon gibt es mehr als genug.

Alles-auf-einmal-Ziele

Ein schlussverkaufsreifes Gedrängel von Zielen entsteht, wenn Sie die Priorisierung der unterschiedlichen Ansprüche aus Ihrem Unternehmen vernachlässigen oder sich falsche Illusionen darüber machen, was mit einem gesetzten Budget erreicht werden kann.

Wer alles auf einmal haben will, wird am Ende viel weniger gewinnen als der, der sich auf ein Ziel konzentriert. Das Gießkannenprinzip ist in der Kommunikation der falsche Ansatz. Versuchen Sie nicht, mit einer Maßnahme so viele Zielgruppen wie möglich zu treffen und so viele Informationsanliegen wie irgend möglich zu befriedigen. Bündeln Sie Ihre Kräfte.

Kommunukations-darwinismus

Das macht Sie schlagkräftiger. In unserer Gesellschaft, die am Information Overload zu ersticken droht, herrscht kruder Kommunikationsdarwinismus. Nur die stärksten, relevantesten, fokussiertesten Informationen setzen sich durch. Ihre Kommunikation ist dann am wirksamsten, wenn sie eine einzige, klare Botschaft in merkbarer Form überbringt. Diese Knappheit ermöglichen Sie durch eine gezielte Aufgabenstellung. Alles auf einmal vermitteln zu wollen, ist unsinnig. Sie laufen Gefahr, mit Ihrer Botschaft im Reisberg unseres Informationsschlaraffias unterzugehen.

Wenn die Zielgruppenbeschreibung Ihres Briefings aussieht wie die im Folgenden zitierte, sollten Sie deshalb schleunigst die Reißleine ziehen: »Im Wesentlichen Meinungsführer, z.B. Entscheider in der Wirtschaft, Politik und im öffentlichen Leben. Menschen, bei denen man Rat vor wichtigen Entscheidungen sucht. Tendenziell voreingenommen, eher desinteressiert, was die Kategorie und die Marke angeht. Angesprochen werden auch klassische Endverbraucher mit ganz unterschiedlichen Informationsbedürfnissen hinsichtlich der Kategorie, Medienvertreter und Journalisten und schließlich unsere Mitarbeiter selbst.«

Zielüberfrachtung meist peu à peu

»Das ist mir doch selbst klar,« werden Sie sagen, »Was soll denn das, ich bin doch auch kein Dilettant in Sachen Strategie.« Das würden wir Ihnen auch nicht unterstellen. Doch wir haben am eigenen Leib erlebt, wie unauffällig, verstohlen und schrittweise sich solche Zielüberfrachtungen in ein Projekt einschleichen können. So allmählich, dass selbst ausgebuffte Profis vom Endergebnis überrascht wurden. Deshalb unser Rat: Bleiben Sie auf der Hut – auch und gerade wenn ein Projekt schon voll am Laufen ist. Es ist nur menschlich, wenn die Beteiligten dazu tendieren, im Laufe der Arbeiten immer mehr Anforderungen dazuzupacken. Das passiert besonders häufig, wenn man Angst vor der eigenen Courage bekommt: Können wir es uns wirklich leisten, unsere ganze Aufmerksamkeit ausgerechnet auf dieses Ziel zu konzentrieren? Oder wenn Stimmen aus dem Betrieb laut werden, die Ihre Zielableitungen nicht internalisiert haben, weil sie bei ihrer Entwicklung nicht dabei waren. Besonders ungewöhnliche und im besten Sinne kreative Maßnahmen werden durch solche häppchenweisen Rückzieher schnell verwässert.

Beispielfall

Und was machen die Alten?

Eine Gesellschaft zur Wirtschaftsförderung wollte sich eines spezifischen Förderthemas annehmen. Eine halbjährige Kampagne sollte auf die jährlich im Herbst stattfindende Leitmesse hinführen. Ziel war es, durch Kommunikationsmaßnahmen die Entscheider, die bei der Messe zugegen sein würden, für das Thema zu sensibilisieren und an den Stand der Gesellschaft zu holen, um mit ihnen ins Gespräch zu kommen. Einziges Dilemma: Die Gelder, die dafür zur Verfügung standen, ließen einen allzu vielschichtigen Mediamix kaum zu. Die Agentur entwickelte – tatkräftig unterstützt vom Werbeleiter – eine stimmige Doppelstrategie. Alle wichtigen Informationen sollten auf einer Website zusammengefasst werden. Die ließ sich ohne allzu großen Kostenaufwand in festen Abständen aktualisieren und als Leitmedium nutzen. Kleine, einspaltige Anzeigen in Entscheidermedien sollten sich auf wenige, überraschende Schlagworte mit anschließender Nennung der Webadresse beschränken und so dem Angebot im Netz die Leser zuschaufeln. Die eigentlichen, relativ komplexen Inhalte wurden so nicht im teuren Anzeigenplatz ausgebreitet, sondern im Web, das mehr Platz und die Möglichkeiten eines interaktiven Mediums bot. Die Einrichtung einer aussagekräftigen Domain, die den Kundennutzen auf den Punkt brachte, sorgte zusätzlich für Aufmerksamkeit. Eine Mailingserie sechs Wochen vor dem Messetermin, sollte die Entscheider ergänzend ansprechen – auf direktem Weg. Das ganze funktionierte, weil bei der Zielgruppe eine hohe Verbreitung des Mediums Internets nachgewiesen werden konnte. Über 85 Prozent der Angesprochenen nutzten das Netz bereits aktiv für die Informationsbeschaffung.

Das Konzept wurde samt Entwürfen gut geheißen. Erst als es dann einen Monat später an die Freigabe der ersten Anzeigenserie ging (bei der noch einmal Größe und Auswahl der Schlagworte variiert worden war), griff der Geschäftsführer ein. Nur eine Webadresse zu veröffentlichen, hielt er für zu gewagt. »Sehen Sie, ich hab ja auch Internet, aber mit 58 muss ich Ihnen sagen, ich mag das ganze Medium nicht. Wir müssen mindestens eine Telefon- und Fax-Nummer drin haben, sonst fangen die Alten nichts mit der Kampagne an. *Mich* würden Sie damit nicht erreichen.« Mit dieser persönlichen, nachvollziehbaren, deshalb aber noch lange nicht richtigen Einschätzung war der Damm für eine Flut von Ergänzungen und Korrekturen gebrochen. Die Anzeigen – immer als Dreierserie von einspaltigen, quadratischen Teilflächen geplant – erschienen am Ende mit umfassenden Problemdarstellungen in winziger, unleserlicher Schrift und vollständiger (!) Anschrift des Unternehmens. Die Domain – eigentlich die Hauptbotschaft – verschwand, auch zum Grausen des Werbeleiters, als Unterzeile in der allgemeinen Adresse. Das einzige, was der Werbestratege eben noch abschmettern konnte, war der Wunsch seiner Kollegen, in den vier mal vier Zentimeter großen Anzeigen auch noch einen Antwortcoupon unterzubringen.

Geklaute Ziele

Standardlösungen

Am schwierigsten wird die Zielfindung, wenn Sie als Auftraggeber unter hohem Handlungs- oder Zeitdruck stehen. Denn Ziele müssen in den Köpfen reifen. Sieht man dafür keine Gelegenheit, greift man gerne auf Standardlösungen zurück – die nicht immer den eigentlichen Kern des Problems angehen. Analogie ersetzt hier die scheinbar so zeitraubende strategische Arbeit. Schauen wir doch einfach, was die Wettbewerber machen und machen wir dasselbe – das ist eine Technik, der schon manches Briefing zum Opfer fiel. Denn die eigentliche Aufgabe wird nicht folgerichtig und strukturiert entwickelt, sondern einfach übernommen – ohne Reflexion, inwieweit sich die Ziele der anderen mit den eigenen decken. Wer so handelt, nimmt in Kauf, dass die strategische Erfolgsplanung hektischem Aktionismus den Platz räumt. Und unausgereifte Zielvorstellungen in eine völlig falsche Richtung führen.

Beispielfall

Diesmal schlagen wir zurück

Eine Unternehmensberatung wollte auf einer Fachmesse ihren Interessenten schriftliches Infomaterial aushändigen. So jedenfalls lautete der Wunsch der Vertriebsabteilung an den Werbeleiter, der durch die sonstige Vorbereitung der Messeteilnahme und alle Fragen rund um den Standaufbau ohnehin beschäftigt genug war. Ohne den Wunsch zu hinterfragen, gab er ihn deshalb als Briefing an seine Agentur weiter. Es sollte eine allgemeine Broschüre sein, die das Unternehmen vorstellte und auf anstehende Innovationen hinwies. Diese neuen Dienstleistungsangebote waren zwar in Arbeit, in ihren Konturen aber noch viel zu unscharf, als dass sie bereits zur Messe als konkretes Produkt mit einem argumentierbaren Verbrauchernutzen kommunizierbar gewesen wären. Die Vertriebsabteilung sah trotzdem Handlungsdruck. Nicht zuletzt, weil der schärfste Konkurrent im Vorjahr zur Messe mit ausgefeilten Unterlagen innovative Angebote präsentiert hatte. ›Diesmal,‹ so der kampfesmutige Tenor in der Vertriebsabteilung, ›Diesmal schlagen wir zurück.‹ Weil auch dem Vertrieb klar war, dass sich niemand Produktinfos aus den Fingern saugen konnte, hielt man die Unternehmensdarstellung für die beste Alternative.

Die Agentur erkannte das Problem – und schlug ein ganz anderes Procedere vor. Zur Messe würde nur ein Flyer mit angehängtem Fragebogen produziert. Der würde die Kundenanforderungen skizzieren, die zum Entschluss geführt hatten, das neue Produkt zu entwickeln, und die Kunden bitten, ihre Anliegen, Wünsche und Probleme doch näher zu spezifizieren. Die Motivation, den Fragebogen auch auszufüllen, erhöhte eine mit der Aktion verbundene Verlosung am Schlusstag der Messe. Der Vertriebsleiter war nicht überzeugt. »Aber meine Mitarbeiter haben sich so auf die Broschüre gefreut!« lautete seine Reaktion. Den Vorschlag, die an der Produktentwicklung beteiligten Mitarbeiter im Internet zu porträtieren, wollte er auch nicht akzeptieren: »Das ist doch nicht dasselbe.«

Am Ende jedoch warf der Werbeleiter das Gewicht seiner Meinung in die Wagschale und verhalf der Einsicht zum Durchbruch, dass eine kundenorientierte Kommunikation sinnvoller ist, als die bloße Freude der Mitarbeiter, sich in einer gedruckten Broschüre wiederzufinden. Der Flyer wurde produziert.

Das Ergebnis für das Unternehmen: spezifische Zielgruppenwünsche samt qualifizierten Adressen frei Haus, die eine zielgenaue Produktprofilierung möglich machten, und ein deutlicher Imagegewinn bei den Kunden – und das alles anstelle der Ratlosigkeit, die eine wesentlich teurere, aber inhaltlich schwammige Broschüre bei den Zielgruppen ausgelöst hätte.

Beispielfall

Deine-Meine-Unsere-Ziele

Konkurrierende Ziele

Unzureichende Zielvorgaben entstehen auch, wenn im Unternehmen zu partikular gedacht und gearbeitet wird – und eine Einordnung des Einzeljobs in ein Gesamtziel unterbleibt. Die eigentlichen Ziele bleiben verborgen und werden von der briefenden Stelle oft gar nicht erkannt, geschweige denn genannt.

Gerade bei Strategiebriefings bleibt es nicht selten der Übung und Intuition des Dienstleisters überlassen, verborgene Ziele zu erahnen und in der eigenen Arbeit zu berücksichtigen – soweit letzteres überhaupt möglich ist. Denn auch der versierteste Dienstleister braucht eine klare Ansage, welche der konkurrierenden Abteilungsstrategien denn nun für seine Arbeit verbindlich sein soll.

Beispielfall

»Die haben doch keine Ahnung von unseren Kunden!«

Ein Versorgungsunternehmen hatte zwei Abteilungen als neue Tochtergesellschaft ausgegründet: Die technische Anlagenplanung und die hauseigene Organisationsberatung sollten aus den eigenen Erfahrungen bare Münze machen, und ihre jeweiligen Aufgabenbereiche als vereinte Dienstleistung anderen kommunalen Versorgern anbieten. Doch während auf Geschäftsführerebene die Synergiepotentiale eines solchen Angebots erkannt wurden, behauptete sich in den beiden Unternehmenszweigen eine lang gewachsene und gut gepflegte Feindschaft, die einst aus dem konkurrierenden Buhlen um die Teiletats der gemeinsamen Mutter entstanden war.

Über Wochen blockierten die beiden Zweige immer abwechselnd die Arbeiten am neuen Erscheinungsbild des Unternehmens. Der Zuspruch der einen Seite für eine Lösung zog automatisch den Widerstand der anderen Seite nach sich. Beliebtestes Argument: »Das haut nicht hin! Die haben doch keine Ahnung, was unsere Kunden verstehen.«

Erst als die Geschäftsleitung erkannte, dass vor einer Entscheidung über den Außenauftritt eine nach innen gerichtete Kommunikationsarbeit nötig war, kam Bewegung in die Sache. In ausgiebigen Seminaren erarbeitete man in kleinen Gruppen Inhalte und Ziele des neuen Unternehmens, verglich die Sprache der Techniker mit der der Dienstleister und schuf letztlich Akzeptanz für das erzwungene Miteinander. Parallel änderte man den Auftrag der Agentur: Statt eines Corporate Designs für den Außenauftritt bat man um geeignete Kommunikationsinstrumente, die

Beispielfall

den inneren Selbstfindungsprozess begleiten sollten. Der kam erstaunlich schnell in die Gänge. Schon nach anderthalb Monaten konnte man die Arbeit am Corporate Design wieder aufnehmen. Und in weniger als vier Wochen war eine Lösung gefunden, die beide Unternehmensteile befriedigte.

Geheimgehaltene Ziele

Ziele und Strategien transparent machen

Bisweilen findet zwar in der Führungsebene des Unternehmens eine Herleitung der kommunikativen Ziele aus übergeordneten unternehmerischen Planungsebenen statt, doch diese Herleitung bleibt im Dunkeln und ist oft nicht einmal mehr vom Briefenden selbst nachzuvollziehen. Eine solche Vorgehensweise muss nicht notwendigerweise falsch sein. Wenn Unternehmensleitung und Marketingabteilung ihren Job richtig gemacht haben, können die daraus abgeleiteten Kommunikationsziele auch ohne belegbar zu sein, am Ende ihren Zweck erfüllen. Allerdings schließt ein solches nicht-transparentes Vorgehen eine fundierte kommunikationsstrategische Beratung durch den Dienstleister aus. Und die ist – das haben viele der bisher zitierten Beispiele gezeigt – wichtig, wenn der Dienstleister mit dem Anspruch antritt, seinem Kunden nicht nur das zu liefern, was er verlangt, sondern das, was er tatsächlich braucht.

Die weitaus schlimmere Variante geheimgehaltener Ziele ist, wenn nicht nur die Ableitung, sondern auch wichtige Teilziele dem Dienstleister bewusst nicht mitgeteilt werden. In diesem Fall arbeitet er auf einer unvollständigen Grundlage. Solche strategischen Schachzüge – das müssen Sie sich klar machen – führen immer zu einem Verlust an Qualität.

Scheinziele

Bei allen bisher beschriebenen Problemen der Zielformulierung bestand immerhin noch Einigkeit, dass das Briefing auch tatsächlich zu einem kommunikativen Ergebnis führen sollte. Schon das muss indes beileibe nicht immer der Fall sein. Es gibt viele Gründe zu briefen. Manche davon haben mit einer kommunikativen Aufgabenstellung wenig zu tun.

Briefen, um in die Irre zu führen

Briefings werden in der Praxis auch als *Steuerungsinstrument* eingesetzt. So haben wir selbst erlebt, dass der Leiter einer ausschreibungspflichtigen Kommunikationsabteilung seine Briefings gezielt dazu nutzte, Ausschreibungsteilnehmer, mit denen er nicht zusammenarbeiten wollte, in die falsche Richtung zu schicken. Dazu braucht es oft nur die ein oder andere gezielte Betonung. Zur Ehrenrettung des Mannes muss man wissen, dass er gute Gründe für sein Vorgehen zu haben glaubte. Er favorisierte Teilnehmer, die ihre Abwicklungsqualitäten und Termintreue in früheren Projekten bewiesen hatten, vor jenen, die vom Geschäftsführer als besonders kreativtauglich ins Spiel gebracht worden waren.

Briefen, um sich zu beweisen

Briefings können auch als *Nachweis der eigenen Qualitäten* benutzt werden. Das ist besonders dann der Fall, wenn ein neuer Werbeleiter seinen Vorgesetzten beweisen muss, dass er alles anders und natürlich alles besser machen wird als sein Vorgänger. Solche Briefings werden schnell zur Selbstdarstellung des Briefenden, mit der er seine Arbeitsweise, seine Einstellungen und seine Problemlösungskapazitäten unter Beweis stellen will. Neben das eigentliche Ziel tritt damit eins, das mit dem Kommunikationsdienstleister an sich überhaupt nichts zu tun hat.

Briefen als Botschaft an Dritte

Eine dritte Variante: Das Briefing als *Botschaft an Dritte*. Ein Agenturleiter berichtete uns von seinen Erfahrungen mit der deutschen Werbeabteilung eines internationalen Konzerns, der ein neues Produkt zunächst auf dem deutschen Markt einführen wollte. Der Erfolg oder Misserfolg dieser Einführung war von fundamentaler Bedeutung für die Zukunft des Unternehmens. Die Werbeabteilung erhielt ihr eigenes Briefing deshalb nicht wie üblich von der nationalen Vertretung, sondern erstmals von der Konzernzentrale aus Übersee. »Das Ergebnis«, so der Agenturchef, »war ein ungeheurer Kraftakt. Wir kriegten ein vierzigseitiges Briefing mit fünfzigseitiger PowerPoint-Präsentation. Obwohl die Jungs selbst schon in Agenturen gearbeitet hatten. Da gab's eine emotionale Zusammenfassung des Produkts, eine rationale Zusammenfassung, eine Zusammenfassung der Zusammenfassung und das alles verpackt in ungeheuer bildstarke Wortkaskaden. Als wir an einigen Stellen inhaltliche Fragen hatten, konnte man sich aber nicht näher äußern.« Was war geschehen? Die unter Hochspannung stehende Werbeabteilung hatte das Briefing der Agentur als internes Rebriefing genutzt, mit dem man versuchte, der Konzernzentrale als dem internen Auftraggeber zu beweisen, dass man das Problem in allen Dimensionen verstanden hatte. Leider hatte man versäumt, das solcherart Weitergegebene auch zu reflektieren und zu prüfen. Und Schwachstellen und Widersprüche in der Argumentation direkt an den Dienstleister durchgereicht. »Alles was die wollten,« diagnostiziert der Agenturleiter sein Problem, »war mit dem Briefing dem Big Boss zu signalisieren: ›So haben wir das verstanden, Chef. Ist doch richtig so, oder?‹«

Nicht immer sitzen die Empfänger solcher im Briefing versteckten Botschaften im eigenen Unternehmen.

Beispielfall

Euphorie verbreiten

Eine Investmentgesellschaft hatte sich mit ihrem ersten Großprojekt erkennbar übernommen. Das aufwändige Vorhaben musste weitestgehend als gescheitert gelten, weil es am Markt vorbeigeplant worden war. Als letzte Chance, der drohenden Katastrophe zu entkommen, startete man den Versuch, einen liquiden Finanzierungspartner ins Boot zu holen. Dazu trennte man sich von der betreuenden Agentur und engagierte

Beispielfall

einen unerfahrenen Dienstleister, der in einem ausführlichen schriftlichen Briefing beauftragt wurde, ein Konzept für die Vertriebskommunikation zu erarbeiten. Der Haken an der Sache: Die Marktchancen des Projekts stellte das Briefing reichlich euphorisch und fernab jeder Realität dar. Der neue Partner, der Änderungen im Vertriebsansatz zur Bedingung seines Einstiegs gemacht hatte, ließ sich von der Finte überzeugen. Die von der Agentur entwickelte Kampagne verlief, wie kaum anders zu erwarten, weitestgehend ergebnislos. Das Ende des Spiels: Die Agentur wurde zum Bauernopfer. Und der potente Partner musste sich schließlich weit mehr als von ihm geplant in die Erarbeitung eines gänzlich neuen Vertriebskonzeptes einschalten, um das Projekt, zu dem er sich nicht zuletzt vor dem Hintergrund des rosigen Agenturbriefings entschlossen hatte, zumindest ein Stück weit aus den dunkelroten Zahlen zu holen.

Gratifikation als Grund

Man kann darüber streiten, ob man das vierte Briefingziel, das wir anführen wollen, tatsächlich als Scheinziel bezeichnen muss, oder ob es ›nur‹ als ein verborgenes gelten kann: das Briefing als *Gratifikation*. Diese Kategorie wird überall dort akut, wo ein Projekt dem Anspruch nach auf externe Zielgruppen gerichtet sein soll, de facto aber unter mindestens ebenso hohem Erwartungsdruck von Seiten der Mitarbeiter steht. Niemand wird bestreiten, dass auch die eigenen Mitarbeiter eine gültige Zielgruppe für Kommunikationsaktivitäten darstellen. Problematisch wird es aber, wenn diese Stoßrichtung nur uneingestanden mitschwingt und der eigentlichen Kommunikationsabsicht zuwiderläuft. Die Vertriebsmitarbeiter im eben zitierten Beispiel der Unternehmensberatung erwarteten eine Unternehmensbroschüre als Auszeichnung für ihre Arbeit. Ganz analog gibt es zahllose Fälle, in denen Broschüren und Veröffentlichungen mindestens ebenso sehr für das Selbstwertgefühl der Mitarbeiter wie für die Kommunikation mit dem Kunden gebraucht werden.

Beispielfall

»Drei Jahre haben wir dran gearbeitet!«

Ein Consulting-Unternehmen hatte vier Jahre nach seiner Gründung eine Konsolidierungsphase erreicht. Man beschloss, im Rückblick auf das Erreichte eine neue Phase in der Firmenentwicklung einzuleiten: Klar definierte Leistungsbereiche sollten in einer Broschüre präsentiert werden, um neue Kunden zu gewinnen und so den Expansionskurs der frühen Jahre fortzusetzen. Eigentliches Ziel dieser Broschüre war es natürlich, potentiellen Kunden zu zeigen, welchen Nutzen sie von einer Beauftragung des Unternehmens hatten. Neben drei Leistungsbereichen sollte in der Broschüre allerdings auch ausgiebig die vom Unternehmen selbst entwickelte (und nur im Haus genutzte) Beratungssoftware dargestellt werden.

Beispielfall

Es brauchte lange Diskussionen, bis die Agentur dem Werbeleiter klar gemacht hatte, dass die Softwarebeschreibung nichts in der Broschüre zu suchen hatte. Das (richtige) Argument der Dienstleister lautete: Die Software ist ein Werkzeug zur Leistungserbringung. Den Endkunden interessierten aber die *Ergebnisse*, nicht so sehr der Weg dorthin. Die Software zu beschreiben heißt, die Konsumenten- gegen die Produzentensicht einzutauschen. Das Gegenargument des Unternehmens war: Aber wir haben drei Jahre dran gearbeitet!

Selbst der schließlich überzeugte Werbeleiter konnte nicht verhindern, dass die eigenen Eitelkeiten die Oberhand über kommunikationsstrategische Einsichten behielten. Der Stolz auf die eigene Arbeit setzte sich durch. Das komplette erste Drittel der am Ende produzierten Broschüre widmete sich der Darstellung der Software.

Als die erhofften Erfolge in der Kundenakquise ausblieben, entschloss man sich, bei den Angesprochenen nachzufragen. Das Ergebnis war ernüchternd. Die meisten Kunden und Interessenten arbeiteten sich gar nicht erst bis zur eigentlichen Leistungsbeschreibung vor. Nach nur einem Jahr wurde so eine komplette Überarbeitung der Broschüre notwendig. Die EDV-Darstellung wollte man zwar auch dann noch nicht aufgeben, konzidierte aber eine deutliche Kürzung und die Verlagerung ans Ende der Broschüre. Die Rückläufe stiegen nun merklich an. Doch für das Unternehmen blieb unterm Strich ein unbefriedigendes Ergebnis: eine teure Neuproduktion der Broschüre nach viel zu kurzer Laufzeit und das Wissen, mehr als ein halbes Jahr lang mögliche Kunden durch ungeeignete Informationen verprellt zu haben.

Ziele angemessen definieren

»Briefings sind niemals ehrlich,« sagte uns ein desillusionierter Konzeptioner. Bei der Fülle unangemessener Zieldefinitionen, die wir aufgelistet haben, möchte man ihm fast zustimmen. Doch wir sind hier nicht angetreten, um zu lamentieren, sondern um zu zeigen, wie man mit Briefings *umgehen* kann. Auch für die Zieldefinition gibt es genug vernünftige Regeln, die Ihnen das Leben leichter machen.

Praxis-Tipp

Ziele definieren

- Ziele müssen erreichbar sein. Utopien helfen Ihnen nicht weiter. Bleiben Sie realistisch in der Einschätzung Ihrer eigenen Möglichkeiten.
- Ziele müssen wahrnehmbar, messbar und prüfbar sein.
- Alle vagen Angaben (mehr, weniger, viel, öfter, stärker, häufiger etc.) sind ungeeignet zur Zielbeschreibung. Nur wenn Sie Ihr Ziel bis zur Quantifizierung konkretisieren können, entgehen Sie der Gefahr, im Trüben zu fischen.

Praxis-Tipp
Ziele definieren

- Bei der Annäherung an Ihre Ziele helfen Fragen. Um Inhalte zu finden, stellen Sie offene oder W-Fragen (Was? Wer? Wie? Wann? und Wo?). Um gefundene Ziele zu präzisieren, sind dagegen geschlossene Fragen sinnvoller, die nur ein Ja oder Nein als Antwort zulassen.
- Formulieren Sie Ihre Ziele positiv. Was soll geschehen? ist die Frage, um die es geht – und nicht: Was soll nicht (mehr) geschehen? Einen Mangel zu beschreiben, leitet noch keine Änderung ein.
- Ordnen Sie Ihre Ziele. Verteilen Sie Prioritäten, die dem Dienstleister klar machen: Was ist am wichtigsten? So sind Sie vorbereitet, wenn sich in der Arbeit am Projekt Kapazitäten oder Engpässe ergeben, und können zwischen Pflicht und Kür unterscheiden.
- Überprüfen Sie Ihre Ziele auf deren Übereinstimmung mit den übergeordneten Unternehmens- und Marketingzielen. Dieser Gegencheck diszipliniert ungeheuer – und verhindert die Beauftragung von Projekten, die am Ende überhaupt keinen Sinn machen.
- Machen Sie sich bei der Formulierung Ihrer inhaltlichen Ziele die Sichtweise der *Angesprochenen* zu eigen. Black & Decker verkauft eigentlich Löcher in der Wand, nicht Bohrmaschinen, Honda vor allem eine preiswerte und bequeme Beförderung, nicht die neueste Motorentechnologie, Ferrari dagegen zunächst eine Lebenseinstellung und ein Statussymbol, erst in zweiter Hinsicht ein Fortbewegungsmittel. Was verkaufen Sie Ihrem Kunden?
- Brechen Sie übergeordnete Ziele bis auf die konkrete Handlungsebene herunter. Wo nötig, können Sie diesen Schritt getrost mit Ihrem Dienstleister gemeinsam gehen.
- Stimmen Sie Ihre Ziele mit den Entscheidungsträgern im Unternehmen ab.
- Überlegen Sie vorab, wie Sie mit Situationen umgehen, in denen Zielkonflikte evident werden. Fragen Sie sich: Sind Sie willens, in der Lage und befugt, über den eigenen Schatten zu springen, wenn so genannte Sachzwänge und irrationale Wünsche aus dem eigenen Unternehmen Ihrer funktionalen und logischen Zielableitung ins Gehege kommen? Wie verhalten Sie sich, wenn solche unangemessenen Ziele den Blick auf das Wesentliche zu verstellen drohen? Wen sprechen Sie in Ihrem Unternehmen an? Können Sie auch über den Kopf interner Quertreiber hinweg entscheiden? Mit welchen Folgen?
- Falls Sie unangebrachte Ziele in der unternehmensinternen Diskussion nicht ausräumen können (Und wir wissen alle, wie schwierig es ist, heilige Kühe zu schlachten!): Benennen Sie wenigstens diese Erwartungen. Und suchen Sie mit dem Dienstleister nach einem Kompromiss.
- Die beste Formel, um Ihre Ziele als Aufgabe zu beschreiben, lautet am Ende: *Wer soll was mit wem bis wann, mit welchem Aufwand und mit welchem Ergebnis tun?*
- Unser letzter Rat: Verlangen Sie sich selbst bei der Zieldefinition nicht Übermenschliches ab. Niemand kann sich immer vollständig durchschauen. Die probateste Lösung für Mängel und Probleme in dieser Phase ist die partnerschaftliche Arbeit mit Ihrem Dienstleister.

Ein guter Auftragnehmer sollte in der Lage sein, die geäußerten Interessen zu hinterfragen und alternative Wege aufzuzeigen – mit unverstellten, angemesseneren Zieldefinitionen. Holen Sie ihn deshalb lieber gleich ins Boot, wenn Sie merken: Da passt einfach nicht eins zum anderen, und irgendwo lauert eine üble Untiefe. Sie sichern sich nicht nur die unverstellte Außensicht, das wertvolle Know-how und die Erfahrungen eines Partners, der sich täglich mit solchen Fragen beschäftigen muss. Sie vermeiden auch eine bisher noch gar nicht angesprochene Gefahr.

Ziele mit dem Dienstleister definieren

Mindestens so heikel wie *unausgesprochene* sind nämlich auch *unterstellte* Ziele. Wo Sie Ihrem Dienstleister – gleich ob im Briefing oder im vorausgehenden Zieldialog – keine schlüssige Aufgabenstellung liefern, die Ihre Ziele und Antriebe eindeutig erkennen lässt, wird er die Leerstellen durch Mutmaßungen auffüllen. Und damit stehen dem Zufall plötzlich wieder alle Türen und Tore offen.

Die Zügel locker halten – Wie viel Spielraum sollten Sie lassen?

> Der Sauerteig eines widersprechenden Geistes scheint mir unentbehrlich, damit das Werk gedeihe und genießbar werde.
>
> *Ludwig Börne*

Manche Fachautoren fordern im Briefing eine klare Zweiteilung zwischen festgelegten und offenen Arbeitsteilen. Das ist so falsch nicht. Allerdings reicht es aus, die festgelegten Teile zu definieren, und für alle anderen Aspekte der Aufgabe die Offenheit der Mittelwahl zur grundlegenden Haltung zu machen.

Vorgaben

Neben dem Budget, der Zeitplanung und der Evaluation gibt es einige weitere relevante Arten von Vorgaben. Darunter zählen etwaige *rechtliche Beschränkungen*, wie sie sich in manchen Branchen durch ein spezifisches Wettbewerbsrecht ergeben.

Auch aus *übergeordneten Strategien* können sich Vorgaben ergeben. So kann und sollte eine kommunikationsstrategische Konzentration Ihrer PR-Abteilung auf wenige, ausgewählte Fachmedien zu sinnvollen Vorgaben in der Mediaauswahl Ihrer Anzeigenplanung führen. Gründe dafür können Rabatte sein, die Ihrem Haus bei diesen Medien eingeräumt werden, aber auch Absprachen, wie sie in Form von »Bericht-für-Anzeige«-Deals häufig vorkommen.

Verordnete Lieferanten

Eine besondere Spielart dieser Kategorie sind Vorgaben in Form von *verordneten Lieferanten*. Die Bindung der Leistungserbringung an die Zusammenarbeit etwa mit einer bestimmten Druckerei wird immer dort nahe liegen, wo Preisabsprachen und berechtigte Rabatterwartungen existieren. Allerdings birgt diese verordnete Kooperation auch Gefahren. Ihr Dienstleister wird in seiner gesamten Kalkulation und in der Zeitplanung auf eingespielte Netzwerke bauen. Jede Agentur arbeitet aus gutem Grund meist nur mit einer beschränkten Anzahl von Druckereien zusammen. Wenn Sie hier einen neuen Partner ins Boot zwingen, muss das Ergebnis nicht immer vorteilhaft für Sie sein. Sie schaffen Situationen, in denen sich das Team auf jeden Fall erst einspielen, seine Kommunikation erst kalibrieren muss. Wie schwierig das ist, haben wir bei der Betrachtung der Briefinggrundlagen gesehen.

Die bei weitem üblichste Art von Vorgaben betreffen indes die Bereiche *Entwurf und Gestaltung*. Doch genau da wird die Sache wirklich heikel. Gestalterische Vorgaben lassen sich in zwei Arten unterteilen, die Sie sauber voneinander trennen sollten. Die eine, sinnvolle Art bilden belegbare und herleitbare Setzungen – etwa durch Corporate-Design-Vorgaben oder durch bereits erfolgte Tests bei den ins Auge gefassten Zielgruppen.

Eine Geschmacksfrage?

Die andere, dunklere Art bilden persönliche Geschmacksfragen oder Vorgaben, mit denen Sie Ihrem Dienstleister beizubringen versuchen, wie er seine Arbeit zu machen hat. Mit solchen Vorgaben kanalisieren Sie nicht mehr die Kreativität, sondern beengen, ja verhindern sie.

Wenn Ihr Dienstleister sein Handwerk versteht, weiß er besser als Sie, welche Mittel Sie auf dem schnellsten, besten und günstigsten Weg an Ihr Ziel bringen. Versteht er sein Handwerk nicht, sollten Sie sich schleunigst überlegen, ob eine Zusammenarbeit überhaupt sinnvoll ist. Es ist die Kreativität und Lösungskompetenz, die Sie einkaufen und bezahlen. Warum wollen Sie diese Arbeit selber machen?

Gerade unerfahrene Auftraggeber neigen dazu, den eigenen Geschmack zur Richtschnur der Arbeit zu machen, und alles zu tun, um das Ergebnis in eine damit konform gehende Richtung zu lenken. Doch ob eine gestalterische Lösung Ihren eigenen Geschmack trifft, kann bestenfalls zweitrangig sein. Die einzig gültige Frage ist: Trifft der Entwurf den Geschmack der Zielgruppe, die Sie ansprechen wollen?

Glauben Sie nicht, dass die berüchtigten Wurfsendungen für Kaffeefahrten dem Geschmack der Auftraggeber oder dem der Grafiker entsprächen, die sie erarbeitet haben. Sie sollen einzig den Erwartungen der angesprochenen Zielgruppe (nämlich Senioren mit geringem Bildungsniveau, niedrigem Einkommen und traditionellen ästhetischen Attitüden) erfüllen.

Funktionalität ist auch für die *gestalterische* Arbeit in der Wirtschaftskommunikation das einzige gültige Erfolgskriterium. Alles andere ist Geschmäcklerei, die Sie sich schenken sollten – schon allein weil Sie sich damit in der Regel weitere Probleme ins Haus holen. Solcherart vorgeschriebene Lösungen sind meist bei anderen Unternehmen abgeschaut. Das ist nicht nur urheberrechtlich bedenklich, sondern verhindert auch, dass Lösungen entstehen, die sich vom üblichen unterscheiden und mit denen Sie eine erkennbare kommunikative Alleinstellung Ihres Produktes erreichen.

Wie Sie sehen, halten wir aus guten Gründen so vehement an der Meinung fest, dass persönlicher Geschmack und aus ihm abgeleitete Gestaltungsvorschriften in der Aufgabenbeschreibung nichts zu suchen haben. Trotzdem ist auch uns klar, dass solche Erwartungen in der Praxis unausrottbarer sind als Unkraut.

Klare Gestaltungsvorgaben

Wenn Sie also schon auf eigenen Gestaltungsideen bestehen: Achten Sie darauf, diese Wünsche wenigstens von Anfang an klar und unmissverständlich zu formulieren. Denn der Umgang mit solchen ohnehin bedenklichen Vorgaben wird meist noch dadurch erschwert, dass ihre Befriedigung so gut wie nie als direktes Ziel benannt wird. Stattdessen werden Dienstleister zunächst blind in die Spur geschickt und die von vornherein feststehenden Wünsche erst in der Korrekturphase geäußert. Ein sichereres Mittel, den Dienstleister zu demotivieren, werden Sie lange suchen müssen.

Lassen Sie Ihren Dienstleister nicht im Nebel stochern. Wenn Sie erkennen, dass in Ihrem Hause, bei Ihrem Vorgesetzten oder bei Ihnen selbst bereits *vor* dem Briefing Geschmacksvorlieben zutage treten, die wider besseres Wissen nicht verhandelbar sind, sollten Sie diese auch ehrlich im Briefing benennen und als Vorgabe, richtiger eigentlich: als irrationales Ziel markieren. Nur so kann Ihr Dienstleister angemessen reagieren – entweder indem er die Diskrepanz zu den ästhetischen Erwartungen der Zielgruppe noch einmal mit Ihnen diskutiert oder – und auch das, liebe Gestalter, ist am Ende nicht ehrenrührig oder das Ende der Welt – indem er diese Wünsche in seinen Entwürfen so gut es geht erfüllt.

Achten Sie allerdings darauf, dass Ihre gestalterischen Vorgaben nicht – wie im folgenden Beispiel – ihren funktionalen Zielsetzungen oder den Erwartungen Ihrer Zielgruppe zuwiderlaufen. Sonst opfern Sie die Effizienz Ihrer Instrumente.

Beispielfall

Mir fehlt das Gefühl!

Der Werbeleiter war glücklich. Nach langwierigen Präsentationen hatte er der Geschäftsleitung endlich eine Entscheidung abgerungen, welche Agentur den neuen Messekatalog realisieren sollte. Viel Zeit blieb nicht mehr. In vier Wochen sollte die Messe in Mailand beginnen. Doch die neue Agentur war hoch motiviert und versprach, den Katalog bis dahin fertig zu haben – inklusive der nötigen Übersetzungen. Alles schien doch noch gut zu gehen.

Auf der Basis des Entwurfs, der im Pitch das Gefallen des Geschäftsleiters gefunden hatte, entwickelte die Agentur drei detaillierte Entwürfe. Der Chef warf einen kurzen Blick darauf, verzog das Gesicht und sagte. »Mir fehlt da noch Gefühl! Ich will mehr Emotion.« Werbeleiter und Agentur argumentierten vergebens, dass die Entwürfe doch im Grundsatz bereits

Beispielfall

abgestimmt seien, und ein Bestellkatalog eben keine Imagebroschüre sei. Die Kunden erwarteten eher sachliche Information und eine konkrete Abbildung der Produkte. Der Chef insistierte: »Machen Sie uns drei neue Entwürfe. Zeigen Sie Fotos, die mit den Produkten zu tun haben – ohne die Produkte zu zeigen.«

Teure Nachtschichten folgten, in denen die Agentur Fotoarchive durchforstete und nach mehreren Anläufen eine Fotoserie fand, die den Geschmack des Geschäftsführers traf. Doch der hatte seine Rechnung ohne den Wirt gemacht. Während der Messe waren die Mitarbeiter am Stand laufend damit beschäftigt, erbosten Interessenten zu erklären, dass der Katalog mit den emotionsreichen Symbolfotos die einzige Bestellunterlage sei, die sie ihnen bieten könnten.

Als schließlich ein entnervter Großkunde den Chef zu sprechen verlangte, sah der Werbeleiter seine Chance gekommen. Er vereinbarte ein Treffen des Kundenvertreters mit dem Geschäftsleiter. Der hörte sich geduldig an, was sich der Kunde von der Seele redete: Seine Beschwerden, dass er nicht ordern könne, solange er nicht wenigstens einmal gesehen habe, was er da bestelle. Seinen Ärger über die uninformativen Abbildungen. Seinen Eindruck, man sei an einer Bestellung wohl überhaupt nicht interessiert. Der Geschäftsleiter versprach, als Ersatz für die fehlenden Produktfotos einfach ein Sortiment der Produkte selbst zusammenzustellen. Und drehte sich, als der Kunde gegangen war, zum Werbeleiter um: »Sehen Sie! Ich hatte gleich das Gefühl, dass Ihre Agentur der Aufgabe nicht gewachsen ist....«

14. Kapitel
Schritt für Schritt ins Detail – Die fünf Stufen guter Briefings

Kurz, knapp, klar, konkret, komplett sind die fünf Ks aus unserer 8K-Regel, die sich direkt auf den *Inhalt* Ihres Briefings beziehen. Die Gretchenfrage lautet: Wie ordnet man die vielfältigen Inhalte, die wir nun zusammengetragen haben, so, dass man alle fünf Ansprüche unter einen Hut bringt?

Inhalte ordnen – zwei Ansätze

In der Fachliteratur haben wir nur zwei einigermaßen vollständige Schemata gefunden, die eine solche Ordnung vorschlagen. Dieter Pflaum hat versucht, die Einzelbestandteile in einem Schaubild einander zuzuordnen, strukturiert die einzelnen Teile für unsere Zwecke aber nur unzureichend.

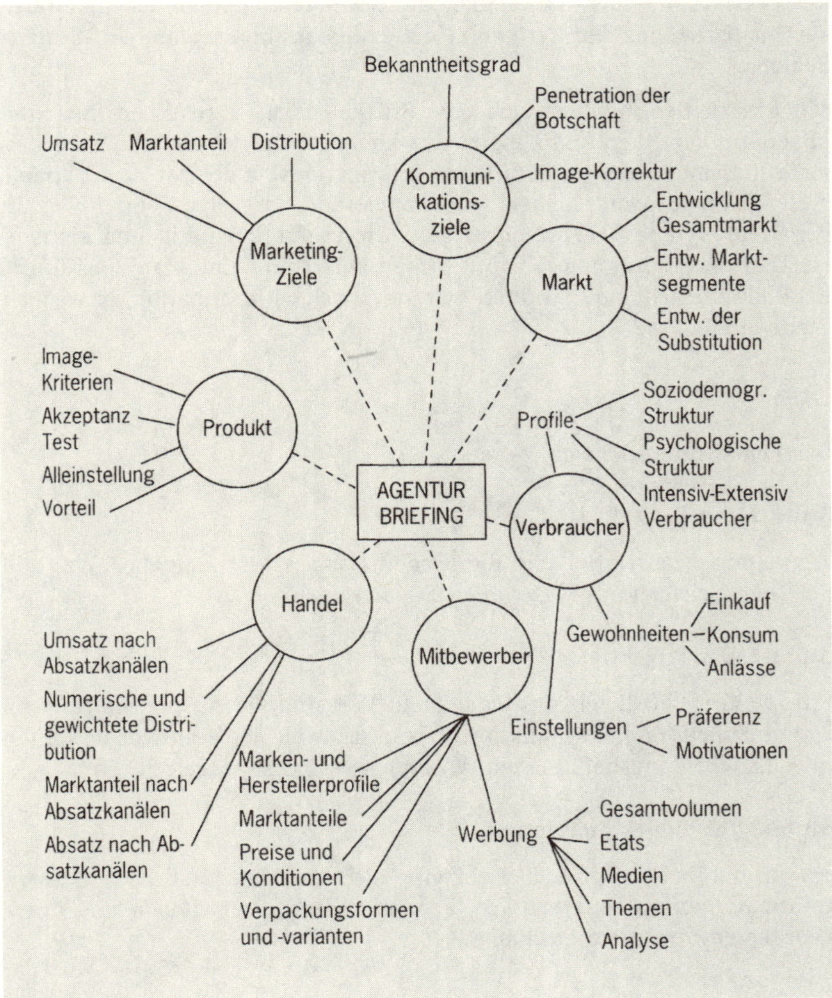

Ansatz 1: Dieter Pflaum

Quelle: Geml/Geisbüsch/Lauer (1999), S. 57

Mit einer Auflistung versuchen sich – in Anlehnung an verschiedene andere Autoren – Joachim Zentes und Bernhard Swoboda:

Ansatz 2: Zentes/Swoboda (2001), S. 66

»Für das Briefing gilt in der Regel folgendes Ablaufschema ...:
1. Aufgabenstellung (erwartete Leistung)
2. Situationsdarstellung (Information und Analyse)
3. Zielsetzung (Zusammenfassung und Fixierung der Ziele)
4. Strategie (Methode zur Erreichung der Ziele)
5. Zeit- und Kostenplan
6. Kontrolle (Beurteilungsmaßstäbe für das Ergebnis).«

Das kommt unseren eigenen Vorstellungen schon näher. Allerdings scheint uns eine etwas andere Gewichtung und Anordnung der Bausteine für die Praxis sinnvoller. Wir haben diese Vorstellungen in einem Modell systematisiert, das den Kernpunkt dieses Buches bildet: das Fünf-Stufen-Schema.

Mit diesem Schema lässt sich eine Brücke schlagen zwischen kurz und knapp auf der einen und konkret und komplett auf der anderen Seite. Ein nach diesem Schema strukturiertes Informationsbündel hat eine variable Tiefe. Denn je nach eigenem Vorwissensstand kann der Gebriefte damit genau so weit ins Thema einsteigen, wie es für ihn nötig und sinnvoll ist. Und die Anordnung der fünf Stufen liefert ihm eine klare (das fünfte K!) und einleuchtende Struktur, warum er welche Information an welcher Stelle erhält.

Praxis-Tipp

Das Fünf-Stufen-Schema

Stufe 1 Das Projekt

Zu Beginn beantworten Sie die Fragen: Was ist die Aufgabe? Was soll der Dienstleister tun? Was wollen Sie erreichen?

Stufe 2 Das Projektteam

Ein zweites Blatt liefert die Teamdaten: Wer sind die Ansprechpartner im Unternehmen? Welche Funktion haben sie, welche Verantwortlichkeiten und Entscheidungsbefugnisse? Wo und wie sind sie zu erreichen?

Stufe 3 Der Projekthintergrund

Jeweils ein (bei Bedarf auch mehrseitiges) Faktenblatt fasst die relevanten Informationen zu Unternehmen, Produkt, Markt, Zielgruppen und übergeordneten Strategien zusammen.

Stufe 4 Die Vorgaben

Praxis-Tipp
Das Fünf-Stufen-Schema

Hier formulieren Sie Termine, Budget, Evaluation, Vorgaben durch übergeordnete und/oder bisherige Strategien, falls nötig auch Gestaltungswünsche des Auftraggebers etc.

Stufe 5 Die Anlagen

Materialien zur Vertiefung der Hintergrundbereiche und der Vorgaben (etwa Studien, Marktforschungs-Unterlagen, Broschüren zum Unternehmen, Printmaterialien der Konkurrenten etc.) fügen Sie am besten als eine bei Bedarf nutzbare Materialsammlung an. Fällt der Umfang dieser Sammlung besonders groß aus, ist auch eine Angebotsliste möglich, aus der Ihr Dienstleister nach Bedarf die Materialien bei Ihnen abrufen kann, die er braucht.

Arten von Briefings

Um Ihnen das Zusammenstellen der fünf Stufen zu erleichtern, haben wir Checklisten vorformuliert. Analog zu unserer vorne eingeführten inhaltlichen Typologie unterscheiden wir auch dabei zwischen Strategiebriefings, bei denen es um die Kommunikations- und Maßnahmenplanung geht, und Kreativbriefings, bei denen Gestaltung und Entwurf im Vordergrund stehen (vgl. S. 18/19).

Verständlicherweise kann ein Kreativbriefing deutlich kürzer ausfallen als ein Strategiebriefing. Die Hintergrundinformationen werden mit steigender Differenzierung der Aufgabe graduell unwichtiger. Das gilt genauso für mehrstufige Briefings, wie sie in der internen Projektabwicklung üblich sind. Der kreative Kopf der Agentur brieft den Art Director oder Grafiker und der am Ende den DTP-Operator. Oder der Konzeptioner erarbeitet die Inhaltsstruktur, der Texter füllt sie mit Texten und Headlines.

Ein Rat am Rande: Wenn es die Zeit auch nur einigermaßen erlaubt, sollten Sie unbedingt auch den Ausführenden die Hintergründe, Rahmenbedingungen und Zusammenhänge erklären, in denen die Arbeit steht, die sie leisten. Das motiviert und hilft, Missverständnisse zu vermeiden. Der Anweisung »Tu das!« folgt man leichter, wenn man weiß, *warum* man es tun soll.

Wir haben die Checklisten zu den Briefinginhalten bewusst breit angelegt, und mit vielfältigen Fragen hinterfüttert, die Ihnen helfen sollen, auf die Kernpunkte zu kommen. Nicht alle der dabei abgefragten Informationen werden bei jedem Projekt gebraucht.

Checklisten individuell kürzen

Weil es einfacher ist, zu kürzen, als Lücken aufzufüllen, liegt den Listen sozusagen ein informationstechnischer ›worst case‹ zugrunde: ein Erstbriefing (d.h. keine Verständnis fördernde gemeinsame Geschichte von Dienstleister und Auftraggeber) für Produktkommunikation (die sich in Ihrer Arbeit zur bereits vorgegebenen Unternehmenskommunikation positionieren muss) in einem unbekannten Markt (d.h. der Dienstleister betreut noch nicht andere Kunden aus verwandten Segmenten und hat daher keine oder nur geringe Marktkenntnisse).

Welche Punkte Sie in der konkreten Situation tatsächlich brauchen, entscheiden Sie selbst. Die Dimensionen ergeben sich aus der dreifachen Matrix Strategie oder Entwurf? Produkt oder Unternehmenskommunikation? Media (Wahl der Instrumente) und/oder Gestaltung (Wahl der Inhalte und Formen)?

Genug der Vorbereitung und der Vorrede. Riskieren wir einfach, dass Sie angesichts der Fragenfülle die Waffen strecken oder das Buch zuklappen. Vorhang auf für die Checklisten.

Checkliste

Strategiebriefing

Stufe 1

Das Projekt

1. Was ist die Aufgabe?
   Beschreiben Sie sie in maximal zwei Sätzen. Je prägnanter, desto besser. Welche Kommunikationsziele wollen Sie erreichen? Wie soll Ihnen der Dienstleister dabei helfen?
2. Was ist der Auslöser für die Beauftragung?
   Gibt es eine akute Problemlage, der Sie begegnen müssen? (Feuer löschen) Wenn ja: Welche?
   Zeichnet sich ein Problem für die Zukunft ab? (Prophylaxe) Wenn ja: Welches?
   Erfolgt die Beauftragung als Teil einer langfristigen aktiven Marketingstrategie? (Zukunftsplanung)
   Beschreiben Sie die Idee, die hinter dem Kommunikationsauftrag steht: Geht es um die Imageverbesserung des Unternehmens? Die kommunikative Begleitung der Markteinführung eines neuen Produktes? Den kommunikativen Relaunch eines bestehenden Produkts um der Überalterung der Käufergruppen vorzubeugen? Eine Gegenoffensive, um kommunikationsfreudige Wettbewerber in die Schranken zu weisen? Die Ansprache neuer Zielgruppen für ein bereits eingeführtes Produkt? Den Aufbau emotionaler Markenwerte? Die Wiederaufladung eines Markenimages?
3. Was soll der Dienstleister tun?
   Welchen Umfang hat die zu erbringende Arbeit?
   Was soll angeboten/kalkuliert werden?
   Wie viel Beratung erwarten Sie?
   In welcher Form wird die Arbeit abgeliefert: Präsentation, gedrucktes Expose, Dateiform? Falls letzteres: Welche Dateiformate sind für alle Mitglieder des Projektteams lesbar?
4. Was wollen Sie mit der Kommunikationsstrategie erreichen?
   Welche Reaktionen auf die Kommunikation erwarten Sie? Was sollen die Angesprochenen tun?
   Formulieren Sie prägnante Ziele.

Falls eine explizite Marketingstrategie vorliegt, übernehmen Sie die dort formulierten quantitativen und qualitativen Ziele, die Sie mit dieser spezifischen Kommunikationsplanung erreichen wollen.
Berücksichtigen Sie, soweit nötig und möglich, auch persönliche Wünsche und Anliegen der Projektbeteiligten auf Ihrer Seite sowie abweichende Zielvorstellungen, die in Ihrem Unternehmen vorhanden sind.
Gewichten Sie die Ziele, indem sie jedem Ziel eine Priorität von 1 bis 3 zuordnen (1= unabdingbar, 2=wichtig, 3=erwünscht, soweit realisierbar).
Ordnen Sie zum Schluss alle Ziele nach ihrer Priorität – die wichtigsten vorneweg.

5. Wie ordnet sich die Aufgabe in Ihren kompletten Marketing-Mix ein?
Abgrenzung zu anderen Kommunikationsbereichen (z.B. Public Relations, Customer Relationship Management)
Welche anderen Projekte sind in der Pipeline?
Welche Synergien könnten daraus entstehen? Welche Behinderungen?

Stufe 2

Das Projektteam

1. Wer ist das auftraggebende Unternehmen?
Firmenname, Unternehmensform (eigenständiges Unternehmen oder Abteilung/Niederlassung?), Postanschrift, Webadresse
2. Wer sind die Mitglieder des Projektteams aus dem Unternehmen?
Name, Funktion, Rolle im Projektteam (Wofür verantwortlich? Wofür entscheidungsbefugt?)
3. Wo und wie sind Sie zu erreichen?
Postanschrift, Telefon (Durchwahl), Mobiltelefon/Pager, Fax, E-Mail
4. Gibt es Entscheider, die nicht im Projektteam vertreten sind?
Falls ja: Wer organisiert die Abstimmung mit diesen Entscheidern? Wie?
5. Wer hat das Projekt initiiert?
6. Wer gibt die Arbeit des Dienstleisters am Ende frei?
Wer kontrolliert die Zielerreichung?
7. Welche weiteren Ansprechpartner im Unternehmen sind von Bedeutung?
z.B. Know-how-Träger in Fachabteilungen, Budgetkontrolle/Buchhaltung, Rechtsabteilung; Angabe immer mit Name, Anschrift, Telefon, Fax, E-Mail
8. Wie steuerbar sind die Entscheidungsabläufe im Unternehmen?
Welche fachlichen Kompetenzen sind im Projektteam vertreten? Welche fehlen aus organisatorischen Gründen? Wie sind die einzelnen Teammitglieder motiviert: sachlich/inhaltlich oder politisch?

Stufe 3

Der Projekthintergrund

3a Faktenblatt Unternehmen

Checkliste
Strategiebriefing

1. Wie groß ist das Unternehmen?
   Jahresumsatz, Mitarbeiterzahl, Niederlassungen
2. Wie ist es organisiert?
   Gibt es feste Instanzenwege? Wer leitet welche Abteilung?
   Mit welchen Kompetenzen? Welche Rolle spielen Konzernzentrale oder Regionalniederlassungen?
3. Vertiefungsfrage: Wie ist das Thema Kommunikation organisatorisch gelöst?
   Welche Abteilungen reden mit? Wem berichten sie? Wo fallen welche Entscheidungen für den Kommunikationsbereich?
4. Welche Branchen und Märkte bedient das Unternehmen? Welche Produkte und Leistungen bietet es an?
5. Wie stellt sich die Unternehmenskultur für die Mitarbeiter dar?
   Gibt es eine Unternehmensvision? Eine Unternehmensphilosophie? Ein Motto? Leitbilder? Leitsätze?
   Gibt es interne Diskrepanzen? Abteilungskonkurrenz? Strategische Differenzen?
6. Wie stellt sich die Unternehmenskultur für die Kunden dar?
   Wird eine Unternehmensidentität unabhängig vom Produkt sichtbar? Wenn ja: Wodurch? Auf welchen Wegen? Wie verbreitet ist diese bei den Zielgruppen? Ist sie einheitlich oder gibt es divergierende Images?
7. Was ist die Geschichte des Unternehmens?
   Einfluss von Gründerpersönlichkeiten, Meilensteine der Unternehmensentwicklung, Alter der einzelnen Produkt- und Leistungsbereiche, Zukunftsperspektiven und Ambitionen
8. Welchen Anspruch stellt das Unternehmen an sich selbst? Welche Werte vertritt es?
   Trendsetter oder Marktfolger? Me-Too-Produzent oder Marktführer? Qualitätsgewichtung? Besondere ökologische und/oder soziale Verantwortlichkeit? usw.
9. Welche Verflechtungen gibt es?
   Tochter-, Mutter-, Schwesterunternehmen – die gesamte Verwandtschaftspalette
10. Welche Partner sind wichtig?
    strategische Partner, Entwicklungspartner, Schwesterunternehmen, bedeutende Lieferanten, institutionelle Kunden, Kooperationspartner. Was sind die Vorteile dieser Partnerschaften? Wie wichtig sind sie?
11. Wie ist das Marketing als die der Kommunikationsplanung vorgeordnete Strategieebene organisiert?
    formale Organisation des Marketing
    Ist die Marketingstrategie ausformuliert und formell verabschiedet? Oder wird sie intuitiv und unreflektiert gefahren?

Auf welche Zeiträume der Zielerreichung fokussiert sie? Welche Bedeutung haben kurzfristige, mittelfristige, langfristige Marketingziele?

3b Faktenblatt Produkt

1. Was ist Ihr Produkt?
   Wie heißt es? Was kann es? Was braucht man dazu?
   Beschreiben Sie das Produkt ruhig auch, als wäre es eine Person, ein Ding, ein Tier, eine Pflanze, eine Landschaft: Welche Eigenschaften hat es? Welche Farbe(n)? Welchen Geruch?
2. In welcher Form wird es dem Verbraucher angeboten?
   Wie viel ist drin? Wie sieht es aus? Wie ist es verpackt?
   Produktdesign, Verpackung, Handelsformen, Gebindegrößen, Leistungsumfang etc.
3. Warum kauft man Ihr Produkt?
   Was hat der Verbraucher davon?
   rationaler, emotionaler und sinnlicher Konsumentennutzen (Haupt- und Nebennutzen).
   Achten Sie darauf, nicht aus der Sicht des Herstellers oder Anbieters zu argumentieren. Hier ist wirklich die Sicht des Verbrauchers gefragt. Was Ihnen als Produktvorteil erscheinen mag, kann für den Käufer eher irrelevant sein und umgekehrt!
   Was macht das Produkt begehrenswert?
   Welches Kundenbedürfnis befriedigt es? Welche Probleme löst es? Was erspart es dem Käufer?
   Wie unterscheidet es sich von Wettbewerbern?
4. Warum *soll* man es kaufen?
   Welcher Nutzen ist dem Käufer bewusst, welcher nicht?
   Welches Versprechen steht bisher im Vordergrund Ihrer Produktkommunikation?
   Wie belegen Sie es? Warum soll Ihr Kunde das glauben?
   Welches Versprechen soll künftig stärker kommuniziert werden?
   Welches weniger stark?
   Was ist das Aufregendste, das Sie dem Kunden über dieses Produkt sagen können?
5. Welche strategische Erfolgsposition Ihres Unternehmens ergibt sich daraus?
   Warum ist Ihr Produkt besser als andere (vergleichsweiser Konkurrenzvorteil)? Ist es einzigartig? Wenn ja: wodurch? (Unique Selling Proposition)
   Wie ordnet sich Ihr Produkt in eine Reihe vergleichbarer Produkte von Wettbewerbern ein?
6. Welche von der Kundensicht divergierenden Vorstellungen über die Produktstärken gibt es im Unternehmen?

Hier geht es nun um die Produktstärken aus Sicht des *Herstellers*. Wo gibt es Diskrepanzen zur Kundensicht? Warum?

7. Wo liegen Schwächen und Nachteile des Produkts?
   Seien Sie offen und ehrlich – erst mit sich selbst, dann mit dem Dienstleister!
   Was darf nach außen nicht erwähnt werden? Warum nicht?

8. Welche Zusatzleistungen sind mit dem Produkt verbunden?
   Extras wie Ein- und Umtausch, Garantie, Wartung, Ersatzteilgarantie, Entsorgung usw.
   Welche davon bieten Sie selbst an (In-House), welche kaufen Sie ein (Outsourcing)?

9. Welche Zusatzleistungen sind kostenfrei, welche kostenpflichtig?

10. Welche Zusatzleistungen bietet auch der Wettbewerb, welche nicht?

11. Welche Zusatzleistungen wären sinnvoll, können derzeit aber nicht gewährt werden?

12. Betreuen Sie den Kunden nach dem Kauf? Wenn ja: Wie?
    Wie halten Sie Kontakt zum Kunden? Haben Sie ein formelles Customer Relations Management?

13. Was kostet Ihr Produkt?
    Preis-Wert-Relation im Vergleich zu Wettbewerbsprodukten.
    Welche Preispolitik verfolgt Ihr Unternehmen mit diesem Produkt? Orientiert sich der Preis an Ihren Kosten, an der Konkurrenz, an der Nachfrage?
    Wie festgelegt ist der Preis? Rahmenpreise, Preisempfehlung, Tagespreise, Preisbindung? Gibt es Preisabsprachen in der Branche?
    Wie gestalten Sie Preisdifferenzierung und Rabatte? Nach Kunde, nach Saison, nach Abnahmemenge bzw. Leistungsumfang?
    Wie groß ist die Bedeutung des Preises für den Kunden?

14. Wo ist Ihr Produkt erhältlich?
    Welche Absatzkanäle sind vorgesehen oder werden bereits genutzt? Direktvertrieb, eigene Outlets/Niederlassungen, Händlernetz und/oder eCommerce?

15. Welche Faktoren der Distribution haben Auswirkung auf die Produktwahrnehmung?
    Einfluss von Einzelhandel, Großhandel, Vertretungen und anderen Absatzpartnern. Wie sind deren Antriebe, das Produkt zu fördern? Wie ihre Verkaufspolitik im Vergleich zu der des Unternehmens?

16. Wie ist die jeweilige Situation an den verschiedenen Points of Sale?
    Wie informiert ist der Handel über das Produkt? Wie wird er in die Kommunikation eingebunden? Gibt es beispielsweise Händlerinformationen zu den Werbemitteln o.Ä.?

17. An welchen Stellen kommt der Verbraucher bisher mit ihrem Produkt in Kontakt?

Point of Sale – Verbrauchermessen – Roadshows – bei anderen Verbrauchern – Empfehlungen unabhängiger Bewerter (Stiftung Warentest o.Ä.)

18. Wie rasch ist ihr Produkt greifbar?
Vorbestellungen/Subskriptionen, Lagerverhältnisse im Unternehmen und beim Handel, Lieferfristen, Umschlagsgeschwindigkeit, Production on Demand, Produktionskapazitäten des Unternehmens, saisonale Engpässe usw.

19. Wie kam es zur Produktidee?
Durch den glücklichen Zufall, der dem Tüchtigen lacht? Oder durch gezielte Produktentwicklung? Gab es Marktrecherchen und Konsumentenbefragung? Ergab sich das Produkt als sinnvolle Ergänzung ihres sonstigen Sortiments? Wenn ja: Wie haben Sie das erkannt? Wer hat Sie darauf gebracht?
Wer hat die Produktentwicklung vorangetrieben? Warum? Wann und durch wen fiel die Entscheidung, das Produkt anzubieten? Unter welchen Umständen?
Vor welchem Hintergrund?

20. In welcher Lebensphase steht Ihr Produkt?
vor der Markteinführung – aufsteigend – im Zenit – auslaufend

21. Welche Rolle spielt das Produkt für Ihr Unternehmen?
Welche Rolle spielt es für Ihre Firmenstrategie? Ist das Produkt eine Cash Cow, ein Poor Dog, ein Star Seller oder ein Fragezeichen?
Wie ordnet es sich in Ihr Produktsortiment ein? Welche Ersatzangebote gibt es (Substitution)? Welche ergänzenden Produkte (Komplementärangebote)? Welche planen Sie für die Zukunft?

22. Wie schützen Sie Ihr Produkt?
Gibt es Patente oder Lizenzen? Welche Laufzeit haben diese?

23. Welchen rechtlichen und sonstigen Rahmenbedingungen unterliegt ihr Produkt?
Zertifizierungen, gesetzliche Vorgaben, technische Vorschriften etc.

3c Faktenblatt Markt

1. Was ist der Markt, auf dem Sie Ihr Produkt heute anbieten?
kurze Definition und Abgrenzung

2. Wie groß ist der Gesamtmarkt?
Marktkapazität (generelle Aufnahmefähigkeit des Marktes)
Marktpotential (Aufnahmefähigkeit unter Berücksichtigung der Kaufkraftentwicklung)
Marktvolumen (Menge und Wert)

3. Welche Teil- und Nebenmärkte existieren? Wie groß sind diese?
Unterscheidung nach Produktarten, Produktgruppen, Preisklassen, Packungsarten und -größen, Regionen

4. Welche Teil- und Nebenmärkte sind für Sie relevant?
   bereits besetzte und noch zu erschließende Teilmärkte
   räumlich (regional, national, international)
   zeitlich (saisonal, einmalig etc.)
   personell (Zahl der Abnehmer)
5. Wie ist ihre eigene Marktposition?
   Welchen Marktanteil haben Sie? Welchen streben Sie an?
   Berücksichtigen Sie dabei Absatz-/Umsatzvolumen und -potential!
   Monopol, Oligopol, Polypol?
6. Welche Schlagworte und Argumente verwendet der Markt?
7. Wie entwickelt er sich?
   Existieren Prognosen und Erkenntnisse über fortschreibbare Trends?
   Gibt es Szenarien? Welche sind für Sie wichtig?
   Wie entwickeln sich benachbarte Märkte (potentielle Substitutionsbereiche)?
   Wo liegt das Geschäft der Zukunft?
   Junge oder aussterbende Branche usw.
8. Welche Marktsignale gibt es von den Konsumenten?
   Bedürfnisse an den Markt, Bedarfsanalysen, Anregungen/Probleme der Kunden
   neu auftauchende Ziel- und Nutzergruppen
   Änderungen in der Zielgruppe (positiv und negativ)
   Nachfrageentwicklung
9. Welche Signale gibt es vom Handel?
   neuer Vertriebswege?
10. Welche externen Faktoren beeinflussen den Markt wie stark?
    gesellschaftliche Entwicklungen und Trends, Moden
    ökonomische Rahmenbedingungen, Wirtschaftslage
    Entwicklung der Ressourcen und Zulieferbranchen
    Gesetzesänderungen, Umweltentwicklungen usw.
11. Wie ist das Preisniveau auf dem Markt?
    Gibt es Ihnen Spielraum für eine eigenständige Preispolitik? In welcher Form ist es in Ihre Produktpreisgestaltung eingeflossen?
12. Welchen Marktanteil haben konkurrierende Produkte und Unternehmen?
13. Welche sind das?
    Art und Zahl der Unternehmen, Standorte, Bedeutung,
    Art und Zahl der Produkte, Eigenarten, Besonderheiten,
    Stärken/Schwächen im Vergleich mit Ihrem eigenem Unternehmen/Produkt,
    derzeitige Konkurrenten, potentielle künftige Konkurrenten
    Wie sehen wichtige Wettbewerbsportfolios aus?
14. Welchen Kenntnisstand haben Sie über deren Strategien und Absichten?
    bisherige Erfahrungen, bekannte Kooperationsbereitschaft, verstärkte Wettbewerbsorientierung etc.

Wird es auf Wettbewerberseite Produktverbesserungen oder sogar Neueinführungen geben?

15. Wie groß ist Ihr individueller Vorsprung? Worin liegt er?
Haben Sie nicht nachzuahmende Besonderheiten zu bieten? Vorsprünge durch Distributionsnetze, spezielle Marktkenntnis o. ä. Faktoren? Wie lange würde es dauern, bis die Konkurrenz aufgeholt hätte? Will sie das überhaupt? Wenn nein: Warum nicht?

16. Worin unterscheiden sich die Wettbewerber von Ihnen?
mögliche Faktoren: Produkteigenschaften, Distributionskanäle, Zielgebiete, Abmachungen/Einschränkungen, Margenverhältnisse des Handels, Preispolitik und vieles mehr

17. Wie gehen die Wettbewerber die Kommunikation ihres Angebotes an?
bevorzugte Kommunikationsbereiche, Kommunikationsmix, Zielgruppenauswahl, Gestaltung, Stil, Ansprache, Tonfall, Anmutung, Logos, Slogans, Marken usw.
Schätzen Sie den Kommunikationsaufwand der Wettbewerber in Relation zu Ihren eigenen Absichten ein.

18. Welches Standing haben Ihre Wettbewerber beim Handel und bei Vertriebspartnern?

19. Welches beim Verbraucher?

3d Faktenblatt Zielgruppen

1. Wie viele und welche Zielgruppen werden angesprochen?
Bilden Sie möglichst enge, begrenzte Segmente:
Zielgruppen sollen homogen (in sich ähnlich) und klar abgenzbar (unter einander unähnlich) sein.
Achtung! Wird die Liste der Zielgruppen zu lang, stimmt etwas nicht mit der Aufgabenstellung! (vgl. Alles-Auf-Einmal-Ziele auf S. 149ff.) Verlangen Sie zu viel von sich, Ihrer Kampagne, Ihrem Dienstleister?

2. Wie wichtig sind die einzelnen Zielgruppen?

3. Wer bildet jeweils diese Zielgruppen?
Konsument/Verbraucher (der, der das Produkt nutzt)
Käufer (der, der die Kaufentscheidung fällt)
Meinungsführer (alle, die aus dritter Position die Kaufentscheidung und/oder die Produktwahrnehmung beeinflussen wie z.B. Prominente, Medien, Verbände und Interessenvertretungen, institutionelle Nutzer, Aus- und Fortbildung/Hochschulen usw.)
Die eigenen Mitarbeiter? Andere?

4. Im Consumerbereich: Was ist die sozioökonomische Struktur der Zielgruppe?
Alter, Geschlecht, Familienstand, Milieu/sozialer Stand, Bildung, Beruf, Haushaltsgröße, Einkommen, Kaufkraft, Besitz

5. Im Consumerbereich: Was ist ihre soziogeografische Struktur?
   Wohnorte, Arbeitsorte, Freizeitorte: »persönliche Landkarte«
   lokale und regionale Schwerpunktbildungen

6. Im Business-to-Business-Bereich: Was ist die organisatorische, was die ökonomische Struktur der Zielgruppe?
   Größe, Umsätze, Unternehmensform, Entscheidungsorganisation, Konkurrenzverhältnisse

7. Im Business-to-Business-Bereich: Was ist die geografische Struktur der Zielgruppe?
   Reichweiten, Wirtschaftsgebiete, regionale und lokale Schwerpunkte

8. Im Consumer- *und* Business-to-Businessbereich: Was ist ihre soziopsychologische Struktur?
   Erfahrungen, Einstellungen, Meinungen, Selbstbilder, Wertesysteme (konservativ vs. trendbewusst etc.), ästhetische Vorlieben und Dispositionen
   handlungsauslösende Antriebe, Wünsche, Sehnsüchte, Träume
   Welche Lebensgewohnheiten? extrovertiert, introvertiert, sicherheitsorientiert, risikobereit usw.
   Welche Konsummentalität: Innovatoren, frühe Übernehmer, frühe Mehrheit, späte Mehrheit, Nachzügler?
   Lassen Sie sich in einem Sinus-Milieu (vgl. S. 94) verorten?

9. Wie verhält sich die einzelne Zielgruppe?
   An wem orientiert sie sich?
   Für jede Zielgruppe getrennt beantworten!
   z.B. Marken-, Unternehmens-, Händlertreue
   Verbrauchs- und Anwendungsgewohnheiten, Konsumententypologien
   Welchen Vorbildern folgt sie?
   Welche Meinungsführer hat sie?
   Wie urteilt die Zielgruppe in spezifischen Situationen?
   Wie handelt sie?

10. Wie steht die Zielgruppe zum Produkt?
    Für jede Zielgruppe getrennt beantworten!
    Loyaler Verwender, gelegentlicher Verwender, Noch-Nicht-Verwender, Nicht-Mehr-Verwender
    Kennt die Zielgruppe das Produkt? *Wie* kennt sie es?
    Welche Facetten blieben bislang eher unbekannt?
    Was ist ihre Motivation, sich mit dem Produkt auseinander zu setzen?
    Dringender Bedarf? Begehren? Bedarfs- oder Luxusartikel?
    Wie groß ist die Preisempfindlichkeit?
    Welche Werte und welches Image verbindet sie mit dem Produkt?
    Nimmt sie es als Marke wahr?
    Wenn ja: So wie gewünscht oder mit eigenen, vom Anbieter nicht erwarteten Akzentuierungen?

11. Wie sieht Ihre bisherige Kundenstruktur aus?
Kategorien, Segmente, Umsatzgrößen, Kaufrhythmus usw.

3e Faktenblatt Strategien

1. Gibt es eine fixierte Marketingplanung bzw. -strategie?
Wenn ja: Beschreiben Sie sie in kurzen Zügen: Ist/Soll-Vergleiche – Ziele – Zielgruppen – Zielgebiete – Zeitplanung – Leitbilder – Marketing-Mix, Marktausweitungs- oder Konkurrenzstrategie usw.
Wenn nein: Warum glauben Sie, auf eine solche Marketingstrategie verzichten zu können?

2. Wie wird oder wurde das Produkt bisher kommuniziert?
bisherige Kommunikationsstrategie
Welche Kommunikationsbereiche werden oder wurden mit welcher Gewichtung genutzt? Direct Marketing, PR, Werbung, Verkaufsförderung etc.
Welche Maßnahmen wurden in den einzelnen Kommunikationsbereichen realisiert?
Von wem? Mit welchem Ergebnis?
Design/Gestaltung: Wie sah die visuelle, wie die sprachliche Linie (Tonfall, Anmutung, also: ›Tonalität‹) aus?
Mit welchen Zielen wurde die Marke entwickelt?
Welche Kernbotschaft wurde bisher vermittelt? Ist sie angekommen?
Soll Sie beibehalten oder variiert werden?

3. Welche Strategien Dritter sind von Bedeutung?
Gibt es eigene, unabhängige und nicht abgestimmte Kommunikationsansätze durch Distributionspartner (Handel, eCommerce etc.)?

4. Welche bewussten und unbewussten Vorstellungen haben die Mitglieder des Projektteams von der künftigen Kommunikationsstrategie? Welche die nicht vertretenen Entscheider?
Kommunikationsbereiche, einzelne Maßnahmen, gestalterische Ansätze

Die Vorgaben

Stufe 4

Restriktionen, Wünsche, Regelungen und Vorgaben, die den Rahmen für die Aufgabenerteilung bilden und bei der Bearbeitung des Projektes berücksichtigt werden müssen.

4a Terminvorgaben

1. Was ist die Laufzeit der zu erarbeitenden Kommunikationsstrategie?
Also: Für welchen Zeithorizont wird gearbeitet?

2. Welche Fixdaten bestimmen die Arbeit?
   z.B. fest eingeplanter Produkteinführungstermin, Messen und Veranstaltungen o.Ä.
3. Wann erwarten Sie den Abschluss der Strategieentwicklung mit ersten Gestaltungsbeispielen?
4. Von welchem *weiteren* Zeitplan gehen Sie derzeit aus?
   Zeiträume für die anschließenden Phasen: konkrete Ausarbeitung der Gestaltung, Umsetzung/Produktion, Einsatz/Kampagnenstart, Kampagnenende
5. Sind diese Zeitbudgets beim Dienstleister vorangefragt?
   Wenn nicht: Auf welcher Basis haben Sie die Zeitplanung erstellt?
6. Welche Optionen haben Sie, falls Ihr Dienstleister schlüssig nachweisen kann, dass Ihre Zeiterwartungen unrealistisch sind?
7. Welche Konsequenzen ergeben sich für den Dienstleister aus Terminüberschreitungen?
   Gilt sowohl für Terminüberschreitungen von seiner Seite als auch für Termine, die Sie selbst nicht halten können (etwa durch Verzögerungen in der Abstimmung).
8. Ist Ihnen eine schnelle oder gründliche Erledigung wichtiger?
   Im Normalfall natürlich beides. Aber wo liegen im Zweifelsfall Ihre Prioritäten?

4b Budgetvorgaben

1. Welches Budget steht zur Verfügung?
   Gibt es ein Maximalbudget? Ein Idealbudget? Eine Angabe des Limits muss nicht bedeuten, dass dieses auch ausgeschöpft wird.
2. Wie möchten Sie Ihr Budget aufteilen?
   Wollen/Können Sie eine aus Ihrer Sicht angemessene Mittelverwendung spezifizieren?
   grobe Relationen der Teiletats für Beratung/Strategieentwicklung, Gestaltung/Kreation, Media und Produktion
3. Erwarten Sie vom Dienstleister Vorschläge zur Budgeterweiterung durch externe Quellen?
   z.B. durch Kooperationen, Sponsoreneinsatz, Anzeigenverkauf in Ihren Publikationen etc.
4. Welche Konsequenzen ergeben sich für den Dienstleister aus Budgetüberschreitungen?
5. Welche aus Budgetunterschreitungen?
   Belohnungs-/Bestrafungsstrategien, die Sie dem Dienstleister in Aussicht stellen wollen.

6. Ist Ihnen eine kostengünstige oder qualitätsvolle Erledigung der Aufgabe wichtiger?
   Auch hier gilt wieder: idealerweise beides. Doch wo liegen im Zweifelsfall Ihre Prioritäten?

4c Evaluation und Erfolgskontrolle

1. Was sind die Erfolgskriterien?
   Imagewandel, Imagetransfer, Rückmeldungen der Zielgruppe, Aktionen/ Handlungen der Zielgruppe, Einstellungsänderungen, Share of Voice (Anteil der eigenen Werbekontakte an den Gesamtwerbekontakten der Branche) usw. Die Formulierung ist nur möglich im Rückgriff auf die formulierten Ziele und im Vorgriff auf die einzusetzenden Instrumente.
2. Wissen Sie bereits, wie der Erfolg des Projekts gemessen (evaluiert) werden soll?
   Kundenbefragungen, neue Marktstudien, Rücklaufkontrolle im Haus, Händlerbefragungen usw.?
3. Soll der Dienstleister geeignete Evaluationsmaßahmen vorschlagen?
4. Wer entscheidet anhand der Messergebnisse, ob die Ziele erreicht wurden oder nicht?
5. Welche Konsequenzen hat die Erfolgskontrolle für Sie?
   Welche für den Dienstleister?

4d Vorgaben durch übergeordnete und/oder bisherige Strategien

1. Welche formellen Corporate Design-Vorgaben bestehen?
   Logo, Warenzeichen, Markenzeichen, Hausfarben, Typografie, visueller und textlicher Styleguide
2. Gibt es vorausgegangene Kommunikationsstrategien, von denen Teile beibehalten werden sollen?
   Welche? Warum?

4e Media- und Gestaltungswünsche

Diesen Punkt sollten Sie so gut als irgend möglich überspringen. Restriktionen dieser Art sind beim Strategiebriefing unangebracht. Die Gestaltung kann erst abgestimmt werden, wenn Klarheit über die sinnvolle Auswahl der Instrumente besteht, die Mediaauswahl, wenn die Strategien stehen. Sonst präjudizieren Sie das Ergebnis und verhindern eine unvoreingenommene, sachliche Bearbeitung des strategischen Ansatzes.

1. Gibt es eine kreative Ausgangsidee?

2. Gibt es Mediavorstellungen?
   Wie sehen diese aus? Von wem wurden sie geäußert? Werden Sie von allen im Projektteam geteilt? Worin sind sie begründet?

3. Was sind Gestaltungsvorbilder? Was Negativbeispiele?
   Legen Sie nicht allgemein bekannte Gestaltungsbeispiele bei. Beschreiben Sie die fünf größten Stärken (Was gefällt Ihnen?) oder die fünf größten Schwächen (Was gefällt Ihnen nicht?). Orientieren Sie sich dabei an den Regeln auf S. 205ff. Dort finden Sie weitere Methoden, Gestaltungsideen mitzuteilen.

4. Gibt es bereits verworfene Gestaltungsversuche?
   Wenn ja: warum wurden sie verworfen? Was waren die Kritikpunkte? Bitte seien Sie dabei so genau wie möglich.

5. Gibt es Bausteine, die verwendet werden sollen?
   Grafiken, Fotos, Visualisierungen, Illustrationen etc. Sollen diese Eins zu Eins übernommen oder nachbearbeitet werden?

4f Sonstige Vorgaben

1. Gibt es Dienstleister/Ausführende, mit denen der Dienstleister zusammenarbeiten soll/muss?
   z.B. Fotografen, Druckereien, mit denen langfristige Rabatte ausgehandelt wurden, Übersetzer, die besondere fachsprachliche Kenntnisse mitbringen usw.
   Sollen unternehmensinterne Produktionsmittel genutzt werden?
   Wenn ja: Welche?

2. Welche Rolle übernimmt der Dienstleister?
   Leadagentur, zugeordnete Agentur, verantwortlich für Teilprojekt?

3. Wie ist das Verhältnis zwischen Dienstleistern unterschiedlicher Herkunft geregelt, die an verschiedenen Teilen eines Projekts arbeiten (Netzwerke)? Welche Aufgabenverteilung, Zuordnungen und Weisungsbefugnisse gelten etwa bei der Zusammenarbeit zwischen Werbe- und PR-Agentur?
   Hier müssen Sie – im Sinne einer Netzwerksteuerung klare Kompetenzen und Befugnisse schaffen!

4. Gibt es einen Ihnen bereits bekannten, persönlichen Ansprechpartner auf Dienstleisterseite, der im Projekt als Kontakter fungieren soll?

5. Welche rechtlichen Restriktionen sind zu beachten?
   branchenspezifische Werbeeinschränkungen (durch Absprachen oder per Gesetz – etwa bei Ärzten und Anwälten); patentrechtliche Situation (z.B. laufendes Verfahren) o.Ä.

Stufe 5

Die Anlagen

Beigefügte gedruckte Materialien und Beispiele können helfen, die fünf Themenbereiche des Projekthintergrunds, aber auch die Vorgaben zu erläutern, zu illustrieren und zu vertiefen. Eine solche Materialsammlung ersetzt aber niemals eine geeignete, klärende Aufbereitung in Form der Faktenblätter!

Ist der Umfang Ihrer Materialsammlung besonders groß, sollten Sie überlegen, statt des Materialbergs einfach eine Liste der Materialien an den Dienstleister weiterzugeben, die er je nach Verständnisbedarf bei Ihnen abrufen kann.

Vergrößern Sie den Materialberg nicht noch zusätzlich, indem Sie Informationen, besonders PDF-Dateien – etwa von Studien – die Sie aus dem Internet gezogen haben, als Ausdruck beilegen. Fügen Sie stattdessen im Zweifelsfall eine Liste mit den genauen Webadressen bei. »Im Zweifelsfall« heißt: Sie sollten die dort gesammelten Informationen möglichst im passenden Faktenblatt der Stufe 3 aufbereiten. Webverweise können dennoch sinnvoll sein, etwa wenn im Web komplexere Grafiken oder anschauliche Illustrationen verfügbar sind.
Mögliche Anlagen sind:

5a Anlagen zum Unternehmen
- Unternehmensdarstellungen, Unternehmensbroschüren
- Organigramm(e)
- Geschäftsbericht(e)
- bereits vorhandenes/altes Corporate-Design-Manual
- Pressespiegel/Medienberichte
- aber auch: kürzlich geschaltete Personalanzeigen oder Handbücher für neue Mitarbeiter, aus denen die Unternehmenskultur und die Arbeitsweise klarer wird

5b Anlagen zum Produkt
- existierende Produktbroschüren und -anzeigen
- Gebrauchsanweisungen
- das Produkt selbst – als Warenprobe

5c Anlagen zum Markt
- Marktuntersuchungen
- Studien
- Primärerhebungen aus Ihrem Hause
- Presseberichte über Markttrends, -strukturen etc.
- Broschüren und andere Werbemittel wichtiger Wettbewerber

5d Anlagen zur Zielgruppe
- Marktforschungsberichte
- Zielgruppentypologien
- im Business-to-Business-Bereich auch Kundenbroschüren u. -porträts

5e Anlagen zu den Vorgaben
- Marketingplan des Unternehmens
- Positiv- und Negativbeispiele für Gestaltung aus anderen Branchen
- Sonstiges

Checkliste

Kreativbriefing

Stufe 1

Das Projekt

1. Was ist die Aufgabe?
   Beschreiben Sie sie in maximal zwei Sätzen. Je prägnanter, desto besser.
   Welche Kommunikationsmaßnahme soll entworfen werden?
   Welchen Stellenwert hat sie?

2. Was soll der Dienstleister tun?
   Welchen Umfang hat die zu erbringende Arbeit?
   Wie viele Entwürfe erwarten Sie zur Auswahl?
   Was liefert der Dienstleister, was liefern Sie: Inhalte, Fotos, Grafiken, Vorlagen, Texte usw.?
   Was soll angeboten/kalkuliert werden?
   In welcher Form wird die Arbeit abgeliefert: Präsentation, Pappen, Dateiform? Falls letzteres: Welche Dateiformen sind für alle Mitglieder des Projektteams lesbar?

3. Wie ordnet sich die Aufgabe in Ihr kommunikatives Instrumentarium ein?
   Ableitung aus der Kommunikationsplanung
   Abgrenzung/Bezugnahme auf andere bereits realisierte oder in Zukunft zu realisierende Kommunikationsinstrumente
   Welche anderen Projekte sind in der Pipeline?
   Welche gestalterischen und produktionstechnischen Synergien könnten daraus entstehen? Welche Behinderungen? (z.B. Übernahme von Inhalten aus Broschüren in die Website und umgekehrt, gemeinsame Nutzung von Bausteinen wie Fotos, Grafiken etc.)

4. Wie stark wird die Aufgabe durch gestalterische Vorläufer gebunden?
   Geht es um die Veränderung/Anpassung vorhandener Gestaltung, um einen gestalterischen/inhaltlichen Neuansatz zu vorhandenen Produkten oder um eine Arbeit für ein neues Produkt? Also: Designüberarbeitung, neues Design für altes Produkt oder neues Design für neues Produkt?

Stufe 2

Das Projektteam

1. Wer ist das auftraggebende Unternehmen?
   Firmenname, Unternehmensform (eigenständiges Unternehmen oder Abteilung/Niederlassung?), Postanschrift, Webadresse

2. Wer sind die Mitglieder des Projektteams aus dem Unternehmen?
   Name, Funktion, Rolle im Projektteam (Wofür verantwortlich? Wofür entscheidungsbefugt?)

3. Wo und wie sind sie zu erreichen?
   Postanschrift, Telefon (Durchwahl), Mobiltelefon/Pager, Fax, E-Mail

4. Gibt es Entscheider, die nicht im Projektteam vertreten sind?
   Falls ja: Wer organisiert die Abstimmung mit diesen Entscheidern? Wie?

5. Wer gibt die Arbeit des Dienstleisters am Ende frei?
   Wer kontrolliert die Zielerreichung?

6. Welche weiteren Ansprechpartner im Unternehmen sind von Bedeutung?
   z.B. Inhaltszulieferung durch Fachabteilungen, Budgetkontrolle/Buchhaltung usw., Angabe immer mit Name, Anschrift, Telefon, Fax, E-Mail

7. Wie steuerbar sind die Entscheidungsabläufe im Unternehmen?
   Welche fachlichen Kompetenzen sind im Projektteam vertreten? Welche fehlen aus organisatorischen Gründen? Wie sind die einzelnen Teammitglieder motiviert: sachlich/inhaltlich oder politisch?

Der Projekthintergrund

Stufe 3

3a Faktenblatt Strategien

1. Gibt es eine fixierte Kommunikationsplanung?
   Wenn ja: Beschreiben Sie sie in kurzen Zügen: Kommunikations-Mix – Ablauf-/Zeitplanung – Stellenwert der beauftragten Maßnahme
   Wenn nein: Warum glauben Sie auf eine Kommunikationsplanung verzichten zu können?

2. Wie wird oder wurde das Produkt bisher kommuniziert?
   bisherige Gestaltungsansätze
   Welche Maßnahmen wurden bereits in den einzelnen Kommunikationsbereichen (Werbung, PR, Direktmarketing, Verkaufsförderung etc.) realisiert? Von wem? Mit welchem Ergebnis?
   Design/Gestaltung: Wie sieht die visuelle, wie die sprachliche Linie (Tonfall, Anmutung) aus?
   Welche Kernbotschaft wurde bisher vermittelt? Ist sie angekommen? Soll sie beibehalten oder variiert werden?

3. Welche Strategien Dritter sind von Bedeutung?
   Gibt es eigene, unabhängige und nicht abgestimmte Kommunikationsansätze durch Distributionspartner (Händler, eCommerce etc.)?

4. Ist die Kommunikationsplanung im Unternehmen akzeptiert oder in Teilen oder gänzlich umstritten?
   Wenn umstritten: welche abweichenden Positionen und Vorstellungen gibt es, auf die man Rücksicht nehmen muss?

3b Faktenblatt Zielgruppen

1. Wie viele und welche Zielgruppen werden angesprochen?
   Bilden Sie möglichst enge, begrenzte Segmente:

Zielgruppen sollen homogen (in sich ähnlich) und klar abgrenzbar (untereinander unähnlich) sein.
Achtung! Wird die Liste der Zielgruppen zu lang, stimmt etwas nicht mit der Aufgabenstellung! (vgl. Alles-Auf-Einmal-Ziele auf S. 149ff.) Verlangen Sie zu viel von sich, Ihrer Kampagne, Ihrem Dienstleister?

2. Wie wichtig sind die einzelnen Zielgruppen?
   Zielgruppen unbedingt priorisieren – analog zu den Zielen!

3. Wie ist die soziopsychologische Struktur, wie die ästhetische Dispositionen jeder anzusprechenden Zielgruppe?
   Erfahrungen, Einstellungen, Meinungen, Selbstbilder, Wertesysteme (konservativ vs. trendbewusst etc.)
   ästhetische Vorlieben, bevorzugte Stile, Sehgewohnheiten
   handlungsauslösende Antriebe, Wünsche, Sehnsüchte, Träume
   Welche Lebensgewohnheiten? extrovertiert, introvertiert, sicherheitsorientiert, risikobereit usw.
   Welche Konsummentalität: Innovatoren, frühe Übernehmer, frühe Mehrheit, späte Mehrheit, Nachzügler?

3c Faktenblatt Produkt, Unternehmen und Markt

1. Was ist Ihr Produkt?
   Wie heißt es? Was kann es? Was braucht man dazu?
   Beschreiben Sie das Produkt ruhig auch, als wäre es eine Person, ein Ding, ein Tier, eine Pflanze, eine Landschaft: Welche Eigenschaften hat es? Welche Farbe(n)? Welchen Geruch?

2. In welcher Form wird es dem Verbraucher angeboten?
   Wie viel ist drin? Wie sieht es aus? Wie ist es verpackt?
   Produktdesign, Verpackung (soweit nicht selbst Bestandteil der Aufgabe!), Handelsformen, Gebindegrößen, Leistungsumfang etc.

3. Warum kauft man Ihr Produkt?
   Was hat der Verbraucher davon?
   rationaler, emotionaler und sinnlicher Konsumentennutzen (Haupt- und Nebennutzen).
   Achten Sie darauf, nicht aus der Sicht des Herstellers oder Anbieters zu argumentieren. Hier ist wirklich die Sicht des Verbrauchers gefragt. Was Ihnen als Produktvorteil erscheinen mag, kann für den Käufer eher irrelevant sein und umgekehrt!
   Was macht das Produkt begehrenswert?
   Welches Kundenbedürfnis befriedigt es? Welche Probleme löst es?
   Was erspart es dem Käufer?
   Wie unterscheidet es sich von Wettbewerbern?

4. Warum *soll* man es kaufen?
   Welcher Nutzen ist dem Käufer bewusst, welcher nicht?

Welches Versprechen steht bisher im Vordergrund Ihrer Produktkommunikation?
Wie belegen Sie es? Warum soll Ihr Kunde das glauben?
Welches Versprechen soll künftig stärker kommuniziert werden? Welches weniger stark?
Was ist das aufregendste, das Sie dem Kunden über dieses Produkt sagen können?

5. Welche strategische Erfolgsposition Ihres Unternehmens ergibt sich daraus?
Warum ist Ihr Produkt besser als andere (vergleichweiser Konkurrenzvorteil)? Ist es einzigartig? Wenn ja: wodurch? (Unique Selling Proposition)
Wie ordnet sich Ihr Produkt in eine Reihe vergleichbarer Produkte von Wettbewerbern ein?

6. Wo liegen Schwächen und Nachteile des Produkts?
Seien Sie offen und ehrlich – erst mit sich selbst, dann mit dem Dienstleister!
Was darf nach außen nicht erwähnt werden? Warum nicht?

7. Wie groß ist das Unternehmen?
Mitarbeiterzahl, Niederlassungen

8. Welche Branchen und Märkte bedient das Unternehmen? Welche Produkte und Leistungen bietet es an?

9. Beschreiben Sie Ihr Unternehmen als Persönlichkeit.
Welche Eigenschaften, welche schlechten Gewohnheiten, welche schönen Charakterzüge, welche unangenehmen hat Ihr Unternehmen?

10. Welchen Anspruch stellt das Unternehmen an sich selbst? Welche Werte vertritt es?
Trendsetter oder Marktfolger? Me-Too-Produzent oder Marktführer? Qualitätsgewichtung?
Besondere ökologische und/oder soziale Verantwortlichkeit? usw.

11. Wie stellt sich die Unternehmenskultur für die Mitarbeiter dar?
Gibt es eine Unternehmensvision? Eine Unternehmensphilosophie?
Ein Motto? Leitbilder? Leitsätze?
Gibt es interne Diskrepanzen? Abteilungskonkurrenz? Strategische Differenzen?

12. Wie stellt sich die Unternehmenskultur für die Kunden dar?
Wird eine Unternehmensidentität unabhängig vom Produkt sichtbar? Wenn ja: Wodurch? Auf welchen Wegen? Wie verbreitet ist diese bei den Zielgruppen? Ist sie einheitlich oder gibt es divergierende Images?

13. Welche kommunikationsrelevanten Verflechtungen gibt es?
Tochter-, Mutter-, Schwesterunternehmen – die gesamte Verwandtschaftspalette

14. Welche Schlagworte und Argumente verwendet der Markt, auf dem Sie Ihr Produkt anbieten?
    Berücksichtigen Sie dabei Anbieter/Wettbewerber, aber auch Zielgruppen/Käufer/Nutzer!

15. Wie gehen die Wettbewerber die Kommunikation ihres Angebotes an?
    bevorzugte Kommunikationsbereiche, Kommunikationsmix, Zielgruppen-auswahl, Gestaltung, Stil, Ansprache, Tonfall, Anmutung, Logos, Slogans, Marken usw.

Stufe 4

Die Vorgaben

Restriktionen, Wünsche, Regelungen und Vorgaben, die den Rahmen für die Aufgabenerteilung bilden und bei der Bearbeitung des Projektes berücksichtigt werden müssen.

4a Vorgaben durch übergeordnete und/oder bisherige Strategien

1. Welche formellen Corporate Design-Vorgaben sind zu beachten?
   Logo, Warenzeichen, Markenzeichen, Hausfarben, Typografie, Styleguide, Slogans, Formensprache, Basislayouts

2. Welche inhaltlichen Vorgaben sind zu beachten?
   Kernbotschaften, Argumentationen, Fakten, Daten, Textbausteine, Zitate – welche können, welche müssen auftauchen?

3. Welche stilistischen Vorgaben sind zu beachten?
   Sprachstil, Tonfall, direkte Ansprache oder nicht etc.

4. Gibt es vorausgegangene Kreativ- und Gestaltungsansätze, von denen Teile beibehalten werden sollen?
   Welche? Warum?

4b Gestalterische und stilistische Wünsche des Auftraggebers

Machen Sie sich klar, dass die Entwicklung dieser Lösungen eigentlich Sache des von Ihnen beauftragten Kreativdienstleisters ist: Sie beschneiden seine Möglichkeiten und Ihre Chance auf positive Überraschungen. Bestehen auf Ihrer Seite aber trotzdem nicht verhandelbare Vorstellungen über das Ergebnis, sollten Sie diese auch unbedingt formulieren – um Ihren Dienstleister nicht in die falsche Richtung laufen zu lassen.

1. Gibt es eine kreative Ausgangsidee?
   Wie sieht sie aus? Von wem wurden sie geäußert? Wird sie von allen im Projektteam geteilt? Worin ist sie begründet?

2. Was sind Gestaltungsvorbilder? Was Negativbeispiele?
   Legen Sie nicht allgemein bekannte Gestaltungsbeispiele bei. Beschreiben Sie für jedes Beispiel die größten Stärken (Was gefällt Ihnen?) oder – je nachdem – die größten Schwächen.

Unterscheiden Sie deutlich zwischen Vorbildern für Inhalte, Grafik, dingliches Design usw.
(Auf den Seiten 205ff finden Sie weitere Methoden, wie Sie Gestaltungswünsche beschreiben können.)

3. Gibt es bereits verworfene Gestaltungsversuche?
   Wenn ja: Warum wurden sie verworfen? Was waren die Kritikpunkte? Bitte seien Sie dabei so genau wie möglich.

4. Gibt es Bausteine, die verwendet werden müssen, sollen oder können?
   Grafiken, Fotos, Visualisierungen, Illustrationen, Zitate etc. Sollen diese Eins zu Eins übernommen oder nachbearbeitet werden?

4c Terminvorgaben

1. Was ist die Laufzeit des zu erarbeitenden Instruments? Also: Für welchen Zeithorizont wird gearbeitet?

2. Welche Fixdaten bestimmen die Arbeit?
   z.B. fest eingeplanter Produkteinführungstermin, Messen und Veranstaltungen, feste Anzeigenbuchungen o.Ä.

3. Wann erwarten Sie die ersten Entwürfe?

4. Von welchem *weiteren* Zeitplan gehen Sie derzeit aus?
   Zeiträume für die anschließenden Phasen: Auswahl der Linie, konkrete Ausarbeitung der Gestaltung, Umsetzung/Produktion, Einsatz/Kampagnenstart, Laufzeit

5. Sind diese Zeitbudgets beim Dienstleister vorangefragt? Wenn nicht: Auf welcher Basis haben Sie die Zeitplanung erstellt?

6. Welche Alternativen haben Sie, falls Ihr Dienstleister schlüssig nachweisen kann, dass Ihre Zeiterwartungen unrealistisch sind?

7. Welche Konsequenzen ergeben sich für den Dienstleister aus Terminüberschreitungen?
   Gilt sowohl für Terminüberschreitungen von seiner Seite als auch für Termine, die Sie selbst nicht halten können (etwa durch Verzögerungen in der Abstimmung).

8. Ist Ihnen eine schnelle oder gründliche Erledigung wichtiger?
   Im Normalfall natürlich beides. Aber wo liegen im Zweifelsfall Ihre Prioritäten?

4d Budgetvorgaben

1. Welches Budget steht zur Verfügung?
   Gibt es ein Maximalbudget? Ein Idealbudget? Eine Angabe des Limits muss nicht bedeuten, dass dieses auch ausgeschöpft wird.

2. Wie möchten Sie Ihr Budget aufteilen?
   Wollen/Können Sie eine aus Ihrer Sicht angemessene Mittelverwendung spezifizieren?
   grobe Relationen der Teiletats für Beratung, Gestaltung/Kreation, Media und Produktion
3. Erwarten Sie vom Dienstleister Vorschläge zur Budgeterweiterung durch externe Quellen?
   z.B. durch Kooperationen, Sponsoreneinsatz, Anzeigenverkauf in Ihren Publikationen etc.
4. Welche Konsequenzen ergeben sich für den Dienstleister aus Budgetüberschreitungen? Welche aus Budgetunterschreitungen?
   Belohnungs-/Bestrafungsstrategien, die Sie dem Dienstleister in Aussicht stellen wollen.
5. Ist Ihnen eine kostengünstige oder qualitätsvolle Erledigung der Aufgabe wichtiger?
   Auch hier gilt wieder: idealerweise beides. Doch wo liegen im Zweifelsfall Ihre Prioritäten?

4e Evaluation und Erfolgskontrolle

1. Was sind die Erfolgskriterien?
   Angabe quantifizierbarer Kommunikationsziele
2. Wissen Sie bereits, wie der Erfolg des Projekts gemessen (evaluiert) werden soll?
   Kundenbefragungen, neue Marktstudien, Rücklaufkontrolle im Haus, Händlerbefragungen oder anderes?
3. Soll der Dienstleister geeignete Evaluationsmaßnahmen vorschlagen?
4. Wer entscheidet anhand der Messergebnisse, ob die Ziele erreicht wurden oder nicht?
5. Welche Konsequenzen hat die Erfolgskontrolle für Sie? Welche für den Dienstleister?

4f Sonstige Vorgaben

1. Gibt es Dienstleister/Ausführende, mit denen der Dienstleister zusammenarbeiten soll/muss?
   z.B. Fotografen, Druckereien, mit denen langfristige Rabatte ausgehandelt wurden, Übersetzer, die besondere fachsprachliche Kenntnisse mitbringen usw.
   Sollen unternehmensinterne Produktionsmittel genutzt werden? Wenn ja: Welche?
2. Welche Rolle übernimmt der Dienstleister?
   Leadagentur, zugeordnete Agentur, verantwortlich für Teilprojekt, verant-

wortlich für einen speziellen Kommunikationsbereich Ihres Hauses (PR, Werbung etc.)?

3. Wie ist das Verhältnis zwischen Dienstleistern unterschiedlicher Herkunft geregelt, die an verschiedenen Teilen eines Projekts arbeiten (Netzwerke)? Welche Aufgabenverteilung, Zuordnungen und Weisungsbefugnisse gelten etwa bei der Zusammenarbeit zwischen Werbe- und PR-Agentur? Hier müssen Sie – im Sinne einer Netzwerksteuerung klare Kompetenzen und Befugnisse schaffen!
4. Gibt es einen Ihnen bereits bekannten, persönlichen Ansprechpartner auf Dienstleisterseite, der im Projekt als Kontakter fungieren soll?
5. Welche rechtlichen Restriktionen sind zu beachten? branchenspezifische Werbeeinschränkungen (durch Absprachen oder per Gesetz – etwa bei Ärzten und Anwälten); patentrechtliche Situation (z.B. laufendes Verfahren) o.Ä.

Die Anlagen

Stufe 5

Beigefügte gedruckte Materialien und Beispiele können helfen, die fünf Themenbereiche des Projekthintergrunds, aber auch die Vorgaben zu erläutern, zu illustrieren und zu vertiefen. Eine solche Materialsammlung ersetzt aber niemals eine geeignete, klärende Aufbereitung in Form der Faktenblätter!

Ist der Umfang Ihrer Materialsammlung besonders groß, sollten Sie überlegen, statt eines Materialbergs eine Liste an den Dienstleister weiterzugeben, die er nach Verständnisbedarf bei Ihnen abrufen kann.
Mögliche Anlagen sind:

5a Anlagen zum Unternehmen, zum Produkt und zum Markt

- alle bereits vorhandenen Kommunikationsmittel des Unternehmens und/oder des Produkts: Broschüren, Geschäftsbericht(e), geschaltete Anzeigen, Gebrauchsanweisungen etc.
- das Produkt selbst – als Warenprobe
- Broschüren und andere Werbemittel wichtiger Wettbewerber

5b Anlagen zur Zielgruppe

- Zielgruppentypologien
- im Business-to-Business Bereich auch Kundenbroschüren u. -porträts

5c Anlagen zu den Vorgaben

- Corporate Design-Manual
- Kommunikationskonzept des Unternehmens (oder Auszüge daraus)
- etwa vorhandene verworfene Entwürfe
- Positiv- und Negativbeispiele für Gestaltung aus anderen Branchen

Sonderfall Ausführungsbriefing

Und was ist mit dem Ausführungsbriefing? werden diejenigen unter Ihnen fragen, denen unsere anfangs eingeführte typologische Dreiteilung noch vor Augen ist.

Das Ausführungsbriefing stellt insofern einen Sonderfall dar, als es nur selten direkt vom Auftraggeber ausgeht, sondern in der Regel vom Dienstleister als Folgebriefing an eine Druckerei, einen anderen externen Dienstleister oder an eine interne Produktionsabteilung formuliert wird. In Agenturen fallen Ausführungsbriefings meist in den Aufgabenbereich von Art Buyern oder Produktionern.

Der Inhalt des Ausführungsbriefings ist – das liegt in der Natur der Sache – in hohem Maße davon abhängig, welches Instrument denn nun produziert werden soll. Ausführungsbriefings stellen zudem noch stärker als Strategiebriefings einen Prozess dar. Die Produktion einer Website ist in klare Einzelschritte unterteilt, für die immer erst dann gebrieft wird, wenn sie auch akut werden.

Dennoch wollen wir versuchen, Ihnen zumindest für die gängigsten Ausführungsbriefings hilfreiche Checklisten zu liefern. Wir haben deshalb im folgenden die klassischen Produktionsvorgänge Printproduktion (Druck), Websiteprogrammierung, Anzeigenschaltung und Fotoshooting ausgewählt und mit tatkräftiger Unterstützung erfahrener Produktioner versucht, die dafür nötigen Zuarbeiten und Informationen zu systematisieren.

Checkliste

Druck

1. **Projektbeteiligte**
   - Auftraggeber
   - Layoutpartner (Seitengestaltung)
   - Ansprechpartner in der Druckerei (soweit bekannt)
   - Anlieferungsadresse für Druckvorlagen (soweit bekannt)
2. **Projektbezeichnung**
3. **Zulieferung (Wann, von wem, an wen und in welcher Form?)**
   - als seitenglatte Druckfilme (ggfs. Einschaltung Pre-Press-Service/ Lithoanstalt) oder als belichtungsfähige Dateien
   - Wenn Dateien: In welchem Format? PDF? Quark XPress? In-Design? Andere?
   - verwendete Schriften
   - ggfs. Anzeigen Dritter, sonstige einzufügende Abbildungen/Filme/Dateien (Wer prüft diese vor Weiterleitung?)
   - ggfs. vorhandene Stanzformen oder Prägestempel
4. **Festlegung der Produktqualitäten**
   - Umfang/Seitenzahl
   - Format

Angabe nach DIN, Euronorm oder bei Sonderformaten in mm (Höhe x Breite) (Achtung mit dem nicht genau festgelegten Format DIN Lang; immer durch Angabe in mm spezifizieren bzw. mit Druckerei abstimmen!)

- Auflage
- ein- oder zweiseitiger Druck (Vorder-/Rückseite)
- Papier
  Soll ein konkretes Papier verwendet werden?
  - Wenn ja: Herstellername angeben.
  - Wenn nein: gewünschte Papierqualitäten beschreiben:
    - matt, seidenmatt oder glänzend?
    - glatt oder strukturiert?
    - geschlossene oder offene Oberfläche?
    - Gewicht? Stärke?
    - weiß oder farbig?
    - Kostenobergrenze?
    - Unterscheiden sich Umschlag und Innenteil in der Papierqualität? Wenn ja: wie?

  Sollen Sonderseiten in anderer Papierqualität eingebunden werden (z.B. Pergamentpapier, dickeres Papier für Antwortkarte o.Ä.)? Wenn ja, auf welcher Seite?
- Druckfarben
  - Wie viele?
  - Schwarzweiss, Euroskala (Vierfarbdruck) oder Sonderfarben?
    - Wenn Sonderfarben: Wie viele und welche?
    - Angabe nach HKS- oder Pantone-Farbfächer unterscheiden für verschiedene Bereiche (z.B. Umschlag und Innenteil)
- Lacke und Veredelung
  z.B. Schutzlackierung, Cellophanierung mit Matt-, Glanz- oder Strukturfolie, UV-Lackierung, Prägefoliendruck, Duftlacke etc.
- Bindung/Verarbeitung
  z.B. Rückstichheftung, Ringösenheftung, Schweizer Fadenbindung, Klebebindung, Wickelfalz, Altarfalz, Leporellofalz, Sonderformen (eingeklebte Antwortkarte, komplexe Falzmodelle etc.)
- Sonderverarbeitungen
  Heißprägung, Kaltprägung, Stanzungen etc.
  Wenn ja: Sind Werkzeuge (Prägestempel und/oder Stanzformen) vorhanden oder müssen sie angefertigt werden?

5. Prozess- und Zeitplanung

- Termin zur Vorlage Kostenkalkulation/Angebot
- Zeitpunkte (und Teilnehmer) für Abstimmungschritte: Papiermuster, Materialdummy, Falzmuster, Standproof, farbverbindlicher Proof, Andruck?
- Auslieferungstermin (bei hohen Auflagen evtl. Terminstaffel)

Checkliste

Technische Realisierung Website

1. **Projektbeteiligte**
   - Auftraggeber
   - Nennung des Websiteverantwortlichen (Nachbetreuung, Nachbearbeitung, Aktualisierung)
   - Design- und Konzeptverantwortliche
   - andere technische Dienstleister (z.B. externe Provider)
2. **Projektbezeichnung**
3. **Vorgaben/Zulieferung** (Wann, von wem, an wen und in welcher Form?)
   - Sitestruktur/Sitemap (konzeptionelles Gerüst/Seitenstruktur)
   - einsprachig oder mehrsprachig?
   - grundlegendes Screendesign
     - Layout/Raster
     - Typografie
     - Farben
     - Navigations-/Schaltflächendesign
   - Content
     - Text
     - Fotos (in welchen Dateiformaten?)
     - Logos und Signets (in welchen Dateiformaten?)
     - Bewegtbilder/Videos und Animationen (in welchen Dateiformaten?)
     - Download-Dateien (PDFs oder Fotos)
4. **Festlegung der technischen Leistungen**
   - Werden die Seiten codiert fürs Web (in HTML) angeliefert, oder ist dies Teil des Auftrags?
   - Sind die Content-Dateien (Fotos etc.) bereits in Größe und Auflösung auf den Einsatz im Web optimiert oder ist dies Bestandteil des Auftrags?
   - Wo und an welcher Stelle sind auf der Basis der Sitemap speziell zu programmierende Bausteine vorzusehen?
     - Flash-Animationen
     - animated GIFs
     - QuickTime-Movies
     - Hyperlinks zu anderen Seiten, kommerzielle Bannerschaltungen
     - Verbindungen zu Server- und CGI-Scripts (überall wo Inhalte auf Anfrage des Nutzers spezifisch zusammengestellt werden, also z.B. bei E-Mail-Antwort-Formularen oder Suchfunktionen)
   - Programmierung von Scripts für Formulare und Suchmaschineneinbindung Welcher Inhalt, welche Funktion? (Auf der Basis der Sitemap)
   - Auf welchem Server soll die Website eingerichtet werden? Zugangscodes für den Server? (für Upload)
   - Soll ein Redaktionssystem für die Aktualisierung integriert werden (Eingabemasken für Aktualisierung ohne Programmier- und HTML-Kenntnisse)?

- Wenn ja: Welche Teile der Site sollen durch den Siteverantwortlichen beim Kunden editierbar sein?
- Wurde ein Redaktionssystem bereits angekauft oder soll es mit angeboten werden?
  - Als Ankauf einer Fertiglösung oder individuelle Eigenentwicklung (mit Programmierung)?

5. weitere Leistungen

- Domainregistrierung
  - Ist die Domain bereits reserviert?
    - Wenn nein: Soll dies durch den Dienstleister geschehen?
    - Falls ja: mehrere mögliche/erwünschte Domains/Webadressen angeben und nach Priorität ordnen
- Servereinrichtung
  - virtueller Server (Anmietung von Serverplatz beim Provider) oder echter Server (Aufstellung eines als Server dienenden PCs (Hardware) beim Kunden?
  - genauer Standort?
  - technische Spezifikationen (soweit mehr als nur diese Website auf dem Server abgelegt werden soll)?
- Beta-Testing
  - Funktionsüberprüfung unter den gängigen Browsern (Internet Explorer, Netscape Navigator, Safari, Camino, Opera und Omniweb in gängigen Versionen)
  - Funktionsüberprüfung unter den gängigen Betriebssystemen (Windows 98, Windows 2000, Windows XP, Mac OS, Mac OS X, Linux, Unix)
  - Funktionsüberprüfung unter den gängigen E-Mail-Anwendungen (Outlook Express, Eudora, Entourage, Mail for Mac, Netscape Navigator Mail Client)
  - Funktionsüberprüfung unter verschiedenen Monitoren (Größen, Auflösung) und Grafikkarten
- Webmarketing/Link-Konzept
  - Anmeldung bei den gängigen Suchmaschinen
  - Absprachen mit anderen Siteeignern, die einen direkten Link auf die Site setzen könnten
  - ggfs. Buchung kostenpflichtiger Links, Banners und Pop-Ups
- Nutzerstatistiken
  - Sollen Nutzerstatistiken direkt durch den Kunden nach Bedarf abrufbar sein oder soll eine regelmäßige Auswertung der Sitestatistiken geliefert werden?
    - Wenn letzteres: In welcher Form? Gedruckt oder per E-Mail?

6. Prozess- und Zeitplanung

- Termin zur Vorlage Kostenkalkulation/Angebot
- Freischalttermin
- Zeitpunkte (und Teilnehmer) für Abstimmungschritte

Checkliste

Anzeigenschaltung

1. **Projektbeteiligte**
   - Auftraggeber
   - Grafikpartner (Anzeigengestaltung)
   - Ansprechpartner in den Anzeigenabteilungen (soweit bekannt)
   - Anlieferungsadressen für Druckunterlagen (soweit bekannt)
2. **Projektbezeichnung**
3. **Festlegung der Schaltung (Mediaplan)**
   - In welchen Publikationen (Medien) soll geschaltet werden? (strategische Mediaplanung/Streuplanung)
   - An welcher Stelle in der Publikation? (Platzierung)
     - feste Buchung von Rubriken?
     - feste Platzierung auf bestimmter Seite? (entweder als konkrete Seitenangabe oder Angabe rechte oder linke Seite)
     - feste Angaben zur Position auf der Seite (z.B. über oder unter Bruch bei Tageszeitungen)
   - Wie oft und wann?
4. **Festlegung der Qualitäten (nach Entwurf)**
   - Farbigkeit: vierfarbig, einfarbig oder Zwischenformen mit Zusatzfarben? Wenn letzteres: Welche Zusatzfarben? Nach welchem Farbfächer?
   - Größe der Anzeige
     - Angabe in Seitenbruchteilen ($^2/_1$, $^1/_1$, $^1/_2$, $^1/_3$ oder $^1/_4$ Seite)
     - Hoch- oder Querformat?
     - Angabe in mm (Höhe x Breite)
   - Druckraster der Publikation
5. **Zulieferung (Wann, von wem, an wen und in welcher Form?)**
   - als seitenglatte Druckfilme oder als belichtungsfähige Dateien Wenn Dateien: In welchem Format? PDF? EPS? TIFF? Quark XPress? In-Design? Andere?
   - verwendete Schriften
   - Anpassung auf die individuellen Größen und Satzspiegel erfolgt oder noch zu leisten?
   - Anpassung an Druckraster noch zu leisten?
6. **Prozess- und Zeitplanung**
   - Anzeigenschluss (Buchungsdeadline)
   - Druckunterlagenschluss (Abgabe Anzeigenvorlage)
   - Sind Kontrollabzüge erwünscht/möglich (besonders bei Dateienanlieferung sinnvoll)?
7. **Preise**
   - Gesamtbudget Schaltkosten
   - regulärer Preis laut Mediadaten der Publikation
   - Mengenrabatte nach gebuchten Flächen (Größenstaffel)

Checkliste
Anzeigenschaltung

- Mengenrabatte nach Anzahl gebuchter Anzeigen (Malstaffel)
- feste Preisabsprachen/Sonderpreise
- Wird eine Agenturprovision eingeräumt?
- Wenn ja:
  - In welcher Höhe?
  - Fließt die Provision in voller Höhe an die Agentur oder wird ein Teil als Rabatt an den Kunden weitergegeben?

Üblicherweise wird der sich aus diesen Angaben ergebende Schaltplan in tabellarischer Form wiedergegeben. Die einzelnen Rubriken dieser Tabelle sind:

- fortlaufende Nummer der Schaltung
- Medium
- Ausgabe
- Platzierung
- Größe
- Farbigkeit
- Druckraster
- Anlieferung als ...
- Druckunterlagenschluss
- Anlieferungsadresse
- Grundpreis
- Rabatte und Provisionen
- tatsächlich zu bezahlender Preis

Fotoshooting

Checkliste

Das Briefing für ein Fotoshooting stellt innerhalb der Ausführungsbriefings insofern einen Sonderfall dar, als es sich – je nach Anspruch an die Ausführung – an der Grenze zum Kreativbriefing bewegt. Erste gestalterische Vorgaben treffen Sie bereits durch die Wahl des Fotografen, die immer auch die Wahl einer bestimmten fotografischen Handschrift mit sich bringt.

1. Projektbeteiligte

- Auftraggeber
- Art Direction (Wer macht gestalterische Vorgaben?)
- ggfs. Projektleiter Fotoshooting (sinnvoll besonders bei komplexeren People-Aufnahmen vor Ort mit Modeleinsatz, also wenn es darum geht, mehrere Beteiligte wie Visagisten, Stylisten, Set Designer, Models und Fotografen zu koordinieren)
- Fotograf (auch Assistent(en))
- andere Beteiligte (z.B. abgebildete Personen, Models, Stylist, Visagist, Repräsentant des Fotografen etc. – soweit schon bekannt)
- Wer ist beim Shooting anwesend?

2. **Projekt/Aufgabe**
   - Projektbezeichnung
   - Einzelmotiv oder Bildserie?
     Wenn letzteres: Wie viele Motive und welche?
   - Was soll auf dem Bild/den Bildern zu sehen sein?
     Möglichst genau beschreiben!
     Falls vorhanden: Skizze oder Scribble beilegen.

3. **Leistungsumfang Nutzungsrechte**
   - Welche Nutzungsrechte werden benötigt? (Buyoutumfang: zeitlich/räumlich begrenzt oder unbegrenzt, geplanter Verwendungszweck, Weitergabe der Fotos an Dritte (z.B. Pressefotos, Firmenarchive)
   - Wo verbleiben die Originaldias bzw. Negative?
   - Darf der Fotograf die Motive weiterverwerten (z.B. über Bildarchive)?

4. **Kategorie des Motivs**
   - People
     - Wie viele Personen insgesamt?
     - im Studio, Vor Ort-Indoors oder Vor Ort-Outdoors?
     - Szene (Personen in Aktion) oder Porträtcharakter?
     - Wenn Porträt: Einzel- oder Gruppenaufnahme?
     - Welche Art von Models? (Hand (z.B. für Bier), Fuß, Gesicht, Torso (z.B. für Dessous), Ganzkörper usw.; Alter, Geschlecht, Typ)
   - Studio-Still
     - Packshot, Produktshot oder anderes (z.B. Food oder Lifestyle-Arrangement)
     - Größe des Objekts (Tabletop oder größer?)
     - Ist ein Hand- oder Körpermodell erforderlich?
   - Vor-Ort-Still/Industriefotografie
     - z.B. fest installiertes Objekt, Produktionsanlagen, nicht-transportable Produkte etc.
   - Szenerie
     - Architektur, Natur, Landscape etc.

5. **gestalterische Vorgaben**
   - Soll eine bestimmte Farbstimmung eingehalten werden?
   - Soll ein bestimmter Darstellungsduktus bzw. eine bestimmte Bildsprache eingehalten werden? (sachlich, verspielt, dynamisch etc. Liefern Sie dazu am besten Beispielfotos!)
   - Soll ein bestimmter Bildaufbau eingehalten werden?
     - Soll das Motiv z.B. Leerflächen (etwa zum Einkopieren von Textpassagen oder anderen Bildern) enthalten?
     - Wenn ja: in welchem Bildbereich?
   - Gibt es – bei Studio-Stills – Vorgaben oder Wünsche – zum Hintergrund (Farbe, Struktur, Oberfläche)?
     - Muss ein spezieller Hintergrund angefertigt werden?
     - zur genauen Stellung/Aufnahmeperspektive des Objekts (von oben, von der Seite, schräg von vorn etc.)?

  - zur Lichtstimmung/Ausleuchtung (nüchtern, stimmungsvoll etc.)?
- Gibt es – bei Outdoormotiven – Vorgaben oder Wünsche bzgl. Tageszeit, Lichtstimmung o.Ä. (z.B. Nachtaufnahme, Abendhimmel, Morgenlicht, Architekturaufnahme ohne Bezug auf Jahreszeit durch kahle Bäume o.Ä.)?

6. **formale Vorgaben**
   - Farbe oder Schwarzweiß?
   - Sind Sondertechniken erwünscht (z.B. Cross-Entwicklung, grobes Korn usw.)
   - Hoch- oder Querformat? Quadratisch? Hoch *und* quer einsetzbar? Panorama?
   - Art der Verwendung
     - Gibt es bereits ein Layout, in das das Bildformat eingepasst werden soll?
     - Wird das Foto als alleinstehendes Bild oder als Bestandteil eines Composings (z.B. Hintergrund zum Einkopieren) benötigt?
7. **Art und Qualität der auszuliefernden Vorlage (technische Spezifikation)**
   - als Kontaktbogen zur weiteren Auswahl
   - als Kleinbild-Dia(s) (24 x 36 mm)
   - als Mittelformat-Dia(s) (60 x 60 mm, 60 x 70 mm, 60 x 45 mm oder 60 x 90 mm)
   - als Großformat-Dia(s) (4 x 5 inch, 9 x 12 cm, 13 x 18 cm, 18 x 24 cm, andere)
   - als Farbabzug(-abzüge) (Format?)
   - als Schwarzweißabzug(-abzüge) (Format?)
   - als Datei(en)/Scan(s) (benötigte Auflösung? Dateiformat?)
   - als Ausbelichtungen der Dateien (z.B. zur Auswahl)
   - Wie viele Motive zur Auswahl erwarten Sie?
8. **Vorgaben/Zuarbeiten – Wer liefert wem, wann, wie und in welcher Form Informationen (oder Vorlagen zum Motiv)?**
   - Allgemein
     - Wer besorgt Props (Kleidung, Accessoires, Dekoration, Kulissen)?
     - Wie sollen diese aussehen? Wer wählt sie aus?
     - Wer bereitet Special Effekts vor? (z.B. Feuer, Rauch usw.)
     - Wer beauftragt Zulieferer (z.B. Kulissenbauer)?
     - Wer klärt Rechte Dritter? (z.B. Model Releases, Location Releases, VG Bild-Kunst bei Kunstobjekt im Motiv, Sponsorenverträge Prominenter usw.)
   - People
     - Wer bucht Models?
     - Wer castet sie? (Auftraggeber, Fotograf, Modelagentur?)
     - Wer bucht Visagist/Stylist? (Auftraggeber oder Fotograf?)
     - Wer kümmert sich um die Model Release (schriftliche Zustimmung zur Veröffentlichung; bei Minderjährigen Unterschrift der Eltern)?

  - Wer sucht Location? (Fotograf (siehe Zusatzleistungen), Auftragnehmer, Art Buyer, Locationscout?)
- Szenerie
  - Genaue Lage- und Adressangabe der Location
  - Angaben zur Zugänglichkeit etc.
  - Falls Location noch nicht bekannt: Wer sucht Location? (Fotograf (siehe Zusatzleistungen), Auftragnehmer, Art Buyer, Locationscout?)
  - bei nicht-öffentlichen (im Ausland teilweise auch bei öffentlichen) Locations: Zugangsberechtigungen, Letter of Recommendation, Avisierung des Fototermins bei den Verantwortlichen vor Ort
  - Wer organisiert nötige Absperrungen?
- Studio-Still
  - Studio vorhanden oder anzumieten? Wenn letzteres: Welche Anforderungen (Größe, Technik etc.)
  - Wer organisiert Objekt-Transport bzw. Anlieferung?
  - Wer sorgt für Set Designer/Stylist (besonders bei Food- oder Lifestyle-Arrangements wichtig!)
- Vor-Ort-Still
  - Zugangsberechtigungen, Letter of Recommendation, Avisierung des Fotoshootings bei den Verantwortlichen vor Ort
  - Sind Zoll-/Importbestimmungen zu beachten?
  - Wer besorgt Erlaubnis zum technischen Aufbau (Blitzlichtanlage/Ausleuchtung/Hintergründe etc.)?
  - Wer klärt die technischen Voraussetzungen (z.B. Stromversorgung für Lichtanlage)?

9. Weitere Leistungen – Welche Zusatzleistungen werden erwartet/sollen vom Fotografen angeboten werden?
- Location-Suche
- Model-Casting bzw. Einholung Model Release
- Casting Visagist/Stylist
- Logistik (Objekt-Transport) und ggfs. Reiseorganisation der Beteiligten (Hotel- und Ticketbuchung etc.)
- Catering vor Ort (bei größeren Shootings)
- Versicherung (z.B. Transportversicherung für teure Produkte)
- Archivierung (In welcher Form, für wie lange?)
- Elektronische Bildbearbeitung (Retusche oder Composing)

10. Prozess- und Zeitplanung
- Termin für Vorlage Kostenkalkulation/Angebot
- Auslieferungstermin
- Zeitpunkte (und Teilnehmer) für Abstimmungschritte (z.B. Modelauswahl, Locationauswahl, Polaroids, Layoutshots etc.)
- Budgetvorgaben (Obergrenze; auch für Zuarbeiten (Locationsuche, Locationmiete, Modellhonorare, Miete für Props usw.)

15. Kapitel
An die eigene Nase – Die Perspektive des Dienstleisters

»Ja – es ging um das Durcheinander, in das wir bei unseren Gesprächen geraten und wie dieses Durcheinander-Geraten eine Art Sinn gibt. Wenn wir nicht in ein Durcheinander gerieten, wären unsere Gespräche wie Rommée spielen, ohne vorher die Karten zu mischen.«

Gregory Bateson – Ökologie des Geistes

Es wird Zeit für ein Geständnis. Als wir mit den Arbeiten für dieses Buch begannen, lag der vielleicht größte Reiz darin, all den Frust und all den Ärger, den wir über die Jahre hinweg aus schlecht gelaufenen Briefings angesammelt hatten, loszuwerden und ihn obendrein in eine sinnvolle Form zu gießen: Schreiben als Katharsis im ureigentlichsten Sinn. Mit wem wir auch sprachen, wen auch immer wir mit dem Vorhaben konfrontierten – die Zustimmung war überwältigend. Selbst bei wildfremden Kollegen – Auftraggebern wie Auftragnehmern – ernteten wir schon nach den ersten Worten, mit denen wir die gröbsten Schnitzer skizzierten, heftigstes Kopfnicken. Das war einerseits sehr befriedigend, andererseits hinterließ es ein schales Gefühl, das immer stärker wurde, je tiefer wir uns in dieser Zustimmung voranarbeiteten. Wenn das Thema so offen auf der Hand lag, wenn die Probleme so bekannt waren, dass ihre bloße Erwähnung umgehend ein erleichtertes »Oh ja!« zur Folge hatte – *Warum änderte dann niemand etwas daran*?

Schuldzuweisungen

Offensichtlich waren alle Beteiligten damit zufrieden, die Fehler zu diagnostizieren und die Verantwortung der Gegenseite zuzuschieben. Immer wieder stießen wir auf ein beinahe archetypisches Verhaltensmuster, das auf Dienstleisterseite etwa so aussah: Der Kunde erwartet gute Arbeit. Wir arbeiten seit jeher auf diese und jene Weise. Wenn der Kunde unsere Arbeitsweise nicht versteht, kann es keine gute Arbeit werden. Wenn der Kunde etwas anderes von uns erwartet, kann es keine gute Arbeit werden. Wenn der Kunde also keine gute Arbeit erhält, ist er selbst schuld – abgesehen von kleineren Flüchtigkeitsfehlern, die uns natürlich auch bisweilen unterlaufen, die aber nicht wirklich ins Gewicht fallen.

Uns wurde klar, dass es einen ersten Hauptsatz des Misserfolgs gab. Er lautet: *Schuld sind immer die anderen.*

Deshalb haben wir die beiden Ks für konstruktiv und kooperativ in unsere 8K-Regel aufgenommen. Jedes Briefing ist ein Akt der Kommunikation, auf den sich beide Seiten einlassen müssen. Und da Kommunikation ein kybernetisches System ist, ist es letztlich ein Henne-Ei-Problem, wo man im Kreislauf ansetzt, um Verbesserungsmöglichkeiten anzugehen. Wir haben das bisher aus der Sicht des Auftraggebers getan, weil wir ihm vielleicht mehr noch als dem Dienstleister ein Interesse an einer erfolgreichen Zusammenarbeit unterstellen. Dennoch gilt jede Ermahnung, jeder Rat, jede Kritik, die bisher an gängigen Praktiken geäußert wurde natürlich analog auch für die Dienstleisterseite.

Kommunikatives System

Man kann ein System nicht als mechanisches Uhrwerk behandeln und glauben, das Zusammenspiel ließe sich sofort und radikal umkrempeln, wenn man ein Rad verändert. Der idealste Auftraggeber wäre unfähig ein gutes Briefing anzuschieben, wenn er auf der Gegenseite nur dem Unwillen eines halsstarrigen Dienstleisters begegnete. Jede Handlung der einen Seite setzt jedoch einen Rahmen für den nächsten Schritt der Gegenseite. Und auf diese Art und Weise, in einer Politik der kleinen Schritte, engt man durch überlegtes Vorgehen am Ende doch die denkbaren Varianten ein, nach denen sich die Zusammenarbeit entwickeln kann. Wirklich erfolgreich kann ein Briefing aber nur werden, wenn beide Seiten ein Interesse daran haben und willens sind, ihren Teil dazu beizutragen.

Kategorie Binsenweisheit? Mag sein. Aber das Etikett heften wir uns gerne an – angesichts der Beharrlichkeit, mit der diese Erkenntnis ignoriert wird.

Sache des Dienstleisters

Als Dienstleister haben Sie es wesentlich stärker in der Hand, als Sie glauben mögen (und vielleicht auch: als Sie es wahrhaben wollen), ob aus einem Briefing ein Erfolg wird oder nicht. Sich auf die Position zurückzuziehen, es sei Sache des Auftraggebers, Sie korrekt zu briefen, hilft Ihnen im Zweifelsfall nicht weiter. Allzu leicht entstehen Situationen, in denen Sie nicht gewinnen können. Das kann nicht in Ihrem Interesse liegen.

All jenen, die bei der bisherigen Lektüre heftig mit dem Kopf nickten, können wir deshalb nur raten: Fassen Sie sich an die eigene Nase. Das Kapitel über den richtigen Umgang unter den Beteiligten haben wir ganz bewusst *Partner-* und nicht Dienstleisterqual betitelt. Auch Agenturen quälen ihre Auftraggeber. Oft heftiger, als ihnen bewusst ist.

Schlechter Ratgeber – Der Narziss im Kreativen

Der gröbste Fehler auf Dienstleisterseite ist die Mir-Doch-Egal-Attitüde. Stößt die eigene Arbeit auf Kritik, ziehen sich viele Kreative recht schnell auf die Haltung zurück, Probleme seien Probleme des Kunden, und es sei schließlich dessen ureigene Angelegenheit, ob er sein Geld verschleudern wolle oder nicht. Diese Gleichgültigkeit der beleidigten Künstlerseele ist zwar das schwerwiegendste, aber noch nicht einmal das verbreitetste Übel, mit dem Dienstleister eine vernünftige Zusammenarbeit torpedieren.

Am Kunden vorbei

Weitaus häufiger treten auf: Besserwisserei und Überheblichkeit. Die Arroganz, mit der unter Hinweis auf die eigene unantastbare Kompetenz dem Kunden bisweilen völlig unpassende Lösungen aufgeschwatzt werden, ist atemberaubend. Nur auf den ersten Blick mag es erstaunen, dass beide Haltungen – Arroganz und Gleichgültigkeit – nahtlos ineinander übergehen können. Werden zunächst mit Verve die eigenen Entwürfe als Non-Plus-Ultra vertreten, zieht man sich nach den geringsten kritischen Äußerungen des Kunden aus gekränkter Eitelkeit auf eine Gleichgültigkeit zurück, die die anfangs so feurig verfochtene Überzeugung Lügen straft.

Überhöhtes Selbstbild

Was beide Haltungen verbindet, ist ihre Verwurzelung in einem überhöhten Selbstbild, das Zweifel am eigenen Tun nicht mehr zulässt. Der Narziss im Kreativen ist eine Kreatur, die sich die Branche selbst gezüchtet hat und die sie mit schöner Regelmäßigkeit wieder und wieder gebiert.

Bei dieser Geburt leisten die Erwartungen der Kunden nicht unerhebliche Hebammendienste. Das macht die Sache nicht einfacher. Gerade unsichere Kunden greifen nicht unbedingt zur besten angebotenen Lösung – sondern zu der, die mit der größten Überzeugung vorgetragen wird. Das ist menschlich – aber fatal. Denn dieser Mechanismus verbindet sich mit den gängigen Klischees über die Werbebranche zu einem satten Nährboden, aus dem die Selbstbeweihräucherung der Kreativen mehr als genug Nahrung für eher willkürliche Höhenflüge zieht.

Sie sehen schon: Wir halten wenig von den gängigen Selbststilisierungen unserer eigenen Zunft. Der Leistungsfähigkeit der Werbeleute und der Glaubwürdigkeit ihrer Arbeit wäre ein nüchternerer Blick, als er heute üblich ist, auf jeden Fall zuträglicher. Vor allem, weil ein solcher kritischer Blick auf das eigene Tun auch die Sicht freimachen würde auf ein klareres Verständnis der Probleme, mit denen die Auftraggeber zum Dienstleister kommen.

Wer als Dienstleister zu sehr damit beschäftigt ist, am eigenen Denkmal zu bauen, verliert den Blick auf den Kunden – und die Fähigkeit zur Kooperation, die eine der Grundvoraussetzungen erfolgreicher Briefings ist.

Master-of-the-Universe-Syndrom

Ein Agenturchef, mit dem wir uns zu diesem Thema unterhalten haben, hat dieses Phänomen das »Master-of-the-Universe-Syndrom« genannt. Ein hübscher Begriff, der mit wenigen Worten treffsicher erklärt, was passiert, wenn Kreative, berauscht durch hohe Etats, in ihrer Beratung eine Eigendynamik entwickeln, die nichts mehr mit dem eigentlichen Bedarf zu tun hat. Rasch werden da einem Kunden Riesenprojekte aufgeschwatzt, obwohl sie für beide Seiten unrealistisch sind und wegen ihrer finanziellen Risiken sogar existenzbedrohlich werden könnten. Wer so handelt, muss sich sagen lassen, dass er die ›Beratungsresistenz‹, die Agenturen oftmals ihren Kunden vorhalten, mindestens in demselben Maße auch selbst an den Tag legt.

Respekt

Unser Rat an die Dienstleister: Gehen Sie *respektvoll* mit der Meinung des Kunden um. Ihr Angebot, die gemeinsame Sache mit kompetenter Beratung voranzubringen, ist Teil dieses Respekts. Es kann und darf Ihnen als Dienstleister nicht egal sein, wenn Ihr Kunde in eine mit seinen eigentlichen Zielen unverträgliche, konterproduktive Richtung arbeitet. Weisen Sie ihn darauf hin. Zeigen Sie keine Angst zu widersprechen. Aber widersprechen Sie auch nicht aus Prinzip.

Stellen Sie sich selbst in Frage. Ist Ihr Rat wirklich vernünftig? Führt er zu einer Lösung, die dem, was der Kunde will und braucht, wirklich angemessen ist? Oder entspringt der Rat der unreflektierten Übernahme eigener Gewohnheiten?

König Kunde – Wann wird es Zeit sich zurückzunehmen?

Wird Ihr gut gemeintes Beratungsangebot wiederholt dankend abgewiesen, bleibt Ihnen ehrlicherweise nur die Option, aus dem Projekt auszusteigen und sich vom Auftraggeber in gegenseitigem Einvernehmen zu trennen. Die falscheste und respektloseste, wenn auch leider nicht die seltenste Reaktion ist es, eine Arbeit abzuliefern, die sich über unmissverständlich geäußerte Kundenwünsche einfach hinwegsetzt und dem Kunden weder das liefert, was er *will*, noch das, was er *braucht*, sondern was er nach Meinung des Dienstleisters eigentlich wollen *sollte*.

Das ist unprofessionelle Besserwisserei, die niemandem weiterhilft. Wir haben mehrfach erlebt, dass Kunden sich vom Kreativen zu einer Lösung drängen ließen, die ihnen eigentlich nicht zusagte. Das Ergebnis solcher Handstreiche sind oft genug Kommunikationsinstrumente, die ungenutzt im Lager vergammeln und niemals eingesetzt werden.

Gestaltungswünsche akzeptieren

Man muss bei alledem einmal mehr zwischen strategischen und gestalterischen Fragestellungen trennen. Während grundlegende Diskrepanzen in strategischen Fragen eine Kooperation tatsächlich schwierig, wenn nicht gar unmöglich machen, gibt es in gestalterischen Fragen mehr Spielraum, als die Kreativen eingestehen. Ein Art Direktor, mit dem wir sprachen, formulierte das so: »Manchmal denke ich mir schon: Was hindert uns eigentlich daran, in Fragen der Farb- oder Formatwahl auch einmal die eigenen Eitelkeiten runterzuschlucken und dem Kunden das Recht zuzugestehen, zu sagen: Ich will mir das jetzt aber genau so und auf diese Weise leisten – selbst wenn es meinen Gestaltern nicht gefällt?«

Trend und Zeitgeist

Die Frage ist berechtigt – lenkt sie doch das Augenmerk darauf, dass gestalterische Arbeit immer ein klares Element von Trendbewusstsein und Modehörigkeit enthält. Kreativ im engeren Sinne ist vieles, was Agenturen ihren Kunden an Design und Gestaltung abliefern, mit Sicherheit nicht. Nur zeitgeistig informiert. Das würden wir gar nicht allzu negativ sehen. In der Regel erwartet der Kunde nämlich genau das. Der Dienstleister wird einerseits als strategisch kompetenter Partner engagiert, andererseits aber auch als Trendscout, der darauf zu achten hat, dass die Gestaltung sich in einem akzeptierten zeitgemäßen Designrahmen bewegt und diesen durch eigene innovative Impulse laufend erweitert.

Schwierig wird es nur, wenn der Kunde diese zweite Ebene des Engagements aufkündigt – und gestalterische Elemente verlangt, die dem Ausführenden nicht behagen. In diesem Fall kann sich der angemessene Respekt vor der

Kundenmeinung durchaus auch einmal in der schlichten Akzeptanz der Kundenwünsche äußern.

Korrektiv Zielgruppe

Das gemeinsame und zugleich einzig gültige Korrektiv, an dem sich Kundengeschmack und Stilbewusstsein der Gestalter in der Wirtschaftskommunikation messen lassen müssen, *ist die Aufmerksamkeit der Angesprochenen.* Vor einem solchen Hintergrund kann hochästhetisiertes Design sogar der völlig falsche Ansatz sein und dazu führen, dass man am Ziel vorbeischießt.

Halt, halt, hören wir jetzt einige entrüstete Designer rufen. Die spektakulärsten und erfolgreichsten Kampagnen haben sich immer dadurch ausgezeichnet, dass sie die Seh- und Rezeptionsgewohnheiten verändert und in Frage gestellt haben! Ja, ja liebe Kollegen. Stimmt schon. Nur erlauben wir uns zwei Fragen. Die erste: Von *wessen* Erfolg reden wir? Dem der Designer oder dem der Kunden? Nicht wenige Kampagnen, die in den Annuals und Lehrbüchern des Design als Glanzbeispiele weiter- und weiterverbreitet werden, haben sich für die Auftraggeber nicht ausgezahlt, weil sie zwar die ganze Welt auf die revolutionären Plakate aufmerksam machten, die eigentliche Zielgruppe aber nichts davon mitkriegte. Wir sollten Innovation immer dann begrüßen, wenn sie zur Lösung des Problems beiträgt. Als Selbstzweck scheint sie uns in der Wirtschaftskommunikation fehl am Platz.

Und die zweite Frage: Was hat wirkliche Innovation mit dem Nachahmungstrieb zu tun, der von vielen Kollegen unter dem Label zeitgemäßer Gestaltung angeboten wird? Gute Gestaltung ist kreative Problemlösung, nicht blinde Trendgläubigkeit.

Gordische Knoten – Probleme lösen

Vom Schlechten zum Guten

Wenn es Problemlösung ist, die Ihr Auftraggeber von Ihnen als seinem Dienstleister erwartet – wie funktioniert das? Das klingt wie eine blöde Frage, ist es aber nicht. Probleme löst man, indem man den Wandel vom Schlechten zum Guten anschiebt. Also könnten wir auch fragen: Wie funktioniert menschlicher Wandel? Welche Grundgesetze gibt es? Sie merken: Wir wollen wieder mal auf etwas bestimmtes raus. Und deshalb nehmen wir Sie noch einmal mit auf zwei kurze Abstecher – einen nach Palo Alto zu Paul Watzlawick und seinem Team, das Sie ja bereits kennen, und zuvor einen ins Phrygien des vierten nachchristlichen Jahrhunderts.

Als irgendwann um das Jahr 300 n. Chr. die zerstrittenen Phrygier ein Orakel befragten, wen sie zum König machen sollten, war dessen Antwort: »Den ersten, der hier mit dem Wagen vorbeikommt.« Dieser erste war zum Erstaunen aller der Bauer Gordios. Aus Dankbarkeit weihte der glückliche Landwirt und neue König seinen so wichtigen Wagen dem obersten Gott Zeus, stellte ihn im Tempel der von ihm gegründeten Stadt Gordion auf und ließ die Weissagung verbreiten, wer den komplizierten Knoten zwischen Joch und Deichsel löse, würde Herrscher über ganz Asien werden. Bis 334 schaffte das keiner, obwohl alle mit viel Hingabe an den verschiedenen Ecken und Enden des Knäuels zerrten und drückten. Dann aber kam Alexander der Große, zückte sein Schwert – und schlug den Gordischen Knoten einfach in der Mitte durch.

Mit einem Streich hatte er nicht nur den Knoten aufgelöst, sondern auch das archetypische Beispiel für das geliefert, was mehr als 1600 Jahre später einige schlaue Wissenschaftler in Palo Alto eine »Lösung auf zweiter Ebene« nannten.

Lösungen zweiter Ordnung

Paul Watzlawick und sein Team beschäftigten sich im Rahmen ihrer Forschungen zur menschlichen Kommunikation mit zentralen Fragen menschlichen Wandels: Was bringt uns weiter? Wie findet man Lösungen für Probleme? Sie stellten fest, dass die kniffligsten Situationen meist nur deshalb so knifflig sind, weil man gewisse Prämissen setzt und eine Ebene definiert, auf der die Lösung stattzufinden habe. Bei Gordios war diese Prämisse: Lösen heißt entknoten. Dabei wäre es der Sprung aus der Situation heraus und auf die nächste Ebene, der die wirkliche Lösung brächte. Solche Lösungen ›zweiter Ordnung‹ sind meist ebenso genial wie einfach, und werfen immer die Frage auf, warum nicht schon lange vorher jemand drauf gekommen ist.

Die Antwort: Weil wir als Menschen immer versuchen, Probleme im Rahmen der Gegebenheiten zu lösen. Das tun wir nach einem grundlegenden Schema. Zunächst versucht man das Unerwünschte durch die Einführung des Gegenteils zu beseitigen. Ist es kalt im Zimmer, drehen wir die Heizung auf. Ist das Produktimage schlecht, versuchen wir ein positives Produktimage zu etablieren. Das Prinzip ist einfach, klar und funktioniert in den meisten Situationen ausgezeichnet. Wo es nicht hinhaut, sucht man sein Glück im Grundsatz »mehr desselben«. Die Anstrengungen werden intensiviert, die Heizung immer weiter hochgedreht, bis wir am Ende das erwünschte Resultat haben.

Qualitative statt quantitative Lösungen

Hinterhältigerweise gibt es Situationen und Probleme, bei denen die Lösungsversuche erster Ordnung das Problem nur noch verschärfen. Gute Beispiele hatten wir weiter vorne kennen gelernt, nämlich unsere kommunikativen Teufelskreise. Je dominanter und fordernder der eine wird, desto stärker verweigert sich sein Gegenüber. Das ist immer dann der Fall, wenn die Lösung nicht in einem »mehr desselben« (quantitativ), sondern in einem »ganz anders« (qualitativ) zu finden wäre. In solchen Fällen ist es – so überraschend das klingen mag – am hilfreichsten, zunächst einmal gegen die Lösungsversuche erster Ordnung vorzugehen. So wie die Entknotversuche den Gordischen Knoten nur immer fester zurrten. Oder wie eine immer wieder erfolglose Broschürenproduktion den Auftraggeber am Ende davon überzeugt, dass Werbung nichts nutzt – während sein eigentliches Problem in strategischen Defiziten liegt, die er mit wachsender Entmutigung immer weniger bereit ist anzugehen.

In solchen Fällen ist der einzig gangbare Weg, die Lösungsversuche erster Ordnung einzustellen oder zu verhindern und die Lösung auf einer zweiten Ebene herbeizuführen. Aus dieser Sicht könnte man den gängigen Kreativitätsbegriff in der kommunikativen Dienstleistung auch völlig anders definieren: Als die Fähigkeit, die von vornherein ausgeschlossene und unerwartete Lösung zweiter Ordnung zu finden.

Dazu braucht es nicht immer eines martialischen Schwerthiebs. Auch weniger spektakuläre Schritte helfen oft zu unerwarteten Erfolgen. Durch ihre Situation als Externer sind Sie als Dienstleister in einer denkbar günstigen Position, die Tücken der ersten Ebene zu überwinden, Zwänge auszuhebeln und wirklich kreative Lösungen vorzuschlagen.

Wald und Bäume – Dem Kunden weiterhelfen

Gebrieft zu werden verdammt Sie nicht zu Passivität. Es gibt eine ganze Reihe von Möglichkeiten und Wegen, auf denen Sie Ihrem Vis-à-Vis in der gemeinsamen Arbeit unter die Arme greifen können. Für fast jeden Mangel, den das Briefing Ihres Auftraggebers enhalten mag, gibt es ein probates Gegenmittel. Wir wollen auf den nächsten Seiten die wichtigsten Techniken vorstellen, mit denen Sie die Lücken im vorgegebenen Briefing auffüllen können.

Nachfragen

Die erste, einfachste und offensichtlichste davon: Benutzen Sie unsere *Checklisten als Frageschema*, wenn sich Ihr Auftraggeber schwer tut, die nötigen Hintergrundinformationen von seiner Seite vollständig und lückenlos zu liefern. Fragen Sie gerade das dezidiert nach, was man Ihnen nicht gesagt hat.

Etwas schwieriger wird es, wenn das Problem im Briefing nicht lückenhafte Informationen sind, sondern eher ein *zu viel* an Input, das in seiner Gänze kein stimmiges Bild ergibt. Wenn die Aufgabenstellung unklar bleibt, weil das Briefing Ihnen verwirrende, widersprüchliche oder unklare Ziele liefert, ist Klärung mit dem Partner angesagt.

Fokussieren

In einfachen Fällen mag dazu bereits ein gemeinsames Gespräch ausreichen. Wenn es komplizierter wird oder wenn Sie kein Risiko eingehen wollen, raten wir, bieten Sie dem Auftraggeber an, die Ziele des Projektes in einem Workshop gemeinsam zu entwickeln. Sie müssen selbst entscheiden, ob sich der dadurch für Sie entstehende Aufwand im Rahmen einer reibungsloseren Projektabwicklung rechnet, oder ob Sie dem Kunden diese Zusatzleistung in Form eines separat zu honorierenden Auftrags anbieten wollen. Zu letzterem wird Ihr Kunde umso eher bereit sein, wenn es Ihnen gelingt, ihm klarzumachen, dass ein solcher Termin auch zur Chance für den Kunden wird, seiner Betriebsblindheit zu entrinnen. Wenn man den Wald vor lauter Bäumen nicht mehr sieht, hilft es immer, sich mit Menschen an den Tisch zu setzen, die außerhalb des Waldes leben.

Aus diesem Grund hat es sich bewährt, an solchen Workshops Ihre Kreation zu beteiligen. Sie verfügt mehr noch als Ihr Kontakt über eine gesunde Distanz zum Produkt, muss sich – obwohl fachlich unbeleckt – ins Thema einarbeiten und kann von heiligen Kühen wesentlich weniger leicht aus dem Tritt gebracht werden. Das kann sehr hilfreich sein als Spiegel aufs eigene Geschäft. Es gibt Profis, die sagen: »Ein Berater, der aus der Kreation kommt, schreibt im Allgemeinen kürzere Briefings mit klarem roten Faden und müllt seine Kollegen in der Agentur nicht so zu.« (Hattemer (1995), S. 43)

Aufgaben im Workshop erarbeiten

Stimmt Ihr Kunde einem gemeinsamen Vorgehen zu, sollten Sie das Heft in die Hand nehmen und gut vorbereitet in die neue Aufgabe gehen. Sitzen Sie nicht dem Trugschluss auf, ein solcher Workshop wäre eine leichte Übung und erledige sich praktisch von selbst. Sie müssen ihn so detailliert wie möglich vorbereiten und sich darauf einstellen, dass Sie während des Termins eine doppelte Aufgabe als Moderator und als Analyst erfüllen müssen. Mit einem gemeinsamen Brainstorming ist es dabei nicht getan. Brainstormings sind in der Branche sehr beliebt, treiben die Beteiligten aber oft erst recht in die Verzweiflung, weil man zunächst nur das Durcheinander zu Papier bringt, das in den Köpfen herrscht. Was Not tut ist Struktur, die ordnende Hand, genauer gesagt: *Ihre* ordnende Hand.

Praxis-Tipp

Zielworkshop mit Mind-Maps

- Sie können den Workshop durchaus mit einer lockeren Materialsammlung beginnen, sollten dann aber schnell zu strukturierenden Techniken übergehen. Eine recht hilfreiche Verbindung zwischen Brainstorming und Analyse ist das *Mind-Mapping*. Entwickelt hat die Methode der Gedächtnistrainer und Intelligenzforscher Tony Buzan. Es handelt sich um eine Schreibtechnik, die für das Flipchart bestens geeignet ist. Gleichwohl sind mittlerweile auch verschiedene Computerprogramme lieferbar, unter anderem Mindmanager Pro 6 für Windows (www.managementsoftware.de), PersonalBrain 3.0.2. für Windows (www.thebrain.com) und Inspiration 7.6 (www.inspiration.com), das auch auf Apple-Betriebssystemen eingesetzt werden kann.
- Das Grundprinzip des Mind-Mapping ist denkbar einfach. Ausgehend von einem zentralen Gedanken, der auch als Bild oder Skizze festgehalten werden kann, werden Schlüsselbegriffe in sich verästelnden Baumlinien angefügt. Unterschiedliche Farben können die Übersichtlichkeit erhöhen oder eine weitere Dimension der Strukturierung hinzufügen.
- Neben Schlüsselwörtern werden aussagefähige Zeichen eingesetzt, um die verschiedenen Aspekte zueinander in Relation zu setzen. Am zuverlässigsten wird die erarbeitete Struktur, wenn sie während der Sitzung eher intuitiv-assoziativ erstellt wird und ihre Bestandteile dann in einer oder mehreren Überarbeitungen so lange umgestellt

werden, bis sie zueinander in einem Gefüge stehen, das alle Beteiligten zufrieden stellt. Grundprinzip ist es also, zunächst Unordnung zuzulassen, um aus Diskrepanzen und erfühlten Unstimmigkeiten die wirklichen Zusammenhänge zu erkennen. Beim Mind-Mapping ist so der logische Fehler als Erkenntnisinstrument wo nicht erwünscht so doch zumindest mit einkalkuiert.

- Weitere Vorteile der Methode: Da nur Schlüsselwörter aufgezeichnet werden, ist jeder Teilnehmer gezwungen, seine Aussagen auf den Punkt zu bringen. Unsachliche Beiträge und langatmige Fabeln fallen unter den Tisch. Das diszipliniert die Teilnehmer. Und mit dem Ende des Meetings liegt in der dabei erstellten Mind-Map gleichzeitig auch ein abgestimmtes Protokoll der erarbeiteten Inhalte vor.

Wie sag ich's meinem Kinde? – Gestaltungswünsche verständlich vermitteln

Je billiger der Gauner, desto blumiger das Geplapper.
Dashiell Hammett – Der Malteser Falke

Wenn's darum geht, die eigene gestalterische Arbeit zu beschreiben, blühen bei der Zunft der Kreativen oft reichlich ornamentale Formulierungen auf. Das sollten Sie sich als Auftraggeber keinesfalls bei Ihrem Dienstleister abschauen. Wenn's schon sein muss und Sie wirklich unverrückbare gestalterische und grafische Ideen und Vorgaben in Ihr Briefing aufnehmen wollen oder müssen, tun Sie das so klar und konkret wie möglich. Ohne Schnörkel, ohne Ornamente, auf den Punkt. Von der Form Ihrer Vorgabe wird es abhängen, ob am Ende des Prozesses auch tatsächlich die Gestaltung steht, die Sie erwartet haben.

So einfach sind Gestaltungswünsche nämlich gar nicht zu beschreiben – erst recht nicht mit blumigem und vagem Vokabular.

Fehlende Begriffe

Besonders beliebt, wenn es darum geht, gestalterische Parameter zu definieren, sind deshalb Beispiele anderer Unternehmen. »Genau so eine Broschüre will ich,« ist ein Briefing, das fast jeder Kreative mit etwas Arbeitserfahrung schon einmal hinter sich gebracht hat. Dieser Griff zum Konkreten kommt nicht von ungefähr. Um Gestaltungsgrundsätze vom Visuellen ins Verbale zu übersetzen fehlen oft die passenden Begriffe. Zudem ist es schlicht einfacher, sich auf bereits geleistete Arbeiten zu beziehen. Warum abstrakt beschreiben, wenn's auch einfacher, will sagen: konkreter geht? Also zeigt man, was man nicht über die Lippen bringt.

Allerdings garantiert auch diese Vorgehensweise keinesfalls, dass Ihr Gegenüber Ihre Absichten am Ende tatsächlich versteht. Denn über das, was an einer konkreten Lösung »typisch« sein soll, wird man selten Einigkeit erzielen. In der Regel will man nämlich gar keine Eins-zu-Eins-Kopie, sondern meint einzig einen bestimmten Aspekt der Gestaltung – bisweilen ohne sich selbst klar darüber zu sein. So kommt es vor, dass der Auftraggeber das Format und dingliches Design, also Prägung, Heftgröße und Papierqualität der Broschüre liebte, die er dem Dienstleister vorlegte, der Grafiker unter dem geforderten »Genauso!« aber eine Adaption der Layoutgrundlagen, der Farb- und Bildwelten verstand. Und wieder hat man aneinander vorbei-, ja: eben nicht aneinander vorbei*geredet*, sondern aneinander vorbei*gedacht*.

Denken ist gut. Wenn Sie jemand verstehen soll, ist reden aber unverzichtbar.

Gestaltungsbeispiele kommentieren

Wenn Sie zu einschränkenden oder richtungsweisenden Beispielen greifen wollen, achten Sie darauf, genau zu benennen, *was* Ihnen an diesen Beispielen gefällt. Ist es die Papierqualität? Oder die Falzung? Das Format? Das Verhältnis von Textmenge zu freiem Raum? Die Schriftgröße? Die Typografie? Der Zeilenabstand? Der Tonfall der Überschriften? Das auch für Internetamateure klar als Button erkennbare Schaltflächendesign? Die Hintergrundmusik des Videos? Seine Schnittgeschwindigkeit? Die verwendeten Farbfamilien? Was auch immer es ist: Geben Sie dem Kind einen Namen. Ein »Find ich vom Stil her irgendwie gut.« reicht dazu nicht aus.

Unser Rat: Setzen Sie Gestaltungsbeispiele nur als letzte Stufe im Briefingprozess ein. Achten Sie dabei auf eine verständliche und differenzierte Kommentierung. Regeln und Hilfen für diese Kommentierung finden Sie weiter hinten: Im Kapitel über die Korrektur. Denn spätestens, wenn Ihr Dienstleister seine ersten Entwürfe vorlegt, brauchen Sie ohnehin ein Instrumentarium, mit dem Sie Gestaltung und Design verständlich bewerten und beschreiben können. Und so wenig sich über Geschmack streiten lässt, so sicher können und müssen Sie sich dazu äußern. Gottseidank gibt es ein paar andere Methoden als nur den Rückgriff auf die Arbeiten anderer, die Ihnen helfen, sich mit dem Dienstleister über Gestaltungsziele zu verständigen.

Ab ins Konkrete – Annäherungstechniken an Stil und Geschmack

Auch für den Dienstleister scheint es zunächst schwierig, dem Auftraggeber dabei zu helfen, sich über eigene ästhetische oder gestalterische Erwartungen klar und nachvollziehbar zu äußern. Wenn es um Geschmack, Einstellungen, Wünsche und Meinungen geht, lässt uns unsere Sprache schnell im Stich. Bilder- und Gefühlswelten objektivierbar zu beschreiben, fällt selbst Fachleuten schwer.

Flucht ins Konkrete

Die Werbebranche umgeht das Problem meist, indem sie sich ins Konkrete flüchtet: Legt man dem Kunden Pappen vor, braucht er sich nur noch in Form eines Ja oder Nein zu äußern. Das vereinfacht die Sache natürlich ungemein – zumindest auf den ersten Blick. Bei genauerem Hinsehen schafft sich die Zunft damit allerdings auch eins der größten Menetekel für motiviertes Arbeiten. Jeder Grafiker kann ein Lied davon singen. In langen Sitzungen versucht man dem Kontakter einzuschärfen, dass er dem Kunden beibringen soll, die Farben seien nur ein Vorschlag, die Fotos derzeit nur Platzhalter. Doch dann kommt der vom Kunden mit einer Pappe zurück, auf der selbst der Blindtext auf Kommata korrigiert wurde.

What you see is what you get-Problem

Tatsächlich legen viele Auftraggeber großen Unwillen an den Tag, irgendetwas anderes als das konkrete Endprodukt zu bewerten. Wir haben PR-Leiterinnen kennen gelernt, die sich allen Ernstes weigerten, Texte vor der Andruckphase zu korrigieren, weil man erst dann erkennen könne, wie später alles im Zusammenspiel von Wort, Bild und Layout wirke.

Viele Auftraggeber tun sich tatsächlich schwer, gestalterische Lösungen abstrakt zu begutachten. Im Ergebnis wird der gesamte gestalterische Prozess zur Black Box – mit verheerenden Folgen. Zum einen wird als konkrete gestalterische Entscheidung präsentiert, was eigentlich von wesentlich grundlegender, da strategischer Natur ist. Welche Gestaltungsteile verhandelbar sind und welche nicht, wird nicht mehr vorher entschieden, sondern erst nachdem die Arbeit bereits getan ist. Der Kunde äußert seine Korrekturwünsche erst im Angesicht des Endprodukts. Solange die klein bleiben, geht alles gut, hat der Kunde allerdings gravierende Änderungswünsche, fällt der Grafik die eigene Arbeit auf die Füße. Man fängt von vorne an und kann – da die trennende Sprachlosigkeit natürlich auch in der Korrekturphase nicht verschwindet – erneut nach dem Trial & Error-Prinzip zu Werke gehen. Eine verschwenderischere und demotivierendere Arbeitsweise ist kaum vorstellbar.

Anmutungen konkretisieren

Ist es wirklich so unmöglich, die Vorstellungen in Sachen Gestaltung unabhängig vom konkreten Produkt zu äußern? Natürlich nicht. Ausgangspunkt für die Methode, die wir Ihnen dazu als Hilfsmittel vorschlagen wollen, ist eine grundlegende Unterscheidung zwischen Grundqualität und Anmutungsqualität jedes gestalterischen Entwurfs. Während die Grundqualität messbar ist und Faktoren wie Papiergüte, Funktionsumfang, Haltbarkeit usw. umfasst, sind Anmutungsqualitäten wesentlich flüchtiger. Gerade sie aber müssen uns interessieren, weil an ihnen so viele Entwürfe scheitern. Die Anmutung lässt sich wieder in drei Bereiche unterteilen. Da sind zunächst Empfindungen, Gefühlserlebnisse und Wertassoziationen (wie Eleganz, Sicherheit, Perfektion usw.). Den zweiten Bereich der Anmutung bilden Sentimente, will heißen: alles, was sich mit den Sinnen wahrnehmen lässt, als sinnlich angenehm oder unangenehm empfunden wird. Und schließlich zählt zur Anmutung auch noch das Feld der Antriebe und Motivationen. Anmutungen bilden so ein diffuses Eindruckserlebnis, das sich weitgehend auf der emotionalen Ebene abspielt. Wie lassen sich nun diese Anmutungen aufspüren?

Es gibt einige Techniken, mit denen sich Einstellungen, ästhetische Vorlieben und eben auch Anmutungen in Sprache übersetzen lassen. Entwickelt wurden sie vor allem von den Meinungsforschern, die früh erkannten, dass das Geäußerte und das Gemeinte nicht unbedingt identisch sein müssen, und die deshalb geeignete Instrumente suchten und fanden, um Emotionen, Meinungen und Haltungen messbar zu machen.

Polaritätenprofil

Bereits 1957 erschien das Buch »The Measurement of Meaning« von Charles Osgood, George Suci und Percy Tannenbaum. In ihm entwickelten die drei Autoren die Technik des »semantischen Differentials«. Dabei handelte es sich um eine Art verbalisierten Rorschach-Test, bei dem die Befragten aufgefordert wurden, einen Begriff, eine Meinung oder ein Gefühl in ein festes Raster von gegensätzlichen Eigenschaftspaaren (eben das sind die semantischen Differenziale) einzuordnen. Psychologen wie Peter Hofstätter erkannten den Wert der Methode und entwickelten sie weiter. Bekannt wurde die Technik letztlich unter dem Begriff des *Polaritätenprofils*. Wir haben ein solches Profil in diesem Buch bereits verwendet – bei der Messung der Frage, ob die Erwartungen von Auftraggeber und Auftragnehmer kompatibel sind.

Die Assoziationspsychologie hat diese Methode noch weiter getrieben und durch dreidimensionale Verkettungen aus dem semantischen Differential einen semantischen Raum geformt (vgl. etwa Borg/Staufenbiel 1997). Wenn Sie nicht gerade ein Psychologiestudium hinter sich haben oder sonstwie eine Neigung zu komplexen soziopsychologischen Messverfahren mitbringen, raten wir Ihnen, die Finger von diesen mehrdimensionalen Skalierungen zu lassen. Keine Sorge, auch zwei Dimensionen reichen völlig aus, um klarzulegen, ob Eindrücke und Vorstellungen deckungsgleich oder doch zumindest ähnlich sind.

In der einfachsten, ursprünglichsten und nachdrücklichsten Form benutzt man Adjektivpaare wie

Beispiel eines Polaritätenprofils

laut	•	•	•	•	•	•	•	leise
kalt	•	•	•	•	•	•	•	warm
ernst	•	•	•	•	•	•	•	heiter
sachlich	•	•	•	•	•	•	•	romantisch
einfach	•	•	•	•	•	•	•	komplex
stabil	•	•	•	•	•	•	•	zerbrechlich
originell	•	•	•	•	•	•	•	konventionell
teuer	•	•	•	•	•	•	•	billig

verschwenderisch	•	•	•	•	•	•	•	sparsam
exklusiv	•	•	•	•	•	•	•	üblich
trendy	•	•	•	•	•	•	•	traditionell
jung	•	•	•	•	•	•	•	alt
innovativ	•	•	•	•	•	•	•	konservativ
technisch	•	•	•	•	•	•	•	natürlich
exotisch	•	•	•	•	•	•	•	vertraut
provokativ	•	•	•	•	•	•	•	brav
elegant	•	•	•	•	•	•	•	massiv
fein	•	•	•	•	•	•	•	grob
weiblich	•	•	•	•	•	•	•	männlich
harmonisch	•	•	•	•	•	•	•	dissonant
reduziert	•	•	•	•	•	•	•	opulent
dezent	•	•	•	•	•	•	•	schrill
dekorativ	•	•	•	•	•	•	•	funktionell
kultiviert	•	•	•	•	•	•	•	rustikal
anregend	•	•	•	•	•	•	•	beruhigend

Dabei können Sie – das ist ein großer Vorteil der Methode – Adjektive auf sehr unterschiedlichem Präzisierungsniveau kombinieren. Durch die Verwendung von Begriffspaaren ähnlicher Bedeutung schaffen Sie eine geeignete inhaltliche Kontrolle. Dennoch sollten Sie darauf achten, möglichst eindeutige und unmissverständliche Adjektive zu wählen.

Wertungen skalieren

Jedes Wortpaar wird durch eine Skala von in der Regel sieben Feldern verknüpft, in die der Probant seine persönlichen Einschätzungen und Wertungen einträgt. Aus solchen Begriffspaaren oder Differentialen gebildete Polaritätenprofile lassen sich auf vielfältige Weise einsetzen: nicht nur um die Anmutungswünsche des Kunden an die Kommunikation zu klären, sondern auch um die Eigensicht des Kunden auf sein Produkt sichtbar zu machen, um die Produktwahrnehmung der Zielgruppen zu prüfen oder um ästhetische Vorlieben der Zielgruppen aufzuspüren.

Profile vergleichen Wirklich spannend wird es, wenn man diese einzelnen Ebenen anschließend *untereinander* vergleicht. Ohne große mathematischen Operationen können Sie Diskrepanzen direkt ablesen. Legen Sie einfach die Profile (z.B. die des Auftraggebergeschmacks und die der ästhetischen Erwartungen der Zielgruppe) aufeinander – und schon können Sie die Abweichungen direkt und unmittelbar ablesen. Solche Vergleiche sind immens hilfreich – etwa wenn die Produktwahrnehmung der Verbraucher und die des Anbieters (also Ihres Auftraggebers) auseinander driften. Warum tun sie das? In welchen Punkten? Wie lässt sich das ändern? Welche von den Zielgruppen noch offensichtlich nicht erkannten Qualitäten muss die Kommunikation in den Vordergrund rücken? Belügt sich Ihr Auftraggeber vielleicht über die wahren Qualitäten seines Produkts?

Einsatzmöglichkeiten Wenn die Anmutungswünsche des Auftraggebers und die ästhetischen Vorlieben der Zielgruppen laut Ihren Messungen auseinander laufen, liefert der Vergleich der Polaritätenprofile einen Beleg, dass der Auftraggeber eine Entscheidung zu treffen hat, ob er für *sich* oder für die *Zielgruppe* arbeiten lässt.

In der einfachsten Form können Sie durch die Formulierung geeigneter Polaritätenprofile überprüfen, *ob die Erwartungen des Auftraggebers und die Wünsche der Gestalter an die Anmutung des Projekts deckungsgleich sind*, oder nicht. Laufen die Erwartungen auseinander, können Sie aus dem Profil Ihres Auftraggebers unschwer erkennen, an welchen Stellen Sie Ihre Schwerpunkte verschieben müssen, um in dieselbe Richtung zu denken.

Last but not least können Sie mit Polaritätenprofilen auch die *gestalterische Umsetzung erwünschter Inhalte* überprüfen – indem sie vorher vereinbarte Sollwerte mit der tatsächlichen Wirkung auf Testpersonen vergleichen. Decken sich Wunschprofil und Wahrnehmungsprofil der Käufer, hat man in Sachen Anmutung eine gute gestalterische Lösung gefunden.

Ein Beispiel: Solidität, Wärme und Zuverlässigkeit sollen als Wert vermittelt werden. Ihr Gestalter hat eine Farbwelt aus Dunkelblau und Apricot-Tönen angelegt. Ausgewählte Zielgruppenteilnehmer werden aufgefordert, erst die gewünschten Eigenschaften (Zielwerte) und danach die vorgeschlagenen Farben in ein und dasselbe Polaritätenprofil einzuordnen. Je mehr sich die dabei entstandenen Kurven decken, desto stimmiger ist die Farbwahl.

Polaritätenprofile sind für den Dienstleister also auch ein Instrument zur Legitimation, Überprüfung und Herleitung der eigenen Arbeit. Dem Auftraggeber dagegen können Sie als echte Messlatte dienen, anhand derer sich die Qualität gestalterischer Lösungen schlüssig bewerten lässt.

Weitere Techniken Wem der Aufwand für die Erstellung eigener Polaritätenprofile für die Vermittlung von Gestaltungswünschen zu groß scheint, der kann auf eine andere Technik zurückgreifen, mit der sich Anmutungen ohne den Umweg über das Wort anschaulich machen lassen: *Collagen und Moodboards.*

Lange vor dem fertigen Entwurf einsetzbar bilden sie eine ideale Alternative zu den klassischen Pappen, ohne diesen an Anschaulichkeit und Verständlichkeit nachzustehen. Das Prinzip ist einfach: Collagen und Moodboards sollen Farb- und Bilderwelten darstellen und mit Stimmungsbildern verknüpfen. Anmutungen werden dabei nicht in Sprache übersetzt, sondern durch Näherungswerte eingekreist. Die Annäherung erfolgt nicht verbal, sondern sensuell.

Collage

Collage kommt vom französischen Verb »coller« – kleben. Viel mehr als eine Sammlung von Broschüren und Zeitschriften, eine Schere und einen Klebestift brauchen Sie tatsächlich nicht. Das Ganze lässt sich natürlich etwas eleganter am Bildschirm bewältigen – vorausgesetzt, die Rohmaterialien, die in Frage kommen, liegen auch in digitaler Form vor. Einziger Nachteil der computergenerierten Collagen: Das haptische Element, also die taktilen, fühlbaren Qualitäten beispielsweise besonderer Papieroberflächen, Strukturen oder anderer Materialien gehen als sinnlicher Reiz verloren.

Collagen bestehen idealerweise aus ausgeschnittenem, zerschnittenen und unbearbeitetem Bildmaterial, aus reinen Farbflächen, Strukturen, Materialproben, und typografischen Elementen. Die Einzelbausteine werden aneinander gesetzt, auch Überlagerungen sind möglich. Das macht die Collage zu einem additiven Verfahren. Strukturen ergeben sich wie bei einer Mind-Map aus der Anordnung der Teile.

Moodboard

Eine besondere Form der Collage ist das Moodboard. Dabei beschränken Sie die Zahl der Flächen auf fünf mal fünf, also 25 gleich große Felder. Ein solches festes Raster zwingt zu wählen, lässt aber noch genügend Spielraum, um mehrere Dimensionen der erwünschten Gestaltung klarzumachen.

Gerade weil Collagen und Moodboards sich ohne großen Arbeitsaufwand und gestalterische Vorkenntnis zusammenbasteln lassen, sind sie ein ideales Instrument, mit dem man auch als Nichtgestalter die eigenen Gestaltungsideen sichtbar machen kann. Alles was Sie dazu brauchen, ist ein ausreichend großer Fundus von Versatzstücken. Falls Ihnen die Methode liegt, sollten Sie sich eine regelrechte Bibliothek anlegen, aus der Sie bei Bedarf schöpfen können. Sammeln Sie also Drucksachen und Materialproben, was das Zeug hält – und nutzen Sie sie nach Bedarf als Steinbruch, um klar zu machen, in welcher Richtung Sie gestalterische Ansätze erwarten.

Ein solcher Abgleich der Vorstellungen *vor* der eigentlichen gestalterischen Arbeit ist auf jeden Fall sinnvoll. Im Zweifelsfall kann er sogar als verbindliche oder empfohlene Gestaltungsvorgabe zum unmittelbaren Bestandteil des Briefings gemacht werden.

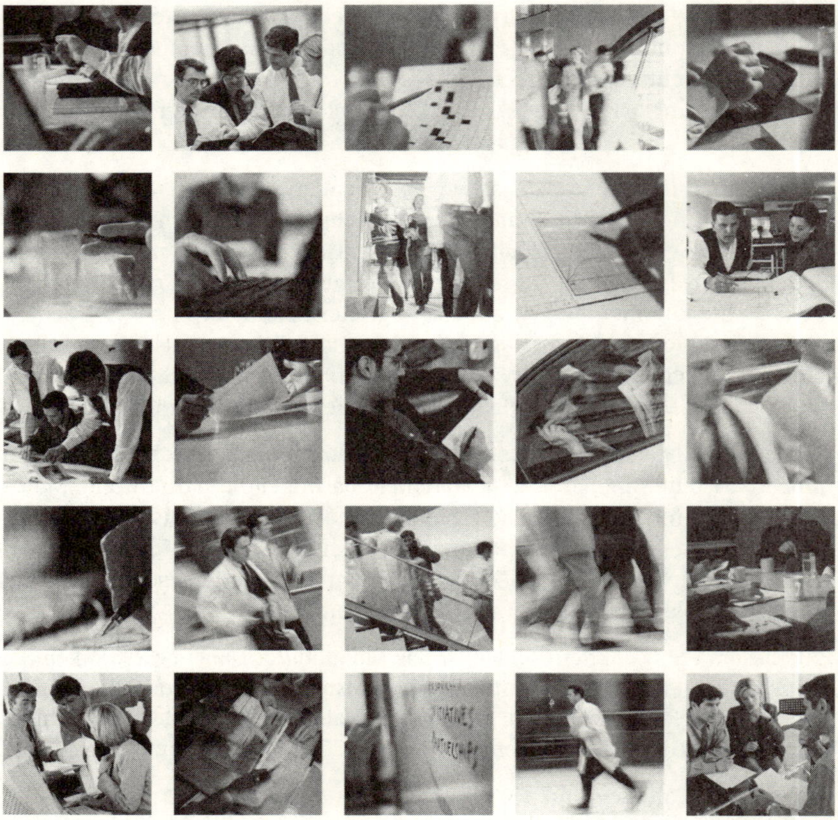

Moodboard ›Dynamic Business‹ – Annäherung an die Bildsprache

16. Kapitel
Das Medium ist Botschaft – Formale Aspekte Ihres Briefings

Beim Schreiben exponiert man sich entschieden über jedes Maß hinaus. Ein Wort mehr und ich wäre kopfüber in die Wahrheit gestürzt.

Henri Michaux

Ob Sie mündlich oder schriftlich briefen sollten, ist eigentlich keine Frage. Tun Sie auf jeden Fall *beides* – in der richtigen Reihenfolge.

Schriftlich briefen, mündlich kontrollieren

Legen Sie Ihr Briefing in der vorne dargestellten Art zunächst *schriftlich* fest. Geben Sie dann, in einem zweiten Schritt, dem Auftragnehmer die Gelegenheit, die Aufgabe mit eigenen Worten zu formulieren und/oder zu hinterfragen. Dieses mündliche »Rebriefing« bringt zwei weitere Qualitätsfaktoren ins Spiel: Redundanz und Feedbackschleifen. Beide helfen den Partnern, sich besser über die Inhalte des Briefings zu verständigen.

Disziplin

Für eine grundsätzliche Schriftlichkeit des Briefings gibt es zwei Hauptgründe. Den ersten hat unser Einleitungszitat angedeutet: *Disziplinzwang.* Schriftlich formulieren kann man nur, wovon man auch wirklich Ahnung hat, und im Verlauf des Schreibens ergeben sich Klärungen, die sich im munter Dahingeplapperten wahrscheinlich nicht so schnell eingestellt hätten.

Verbindlichkeit

Der zweite Grund, der für die Schriftlichkeit spricht, ist die *Verbindlichkeit* des geschriebenen Wortes. Schwarz auf weiß, sagt man nicht umsonst, ist die Lieblingsfarbe der Anwälte. Ihr Briefing bereitet eine Vertragsbeziehung vor, bei der recht schnell der Aspekt eines rechtsgültigen Nachweises ins Spiel kommen kann. Auch wenn man sich nicht gleich wegen jedem schief gelaufenen Auftrag vor Gericht treffen muss, bietet eine Auftragssituation immer Konfliktpotential, das man nicht unterschätzen sollte. Wenn Sie sich absichern wollen, ist die Schriftform noch immer die vernünftigste Wahl. Wirklichkeiten unterscheiden sich, das Erinnerungsvermögen der Beteiligten erst recht. Mit einem schriftlichen Briefing dokumentieren Sie die Aufgabenstellung verbindlich und halten so Streitpotentiale gering.

Ob Sie Ihr schriftlich fixiertes Briefing am Ende per Fax, per E-Mail, per Post oder per Kurier an den Dienstleister schicken oder ob Sie es ihm persönlich übergeben, ist zweitrangig. Ganz sicher wird der Zeitfaktor bei der Wahl des Übermittlungskanals ebenso eine Rolle spielen wie die Art der Anlagen, die zu Ihrem Briefing gehören. Soweit Dokumente und Texte, die weiterverarbeitet werden sollen, als Dateien vorliegen, wird jeder Auftragnehmer um eine E-Mail mit den entsprechenden Attachments froh sein. Produktdummys und CDs passen nicht durchs Fax usw. Die Implikationen sind klar und brauchen hier nicht weiter erörtert zu werden.

Womit wir uns allerdings sehr wohl noch beschäftigen sollten, ist die *Sprache* Ihres Briefings.

Das Wort als Werkzeug – Die Sprache Ihres Briefings

Wer mit zwanzig Wörtern sagt, was man auch mit zehn sagen kann, der ist auch zu allen anderen Schlechtigkeiten fähig.

Giosué Carducci

Klar und sachlich

Einige Fachleute raten dazu, Briefings möglichst interessant zu gestalten und bereits durch die sprachliche Form den Auftragnehmer zu motivieren. Dagegen ist grundsätzlich nichts zu sagen – wenn man's denn kann. Allerdings entspringt die eigentliche Motivation Ihres Dienstleister aus seinem Leistungswillen und dem ihm in Aussicht gestellten Honorar. Machen Sie ihm durch Prägnanz und Sachlichkeit seine Aufgabe leichter, so motivieren Sie ihn dadurch wesentlich nachdrücklicher, als Sie es durch aufrüttelnde und spannende Formulierungen jemals könnten.

Bleiben Sie in Sachen Sprache auf dem Teppich. Viel wichtiger als brillant zu formulieren, ist es, sich klar, strukturiert, sachlich, nüchtern und eindeutig auszudrücken. Eitelkeiten sollten Sie ohne Zaudern ausschalten. Wir haben oft genug Briefings erlebt, in denen der Briefende versuchte, seine Sprachgewandheit unter Beweis zu stellen. Warum, war niemand wirklich klar. Als Briefender wollen Sie sich *verständlich* machen und nicht den Pulitzerpreis gewinnen.

Wenn es also darum geht, sich so verständlich wie möglich zu machen, heißt das einiges für die Sprache, mit der Sie das versuchen sollten. »*Verständliches* Deutsch braucht weder gutes noch interessantes Deutsch zu sein.« und »*Interessantes* Deutsch muss weder gut sein noch korrekt noch auch nur leicht verständlich – falls uns nämlich der *Inhalt* des Mitgeteilten fasziniert.« (Schneider (1984), S. 31). Die Unterschiede und Nuancen, die der Sprachguru Wolf Schneider hier andeutet, lassen sich auch in ein System bringen.

Vier Säulen der Verständlichkeit

Verständlichkeit ruht danach in einzelnen Situationen auf vier Säulen:

- *Einfachheit* der Sprache (Klarheit des Wortes)
- *Struktur* des Textes (Klarheit der Gliederung)
- *Prägnanz* des Mitgeteilten (Knappheit statt Weitschweifigkeit)
- *Stimulanz* der Aufmerksamkeit (z.B. durch anregende Stilmittel)

Das verleiht dem oben Gesagten noch mehr Nachdruck. Wie viel Stimulanz nötig ist, um sich verständlich zu machen, hängt immer von den anderen Faktoren ab, die möglicherweise die Aufmerksamkeit des Zuhörenden beeinflussen. Im Briefing schafft die Aussicht auf den Honorarscheck ausreichend Stimulanz. Rhetorische Schnörkel werden diese nicht weiter erhöhen, sondern viel eher zu Lasten der Verständnisfaktoren Kürze, Knappheit und Einfacheit gehen.

Wenn Sie an der Sprache Ihres Briefings arbeiten wollen, ist dagegen sicher nichts zu sagen. Achten Sie allerdings darauf, nicht an Effekten herumzudoktern, sondern verwenden Sie diese Energie lieber auf die grundlegenden verständnisfördernden Qualitäten. Wolf Schneiders 1984 erschienenes Buch »Deutsch für Profis« kann Ihnen dabei zur Bibel werden. Doch, ehrlich. Es gibt noch immer keinen Autoren, der die Fallstricke und Regeln genauer auf den Punkt bringt.

Wenn Sie nicht ganz so tief einsteigen wollen, reicht es auch schon, einige Grundregeln zu beachten, die in Anlehnung an Schneider schnell zusammengetragen sind. Sie werden erstaunt sein, wie viel sich schon durch ihre Beachtung erreichen lässt.

Praxis-Tipp

Neun Faustregeln für verständliches Deutsch

- Weg mit den Adjektiven.
- Her mit den Verben.
- Vorsicht bei Verben, die sich nicht allein und ohne Substantiv aufs Papier trauen. Bekennen Sie lieber, als Bekenntnisse abzulegen, schlagen Sie etwas vor, statt etwas in Vorschlag zu bringen usw.
- Nennen Sie den Handelnden. (Das ist gerade beim Briefing besonders wichtig!) Vermeiden Sie deshalb den Passiv – auch seine versteckten Formen, wie sie die Verben »erfolgen«, »durchführen« und ähnliche Spießgesellen ins Spiel bringen. Das sorgt für Klarheit.
- Weg mit abstrakten Substantiven (besonders denen auf »-ung«!). In 90 Prozent aller Fälle sind sie grammatikalisch überflüssig und verstecken nur ein Verb.
- Weg mit Fremdwörtern.
- Hauptsachen in Hauptsätze. Schachtelsätze ad acta legen. Am besten in die Akten der Bürokraten. Da gehören sie hin.
- Zahlenhaufen in Tabellen verdichten, nicht in Sätzen ausbreiten.
- Misstrauen Sie dem Stilempfinden der Deutschlehrer.

Ein klares Wort zu wiederholen, hilft der Verständlichkeit viel weiter, als es durch gefallsüchtige Synonyme zu ersetzen. Lesen Sie zu diesem Thema mal Dialoge von Ernest Hemingway. Da *sagt* der eine was, dann *sagt* der andere was, und dann *sagt* wieder der erste was. Da wird nicht ständig »erwidert«, »retourniert«, »eingewandt«, »zu Bedenken gegeben« usw. Analoges gilt auch für andere Stilmittel. Metaphern, Alliterationen, ausgefallene Worte und Wendungen werden schnell zu Marotten. Hüten Sie sich davor – wie Schneider es formuliert – »auf Glatzen Löckchen zu drehen«. (Schneider (1984), S. 72)

Babylonische Sprachverwirrung – Fachsprachen als Machtfaktor

> Und der Herr sprach: Siehe, es ist einerlei Volk und einerlei Sprache unter ihnen allen, und dies ist der Anfang ihres Tuns; nun wird ihnen nichts mehr verwehrt werden können von allem, was sie sich vorgenommen haben zu tun. Wohlauf, lasst uns hernieder fahren und dort ihre Sprache verwirren, dass keiner des andern Sprache verstehe! So zerstreute sie der Herr von dort in alle Länder, dass sie aufhören mussten, die Stadt zu bauen.
>
> *Erstes Buch Mose, Kap. 11: Der Turmbau zu Babel*

Wer verstehen muss, und nicht versteht, hat von Anfang an die schwächere Position. Solche Machterwägungen sind – das haben wir schon abgehakt – einer der Hauptgründe, warum wir eine Verständigung so häufig und mit voller Absicht torpedieren. Nicht, dass uns diese Absicht immer bewusst wäre, vorhanden ist sie allemal. Auch in der Sprache des Briefings werden Kommunikationsbarrieren aufgerichtet, um dem anderen zu sagen: Beweisen Sie erstmal, dass Sie dazugehören.

Sprache formt Kultur

Eine gemeinsame Landessprache stärkt das Wir-Gefühl, und bietet die Chance zur Ausformung einer eigenen Kultur. Sie definiert damit aber natürlich auch die Grenzen, an denen andere ausgeschlossen werden. Analoges gilt für Fachsprachen. Ihre gern angeführte größere Genauigkeit ist ein Scheinargument. Meistens lässt sich ein Sachverhalt auch sehr gut mit allgemein verständlichen Worten erklären. Termini Technici generieren einen für den Adepten luziden spontanen Code, evozieren damit aber als intendierten oder nicht intendierten Nebeneffekt auch eine mit Narzissmus gepaarte linguistische Exklusivität, die aus ihrer Kryptik für den Profanen resultiert. Sehen Sie, was wir meinen? Der ganze letzte Satzwurm ist nur die aufgetakelte Fassung des folgenden Zitats: »Der sachliche Vorzug, den [Fachwörter] häufig haben, verbindet sich allzu oft mit der Gedankenlosigkeit oder dem Hochmut derer, die sie benutzen.« (Schneider (1984), S. 24)

Dabei hätten wir alle Gründe, diese Machtspiele bleiben zu lassen. Spätestens seit der babylonischen Sprachverwirrung wissen wir, dass sie Spiele ohne Gewinner sind.

Wo schon nicht Achtung und Respekt für das Gegenüber, so sollte doch zumindest der Wille, ein gemeinsames Ziel zu erreichen, zu einem bedachteren Umgang mit Fachbegriffen führen.

Nicht notwendigerweise muss es sich übrigens bei Fachwörtern um Fremdwörter handeln. Architekten verkünsteln sich gerne mit dem ›Rückbau‹ (statt Abriss), Umweltfachleute mit der ›Nachhaltigkeit‹, Unternehmensberater mit der ›Prozesshaftigkeit‹ und so weiter. Der Unworte sind Legion. Dass sie in der Kommunikationsbranche hauptsächlich als Fremdwörter und Kürzel englischen Ursprungs auftreten, liegt schlicht an der führenden Rolle der USA in der Geschichte der Werbung und an der Tatsache, dass die Werbewelt stärker als andere Branchen auf internationalem Parkett operiert.

Eins haben alle schillernden Fachbegriffe unabhängig von ihrem Ursprung gemein. Sie sind ein ausgezeichnetes Versteck. Wer sich die Mühe macht, nachzufragen, wird oft genug entdecken, dass sich die Experten alles andere als einig sind, was mit ihren Fachbegriffen denn nun genau gemeint ist. Das halten Sie für starken Tobak? Schlagen Sie einfach noch einmal die unterschiedlichen Definitionen nach, die wir in der Fachliteratur für ›Briefing‹ gefunden haben.

Fachsprache trifft auf Fachsprache

Doch ganz egal, ob über die eigenen Begriffe nun Klarheit herrscht oder ob sie nur der Tarnung dienen – beim Briefing prallen zwei Arbeitswelten und damit auch deren Fachsprachen aufeinander. Fachmann Spezialbranche trifft Fachmann Kommunikation.

Als direkter Auftraggeber sitzen Sie genau wie auf der anderen Seite der Kundenberater zwischen zwei Stühlen. Ob es Ihnen gelingt, zwischen den beiden (Sprach-)Welten zu übersetzen, wird ausschlaggebend für Ihren Erfolg. Das ist nicht einfach. Im Briefing müssen sich die beiden Partner gegenseitig Arbeitsfelder vermitteln, mit denen sie eigentlich nichts zu tun haben, und die sich ganz eigener Sprachen bedienen.

Sprache bestimmt die Weltsicht

Was die Sache noch erschwert, ist ein Phänomen, das die Sprachwissenschaft unter dem Namen ›Sapir-Whorf-These‹ kennt. Unsere Sprache bestimmt unsere Weltsicht und unsere Wahrnehmung. Menschen, die unterschiedliche Sprachen benutzen, nehmen ein und dieselbe Sache unterschiedlich wahr. Das beliebteste Beispiel, das als Beleg zitiert wird, sind die Eskimos, die angeblich mehr als zwanzig Begriffe für Schnee verwenden. (Die genannte Zahl variiert beträchtlich, vermutlich in direkter Abhängigkeit vom Nachdruck, den der Autor in sein Beispiel legen will.) Wo der Mitteleuropäer mit zwei Worten – Schnee und Eis – auskommt, entdecken Menschen, die fast nur im Schnee und mit dem Schnee leben natürlich zahllose Nuancen. Man braucht allerdings gar nicht nach Grönland zu gehen, um das bestätigt zu finden. Schon die Alpenbewohner sprechen von Locker-, Wild-, Neu-, Pulver- und Pappschnee, von Schneebrettern, filzigem Schnee, Oberflächenreif, Graupel, Griesel, Harsch, Firn und Sulz. Stadtmenschen begnügen sich mit – Sauwetter.

Nicht immer meint die Sprache der Auftraggeber und die Sprache der Kreativen also dasselbe, selbst wenn beide dieselben Worte verwenden. Achten Sie deshalb zunächst auf Ihrer Seite darauf: Wo hantiere ich mit erklärungsbedürftigen Begriffen? Will ich mir vielleicht an manchen Stellen ganz bewusst nicht in die Karten sehen lassen? Erwarte ich gar vom Dienstleister, dass er mir seine Kompetenz unter Beweis stellt, indem er mit meiner Sprache mithalten kann? Und setze ich diese Kompetenz mit Loyalität gleich?

Praxis-Tipp

Fachbegriffe

- Setzen Sie die wichtigsten Begriffe nicht voraus, sondern bestehen Sie auf einer gemeinsamen Klärung.
- Versuchen Sie Sätze, die zentrale Fachbegriffe beinhalten, auch so zu formulieren, dass der Fachbegriff nicht mehr auftaucht. Hier ist Redundanz besonders angebracht!
- Erläutern Sie verwendete Abkürzungen.

Jargon der Werber

Misstrauen sollten Sie natürlich nicht nur den eigenen Worten. Gerade Werber pflegen mit Hingabe ihr Fachchinesisch. Und sind sich reichlich uneins, was denn nun genau unter so gängigen Begriffen wie Evaluation, Below-the-Line oder Marke zu verstehen ist. Das ist besonders ärgerlich, weil gerade die Kommunikationsfachleute wissen sollten, was man damit anrichtet. Die Tatsache, dass ich für mich einen Begriff definiert habe, heißt *noch lange nicht*, dass ihn mein Gegenüber auch genauso oder überhaupt versteht. Um Ihnen den Umgang mit dem »Werbisch«, wie es die Hamburger Agentur Scholz & Friends in einem jüngst erschienen Büchlein nennt, zu erleichtern, wollen wir nicht den allgegenwärtigen Glossaren ein weiteres hinzufügen. Stattdessen wollen wir – weil Übertreibung anschaulich macht – mit einem gerüttelt Maß Polemik auf ein paar der bösesten Fallen aufmerksam machen, die Sie erwarten. Damit Sie gewappnet sind, wenn Ihr Dienstleister sich hinter einer besonders schillernden Worthülse verschanzen will.

Praxis-Tipp

Kleines Glossar fachchinesischer Fallen

Eine Reihe zentraler Begriffe der Werbewelt werden in der täglichen Praxis immer wieder so unbedacht eingesetzt, dass sich die gesamte Kommunkationsbranche damit ein Armutszeugnis ausstellt. Dabei stellen wir die Bedeutung der dahinterstehenden Ideen nicht in Abrede. Im Gegenteil: Es sind oft genug kluge, hilfreiche Ansätze. Damit Sie diese Ideen und Konzepte sinnvoll einsetzen können, sollten sie aber begrifflich gegen den Strom schwimmen. Fragen Sie nach, verschaffen Sie sich Aufklärung, ob das, was Ihr Dienstleister versteht, sich mit Ihrer eigenen Vorstellung trifft, wenn eins der folgenden Worte auftaucht.

- **USP/Claim/Reason Why**
  Schon an der Auflösung des Kürzels USP scheiden sich die Geister: Unique Selling Proposition oder Unique Sales Proposal? Beide sind üblich. Gemeint ist auf gut deutsch das Alleinstellungsmerkmal eines Produktes, das sich in einem entsprechenden Verkaufsversprechen niederschlägt. Schön wäre, wenn man lernte, sich einzugestehen, dass nicht jedes Produkt mit einer USP aufwarten kann. Oft genug wird die Definition der USP zur Aufgabe der Werbeagentur gemacht, weil sich die Marketingabteilung schwer damit tut. Und ebenso häufig

werden vielfältige, nicht immer überzeugende Verkaufsversprechen addiert, und diese Liste mit dem Label USP beschönt. Beides sind Travestien des ursprünglich Gemeinten. Die besseren Marketingfachleute unterscheiden die USP sauber vom vergleichsweisen Wettbewerbsvorteil. In der Regel kommt man in der Diskussion weiter, wenn man sich statt über die USP zunächst über ›Produktvorteile‹ unterhält und diese auf mögliche ›Alleinstellungsmerkmale‹ untersucht. Als begriffliche Varianten zur USP treten zuweilen die Worte ›Claim‹ und ›Reason Why‹ auf, die beide etwas anderes bedeuten (können und sollten). Dass ›Claim‹ in anderem Zusammenhang nicht selten auch noch als Synonym für ›Slogan‹ verwendet wird, macht das Wirrwarr perfekt. Begriffe, die als Aufforderung gemeint sind, auf den Punkt zu kommen, werden so ärgerlicherweise zum Mittel, genau diese Positionierung durch Schwammigkeit zu umgehen.

- **Branding**
Branding war das Schlüsselkonzept der 90er Jahre in Sachen Wirtschaftskommunikation – und steht heute wie jedes Modewort nahe an der semantischen Selbstauflösung. Eine Marke will kontinuierlich gepflegt und kommuniziert werden. Ihre entscheidenden Qualitäten wachsen in den Köpfen der Verbraucher – nicht auf den Schreibtischen der Agenturen. Branding (Markenschöpfung) bezeichnete ursprünglich das Einbrennen von Brandzeichen ins Fell von Weidetieren. Der alles andere als zimperliche Umgang mit dem Begriff erinnert heute wieder fatal an die rustikale Manier der Cowboys. Realistisch kann der Begriff nur sämtliche Bemühungen der Kommunikationsabteilung bezeichnen, die Produktwahrnehmung der Verbraucher im Sinne einer Markenschöpfung zu beeinflussen. De facto haben wir mehr als einmal erlebt, dass die Marke mit einem gestalteten Firmenlogo gleichgesetzt wird. Branding muss man heute einfach haben. Selbst wenn die wirtschaftliche Bedeutung des Produkts eine umfassende, fundierte und entsprechend aufwändige Markenentwicklung schon aus Budgetgründen nicht hergibt, will man wenigstens mit dem Begriff operiert haben. Das Deutsche Patent- und Markenamt verzeichnet in seinem Jahresbericht 2001 genau 606.637 geschützte nationale Marken. Allein 456.301 Marken wurden zwischen den Jahren 1995 und 2001 eingetragen. Selbst wenn man die natürliche Abnahme des Bestands durch Löschungen berücksichtigt, wird klar: Die Zahl der Marken ist explodiert und die Plätze in der ersten Reihe werden knapp. Denn die Aufmerksamkeitskapazität der Verbraucher ist nicht gestiegen. Nach Ralf Baginski traf der Normalverbraucher 1965 täglich auf 65 Werbebotschaften, heute lauern ihm weit über 2000 auf. (Baginski (2000), S. 24). Wenn Sie den durch inflationären Gebrauch ausgehöhlten Begriff Branding umschiffen und erläutern wollen, sprechen Sie ruhig über Erwartungen, Qualitätsvorstellungen und Assoziationen, die Ihre Kunden mit Ihrem Produkt und Ihrem Unternehmen verbinden. Sprechen Sie auch vom Produktdesign, von materiellen und immateriellen Produkt-

eigenschaften, vom Image Ihres Produktes, von den Gefühlen, die es auslöst, und von seinem Wiedererkennungswert. Das klärt.

- **Corporate Culture/Corporate Identity/Corporate Design**
  Dass die drei so unterschiedlichen Begriffe nicht selten als Synonyme benutzt werden, ist die eine Seite des Problems. Noch gravierender aber wirkt sich aus, dass man sie mit maßlos überzogenen Vorstellungen darüber verbindet, was Kommunikation eigentlich leisten kann. Sie können vom Kommunikationsdienstleister mit Sicherheit eine solide Arbeit an ihrem Corporate Design erwarten. Die Identität oder die Kultur Ihres Unternehmens einzig durch Kommunikationsmaßnahmen formen zu wollen, wird aber ebenso sicher zum Rohrkrepierer. Andersrum wird ein Schuh draus: Ihre Kommunikation muss Identität und Wesen Ihres Unternehmens, seine Werte, Ziele und Überzeugungen glaubhaft darstellen. Über die Fehlinterpretationen gerade des CI-Begriffs ist genug geschrieben worden. Ingrid Kellers »Das CI-Dilemma« ist eine hilfreiche Lektüre, um sich die eigentliche Bedeutung des Begriffs und des dahinterstehenden Konzepts in all seinen Dimensionen und Auswirkungen vor Augen zu führen.

- **Vkf/Promotion/Absatzförderung**
  Was heißt denn nun Verkaufsförderung (Vkf)? Eigentlich sollten doch alle Kommunikationsmaßnahmen letztlich dem Oberziel dienen, den Absatz zu steigern. Was gehört also dazu? Was nicht? Verkaufsförderung ist eigentlich ein klar definierter Begriff des Marketing. Eigentlich. Sie würden staunen, welche unterschiedlichen Einschätzungen dazu im Umlauf sind.

- **Below-the-Line**
  Nicht selten wird der Begriff als Feigenblatt dafür eingesetzt, dass nicht genügend Geld vorhanden ist, um eine klassische Kampagne zu fahren. Deshalb wird der Begriff auch gerne in Verbindung mit »Guerilla-Aktionen« gebraucht. Das war ursprünglich mit den Maßnahmen »unter der (Gürtel-)linie« nicht gemeint. Weitere Definitionen, die uns allein in der Fachliteratur begegnet sind? Bitteschön: 1) alle Maßnahmen, die den Willen zu manipulieren nicht sofort erkennen lassen. 2) Maßnahmen, die mit geringem Aufwand und ohne Unterstützung von außen durch das Unternehmen selbst realisiert werden können. 3) alle nicht-klassischen Maßnahmen, die dem Absatz dienen. 4) nicht rentabel vergütungsfähige Werbung. 5) »unter dem Strich« bzw. nicht im Streuetat enthaltene Werbung. 6) Werbung von Mensch zu Mensch. 7) Werbung, die den Verbraucher unmittelbar anspricht. 8) Werbung, die ungewöhnlich ist, aus dem Rahmen fällt. usw. (Frage zur letzten Definitionen: Wie sieht dann klassische Werbung ›above the line‹ aus? Gewöhnlich?)

Praxis-Tipp

Kleines Glossar fachchinesischer Fallen

- **Tonalität/Tonality**
  In welchem Ton reden Sie eigentlich mit Ihrem Kunden? möchte man manchen Kommunikationsmenschen fragen. Tonalität bezeichnet die Qualität, das »Wie?« von Wort, Bild und Design, das dem *Dienstleister* am geeignetsten erscheint, um die Zielgruppe anzusprechen. Wäre es nicht sinnvoller, die Perspektive zu wechseln, und statt der Tonalität der Macher die ästhetischen Vorstellungen, Wünsche, Erwartungen, die Wahrnehmungs- und Sprachgewohnheiten, die Vorlieben und Neigungen der Angesprochenen ins Gespräch zu bringen? Es wäre? Na, dann sind wir uns ja einig.

- **Added Value/Zusatznutzen**
  Steht in einer Reihe mit den ›weichen Faktoren‹, wird aber gerne auch als Synonym für ›Image‹ verwendet. Beliebte Agenturfloskel: »Wir müssen einfach den Zusatznutzen für den Käufer herausarbeiten.« Dahinter verbirgt sich oft Unsicherheit über das Produkt, Misstrauen, ob die ›harten‹ Qualitäten stimmig sind – und die Hoffnung, irgendjemand möge doch noch ein Argument einfallen, mit dem man den potentiellen Käufern das Produkt schmackhaft machen könnte. Ursprünglich kam der Begriff ins Spiel, als untersucht wurde, warum sich einige Produkte besser verkaufen als andere. Im Grunde wurde damit aber kein geheimnisvolles neues Verkaufsphänomen entdeckt, sondern die Tatsache, dass Anbietern oft nicht klar ist, was ein Produkt in den Augen der Käufer eigentlich ausmacht.

- **Public Relations/Öffentlichkeitsarbeit/Pressearbeit**
  Schon klar: Es geht meist um Kommunikation, bei der das Unternehmen, nicht das Produkt das Thema ist, und die sich an die Öffentlichkeit wendet. Aber: Was zählen Sie außer der Pressearbeit noch zur Public Relations? Ist eine Imageanzeige Öffentlichkeitsarbeit oder Produktwerbung? Warum soll sie dann Ihre *Werbeagentur* machen? Spricht Ihre Öffentlichkeitsarbeit wirklich die ganze, breite Öffentlichkeit an oder Teilöffentlichkeiten, am Ende gar nur Ihre Zielgruppe? Gehört zur Pressearbeit auch die Pflege von Fernsehjournalisten? Sie sehen: so klar, wie alles auf den ersten Blick scheint, ist es leider auch in diesem Falle nicht.

Beispielfall

Eine Marke wie Rolls Royce

In 1A-Lage einer deutschen Großstadt wollte ein bundesweit arbeitender Immobilieninvestor ein nicht unbedingt großes, in Qualität, Preis und Ausstattung aber recht ambitioniertes Immobilienprojekt realisieren. Der Vertriebsleiter bat fünf Agenturen zur Präsentation – und lieferte ihnen ein Briefing, das zwar umfangreich und detailliert schien, wichtige Fachbegriffe aber völlig unscharf und beliebig auf die eigene Situation anwendete.

Beispielfall

USP steht – je nach Credo – für »Unique Sales Proposal« oder »Unique Selling Proposition«. Unique heißt einzigartig. Weit davon entfernt lieferte das Briefing unter diesem Stichwort gleich sieben Produktqualitäten, die angesichts des Wettbewerberangebots alles andere als Alleinstellungsmerkmale bildeten – und bestenfalls als »Usual Standard Points« durchgingen:

»1. Lage im Zentrum, nahe U-Bahn, 2. architektonischer Charakter: Das Gebäude wird den Standort mitprägen, 3. moderne, flexible Ausstattung, 4. Einbindung der Erstmieter in Flächengestaltung, 5. kurzfristige Verfügbarkeit der Flächen, 6. effiziente Flächeneinteilung, 7. optimierte Kosten.«

Prüfen Sie selbst nach, welche der sieben Eigenschaften sie als potentieller Mieter einer hochpreisigen Büroimmobilie im Zentrum nicht ohnehin erwartet hätten. Von einer USP konnte absolut keine Rede sein.

Ein weiterer Anspruch des Briefings war es, das »Gebäude zu einer Marke wie Rolls Royce« zu machen – eine Forderung, die auf ein mangelndes Verständnis der Brandingprozesse schließen ließ. Rolls Royce hatte als weltweite Marke Jahrzehnte Zeit, sich in den Köpfen der Menschen zu formen. Die Immobilie dagegen sollte in weniger als einem Jahr mit einem klar begrenzten Budget vermarktet werden.

Das wäre mein Traum – Die Tücke der einfachen Skizzen

Mit der Form guter Briefings sei es ein wenig wie mit festem Schuhwerk, meinte ein Kontakter, mit dem wir sprachen: Je bequemer es passt, desto weiter wird man damit kommen, ohne sich Blasen zu holen. Ein netter Vergleich, der nicht einmal allzu sehr hinkt.

Frei von der Leber weg

Die besten Ergebnisse stehen tatsächlich immer dann zu erwarten, wenn man genau so kommunizieren kann, wie einem der Schnabel gewachsen ist. Wer sich in der Kommunikationssituation wohlfühlt, wird sich leichter ausdrücken können, als jemand, dem ständig der Beziehungsaspekt in die Quere kommt.

Ist es dann aber nicht vermessen, auf einer Regelhaftigkeit zu bestehen, wie wir es getan haben, und zuerst ein schriftliches und dann auch noch ein mündliches Briefing zu erwarten? Wir glauben nicht. Erstens erwarten wir ohnehin nichts, sondern schlagen Ihnen etwas vor, das sich aus unserer Sicht in der Praxis bewährt hat und auch theoretisch untermauern lässt. Wir haben Ihnen ganz am Anfang des Buches gesagt: »Was Sie draus machen, ist Ihre Sache.« Daran hat sich nichts geändert. Zweitens aber, und da kommen wir jetzt zum eigentlichen Einwand, zweitens ist das mit dem Wohlfühlen und dem Schuhwerk immer dann so eine Sache, wenn zwei Leute ganz unterschiedlich große Füße haben.

Ausdruckswelten kombinieren

Die Tatsache, dass Sie sich als Briefender lieber schneller, nur mündlich oder in skizzenhaften Zügen mit Ihrem Gegenüber verständigen wollen, muss noch lange nicht heißen, dass auch dieses Gegenüber eine solche Gangart bevorzugt. Damit's mit dem Briefing funktioniert, müssen schon *beide* Parteien mit den gewählten Formen zurechtkommen. Genau aus dem Grund haben wir eine Kombination von Schrift und gesprochenem Wort vorgeschlagen.

Völlig ausgeklammert haben wir damit etwas, was uns doch eigentlich entgegenkommen müsste: *Skizzen und Schaubilder.* Sagen wir's unmissverständlich: Wenn Sie einen Bleistift besitzen, mit dem Sie glauben, in ein paar wenigen Strichen die Grundzüge Ihres Anliegens besser vermitteln zu können als in Worten, dann werfen Sie ihn jetzt und in diesem Moment aus dem Fenster, rollen Sie mit Ihrem Bürostuhl drüber oder jagen Sie ihn solange durch den elektrischen Anspitzer, bis außer dem kleinen Radiergummi obendrauf alles aufgevespert ist.

Dass uns die gemeinsame Sprache bisweilen mehr trennt als zusammenbringt, mag stimmen. In Sachen bildlicher Darstellung ist unser Ausdruckskanon allerdings *so* rudimentär und individuell verschieden, dass eine Verständigung in noch viel höherem Maße zum Scheitern verdammt ist. Das liegt vor allem daran, dass wir zwar alle das ABC gelernt und parat haben, aber keinen vergleichbar verbindlichen Kanon visueller Zeichen. Berufsgruppen, die eine solche grafische »Lesekompetenz« in der Ausbildung vermittelt bekommen, Architekten also oder Ingenieure, tun sich immer wieder schwer damit zu verstehen, dass Pläne und Schemazeichnungen nicht nur einen kompetenten Ersteller, sondern auch einen kompetenten *Leser* brauchen.

Kryptische Briefingsskizze

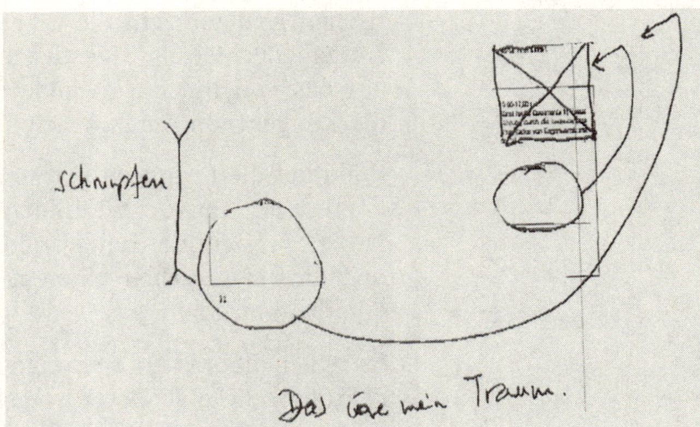

Skizzen, Schaubilder und Flussdiagramme sollen Zusammenhänge sichtbar machen. In aller Regel führen Sie aber nur zu einer Kryptik, die mit normaler, linearer Sprache in keiner Weise zu erreichen wäre. Das glauben Sie nicht? Dann schauen Sie sich doch einfach das nebenstehende Fax an, mit dem ein Kunde der Grafikabteilung einer Agentur klar machen wollte, wie er sich die Anzeige vorstellte.

Unser Berufsweg war gepflastert mit solchen skizzenhaften Träumen. Funktioniert haben sie nie. Wenn wir uns deshalb etwas wünschen dürfen: Schreiben Sie Ihre Träume nieder. Besprechen Sie sie mit Ihrem Dienstleister. Aber machen Sie keinen Rorschach-Test daraus, wenn Ihnen daran liegt, dass der Traum kein Traum bleibt.

Anlagen mit Anliegen – Kompatibiliät mit den Apple-Jüngern

Etliche Anlagen Ihres Briefings soll der Dienstleister in der Projektarbeit auch direkt verarbeiten können: Fotos, Charts, Texte, Logos, die direkt in die zu erstellenden Kommunikationsmaterialien zu integrieren sind. In der Regel werden Sie diese Vorlagen heute in digitaler Form liefern wollen und können. Und schon haben Sie ein neues Problem.

Datenaustausch zwischen Betriebssystemen

Entstanden ist es aus der Computergeschichte. Die Firma Apple war lange Jahre führend in Programmen und Anwendungen, die die Arbeitsprozesse der Kreativbranche unterstützten. Ob das heute noch gilt, vermag keiner mehr wirklich zu sagen. Es ist auch nicht mehr ausschlaggebend, denn die gesamte Kreativbranche wie auch ihre Produktionswelten (also Druckereien und Belichter, Lithoanstalten, Tonstudios und Videoproduktionsfirmen) haben sich mittlerweile auf die Software und Dateiformate von Apple eingeschossen. Weil diese aber – auf den Gesamtmarkt bezogen – nur einen geringen Anteil von weit unter 10 Prozent ausmachen, stehen sich mit Auftragnehmer und Dienstleister in den allermeisten Fällen zwei nicht notwendigerweise kompatible Computerwelten gegenüber.

Man muss sich wundern, in welchem Maße gerade Grafikdesigner und -abteilungen dazu neigen, aus dieser Differenz ein Credo machen. Die verachtete Masse der Windows-Nutzer wird dabei gerne despektierlich behandelt, um die Überlegenheit der eigenen Programme zu unterstreichen. Liebe Grafiker: Glauben Sie wirklich, dass es Ihr Verdienst, ja, dass es *überhaupt* ein Verdienst ist, mit einem bestimmten Programm oder einer spezifischen Hardware zu arbeiten? Und wann setzt sich auch bei dogmatischen Applenutzern die Erkenntnis durch, dass es zu Ihrem *ureigensten* Aufgabengebiet als Dienstleister gehört, dem Kunden die Datenmigration auf das von Ihnen verwendete Computersystem zu *erleichtern* – anstatt die Kooperation durch scheinheilige Dogmatisierungen zu erschweren?

Kompatible Dateiformate

Während die Ewiggestrigen unter den Applejüngern versuchen, auf diese Frage eine Antwort zu finden, wollen wir Ihnen als Auftraggeber eine kurze Übersicht der Dateiformate geben, bei denen Sie mit einiger Sicherheit davon ausgehen können, dass sie unabhängig vom Betriebssystem verarbeitbar sind.

Es gibt dabei neben dem eigentlichen Format eine ganze Reihe weiterer Faktoren, die eine Datei brauchbar machen oder nicht. Dazu gehört bei Fotos beispielsweise die schiere Dateigröße, die nötig ist, um den Druck in einer bestimmten Abbildungsgröße zu ermöglichen (also die Auflösung des Bildes). Soweit möglich haben wir versucht, in die folgenden Praxis-Tipps auch dazu Informationen zu integrieren. Vollständig können diese indes nicht sein.

Dateien liefern

Stimmen Sie deshalb grundsätzlich mit dem Dienstleister ab, welche Form Dateizulieferungen von Ihrer Seite haben müssen, damit sie auch in Ihrem

Sinne weiterverarbeitet werden können. Sie vermeiden so Zeitverzögerungen, die sich ergeben, wenn für die Produktion Daten gesondert nachgefordert werden müssen – und sich etwa erst dabei herausstellt, dass das von Ihnen so nachdrücklich favorisierte Fotomotiv von einem Mitarbeiter mit der Digitalkamera in einer Auflösung fotografiert wurde, die den Druck nach gängigen Qualitätsstandard gar nicht zulässt. Im besten Fall müssen Sie nochmal einen Fotografen losschicken, im schlimmsten Fall (wenn das Motiv sich nicht wiederholen lässt), stehen Sie mit dem visuellen Konzept Ihres Projekts plötzlich wieder am Anfang.

Praxis-Tipp

Lesbare Dateiformate

Texte, Daten und Tabellen

Die weitaus meisten Zuarbeiten werden Sie in Textform liefern. Dabei haben sich in den letzten Jahren Standardformate herauskristallisiert, deren Lesbarkeit für keinen Dienstleister mehr ein Problem darstellen sollte. Dennoch ergeben sich bisweilen noch Schwierigkeiten bei der Konvertierung des Zeichensatzes auf die Apple-Plattform. So werden Sonderzeichen (Umlaute u.Ä.) durch falsche Zeichen ersetzt, oder Formatierungsanweisungen tauchen als langatmige Zeichenfolgen (»Buschwerk« aus Kästchen und Steuerzeichen) im konvertierten Dokument auf. Solche immer seltener werdenden Probleme können Sie relativ leicht durch den Rückgriff auf das RTF-Format umgehen. Ihr Textverarbeitungsprogramm erlaubt Ihnen unter der Option »Speichern unter…« die Auswahl dieses Dateiformats.

- DOC
  Die Abkürzung von DOCument ist das klassische Format des verbreitetsten Textverarbeitungsprogramms Microsoft Word. Weil sich die MS-Office-Palette heute auch in der Apple-Welt mit eigenen Versionen durchgesetzt hat, stellt die Konvertierung von DOC-Dateien in der Regel keine Schwierigkeit mehr dar. Sie können es also für Ihre Textlieferung getrost verwenden.
- TXT
  Die Dateiendung bezeichnet letztlich zwei verschiedene Dateitypen: Texte nach dem ASCII- und Texte nach dem ANSI-Zeichensatz. Zeichensätze sind numerische Verschlüsselungsanweisungen für die Zeichen, die auf Ihrem Bildschirm auftauchen. Der ältere der genannten Zeichensätze ist ASCII (American Standard Code for Information Interchange). Weil das Betriebssystem DOS auf diesem Datensatz basierte, setzte er sich auf breiter Front durch. Später lieferte das US-Normungsinstitut (American National Standards Institute: ANSI) einen eigenen Zeichensatz, der ASCII heute weitgehend überflüssig macht.
  Beide Codes sollten plattformunabhängig lesbar sein. Um einen Text aus MS-Word im ASCII-Code zu speichern, wählen Sie die Option »MS-DOS-Text«, für den ANSI-Code dagegen die Option »nur Text«.

Das Problem der .txt-Dateien: Formatierungen jenseits des Zeilensprungs lassen sich damit kaum speichern.
Verwenden Sie deshalb TXT-Dateien zur Textweitergabe nur dann, wenn Ihr Dienstleister sie ausdrücklich anfordert. Fragen Sie dann aber auch nach, ob im ASCII- oder ANSI-Zeichensatz.

- RTF
  Rich Text Format wurde speziell für den Datenaustausch zwischen Programmen und Betriebssystemen entwickelt. Im Gegensatz zu .txt erlaubt es bereits eine wesentlich weitreichendere Formatierung, bildet aber dennoch einen kleinsten gemeinsamen Nenner in Sachen Verständlichkeit und Lesbarkeit.
  RTF sollten Sie immer dann anwenden, wenn bei der Konvertierung von DOC-Dokumenten Schwierigkeiten auftreten.

- XLS
  XLS steht als Kürzel für Excel-Sheet. Das marktführende Tabellenkalkulationsprogramm ist als Teil von MS-Office mittlerweile weit verbreitet. Dennoch wird nicht jeder Grafiker und Texter darauf eingestellt sein, XLS-Dateien zu verarbeiten. Konvertierungsfilter zu Word erleichtern die Arbeit. Falls der Dienstleister sich mit Excel-Dokumenten schwertut, liefern Sie die Daten einfach als Word-Datei.

Abbildungen (Fotos, Grafiken, Illustrationen)

Abbildungsdateien lassen sich grundlegend in *Raster- und Vektorgrafiken* unterscheiden. Rastergrafiken definieren ein Bild anhand einzelner Pixel, also wie ein mehr oder minder feines Mosaik. Vektorgrafiken sind die ältere Formatvariante. Sie legen einzig die Anfangs- und Endpunkte von Linien und geometrischen Figuren fest. Das führt dazu, dass sie wesentlich weniger Speicherplatz benötigen als Rastergrafiken und ohne Qualitätsverlust skalierbar sind, d.h. sich vergrößern oder verkleinern lassen. Rastergrafiken dagegen erreichen bei der Vergrößerung einen Schwellenwert, wo die Darstellung »pixelig« wird, weil nicht mehr genügend Bildpunkte pro Fläche zur Verfügung stehen, um dem Auge ein Kontinuum vorzutäuschen. Anders gesagt: Die Auflösung reicht nicht mehr aus. Warum also nicht alles als Vektorgrafik speichern? Ganz einfach, weil Vektorgrafiken sich zwar gut zur Darstellung von Zeichnungen eignen, als Format für Fotos allerdings weniger angebracht sind. Wichtig für die Speicherung von Grafikdateien ist auch die Farbtiefe. Sie definiert die Anzahl der Bits, die nötig sind, um ein Pixel in seiner Farbigkeit zu kennzeichnen. Das Bit gibt dabei den Exponenten der Zahl zwei an, der nötig ist, um die Gesamtzahl der Abstufungen zu erreichen. Eine Schwarzweißzeichnung braucht 1-Bit (also 2^1), ein Bild mit 256 Graustufen 8-Bit (also 2^8), ein Echtfarbenbild 24-Bit, also 2^{24}, weil zu den Graustufen noch jeweils 256 Intensitätsabstufugen für die Grundfarben Rot, Blau und Grün dazukommen. In aller Regel werden Ihre Bilddateien als 24-Bit-Dateien vorliegen.

Damit sind wir bei einer anderen wichtigen Unterscheidung: dem verwendeten Farbsystem. Grundsätzlich existieren die Modelle RGB und CMYK. RGB steht für Rot, Grün, Blau. Es ist ein additives Modell, bei dem Farben durch Mischungen aus diesen drei Grundfarben dargestellt werden. Nach diesem Modell funktioniert die Darstellung auf Bildschirmen und Monitoren. Zum Drucken wird allerdings ein anderes Modell benötigt: CMYK. Es besteht eigentlich aus den Grundfarben Cyan, Magenta und Yellow. Druckt man diese drei Farben übereinander, erscheint Schwarz. In der Druckpraxis wird CMY allerdings durch ein separat aufgebrachtes Blac<u>k</u> zu CMYK ergänzt, weil sich so ein tieferes Schwarz erzielen und der Trocknungsvorgang (durch den geringeren Tintenverbrauch) beschleunigen lässt. Sollen Bilder für den Druck verwendet werden, müssen sie ins CMYK-System konvertiert werden. Das brauchen Sie nicht selbst zu tun. Diese Einstellung kann auch Ihr Dienstleister vornehmen. Wenn Sie Ihm aber die Arbeit erleichtern wollen, liefern Sie ihm Bilder immer gleich in der CMYK-Einstellung.

Dateiformate Rastergrafiken (Fotos)

- JPG (JPEG)
  JPEG wurde entwickelt von der Joint Photographic Experts Group. Das Rastergrafikformat machte vor allem sein auf allen Betriebssystemen lesbarer Komprimierungsstandard populär. JPG-Bilder lassen sich schnell laden und verbrauchen wenig Speicherplatz, leiden aber an Dekomprimierungsverlusten (Unschärfe). Mit jedem Speichervorgang verschlechtert sich durch die erneute Komprimierung die Qualität der Datei ein wenig weiter. Arbeiten Sie deshalb grundsätzlich nur an Kopien Ihrer JPG-Dateien. Speichern Sie diese Kopien, die wiederholt geöffnet werden, am besten gleich als TIFFs ab, um eine schleichende Verschlechterung der Qualität zu verhindern. JPG ist als Format gut geeignet für die Archivierung von Fotos, nicht geeignet für die Bearbeitung von Grafiken und Strichzeichnungen und nur bedingt geeignet für hochqualitativen Druck. Farbtiefe bis 32 Bit.

- TIF (TIFF)
  Tiff steht für Tagged Image File Format. Tiff ist ein für die Datenanlieferung optimales Format, weil es keine Kompromierungsverluste zeigt und plattformübergreifend lesbar ist. Einziger Nachteil: TIFF-Bilder sind – im Vergleich zu JPGs – Speicherplatzfresser und deshalb in einer verwendbaren Auflösung kaum mehr via E-Mail zu verschicken. Farbtiefe bis 32 Bit.

- BMP
  BitMap ist das Standard-Rastergrafikformat unter Windows, kompatibel auch mit OS/2-Plattformen. Für die professionelle grafische Bearbeitung spielt das Format aber keine Rolle. Wo immer möglich sollten Sie deshalb Bitmap-Dateien in TIFFs konvertieren. Farbtiefe bis 24 Bit.

- EPS
  EPS steht für Encapsulated Postscript. Eins der gängigsten Formate der digitalen Bildbearbeitung. Einerseits Vektorformat, kann es aber auch Bitmap-Bilder enthalten. EPS wurde entwickelt aus einer Seitenbeschreibungssprache und enthält deshalb Anweisungen für die Darstellung. Das macht die Verarbeitung zum Druck so komfortabel und geräteunabhängig. Geeignet für alle Bildarten, Anwendung meist im professionellen Bereich, Farbtiefe bis 32 Bit.

- PSD
  Das Photo Shop-Format PSD ist als spezielles Format des marktführenden Programms zur digitalen Bildbearbeitung von jedem Profi verarbeitbar. Im Sinne erweiterter Kompatibilität (Verwendung auch fürs eigene Archiv), sollten Sie PSD-Bilder indes immer auch in einem Standardformat (TIFF oder JPG) speichern. Farbtiefe bis 32 Bit.

Dateiformate Vektorgrafiken

- GIF
  Graphics Interchange Format ist das am häufigsten vorkommende, auf allen Betriebssystemen lesbare Format für Grafikdateien. Es wurde entwickelt von Compuserve und ist eigentlich bis heute copyrightgeschützt. Aufgrund schneller Ladezeit und geringem Speicherplatzbedarf wird es aber besonders im Internet quasi ohne Einschränkungen eingesetzt. Gut geeignet für Bilder mit Flächen gleicher Farbwerte (keine Nuancierungen) und Strichzeichnungen. Farbtiefe begrenzt auf 8 Bit.

- PNG
  Portable Networks Graphics. Neues Format, das speziell entwickelt wurde, um GIF abzulösen, sich aber auch zum echten Konkurrenten für JPGs entwickeln könnte. Seine wichtigsten Vorteile: verlustfreie Kompression, geringe Dateiengröße, optimierte Darstellung durch Interlaced-Verfahren und eine Farbtiefe bis 48 Bit.

- DXF
  Das Drawing Exchange Format wurde von der Firma Autodesk entwickelt, die das Konstruktionsprogramm AutoCAD vertreibt. Es ist kein eigentlich für das Kommunikationsdesign bestimmtes Format, sondern soll den Austausch und die Weitergabe von Dateien aus CAD- und CAM-Programmen erleichtern, wie sie in Architektur, Technik und Produktdesign verwendet werden. DXF-Dateien sind heute mit den üblichen Vektorgrafikprogrammen wie Adobe Illustrator oder Freehand lesbar.

Dateiformate Layout und Präsentation

Das lange Jahre führende Layoutprogramm in der Kommunikationsbranche war QuarkXPress. In jüngerer Zeit hat Adobe InDesign sich indes beträchtliche Marktanteile erkämpft. Beides sind Profiprogramme, die jenseits der Grafikbranche kaum verbreitet und für den nur gelegentlichen Gebrauch im semiprofessionellen Bereich in der Regel auch zu teuer sind. Analoge Windows-Programme haben in diese Apple-Domaine nie ernsthaft eindringen können. Deshalb und weil in Word zunehmend auch Layoutfunktionen integriert wurden, ist es eher die Ausnahme als die Regel, dass bereits gelayoutete Dateien vom Kunden an den Dienstleister weitergegeben werden. Wenn dies geschieht, dann in der Regel in zwei Formaten:

- PDF
  Das Portable Document Format wurde von Adobe entwickelt und hat sich als allgemeines Format für gelayoutete Bild/Text-Dateien schnell verbreitet - nicht zuletzt, weil Adobe das nötige Ansichtprogramm, den Adobe Acrobat Reader für die Windows-, die Apple- und die Unix-Welten gleichermaßen seit Jahren zum kostenlosen Download aus dem Internet anbietet. Erstellt werden PDF-Dokumente mit den (kostenpflichtigen) Programmen Adobe Acrobat Destiller oder Acrobat Writer. Eine zweite, günstigere Möglichkeit: Sie können auch gelayoutete Textdateien (etwa aus Word) direkt in eine PDF-Datei ausdrucken. Das funktioniert tatsächlich über den Befehl Drucken. Aktivieren Sie dabei die Option »Ausdruck in Datei« und wählen Sie als Dateiformat PDF. Sie benötigen dazu aber einen geeigneten Postscript-Drucker-Treiber.

- PPT
  Powerpoint hat sich in der Business-Welt als Präsentationsprogramm heute nahezu konkurrenzlos durchgesetzt. Als Druckvorlagen sind PPT-Dateien allerdings nur sehr begrenzt nutzbar, da die Bildgrößen für die Bildschirmdarstellung optimiert sind, die mit wesentlich geringeren Auflösungen auskommt als der Druck. Wo immer möglich sollten Sie deshalb die Weitergabe von Bildern und Dateien in Form von PowerPoint-Präsentationen vermeiden - es sei denn, es geht tatsächlich nur um eine reine Information und die enthaltenen Bilder werden nicht zur Weiterverarbeitung gebraucht.

Internet und Multimedia

Eine Menge weiterer Dateiformen aus dem Mutlimediabereich kommen bei der Programmierung von Websites zum Einsatz. Neben den bereits bekannten Grafik- und Bildformaten JPG, GIF und PNG sind das Bewegtbildformate wie Animated GIF, Quicktime VR/MOV, AVI und Sounddateien von WAV bis Real Audio. Sie spielen in der Zulieferung für Ihren Dienstleister nur eine untergeordnete Rolle, wir wollen dennoch die gängigsten davon kurz vorstellen.

- AAC
  AAC-Dateien sind Musikdateien. Das Kürzel steht für Advanced Audio Coding – ein im Rahmen von MPEG-2 und MPEG-4 standardisiertes Verfahren, das mehrere große Firmen gemeinsam als Alternative zu MP3 entwickelt haben. So setzen Apple und Real Media heute dieses Format in ihren Online-Musikläden ein. AAC bietet bei gleicher Dateigröße eine bessere Klangqualität als MP3 und unterstützt auch Mehrkanal-Audio.
- AVI
  Das Standardvideoformat für Windows. AVI steht für Audio Video Interleaved. AVI-Dateien sind auf eine Auflösung von 320 x 240 Bildpunkte beschränkt; die Abspielrate kann bis zu 30 Bilder pro Sekunde betragen.
- MOV/QT
  Beide Kürzel bezeichnen die Dateiformate für QuickTime Audio- und Video-Dokumente. Dateiart: Binär. Entwickelt von Apple als Alternative zu AVI. QuickTime versteht sich als Multimedia-Software und kann deshalb Video, Audio oder Standbilddokumente enthalten.
- MPG (MPEG)
  Ein Standardformat für Filme und Sounds auf dem Internet. MPEG (Moving Picture Experts Group) ist eine Einrichtung der International Standards Organisation ISO. Diese Expertenrunde arbeitet seit Jahren an optimierten digitalen Audio- und Video-Komprimierungsverfahren. Heute gängig sind MPEG1 für Audio und MPEG2 für Videodateien. MPEG3 wurde wieder abgeschafft bzw. in MPEG2 Integriert. MPEG4 wurde 1999/2000 veröffentlicht, allerdings ist das Format nur gegen Lizenzgebühren nutzbar, was seine Verbreitung spürbar behindert.
- MIDI
  MIDI steht für Musical Instrument Device Interface. Ähnlich Vektordateien im Grafikbereich oder auch ähnlich einem elektronischen Notenblatt beschreiben MIDI-Files ein Musikstück auf mathematische, nicht direkte Weise. Das Klangformat MIDI wurde 1993 von den Keyboardherstellern Sequentiell Circuit und Roland entwickelt und seither als Schnittstelle in Synthesizer eingebaut. Großer Vorteil des Formats ist sein geringer Speicherbedarf.
- AU
  Das binäre Klangformat AU wurde von den Firmen Sun und NeXT entwickelt. In der Unix-Welt werden AU-Dateien mit der Erweiterung SND geführt. Mit den Einstellungen 8 Bit (Abtasttiefe) und 8 kHz (Abtastrate) in komprimierter Form ist AU als Sounddateiformat im Internet relativ beliebt, da es bei vergleichbarer Größe bessere Klangqualität bietet als eine WAV-Datei.
- AIFF
  Obwohl das Klangformat AIFF von Apple entwickelt wurde, kann es auch auf anderen Systemen verwendet werden. Zum abspielen erfordert

es dieselben Programme wie AU-Dateien. AIFF erlaubt eine große Bandbreite bei der Abtasttiefe (8 oder 16 Bit) und bei der Abtastrate (8 bis 48 kHz). Nachteil: geringe Kompression, dadurch hoher Speicherbedarf und fürs Net eindeutig zu lange Ladezeiten. Im Profibereich ist AIFF indes recht verbreitet, etwa zur Verwendung in Videos.

- WAV
  Waveform Audio Format ist ein Klangformat für Windows, in der Apple-Welt aber in der Regel problemlos zu verarbeiten. Entwickelt von Microsoft hat sich das Format vor allem durch seine Anwendung in Windows-Programmen weit verbreitet. Wave-Dateien erlauben eine Abtasttiefe von 8 bis 16 Bit und Abtastraten von 8 bis 48 kHz – das reicht von Telefonqualität bis zu gutem Stereosound.
- MP3
  MP3 hat die Musikbranche revolutioniert. Das als Layer3 in MPEG-1 entwickelte Format erlaubt eine hohe Komprimierung (bis 1:12) bei ebenso hoher Qualität. Damit werden Audiodateien so klein, dass dem Tausch über das Netz Tür und Tor offen standen. Für den Eigenbedarf eignet sich MP3 besonders, um eigenen Tondateien mit geringem Speicherbedarf zu archivieren.
- MP4
  Was klingt wie eine Weiterentwicklung von MP3 ist in Wirklichkeit etwas ganz anderes: die Kurzform für den Container für MPEG-4-Inhalte. Als Container bezeichnet die Computerwelt Dateiformate, deren Inhalte mehrere andere Dateiformate erlauben. Meist definiert ein Containerformat nur die Art und die Struktur, in der ein Inhalt gespeichert wird. Container ermöglichen so das synchrone Wiedergeben von Audio- und Videospuren. So können in MP4-Dateien multimediale Inhalte in Form von mehreren Audio- und Videospuren sowie Untertitel, 2D- und 3D-Grafiken und Bilder abgespeichert werden. Diese Inhalte lassen sich dann mit Hilfe geeigneter Software über das Internet streamen.
- RA
  Real Audio ist ein gesetzlich geschütztes Audioformat. Es wurde 1995 von der Firma Progressive Networks (heute: Real Networks) entwickelt, und macht es möglich, Audio in Echtzeit abzuspielen (real time streaming). Dateiart: Binär. RA-Dateien erfordern einen virtuellen Real Audio Player, der für Apple und Windows in einer kostenlosen Basisform aus dem Netz geladen werden kann. Sie liegen auf dem Computer auch nicht eigentlich als Sound-Datei vor, sondern als Verweis auf eine URL-Adresse im Internet, unter der das Musikstück abgespielt (gestreamt) werden kann.

Komprimierung SIT und ZIP

Das letzte Feld der Dateiformen, die für den Austausch zwischen Auftraggeber und -nehmer im Kommunikationsbereich eine Rolle spielen, sind Kompressionsprogramme und die Dateiformate, die sie erzeugen. Während sich in der Windowswelt auf breiter Front das Programm WinZip durchgesetzt hat, das Dateien mit dem Anhängsel .ZIP produziert, lautet das Analogon auf der Apple Macintosh-Plattform .SIT, was für »Stuff It« steht. Apple-Rechner sind heute in der Lage, ZIP-Files ohne Schwierigkeiten wieder zu entpacken, in der umgekehrten Richtung klappt es mit der Kompatibilität noch nicht so gut. Um SIT-Dateien unter Windows zu öffnen, braucht man ein Zusatzprogramm wie den StuffIt Expander. Das kostenlose Programm kann man sich, eingebettet in eine zeitlich begrenzte Versuchsversion des Mutterprogramms StuffIt, auf www.stuffit.com herunterladen.

Literatur

Weitere Informationen zu Dateiformaten und ihrer Kompatibilität in den gängigen Verarbeitungsprogrammen, zur Datenmigration und verwandten Themen bieten einige Fachbücher, die Sie im Literaturverzeichnis finden: Born (1997), Born (2000), Fischer (2001), Matzer (2000) und Peyton (2002).

Dialog mit dem Dienstleister – Das Rebriefing als Gespräch

> Gedanken springen wie Flöhe von einem zum anderen, aber sie beißen nicht jeden.
>
> *George Bernard Shaw*

Im Rebriefing wiederholt der Auftragnehmer die Aufgabenstellung – so wie er sie verstanden hat – und gibt damit dem Auftraggeber die Möglichkeit, Missverständnisse zu korrigieren und seine Anforderungen wo nötig zu konkretisieren.

Vorteile des Rebriefings

Rebriefings schaffen Redundanz und liefern Feedbacks. Damit sichern sie Verständnis, Genauigkeit und die sichere Vermittlung der Aufgabenstellung. Weil die Rollen wechseln und der Gebriefte im Rebriefing die Inhalte zusammenfasst und wiederholt, haben Sie Gelegenheit, darauf zu achten, welche Stellen Ihres Briefings richtig angekommen sind und welche Sie im Gespräch noch erläutern müssen.

Rebriefings sind allerdings kein Freibrief für Ungenauigkeit. Nach dem Motto: Alles erst mal vor die Füße werfen und sehen, was die sich rausziehen... wird so manches Rebriefing dazu missbraucht, die Briefinginhalte erst im Nachhinein zu strukturieren. Das verursacht einen ungerechtfertigt hohen Abstimmungsaufwand. Selbst wenn Sie Ihre Briefinginhalte strukturiert vorbereitet haben, werden sich im Dialog mit dem Dienstleister noch genügend Punkte ergeben, über die man reden muss. Wer hier bei Null anfängt, weil er die Vorarbeit schludrig gemacht hat, vergibt sich die Chance, früh in die wirklich aufwändige aber wichtige Detailarbeit einzusteigen.

Nehmen Sie's genau. Rebriefings kosten Zeit und damit Geld. Ihr Geld. Das sollten Sie nur dort investieren, wo es auch wirklich nötig ist – und nicht für Standardaufgaben verbraten, die Sie vorher hätten erledigen können.

Wege des Rebriefings

Rebriefings sind auch keine Pflicht, die man schnell am Telefon erledigt. Das Telefonat ist nur in Ausnahmefällen (wenn Sie den Dienstleister besonders gut kennen und eine gute Verständigungsbasis zwischen Ihnen herrscht) ein geeignetes Medium fürs Rebriefing.

Im Normalfall werden Sie ein *persönliches Gespräch oder ein Meeting* mit dem gesamten Projektteam bevorzugen. Erstens erlaubt Ihnen das eine umfassendere Kontrolle der Situation (und damit meinen wir nicht nur, dass Ihr Vis-à-Vis unaufmerksam in der Nase bohren könnte, während Sie am anderen Telefonhörer die Grundzüge des Drei-Millionen-Etats ausbreiten). Und zweitens können Sie so auch ohne aufwändige Telekonferenztechnik mehrere beteiligte Gewerke gleichzeitig informieren.

Ohnehin sollten beim Rebriefing möglichst auch auf Dienstleisterseite alle Mitglieder des Projektteams am Tisch sitzen. Spätestens zur Vorbereitung dieses Termins muss Ihr Dienstleister deshalb die Namensliste der Projektbeteiligten auf seiner Seite vorlegen. Wer ist wofür verantwortlich? Und wer ist wo, wann und wie zu erreichen? Dieser Informatiosbedarf gilt neben der Schlüsselposition des Kontakters, auch für die Verantwortlichen für Konzeption, Kreation, Text, Grafik, Produktion etc. Jeder, der an Ihrem Projekt arbeitet, muss verstanden haben, worum es geht.

Nehmen Sie sich deshalb auch fürs Rebriefing die nötige Zeit – und die Freiheit nachzufragen. Und hören Sie genau hin. Man tendiert leicht dazu, beim Rebriefing nur zu hören, was man hören will, vor allem, weil man ja selbst eine genaue Vorstellung von dem hat, was da vermittelt werden sollte.

Ohne Worte weiterkommen – Nachfragen und Hinhören

Wer? Wie? Was?
Der! Die! Das!
Wieso? Weshalb? Warum?
Wer nicht fragt, bleibt dumm.
Sesamstraße

Selbst das Kinderprogramm im Fernsehen hämmert seit Jahrzehnten die Sottise durch unsere Wohnzimmer, die der Humanist Francis Bacon vor mehr als 400 Jahren formulierte: »Klug fragen können, ist die halbe Weisheit.« Wenn dies so lange schon so klar ist: Warum unterlässt man es dann in so vielen Fällen?

Die übliche Antwort lautet: Weil man sich nicht traut und weil man nicht Gefahr laufen will, sich eine Blöße zu geben. Für manchen Zeitgenossen mag das tatsächlich ein Grund sein. Ganz überzeugend finden wir ihn allerdings nicht. Denn dass es wirklich dumme Fragen kaum gibt, ist mittlerweile ein anerkannter Gemeinplatz – nicht nur in der Sesamstraße. Wer fragt, kommt weiter, und das Interesse an diesem Weiterkommen müsste eigentlich die eigenen Bedenken überwiegen.

Antworten machen Arbeit

Ausschlaggebend für die grassierende Unlust nachzuhaken, scheint uns ein ganz anderes Phänomen. Fragen, erst recht aber die Antworten, die man bekommt, machen die Sache komplizierter – und sie machen Arbeit. Auf wenig kann man so sicher zählen wie auf die allgemein menschliche Scheu, liebgewonnene Vorstellungen durch Wissen zu ersetzen. Neue Informationen könnten ja dazu führen, dass man einmal bezogene Positionen – zumal die eigene – hinterfragen müsste.

Wenn Sie es mit Ihrem Briefing wirklich ernst meinen, scheuen Sie keine, aber auch absolut *keine* Frage. Es ist die beste Technik zum Erfolg. Eine Technik, die Sie üben sollten. Wenn man nur so tut, als wisse man über alles Bescheid, kommt das dicke Ende mit Sicherheit nach. Die wenigsten Probleme lösen sich, indem man sie unter den Teppich kehrt.

Fragen reifen lassen

Die einzige Einschränkung, die wir Ihrer Fragelust anraten wollen, ist die, nicht sofort draufloszuplappern. Lassen Sie eine Frage erst reifen, bevor Sie sie aussprechen. Machen Sie es sich zur Gewohnheit, das von der Gegenseite Gesagte erst eine Weile nachhallen zu lassen, bevor Sie eine Frage, die Ihnen durch den Kopf geht, auch stellen. Sie werden merken: Das dünnt den Fragenkatalog spürbar aus und hilft, auf die wirklich wichtigen Anliegen zu fokussieren.

Denn wenn es eine Fertigkeit gibt, die in der direkten Kommunikation noch höher zu bewerten ist, als die Bereitschaft zu fragen, dann ist es die zuzuhören. Gute Zuhörer sind rar. Das liegt mit daran, dass wir alle meinen, es würde ein Gespräch befördern und uns in der Sache weiterbringen, wenn wir laufend versuchen, dem Gegenüber durch nützliche Hinweise weiterzuhelfen.

Der amerikanische Psychologe und Unternehmensberater Thomas Gordon begann in den 40er-Jahren des 20. Jahrhunderts mit Arbeiten, die den uneingeschränkten Respekt für den Kommunikationspartner in den Mittelpunkt rückten. Gordon erzielte damit sowohl in der Familien- und Lerntherapie als auch in der Unternehmensberatung (zwei Arbeitsfelder, die manchmal ohnehin sehr nahe beieinander liegen) erstaunliche Erfolge, die ihm in den 90er-Jahren drei Nominierungen für den Friedensnobelpreis einbrachten.

Gordons überraschendstes Ergebnis: Von sich selbst zu erzählen, Ratschläge zu erteilen, Lösungen vorzuschlagen, Aussagen zu interpretieren, Kompromisse aufzuzeigen, ja selbst das Gegenüber zu loben sind allesamt gut gemeinte Vorgehensweisen, die aber in der Praxis eher Kommunikationsblockaden als Kommunikationshilfen darstellen. Als einfache Technik für eine bessere Gesprächsführung entwickelte Gordon das Konzept des »Aktiven Zuhörens«, dessen Eckpfeiler denkbar einfach sind, und die wir deshalb als Praxis-Tipp an dieser Stelle wiedergeben.

Aktiv zuhören

Praxis-Tipp

- Konzentrieren Sie sich auf die Worte und Aussagen Ihres Gegenübers.
- Begegnen Sie seinen Aussagen wie seiner Person mit Respekt.
- Vermeiden Sie schnelle Erwiderungen. Hören Sie immer etwas länger zu, als es Ihnen nötig erscheint. Bisweilen gelingt es erst dadurch, gemeinsam zum wirklichen Problem vorzudringen.
- Reagieren Sie nie sofort mit Analysen, Gegen- oder Kompromissvorschlägen.
- Machen Sie es sich stattdessen zur Gewohnheit, komplexe Sachverhalte in Ihren eigenen Worten zu wiederholen.

Ein einfacher Test in Ihrer nächsten Geschäftsbesprechung wird Ihnen beweisen, wie anwendbar Gordons Vorschläge sind und zu welch erstaunlichen Ergebnissen sie führen. Es hilft tatsächlich weiter, zunächst auf den eigenen Senf zu verzichten und sich stattdessen auf die Botschaft der Anderen zu konzentrieren. Dabei gilt alles, was hier über das Zu*hören* gesagt wurde, natürlich auch für das Lesen. Egal, ob Sie nun schriftlich oder mündlich kommunizieren: Die Technik des aktiven Zuhörens hilft Ihnen in beiden Situationen deutlich weiter als die heute so üblich gewordenen Gesprächsgewohnheiten der schnellen Zunge.

Einzige Einschränkung: Übertreiben Sie nicht. Ein Kollege, dem wir die Technik ans Herz gelegt hatten, war so begeistert, dass er fortan mit seinem papageienhaften Nachgeplapper jedem auf die Nerven fiel. Kommunikation ist immer situationsbedingt. Alleinseligmachende Regeln gibt es nicht. Es gibt nur Einsichten, die einem in vielen der gängigsten Situationen beträchtlich weiterhelfen. Das darf Sie aber nie zu blinder Hörigkeit verleiten.

Die Fäden ziehen – Grundlagen der Gesprächsmoderation

Tritt frisch auf! Tu's Maul auf! Hör bald auf!

Martin Luther

Eigentlich könnten Sie ganz gelassen ins Rebriefing gehen. Die Besprechung, mit der Sie nachprüfen, ob Ihr Dienstleister alles verstanden hat, ist nicht mehr Ihre Show – sondern seine. Doch weil es eine Show ohne Zuschauer ist, ein Spiel, das nur Teilnehmer und keine stillen Beobachter kennt, können Sie sich natürlich trotzdem nicht völlig zurücklehnen.

Dafür sorgt schon die Notwendigkeit, als Gesprächsleiter den Austausch zu moderieren und das Treffen zu leiten. Eine Menge der Grundlagen, die Sie dafür parat haben sollten, sind uns längst bekannt. Die Spiele der Macht, Kommunikation als Konstruktion, Sinn als Übereinkunft und das Aufeinandertreffen unterschiedlicher Kommunkationsspiele bilden das Spannungsfeld, in dem sich jedes Gruppenmeeting bewegt.

Mit der neu vorgestellten Technik des aktiven Zuhörens sind sie vollends gewappnet, um Stolperschwellen und Missverständnisse direkt im Meeting anzugehen und auszuräumen. Denn die Zusammenfassung als Grundprinzip und fester Bestandteil Ihres Zuhörinstrumentariums verschafft Ihnen einen entscheidenden Vorteil. Sie können auch das Nichtgesagte auf den Tisch packen: Empfindungen, Erwartungen, kurz alles, was zum Beziehungsteil der Kommunikation gehört.

Sachlichkeit steckt an

Sie werden überrascht sein, wie stark Sie als Einzelner die Diskussionskultur in einem Kreis auf diese Art und Weise beeinflussen können. Wir können es nur noch einmal wiederholen: Sachlichkeit ist ziemlich ansteckend; oder wie es der Volksmund formuliert: So wie man in den Wald schreit, hallt es zurück.

Man kann diese Grundregel auch anders formulieren: Halten Sie ihr Vis-à-Vis niemals für dumm. Nehmen Sie es ernst. Zeigen Sie, dass Sie an einem Austausch auf Erwachsenenebene interessiert sind und keine Spielchen spielen. Das ist die wichtigste, oberste, allerunumstößlichste Grundregel. Alle manipulativen und rhetorischen Techniken halten wir für sekundär. Sie entlarven sich zu schnell und zeigen, dass Sie Ihr Gegenüber nicht wirklich anhören wollen.

Das aber ist von höchster Bedeutung. Es bedeutet, dass das Ergebnis des Gesprächs nicht schon von vornherein feststehen darf. Womit wir wieder beim Spielraum und bei der Partnerschaft wären – bei Konstruktivität und Kooperation. Kann man in so einem Fall denn noch von einem Briefing sprechen? Es geht doch darum, dem Dienstleister klarzumachen, was er soll! Wo ist da noch der Unterschied zum Workshop?

Jetzt wird's knifflig. Zunächst: Es gibt sehr wohl einen gewaltigen Unterschied zum Workshop – das von Ihnen vorgelegte schriftliche Basisbriefing, das Messlatte und Richtschnur für den Verlauf auch des Rebriefings ist. Es ist die strukturierende, kanalisierende und formgebende Kraft Ihres Briefingpapiers, mit der Sie das Rebriefing lenken, und es ist die mit diesem Papier erarbeitete Glaubwürdigkeit, die Ihnen die nötige Autorität dazu gibt.

Offenheit des Ergebnisses heißt in diesem Rahmen: Ihre Lenkung und damit die Inhalte Ihres Papiers dürfen nicht sakrosankt, starr und unflexibel sein und den Aspekt des Feedbacks vernachlässigen.

Steuern durch Vorarbeit

Lenken Sie also durch Fakten und Vorarbeit, nicht durch Tricks und Wertungen. Sie vermeiden Widerstand. Menschen reagieren überraschend schnell mit Trotz, wenn sie ihre Freiheiten eingeschränkt fühlen. »Dass Tadel und Kritik als massive Freiheitseinschränkung aufgefasst werden können, braucht nicht weiter begründet zu werden. Aber auch Lob kann

Reaktanz provozieren, wenn der Gelobte ahnt, dass es weniger um die Anerkennung seiner Leistung, als um die Steuerung seines zukünftigen Verhaltens geht.« (Weisbach (2001), S. 95)

Insofern sollte es Ihr oberstes Ziel als Gesprächsleiter des Rebriefings sein, *aus Betroffenen Beteiligte zu machen.* Wenn Ihnen das gelingt, haben Sie gewonnen.

Auf die Agenda – Besprechungen organisieren

Einige der wichtigsten Regeln für die Organisation von Meetings und Besprechungen wollen wir an dieser Stelle knapp und sachlich zusammenfassen.

Kein Meeting ohne Agenda

Die erste Regel: *Kein Meeting ohne Agenda.* Im Fall des Rebriefings haben Sie die Agenda durch Ihr Briefing bereits vorgegeben. An seiner Struktur können Sie sich getrost und sicher entlangarbeiten. Kleiner Tipp: Auch wenn das gesamte Projektteam dieses Papier eigentlich kennen und haben müsste, achten Sie darauf, einige überzählige Exemplare als Kopie mitzubringen. Nichts ist so verlässlich wie die Vergesslichkeit der Leute.

Machen Sie aus der Sitzordnung keine Frage manipulativer Machtspielchen. Wenn Sie konfrontative Sitzordnungen vermeiden können, tun sie es. Sorgen sie dafür, dass die Leute sich gegenseitig anschauen können. Und lassen sie ansonsten einfach jeden den Platz wählen, den er möchte. Wer sich wohlfühlt, ist offener. Das kann Ihnen nur entgegenkommen.

Sitzordnung

Ein Gesprächsteilnehmer muss während des Meetings dafür sorgen, dass sich auch alle an den roten Faden Ihrer Agenda halten. Wenn Sie diese Aufgabe nicht selbst übernehmen wollen, bestimmen Sie einen der fast immer anwesenden, funktionslos am Tisch Sitzenden dazu, als Schiedsrichter zu fungieren und die Teilnehmer immer wieder auf die Agenda zu verpflichten, wenn diese abschweifen. Um das erfolgreich zu tun, muss er für die anstehenden Diskussionen eine Liste führen, wer sich in welcher Reihenfolge gemeldet hat, die Teilnehmer in dieser Reihenfolge aufrufen und die Beteiligten darauf aufmerksam machen, wenn sich das – vorher von Ihnen festgelegte – Zeitkontingent für die einzelnen Schritte seinem Ende nähert. Verbieten Sie diesem Schiedsrichter in Sachfragen eigene Äußerungen. Wer selbst mitreden will, braucht viel Disziplin, wenn er andere gleichberechtigt zu Wort kommen lassen soll. Das schafft kaum jemand, also unterbinden Sie die Situation von Anfang an. Schiedsrichter sind neutral – und aus die Maus.

Diskussionsleitung

Vermeiden Sie beim Einstieg ins Thema die Frage, ob irgendjemand Fragen zu Ihrem Papier hätte. Das ist eine Frage, die ihre Antworten vollautomatisch selbst hervorbringt. Neun von zehn Menschen werden auf die Frage »Noch Fragen?« immer mit »Nein!« antworten. Erst recht, wenn sie genau wissen, dass bei diesem Termin ihr Verständnis der Aufgabe geprüft werden soll.

Referieren lassen

Lassen Sie sich deshalb zunächst von der Dienstleisterseite Ihr Unternehmen, Ihr Produkt und Ihren Markt beschreiben. Diese Beschreibung kann schon einige Überraschungen zu Tage fördern. Ein guter Dienstleister hat immer auch Eigenrecherchen angestellt oder bringt einen Erfahrungs- und Wissensfundus – etwa zu den Zielgruppen – mit, der Ihren gemeinsamen Horizont durchaus erweitern kann.

Wo Verständnismängel sichtbar werden, sollten Sie möglichst sofort nach Ende des Berichts korrigieren. Wo eigene Fehleinschätzungen Sie selbst überrascht haben: Korrigieren Sie auch sich selbst!

Fragen Sie sich anschließend gemeinsam: Haben wir mit all diesen Informationen jetzt ein klares Bild von denen, die wir ansprechen – oder was fehlt uns noch dazu? Wenn etwas fehlt: Legen Sie fest, wer die Informationen beschaffen soll und bis wann das zu geschehen hat.

Lassen Sie den Dienstleister als zweiten Schritt die eigentliche *Aufgabe* wiederholen. Schließen Sie auch an dieses Referat eine Korrektur- und Diskussionsphase an.

Rahmenbedingungen abstimmen

Zum Schluss stellen Sie dann die Termin- und Zeitplanung nochmal zur Diskussion. Bleibt es bei den Zeiträumen, die im Angebot genannt sind und die Sie im schriftlichen Briefing festgelegt haben? Wenn es nicht dabei bleibt: Gehen Sie der Frage nach, warum? Legen Sie eine etwaige neue Zeitplanung fest.

Wenn das alles geklärt ist, ist der Termin durch. Das kann sehr rasch gehen, wenn man sich nicht vergaloppiert. Bei entsprechender Vorbereitung kann ein solches Treffen durchaus auch schon nach einer halben Stunde sein Ende finden. Zeigen Sie keine Hemmungen, in solchen Fällen dann auch die Sitzung rasch zu beenden.

Meetingzeit begrenzen

Länge ist nicht Intensität. Das absolute Maximum für ein Meeting, das wir noch für tragbar halten, sind zwei Stunden. In der Regel sollte Ihr Rebriefing aber nie länger dauern als eine Stunde. Spätestens dann sackt die Aufmerksamkeit weg. Die Aufmerksamkeitsforschung hat in Gesprächssituationen untersucht, wie lange ein konzentriertes Zuhören möglich ist. Da ist von 20 Sekunden die Rede, bevor der Gedanke abschweift. Andere Experten konzedieren gar nur drei Sekunden, die wir uns ungeteilt einem Thema widmen können. Das mag alles richtig sein, wenn man die direkte Verstehensleistung ohne abstrahierenden Intellekt zugrunde legt. Den haben wir aber. Sonst könnte man sich jede Art von Austausch schenken. Wir wissen zudem: Kommunikation kann sich kürzere Ausfälle durchaus leisten, ohne dass die Gesamtbedeutung verloren geht. Dafür habe wir ja auch noch die Redundanz.

Mit all diesen Mitteln schaffen wir es durchaus, die Aufmerksamkeit im Gespräch für eine ganze Weile hoch zu halten. Ein ernst zu nehmendes

Konzentrationsloch tritt in der Regel erst nach etwa einer Stunde ein. Diese Angabe ist natürlich von Mensch zu Mensch verschieden und wird auch durch die Rahmenbedingungen bedingt. Die Uhrzeit, zu der man sich trifft, schlechte Luft, persönliches Befinden usw. können diese Aufmerksamkeitsperiode deutlich verkürzen.

Wenn's länger dauert als eine Stunde, fügen Sie besser eine kurze Pause ein, bei der man Hirn und Raum durchlüften kann.

Dauert Ihr Meeting länger als die Obergrenze von zwei Stunden, wurde es entweder schlecht vorbereitet (mangelnde Verdichtung) oder es handelt sich um eine so hoch komplexe Aufgabenstellung, dass ein einzelner Termin einfach nicht reicht. Machen Sie in einem solchen Fall lieber einen zweiten Termin aus, als den ersten auszudehnen.

Konzentration

Achten Sie bei der Wahl des Zeitpunkts auf die Tagesrhythmen der Beteiligten. Aus der Sicht des üblichen Biorhythmusses ist die aufmerksamkeitsstärkste und damit beste Zeit für Ihr Meeting der Vormittag. Nach dem Essen kämpft der Körper mit Energiearmut. Aber nicht nur der Biorhythmus, auch die unterschiedlichen Arbeitsabläufe sind es wert, beachtet zu werden. Unternehmen beginnen schon mal um halb acht oder acht Uhr in der Frühe. Freiberufler arbeiten oft bis tief in die Nacht und sind morgens entsprechend unausgeschlafen. Das führt zu klaren Diskrepanzen in der Aufmerksamkeit, wenn Sie einen Termin sehr früh am Morgen anberaumen.

Rechnen Sie in Ihre Terminkalkulationen immer auch die Anreisezeiten mit ein. Eine Hamburger Agentur, die um 8 Uhr früh in München präsentieren soll, ist zur Übernachtung gezwungen. Das verursacht Extrakosten, die Sie sich sparen können. Natürlich ist auch uns klar, dass solche Überlegungen oft gar nicht möglich sind, weil es ohnehin schwer genug ist, ein Zeitfenster zu finden, das dem ganzen Projektteam passt. Alles was wir sagen: Wenn Sie solche Faktoren in Ihr Kalkül einbeziehen *können*, tun Sie es!

Weniger ist mehr

Die umstrittenste Formfrage zum Thema Meeting haben wir uns für den Schluss aufgespart: Einmal oder mehrmals tagen? Wir halten es wie gesagt mit dem *einmaligen* Treffen. Mehrfachtermine halten wir nur bei hochkomplexen Projekten für opportun. Jours fixes schließlich sind nur bei längerfristigen Projekten mit aufeinander aufbauenden Briefings sinnvoll. Jedenfalls sehr viel seltener als sie gemeinhin eingesetzt werden.

Glauben Sie nicht, durch mehr Meetings hätten Sie alles besser unter Kontrolle – im Gegenteil. Es ist auffällig, wie gerne gerade die ominösen Jours fixes auf den Freitagnachmittag gelegt werden. Da treffen sich dann – günstig vor dem Wochenendfeierabend – grundsätzlich immer *zu viele* Beteiligte, die sich ohne klare Strukturen und mit begrenztem Eifer einem Thema widmen, von dem sie eine halbe Stunde vor Beginn des Meetings noch nie etwas gehört haben.

Wenn sie solchen Unsitten entgegenwirken wollen, halten Sie den nächsten Jour fixe, den man Ihnen aufschwatzen will, doch einfach mal im Stehen ab. Das diszipliniert ungemein. Sie werden sehen: Man kann viele Meetings abschaffen. Und die Plätzchen alleine essen.

Alle Mann an Bord – Wen Sie zu Meetings einladen sollten und wen nicht

> Bei manchem Besprechungsteilnehmer muss man sich fragen: Hilft er eigentlich bei der Lösung, oder gehört er mit zum Problem?
>
> *Robert Jungk*

Nicht nur die Agenda fürs Rebriefing, auch die Einladungsliste haben Sie mit Ihrem Briefing schon erarbeitet. Mit der Liste des Projektteams steht nämlich auch fest, wer am Treffen sinnvollerweise teilnimmt.

Funktion und Aufgaben der Teilnehmer

Neben dieser inneren Gruppe können Sie durchaus auch aus gegebenem Anlass spezielle Informationsgeber aus Ihrem Unternehmen oder den Geschäftsführer dazubitten. Geben Sie aber darauf Acht, dass diese Gäste darüber informiert sind, *mit welcher Funktion* und *aus welchen Überlegungen heraus* sie teilnehmen. Sonst verstehen sie die Einladung leicht als Aufforderung, sich zu allen im Meeting behandelten Fragen ausgiebig zu äußern – was nicht immer ein Segen sein muss. Die Zeit, die ein Geschäftsführer damit verbringt, mit Ihnen und dem Dienstleister über die genaue Größe einer Abbildung zu streiten, steht in keiner Relation zu dem Kostenaufwand, der sich angesichts seines Gehalts daraus ergibt.

Es gibt Experten, die Ihnen raten, Ihre Mannschaftsstärke der des Dienstleisters anzugleichen. Das halten wir für übertrieben. Ganz schnell werden so Teams aus reinen Aufrüstungserwägungen zusammengestellt und das Treffen, bei dem es eigentlich um Kooperation geht, erhält eine stark konfrontative Komponente. Wir haben immer wieder gemerkt, dass es die Masse allein nicht macht. Letztlich ist schon der Wurm drin, wenn Überlegungen von Masse und Macht in der Auswahl Ihres Projektteams eine maßgebliche Rolle spielen.

Ebenso verbreitet, ebenso unsinnig: »Wir brauchen eine Frau dabei.« Also wirklich, meine Herren! Da muss man sich doch fragen: Arbeiten wir am Problem oder an Ihrem Testosteronspiegel? Man kann nur froh sein, dass heute der Frauenanteil in der Kommunikationsbranche ohnehin so hoch ist, dass solche schillernden Teambildungsfaktoren nur noch in besonders konservativen Unterbranchen eine Rolle spielen. Dennoch haben und hatten sie natürlich auch dort nichts zu suchen.

Hierarchieebenen

Etwas schwieriger ist die Frage nach den notwendigerweise vertretenen Hierarchieebenen im Team. »Bei Gruppengesprächen ist auf die Rangadäquanz der Beteiligten zu achten. Die Struktur wird von der Auftraggeberseite vorgegeben, die Auftragnehmerseite hat sich entsprechend darauf einzustellen.« schreibt etwa Werner Pepels. (Pepels (2001), S. 44) Das mag für Vertragsverhandlungen durchaus angemessen sein, oder für das erste Auftreten einer Agentur beim Kunden. Das Rebriefing sollte solchen Erwägungen nicht mehr unterliegen, weil es jetzt *um die konkrete Arbeit am konkreten Projekt* geht, und nicht mehr um ein erstes Ausloten, bei dem der Beziehungsaspekt absolute Priorität hat. Auch hier können wir also nur raten, sich ans Projektteam zu halten und alle Erwägungen beiseite zu schieben, die von der Sache ab- und zu Machtspielchen hinlenken.

Arbeitsausführende an den Tisch holen

Das bedeutet dann aber auch, dass von Dienstleisterseite tatsächlich nicht nur der Kontakter, sondern auch die unmittelbar Arbeitsausführenden am Gespräch teilnehmen sollten – der Grafiker, Texter, Programmierer und welche weiteren Gewerke auch immer ins Projekt eingebunden werden müssen. Das ist eine Forderung, die viele Agenturen von sich weisen.

Was steckt hinter dieser Weigerung? Werner Pepels vermutet, man wolle »routinierte Kontakter« vorschicken, »die die Agentur geschliffen präsentieren«. (Pepels, (2001), S. 38) Tatsächlich ist die ›Kundentauglichkeit‹ zu einem üblichen Qualitätskriterium geworden, mit dem Agenturen ihre Mitarbeiter bewerten. Das ist bedauerlich, weil sich der Dienstleister damit noch in der Projektarbeit an Präsentationszielen orientiert. Agenturen, die diese Denke pflegen, arbeiten nicht kooperativ und konstruktiv, sondern wirkungs- und effektorientiert. Das wird sich im Lauf der Zusammenarbeit rächen und die Qualität der eigenen Arbeit (verstanden als: ihre Lösungskompetenz) negativ beeinflussen.

Es gibt allerdings auch andere Gründe für den Unwillen von Agenturen, die Grafik mit an den Tisch zu holen. Die Ausarbeitung in weniger gestaltungsrelevanten Bereichen (etwa Satz und Umbruch von Druckseiten nach einem vorher bereits festgelegten Raster) wird oft als disponible Arbeitsleistung behandelt, deren Erledigung nicht an eine bestimmte Person gebunden ist, sondern im Rahmen der internen Arbeitsorganisation je nach aktueller Auftragslage auch auf mehrere Schultern verteilt werden kann. Will heißen, oft weiß die Agentur noch gar nicht, welcher Grafiker am Ende ihr Projekt betreuen soll.

Was heißt das für Ihr Briefing? Sie müssen tatsächlich nicht jeden Agenturmitarbeiter, der am Rande mit der Erledigung Ihrer Arbeiten betraut wird, auch persönlich briefen. Die Koordination agenturinterner Netzwerke ist Sache des Kontakters. Gleichwohl ist es wichtig, dass Ausführende, die *wesentliche* kreative oder planerische Aufgaben beisteuern (also zumindest der Texter und der Art Director), beim Rebriefing mit am Tisch setzen.

Bestehen Sie darauf, das Projektteam so vollständig wie irgend möglich am Tisch zu haben. Und seien Sie so knausrig wie möglich bei der Anzahl der Leute, die Sie ergänzend dazuoptieren. Dann kann dem Besprechungserfolg eigentlich nicht mehr viel im Wege stehen.

Gefährliche Salamitaktik – Aufgaben scheibchenweise

Hand aufs Herz: Wann haben Sie das letzte Mal einem Dienstleister gesagt »Den Rest liefere ich zu gegebener Zeit nach, aber mit dem, was Sie jetzt haben, können Sie doch schon mal anfangen…«?

Komplett und am Stück

Machen Sie es sich zur Grundregel, Ihrem Dienstleister seine Aufgabe nicht scheibchenweise zuzuteilen. Ihr Briefing muss *komplett und am Stück* beim Dienstleister ankommen. Nur wenn er alle Fakten vor sich hat, kann er doppelte Arbeit vermeiden. Arbeit, die vielen Auftraggebern vor allem dann gar nicht bewusst wird, wenn sie die Arbeitsabläufe nur aus der Auftraggeberperspektive kennen.

Die Frage, ob eine Broschüre ein Vorwort des Geschäftsführers enthalten soll oder nicht, ist dafür ein gutes Beispiel. Fügen Sie nachträglich eine Seite in ein Dokument ein, an dem bereits gearbeitet wird, ändert sich der komplette Seitenumbruch aller Folgeseiten. Aus linker Seite wird rechte Seite und eine auf Doppelseiten ausgerichtete Gestaltung geht plötzlich nicht mehr auf. Ähnliches ergibt sich, wenn Inhalte erweitert werden und eine Broschüre plötzlich zwei Seiten mehr enthalten soll. Für das Layout hat das zwar keine so gravierenden Auswirkungen, für die Produktion jedoch sehr wohl. In der klassischen Drucktechnik lassen sich Broschürenumfänge nur in Vierseitenschritten erweitern. Ihre Broschüre kann also vier, acht, zwölf, 16 oder 20 Seiten haben – aber eben nicht 14 oder 18. Bei Druckverfahren wie dem Rollenoffset sind Erweiterungen sogar nur um acht oder 16 Seiten möglich. Ihr an sich unschuldiger Wunsch nach zwei Seiten mehr stellt den Dienstleister damit vor die Wahl, entweder ein anderes, meist teureres Druck- und Bindeverfahren zu wählen oder den gesamten Inhalt so umzustrukturieren, dass er sich sinnvoll auf den zwangsweise erweiterten Umfang verteilt.

Schon gut, schon gut. Wir wissen, dass dieses Problem den meisten unserer Leser bekannt sein dürfte. Aber es sollte ja auch nur ein einfaches, bekanntes und einleuchtendes Beispiel sein.

Deshalb bestehen wir weiter darauf: Auch wenn Ihnen Vorab- und Teillieferungen für den Moment im internen Ablauf Ihres Unternehmens den Rücken frei halten mögen – für Ihr Projekt bringen sie immer schwer abwägbare Unsicherheiten ins Spiel. Stellen Sie sich deshalb auch gegenüber den eigenen Leuten auf die Hinterbeine, wenn die Zuarbeit nur schleppend verläuft. Machen Sie klar, dass ein Briefing erst stattfindet, wenn alle Inhalte vorliegen, die Aufgabe klar und komplett benannt werden kann und Sie so in der Lage sind, Ihr Briefing in einem Durchgang zu übermitteln.

Teillieferungen erhöhen Kosten

Im Endeffekt sind die Folgen jeder Nachgiebigkeit in dieser Hinsicht schwerwiegender als zeitliche Verzögerungen, die sich aus Ihrer Hartnäckigkeit ergeben können. Sie generieren unnötige Kosten und demotivieren den Dienstleister, der beim ersten Mal noch mit viel Herzblut an seine Aufgabe geht, von Neuansatz zu Neuansatz aber immer gleichgültiger wird. Durch stückweise Informationsweitergabe erhalten Sie unwirtschaftlichere, im schlimmsten Fall deutlich unzulänglichere Ergebnisse, die kaum mehr dem Dienstleister allein anzulasten sind. Als Auftraggeber haben Sie in jedem Fall das Nachsehen.

Spielen wir stille Post? – Der Dienstleister des Dienstleisters

Wo viele Worte sind, da geht's ohne Sünde nicht ab.

Sprüche Salomons, Kap. 10,19

Ein Dienstleister, der alle für die Erledigung Ihrer Aufgaben nötigen Arbeiten in einer Person alleine macht, ist eine Eier legende Wollmilchsau. Nicht selten wird noch der Dienstleister des Dienstleisters des Dienstleisters an Ihrem Projekt mitarbeiten. Die dadurch notwendige Koordination zwischen den Gewerken und Subunternehmen war schon mehrfach Thema – etwa bei der Beauftragung vermeintlich schlanker Netzwerke und bei der Rolle, die der Kontakter spielt.

Informationsverluste durch Weitergabe

Diese Koordination macht nicht an der Unternehmensgrenze Ihres Dienstleisters halt. In fast allen Fällen fungieren Agenturen auch als echte Agenten und beauftragen in Ihrem Namen Dritte. Das war schon immer so, wenn es um die technische Umsetzung Ihres Auftrags ging (Lithoanstalt, Druckerei, Audio- und AV-Produktionen). Neue Medien und Internet haben diese Tendenz noch verstärkt.

Im Netzwerk entstehen allerdings schnell Informationsverluste durch die mehrfache Weitergabe. Das ist wie bei der stillen Post: Man kann sich meist nur wundern, was am Ende rauskommt.

Informationsweitergabe

Praxis-Tipp

Sie haben zwei Möglichkeiten, um Fehlinformationen bei der Informationsweitergabe vorzubeugen.

- Dokumentieren Sie die originären Briefinginhalte immer in Schriftform. Auch mündliche Zusatzabsprachen müssen in Form von Protokollen schriftlich verfügbar sein.
- Prüfen Sie bei komplexen Projekten, ob direkte Unterbriefings möglich und sinnvoll sind. Sprechen Sie für die einzelnen Schritte mit dem Kontakter Abstimmungsrunden mit wechselnden Beteiligten ab, bei denen z.B. externe Programmierer, Screendesigner und Infografiker, die an einer Website mitarbeiten, am Tisch sitzen. Diese »Shortcuts« geben Ihnen die Möglichkeit, die gröbsten Probleme der Weitergabe um drei Ecken zu vermeiden. Achten Sie aber darauf, an diesen Terminen primär als schweigender

Praxis-Tipp
Informationsweitergabe

Experte teilzunehmen und nur dann einzugreifen, wenn Sie sehen, dass falsche Informationen übermittelt werden. Die Leitung dieser Meetings liegt beim Kontakter.

Wer liest schon Memos? – Der Jammer mit der Dokumentation

> Eine Tasse, ein Löffel, ein Fetzen, eine Flasche ohne festen Wohnsitz ist sicher, anderen fleißigen und ordentlichen Sachen beständig über den Weg zu laufen – in einem Zustand chronischer Rebellion gegen den häuslichen Frieden. Je mehr nomadenhafte Dinge, um so erbitterter der Krieg, und um so größer die Mühe, diese Revolution zu unterdrücken.
>
> *Prentice Mulford – Der Unfug des Lebens*

Unverzichtbar: Backup und Ablage

»Jesus saves,« lautet eine alte Computerweisheit, »why don't you?« Zugegeben. Sicherung, Backup, Dokumentation und Ablage sind in jedem Projekt die langweiligsten Schritte. Und so sicher wie das Amen in der Kirche wird man immer gerade die Dokumente, die man ordentlich abgelegt hat, nie wieder brauchen, während das eine, einzige, das unbeachtet blieb, spätestens fünf Wochen später das eigene Leben retten könnte – wenn man es nur noch irgendwo aufspüren könnte…

Sie kommen trotz all dieser zugestandenen Einwände um eine solide Nachbereitung nicht herum. Mit der Dokumentation Ihrer Briefings ist es wie mit deren Schriftlichkeit: Sie diszipliniert und sichert Ihnen eine solide Beweisführung im Streitfall. Und sie ist am Ende auch gar nicht so langwierig, wie man meinen sollte.

Die Aufgabe, das Memo zum Rebriefing zu erstellen, sollten Sie ohnehin dem Auftragnehmer übertragen. So haben Sie ein weiteres Kontrollinstrument: Ist alles angekommen? Sind alle besprochenen Eckpunkte drin? Und alle in einer Form, die Sie unterschreiben können?

Dennoch besteht die Notwendigkeit, auch selbst aktiv zu werden, Prozesse zu dokumentieren und Dokumente zu archivieren: Termine, Telefonate, den Wortlaut von Abmachungen und Gesprächen und natürlich die gesamte Korrespondenz – unabhängig davon, ob sie per Post, per Fax oder per Datenleitung auf Ihrem Schreibtisch landete. Dabei sollten Sie einige Grundregeln beachten.

Grundregeln der Dokumentation

Praxis-Tipp

- Dokumentieren Sie zeitnah – nicht eine Woche später.
- Machen Sie sich die 3Ks Knapp, Konkret und Klar für alle Aufzeichnungen zum Grundsatz.
- Halten Sie nur Entscheidungen fest, die aber immer mit ihren etwaigen Folgen: den sich daraus ergebenden weiteren Schritten und Aufgaben.
- Nennen Sie zu jedem Unterpunkt die handelnden und verantwortlichen Personen.
- Lassen Sie sich nicht von eigenen Ansprüchen an Schönheit und Form tyrannisieren. Notizen, Memos und Dokumente müssen leserlich und leserfreundlich sein – sonst nichts.
- Nutzen Sie öfters die Gelegenheit, mit einem handschriftlichen oder am Laptop erstellten Simultanprotokoll zu arbeiten. Solche Mitschriften nach vorbereiteten Tabellen (ein Beispiel finden Sie auf der nächsten Seite) lassen sich direkt nach Gesprächsende kopieren und stehen so allen Teilnehmern ohne Zeitverzögerung zu Gebote. Und nacharbeiten muss man sie auch nicht mehr.
- Den Verteiler des Memos haben Sie schon in der Tasche. Es ist das Projektteam.
- Soweit Sie sie nicht gleich verteilen können oder wollen, nutzen Sie zum Versand Ihrer Memos das schnelle Medium E-Mail. Es bietet Ihnen die Möglichkeit zu kontrollieren, wann Ihre Nachricht angekommen ist. Aktivieren Sie dazu etwa unter Microsoft Outlook Express in der Befehlsfolge Extras/Optionen/Bestätigungen das entsprechende Feld. Sie erhalten dann eine automatische Benachrichtigung, sobald der Empfänger Ihre Nachricht vom Server lädt.

Simultanprotokoll — Seite 1

zum Meeting am 01.04.03 um 14.00 Uhr	Protokoll erstellt von: JEAN BAJAC
Projekt: KUNST-KONFERENZ (BEGLEITENDE KOMMUNIKATION)	Projektnummer/Jobnummer: 106/11/03/TK

Teilnehmer: THEMI KALIGIROU, JEAN BAJAC

Zusätzlicher Verteiler: —

Kopien sind sofort an alle Teilnehmer verteilt worden: ☒ Ja O Nein.

Priorität	Teilprojekt	Status	Nächster Schritt (Was?)	Wer?	Mit Wem?	Bis Wann?	Anmerkung
2	KATALOG	ANFORDERUNG DER KURZBIOGRAFIE UND EINES S/W-FOTOS DER KÜNSTLER PER E-MAIL UND BRIEF	NACHTELEFONIEREN!	KALIGIROU	—	11.4.03	-IN DATEIFORM! -DEADLINE: 16.4.03
1		ANFORDERUNG DES ENDGÜLTIGEN VORTRAGSTITELS DER KÜNSTLER	NACHTELEFONIEREN!	KALIGIROU	—	11.4.03	-DEADLINE: 16.4.03
4	INTERNET	ERSTE STUFE DER WEBSITE REALISIERT. DEMO DER WEBSITE. TEXT IST INTEGRIERT UND AUF DAS NETZ GELEGT					
			PRESSE WIRD ÜBER INTERNET INFORMIERT. ADRESSE WIRD BEI INTERNATIONALEN SUCHMASCHINEN REGISTRIERT.	BAJAC	—	ENDE APRIL	-INTERNER PRESSEVERTEILER -DEADLINE 15.5.03

Ablagestruktur

Praxis-Tipp

- Erster Schritt für Ihre Ablagestruktur ist die *Projektnummer.* Wie Sie die Nummer zusammenstellen, ist an und für sich egal. Hauptsache, sie behalten ein einmal angewandtes Schema auch für künftige Projekte bei. Sinnvoll ist es, Jahr und Partner als Kürzel in die Nummer zu integrieren. Ein Schema, das sich in unserer Arbeit bewährt hat, sieht so aus:
  Jobnummer/Abteilung/Jahreszahl/Kürzel für den Dienstleister
  also z.B. *478/15/03/BB*
- Zweiter Schritt ist die Anlage zweier Ordner – eines virtuellen auf Ihrem Computer und eines tatsächlichen in Ihrem Regal. Den *virtuellen Ordner* bezeichnen Sie einfach mit der Projektnummer. Hier legen Sie sämtlichen Schriftverkehr ab, den Sie oder Ihre Mitarbeiter am Computer erstellen. Dazu gehören auch mitgetippte Inhalte und Memos von Telefonaten, die Sie im Zusammenhang mit dem Projekt geführt haben. Eine sinnvolle Unterstruktur könnte so aussehen:
  - Projektblatt (als Word-Datei; nennt Job-Nummer und Eckdaten und listet die Unterordner auf; Diese Datei lässt sich ideal als Deckblatt für den realen Ordner ausdrucken.)
  - Projektteam (Namensliste mit Adresse, Telefon, Mobilnummer, Fax, E-Mail usw.)
  - Rechtsdokumente (Angebote, Auftrag, Vertrag, Abrechnung, Rechnungen etc.)
  - Briefing (Ihr eigener Text)
  - Rebriefing (das Memo Ihres Dienstleisters)
  - weitere Protokolle und Memos
  - Korrespondenz (immer chronologisch abgelegt; Diese Rubrik lässt sich der Übersichtlichkeit halber in weitere Unterkategorien teilen, entweder als »eingehend« und »ausgehend« oder nach den wichtigsten Korrespondenzpartnern
  - Entwürfe
  - Freigaben (incl. Dokumentation der internen Freigabeprozesse)
  - Hintergrundmaterial/Informationsmaterial
    - zur Zielgruppe
    - zum Produkt
    - zum Unternehmen
    - zu Markt und Branche
  - Sonstiges (z.B. Fotos, Datenträger etc.)
  - Notizen und Informationen (Preislisten)
- Es wird niemand verwundern, dass diese Struktur sich von Projekt zu Projekt deutlich unterscheiden kann. Sind etwa Subunternehmer an der Projektarbeit beteiligt, wird es sinnvoll sein, hierfür eine eigene Rubrik anzulegen. Wie auch immer Ihre Struktur aussieht: Sie sollte sich mit der im realen Ordner decken.
- In den *realen Ordner* gehören Ausdrucke aller Dateien aus dem virtuellen Ordner (als schriftliche Sicherungskopie!), sowie sämtliche das Projekt betreffende Schriftstücke, die nur in Papierform bei Ihnen

eingegangen sind. Um sich und Ihren Kollegen die Arbeit zu erleichtern, beschriften und strukturieren Sie den Ordner nach einem feststehenden (und nachvollziehbaren) Schema, das mit der Projektnummer beginnt. Hier ein Beispiel für die Beschriftung des Ordnerrückens.

17. Kapitel
Das Brot im Ofen – Kreative Pause

Erstens: Lass ihn in Ruhe....
Viertens: Lass ihn in Ruhe....
Zehntens: Lass ihn in Ruhe.

Kurt Tucholsky –
Zehn Gebote für den Geschäftsmann, der einen Künstler beschäftigt

Der Herr Tucholsky nun wieder! Gleich dreimal taucht in seinen Geboten für die Beauftragung von Künstlern die Regel auf, den Kreativen in Ruhe arbeiten zu lassen. Ganz so heftig wollen wir Ihnen diese Weisheit nichts ans Herz legen, schließlich handelt es sich bei Ihrem Kreativdienstleister nicht um einen Künstler.

Arbeiten lassen

Doch soviel stimmt schon: Gut Ding will Weile haben. Halten Sie sich an den Zeitplan, den Sie erstellt haben und der ja auch Teil Ihres Briefings ist, vor allem aber ändern Sie nicht während der Arbeitsphase am Projekt die Zielrichtungen und Inhalte. Wenn das Brot im Ofen steckt, führt Ungeduld und ein zu frühes Herausziehen bestenfalls dazu, dass der Laib zusammenfällt.

Falls Sie – aus welchen Gründen auch immer – glauben, die Arbeit Ihres Dienstleisters schon während des Entstehungsprozesses verstärkt kontrollieren zu müssen, sollten Sie sich *im Vorhinein* mit ihm auf einen entsprechenden Zeitplan einigen, der sinnvolle Teilpräsentationen berücksichtigt.

Falls Sie solche Doppelkontrolle nicht für nötig halten, haben Sie jetzt Gelegenheit, all die unliebsamen Sachen aufzuarbeiten, Protokolle abzulegen oder sich anderen Projekten zu widmen. Keine Angst: Sie sind noch lange nicht fertig. Die Arbeit geht gleich wieder von vorne los.

18. Kapitel
Doch, das hat schon viel Schönes… – Die Korrektur

Ein Mensch erhofft sich fromm und still,
dass er einst das kriegt, was er will;
bis er dann doch dem Wahn erliegt
und schließlich das will, was er kriegt.

Eugen Roth

Neuauflage des Briefings

Eigentlich scheint der Briefingprozess mit den bisher beschriebenen Arbeitsschritten fertig und abgeschlossen. Warum also an dieser Stelle noch das Thema Korrektur? Die Antwort ist einfach: Weil sie im schlimmsten Fall die Neuauflage eines beim ersten Anlauf misslungenen Briefings darstellt. Richtig korrigieren ist mindestens so schwierig, wie richtig zu briefen.

Jede Korrektur besteht dabei im Grunde aus zwei Schritten. Der erste ist, sich klar zu werden, *was* schief liegt, der zweite, diese Erkenntnis dann auch in geeigneter Form zu *vermitteln*. Es geht also ums Bewerten und einmal mehr, um die Kommunikation von Einschätzungen, Wünschen und Haltungen.

Irgendwie anders, Sie wissen schon wie…

Ausgangspunkt jeder Korrektur ist zunächst Ihre Beurteilung. Doch da sind wir schon bei der ersten Frage: Wie beurteilt man kreative Qualität?

Funktion versus Geschmack

Eine bloße Frage des Geschmacks kann und darf es nicht sein. Sie stehen also vor dem Problem, die Beurteilung von Kreativität zu objektivieren.

Die eigentliche und oberste Richtschnur für Ihr Urteil ist – das wissen wir mittlerweile – die Funktionserfülllung. Diese lässt sich allerdings nur vor dem Hintergrund der Zielgruppenprofile festlegen, über die nicht selten Uneinigkeit herrscht. Tatsächlich fallen deshalb eine Menge Lösungsvorschläge persönlichen Attitüden und Geschmäckern zum Opfer, die oft erst im Abstimmungsprozess zum Tragen kommen. Jede Agentur singt gerne lange Klagelieder darüber.

Gehen wir für den Moment aber ruhig davon aus, dass es Ihnen gelingt, solche wenig fachmännischen Urteile aus dem eigenen Haus in die Schranken zu verweisen. Mit dem Kapitel zur eigenen, internen Positionierung haben wir Ihnen bereits ein Rüstzeug gegeben, um dafür vorzuarbeiten. Einige Seiten weiter hinten werden wir auch noch einige weitere Tipps liefern, wie man mit solchen Korrekturwünschen im konkreten Fall umgehen kann.

Dennoch stellt sich noch immer die Frage: Wie bewerten *Sie selbst* die abgelieferte Arbeit? Besonders schwierig wird es, wenn es darum geht, Anmutungen und Emotionen in ihrer Wirkung auf die Zielgruppe abzuschätzen. Die Erfahrung lehrt – verzeihen Sie uns die Offenheit –, dass gerade Männer sich damit schwer tun. Nicht selten werden die Pappen deshalb zunächst mit nach Hause genommen und der Ehefrau vorgelegt. Die aber entscheidet sicher nach ihrem persönlichen Geschmack – und nicht nach Marketingaspekten.

Meinungen Unbeteiligter

Was heißt das letztlich? Aus Angst, eine Kompetenz (die der Kritik) nicht im Griff zu haben, versucht man sich durch andere Meinungen abzusichern – und nimmt in Kauf, dass die wirklich professionellen und angemessenen Kriterien unter den Tisch fallen. Das kennen wir bereits aus anderen Situationen, es wirkt sich in der Korrektur aber besonders frappierend aus. Statt über Zielgruppenorientierung zu sprechen, wird über Farbnuancen diskutiert. Als Korrektur kommt dann raus, dass das Ganze bitte in Hellblau und mit runden Ecken abzuliefern ist. Ob das gesamte Design stimmig ist und die Zielgruppen erreicht, wird dabei nicht einmal als Frage aufgeworfen.

So sehr sich die Agenturen über dieses Prozedere beklagen, so häufig profitieren sie insgeheim davon, wenn man angesichts geschmäcklerischer Differenzen gar nicht zu den wirklichen funktionalen Schwächen ihrer Arbeit vordringt. Falls man in einem solchen Fall überhaupt von »profitieren« sprechen kann. Denn der Qualität der eigenen Arbeit kommt eine solche kurzsichtige Korrektur niemals zugute.

Kritik des Details

Wir stoßen damit auf ein sehr grundlegendes Problem. Kritik macht sich oft an der konkreten Erscheinung fest, seltener am benennbaren Detail und noch seltener an abstrakten funktionalen Überlegungen. Nach allem, was wir über Kommunikation und Wahrnehmung gesagt haben, kann uns das eigentlich kaum mehr verwundern. Wir nehmen Gestalten und Muster wahr, Zusammenhänge und ungeteilte Eindrücke. Menschen kommunizieren *im Konkreten* und sie kommunizieren *ganzheitlich.*

Alle Wahrnehmung unterliegt spontanen Tendenzen zu gestalthafter Organisation. Wir versuchen mit einer gewissen Zwangsläufigkeit, die auf uns niederprasselnden Eindrücke in eine uns genehme – und das heißt: verstehbare – Ordnung zu bringen.

Vom Ziel zum Entwurf

Kreativdienstleister arbeiten aber genau in der entgegengesetzten Richtung, vom Abstrakten zum Konkreten, vom Ziel zum Entwurf. Entlang dieser Linie muss sich deshalb auch Ihre Kritik bewegen und die verschiedenen Ebenen der Projektarbeit eine nach der anderen nach Fehlerstellen untersuchen. Um professionell und wirksam zu korrigieren, dürfen Sie nicht nur auf den Gesamteindruck achten, oder gar Details des ersten Eindrucks zur Grundlage Ihrer Korrektur machen. Sie müssen systematisch und analytisch an die Sache herangehen. Bloß wie?

Begrabene Hunde – Semiotik hilft bei der Fehlersuche

Ein sinnvolles Handwerkszeug für diese Analyse liefert uns eine weitere Disziplin der Kommunikationsforschung: die Semiotik. Die Semiotik oder Semiologie ist die Lehre von den Zeichen und ihrer Bedeutung. Der Begriff wurde eingeführt vom Linguisten und Sprachwissenschaftler Ferdinand de Saussure – als Bezeichnung für die Wissenschaft, die die Zeichen im sozialen Leben untersuchen soll. Entstanden aus der reinen Linguistik widmete sich die Semiotik der Idee, jedes Medium der Kommunikation könne als Sprache und als mehr oder minder fester Zeichensatz verstanden und entsprechend interpretiert werden – auch Gesten, Bilder, Filme, Schilder und andere visuelle Zeichensysteme. Vor diesem Hintergrund beschäftigt sich die Semiotik schon länger mit der Frage, wie sich Bedeutung in Ebenen zerlegen lässt.

Grundlagen der Semiotik

Die ersten Ansätze dazu hat der Amerikaner Charles Morris in den 30er-Jahren formuliert. Seine Arbeiten waren stark verhaltenstheoretisch orientiert (behaviouristische Semiotik). Morris unterschied zwischen

- Semantik (Zeichen und ihre Bedeutung),
- Syntax (Zeichen und ihr Bezug zu anderen Zeichen) und
- Pragmatik (Zeichen und ihr Bezug zum Benutzer bzw. zur Situation).

Der wichtigste Beitrag von Morris lag in der Einführung der Pragmatik. Damit behauptete er, dass der Kontext, in dem ein Zeichen auftritt, für das Verstehen mitentscheidend sein kann. Die Pragmatik kann man deshalb auch als Teil einer Handlungstheorie sehen. Sie stellt die Fragen: Wie wird der Benutzer mit dem Zeichen umgehen? Welche Interessen werden mit den Zeichen verfolgt? und bringt – für unser Anliegen unverzichtbar – die Zielgruppe als Element ins Spiel, das entscheidend an der Konstituierung von Sinn beteiligt ist.

Bedeutung und Ausdruck

Das klingt reichlich abstrakt und wird auch nicht dadurch konkreter, dass uns in diesem Modell noch einige weitere grundlegende Begrifflichkeiten fehlen – darunter eine Unterscheidung, die bereits Saussure ins Spiel gebracht hatte: die zwischen Signifikat und Signifikant. Jedes Zeichen besteht danach sowohl aus einem bezeichneten Objekt (Signifikat) als auch aus einem bezeichnenden Stellvertreter (Signifikant). Man kann auch sagen: Jedes Zeichen besteht aus einem bezeichneten Inhalt und einer bezeichnenden Form, aus *Bedeutung* und *Ausdruck*.

Auf dieser Basis haben sich in den 60er- und 70er-Jahren des vergangenen Jahrhunderts mit Umberto Eco und Roland Barthes zwei Vordenker der Semiotik der semiotischen Analyse komplexer Systeme gewidmet. Von Barthes stammt der wichtige Hinweis, dass die Zeichenhaftigkeit komplexer Systeme (wie sie etwa die Werbung darstellt) originäre und parasitäre Sprachen benutzt. Die komplexe Sprache der Werbung nutzt danach verschiedene Form- und Sprachebenen – wie Text, Bild und Layout/Gestaltung.

Barthes war es auch, der die Bedeutung einer weiteren Begriffsunterscheidung betonte, die der dänische Strukturalist Louis Hjelmslev eingeführt hatte: die zwischen *Denotation* und *Konnotation.*

Assoziationen und Anmutung

Denotation heißt, ganz einfach formuliert, die direkte, unmittelbare Bedeutung eines Zeichens. Die Konnotation geht über diesen unmittelbaren Zusammenhang hinaus. Sie ergibt sich in der Regel aus dem Zusammenspiel von Signifikat und Signifikant und bringt eine weitere, oft übersehene Bedeutungsebene ins Spiel, deren Wichtigkeit man kaum überschätzen kann. Es ist die Ebene der Assoziationen, Anmutungen und aller weiterer zusätzlicher, versteckter Bedeutungen, die der Rezipient dem Zeichen zuordnet. Solche Konnotationen können gesellschaftlich oder persönlich bedingt sein. Ein Beispiel macht das Ganze verständlicher. Die Worte Ehemann und Gatte (beides Signifkanten) bezeichnen in ihrer Denotation zunächst dieselbe Sache (Signifkat), nämlich einen verheirateten Mann. Durch die Wahl des einen oder anderen Signifikanten übermitteln wir allerdings konnotierende, zusätzliche Bedeutungen. Sprechen wir vom »Gatten« schwingt Altehrwürdigkeit mit, eine klarere Rollenverteilung als beim neutraleren »Ehemann«, eine wesentlich größere Formalität, eventuell sogar eine gewisse Ironisierung der ehelichen Beziehung.

Denotat		**Konnotat**
Signifikat	*Signifikant*	
Bedeutung	*Ausdruck*	*Assoziation*
verheirateter Mann	Ehemann	sachlich, nüchtern
verheirateter Mann	Gatte	formell, ehrfürchtig, ggfs. ironisch

Die Dreiteilung ist an diesem einfachen Beispiel noch relativ leicht nachzuvollziehen. Überträgt man das Modell allerdings von der verbalen auf visuelle Sprachen, wird es ungleich komplizierter. Bei manchen abstrakten visuellen Zeichen existiert nämlich überhaupt keine denotative, sondern nur eine konnotative Bedeutung.

Praktischer Nutzen

Wie kann uns eine solche hochkomplexe und sehr theorielastige Wissenschaft bei unserem konkreten Anliegen weiterhelfen, ein Werkzeug zu entwickeln, mit dem sich Gestaltung bewerten lässt?

Tatsächlich stieß die Semiotik spätestens mit den Arbeiten von Eco und Barthes an ihre Grenzen. Immer wieder brachten neue Operationalisierungen noch unberücksichtigte Aspekte ins Spiel. Keinem Semiotiker ist es gelungen, eine wirklich schlüssige und allgemeingültige Theorie der Zeichen zu formulieren, die auf *jede* Form der Kommunikation anwendbar wäre. Aber die Semiotik hat einige Systematisierungen geliefert, die es erleichtern, bestimmte Phänomene vor allem der visuellen Kommunikation griffiger zu beschreiben, als es vorher möglich war. Deshalb wollen wir die Semiotik auch vor allem als begrifflichen Steinbruch nutzen. Wichtig aus der breiten Vielzahl ihrer Modellbildungen sind für uns die bisher vorgestellten Ideen:

- die Morris'sche Unterteilung in Semantik, Syntax und Pragmatik
- die Saussure'sche Unterteilung in Signifikat und Signifikant, in Inhalt und Form
- die von Hjelmslev eingeführte und von Barthes betonte Unterteilung in Denotation und Konnotation
- die Barthes'sche Erkenntnis, das komplexe Sprachen aus originären und parasitären Einzelsprachen bestehen, die miteinander verknüpft werden, um Sinn zu schaffen

Diese vier Punkte reichen, um aus ihnen ein vernünftiges Gerüst für die Bewertung abzuleiten. In Form gebracht, sieht es so aus:

Korrekturschema

Gesamtentwurf

	Bedeutung	Ausdruck	Assoziation
Semantik	Sind die Inhalte und Argumente richtig wiedergegeben?	Gibt die gewählte Form die Inhalte erkennbar und angemessen wieder?	Welche Bewertung der Inhalte und welche Assoziationen vermittelt die Form?
Syntax	Sind die Argumente und Inhalte vollständig? Sind sie schlüssig miteinander verkettet und in eine logische Abfolge gebracht? Stimmt die Dramaturgie? Stimmt der Ablauf? Stimmt der inhaltliche Aufbau? (bei Broschüren: Seitenstruktur) (bei Websites: Sitemap)	Ist der formale Gesamteindruck stimmig? Ergibt sich ein gestalterischer roter Faden? Wo sind Brüche festzustellen?	Welche Assoziationen ergeben sich aus dem Nebeneinander der einzelnen Elemente und der Gestaltungsebenen? Wo kommt es zu unfreiwilligen Kommentierungen?
Pragmatik	Erschließen sich die Inhalte und Argumente der Zielgruppe? Sind sie für die Zielgruppe überhaupt relevant und von Interesse?	Entspricht die gewählte Form der Ästhetik und den Erwartungen der Zielgruppe?	Welche spezifischen Assoziationen verbindet die Zielgruppe mit den Inhalten? Kann die gewählte Form spezifische und im vorhinein erkennbare Assoziationen auslösen oder zumindest begünstigen? Wenn ja: Sind diese erwünscht oder unerwünscht?

Mit diesem Schema lässt sich die Funktionserfüllung des Entwurfs bereits relativ päzise beschreiben. Es reicht indes alleine nicht aus, weil es einen zentralen Punkt unberücksichtigt lässt. Ihre Botschaft setzt sich aus verschiedenen Sprachen und Bedeutungsebenen zusammen. Deshalb ist es sinnvoll, für jede dieser Ebenen ein eigenes Schema aufzustellen.

Im konkreten Fall sollten Sie die folgenden »Sprachen« berücksichtigen, die im Entwurf zum Tragen kommen können:

- Text
- Abbildungen
- Farbe
- Gestaltung/Layout
- Typographie und Schriftbild
- Dingliches Design/Haptik

Um klarer zu machen, wie das Aussehen kann, wollen wir einige dieser Schemata genauer durchdeklinieren.

Korrekturschema

Text

	Bedeutung	Ausdruck	Assoziation
Semantik	Gibt es inhaltliche Fehler im Text?	Ist die Sprache verständlich und korrekt? (grammatikalische und orthographische Korrektur)	Welche Assoziationen vermittelt die gewählte Sprache, besonders der Tonfall? Wirkt er überheblich, oberlehrerhaft, jovial, anbiedernd o.Ä.?
Syntax	Sind die Inhalte vollständig wiedergegeben? Sind sie schlüssig miteinander verkettet und in eine logische, dramaturgisch sinnvolle Abfolge gebracht? Bietet der Text Einstiegsmöglichkeiten an verschiedenen Stellen oder muss der Leser dem Ablauf von vorne bis hinten lückenlos folgen? etc.	Stimmen Sprache und Abbildungen überein? Wo klaffen Bild-Text-Scheren auf? Stimmt der Tonfall der Sprache mit der ästhetischen Anmutung überein? Wirkt z.B. die Sprache zu jugendlich für die eher gesetzte Gestaltung?	Welche Assoziationen ergeben sich aus der Leseabfolge? Verweist der Text an einzelnen Stellen auf nicht formulierte Informationen? Lässt er Unausgesprochenes vermuten? Stellt der Text an einzelnen Stellen die Abbildungen ungewollt in Frage? etc.
Pragmatik	Kann die Zielgruppe die Textinhalte verstehen?	Entspricht der Tonfall des Textes der üblichen und gebräuchlichen Sprache der Zielgruppe? Verwendet er zu viele unverständliche Fachbegriffe und Fremdwörter? etc.	Welche spezifischen Assoziationen verbindet die Zielgruppe mit verwendeten Schlüsselbegriffen? Sind diese erwünscht? Werden Worte und Formulierungen gebraucht, die in ihrer Bedeutung vorbelastet sind?

Korrektur-schema

Bild			
	Bedeutung	**Ausdruck**	**Assoziation**
Semantik	Zeigen die Bilder die erwünschten und richtigen Inhalte (Produkt, wichtige Faktoren der Argumentation etc.)?	Ist jedes Bild technisch in Ordnung? Ist es ausreichend scharf? Ausreichend groß? Erkennbar?	Welche Assoziationen vermittelt das einzelne Bild?
Syntax	Ergibt sich aus der Bildabfolge eine inhaltliche Argumentation? Erzählen die Bilder eine Geschichte? Sollen sie das? etc.	Illustrieren die Bilder unmittelbar den Text? Oder bilden sie eine zweite, unabhängige, mit dem Text nur lose verkettete Bedeutungs- und Argumentationsebene? Zeigt sich in der Abfolge der Bilder eine erkennbare (und erwünschte) Handschrift? Ergibt sich eine klare und stringente Bildsprache?	Welche Assoziationen ergeben sich aus der Bildsprache? Verweisen bspw. gezielt eingesetzte Unschärfen auf Bewegung und Dynamik? Oder eine eher sachliche Bildauffassung auf konservative, bekannte Werte? etc.
Pragmatik	Kann die Zielgruppe die Bildinhalte verstehen?	Entspricht die Ästhetik der eingesetzten Bildsprache der Zielgruppe? Bedienen die Bilder die Sehgewohnheiten der Zielgruppe? etc.	Welche spezifischen Assoziationen könnte die Zielgruppe mit dem einzelnen Bild verbinden? Welche Assoziationen mit der Bildsprache allgemein?

Rein assoziative Zeichenarten

Weiter vorne hatten wir geschrieben: »Bei manchen abstrakten visuellen Zeichen existiert nämlich überhaupt keine denotative, sondern nur eine konnotative Bedeutung.« Das gilt im Designbereich insbesondere für die rein gestalterischen, nicht primär inhaltlichen Zeichen- und Bedeutungssysteme Farbe, Gestaltungsraster, Typografie und Haptik.

Ein Beispiel: Die Farbe Dunkelblau hat zunächst keine unmittelbare sinnhafte Bedeutung außer – Dunkelblau. Ihre Konnotationen allerdings sind ausschlaggebend. Dunkelblau steht für Solidität, wird mit Firmen wie der Deutschen Bank oder der British Airways in Verbindung gebracht. Dunkelblau beruhigt. Dunkelblau ist standfest. Dunkelblau ist konsensfähig, ist die mit Abstand häufigste Lieblingsfarbe. Dunkelblau ist auch konservativ. Weitere Konnotationen sind: Marine, Seefahrt, Weite, Unendlichkeit, Sympathie, Harmonie, Treue, Sehnsucht (die blaue Blume der Romantik!), Kühle, Entspannung, Königtum, Preußen, Wert (Lapislazuli und Ultramarin als kostbarste aller Farben!), Ewigkeit, Wahrheit, Idealismus usw. Welche dieser Konnotationen zum Tragen kommt, entscheidet sich nicht selten erst auf der Ebene der Syntax (d.h. in der Wechselwirkung mit anderen, ebenfalls verwendeten Zeichen) und auf der Ebene der Pragmatik (d.h.

im Bezug auf die ästhetischen Erwartungen, die Wertesysteme und den kulturellen Hintergrund der Angesprochenen).

Korrektur-schema

Farbe	Bedeutung	Ausdruck	Assoziation
Semantik	--	Farbwahl und -intensität; Stehen die gewählten Farben in einer angemessenen Korrelation zu den Inhalten? z.B. Farbe des Produkts, Corporate Design-Farben des Unternehmens etc.	Welche Assoziationen und Werte vermittelt jede einzelne der gewählten Farben im Hinblick auf eine allgemeine Farbpsychologie?
Syntax	--	Farbharmonie; Ergibt sich im Miteinander der Hauptfarben eine stimmige Farbwelt? Passen die Farben zu den verwendeten Abbildungen?	Wie verändert sich die Wahrnehmung der einzelnen Farben durch ihr Neben- und Miteinander? Welche neuen Assoziationscluster werden durch Farbkombinationen geschaffen? Welche Assoziationen werden durch das Miteinander betont, welche zurückgedrängt? etc.
Pragmatik	--	Farbempfinden; Entspricht die Farbauswahl der Ästhetik der Zielgruppe?	Welche spezifischen Assoziationen verbindet die Zielgruppe mit den gewählten Farben? Inwieweit unterscheiden sie sich von einer allgemeinen Farbpsychologie? (Bspw. wirkt die stark modeabhängige Farbe Orange je nach Altersstruktur der Zielgruppen ausgesprochen unterschiedlich!)

Layout			
	Bedeutung	**Ausdruck**	**Assoziation**
Semantik	--	Wurden die gewählten Grundformen aus vorhandenen Formen entwickelt? (Form des Produkts oder Form des Logos) oder scheinen sie eher beliebig gewählt?	Welche Assoziationen erwecken die eingesetzten Grundformen? z.B. eckige Formen = Stabilität, Sachlichkeit; runde Elemente = Schwung oder »abgerundete Sache«, Schrägen = Dynamik, Auffälligkeit etc.
Syntax	--	Folgt das Layout der einzelnen Seiten oder Screens einem festen Raster? Wird das Raster den zu präsentierenden Inhalten gerecht? Werden z.B. Fotos und Überschriften angemessen betont und in eine gemeinsame Abfolge von Bild und Text eingebunden? Wird der Betrachter durch das Layout in einer klaren Dramaturgie durch die einzelnen Seiten und durch das gesamte Instrument geleitet? Lässt das Layout verwendeten Bildern genügend Raum, um zu wirken, oder fordert es das Primat der Gestaltung über den Inhalt? Beziehen sie sich auf Formen anderer Zeichensysteme (z.B. Text: die Formulierung/den Slogan »eine runde Sache«)?	Welche Assoziationen ergeben sich aus der Anordnung der Text-, Farb- und Bildelemente nach dem Layoutraster? Ergibt sich ein stimmiger Gesamteindruck? Oder widerspricht etwa die Bildsprache der Gestaltung? (konservative Fotos in einem besonders jugendlichen Layout) etc.
Pragmatik	--	Kommen Gestaltung und Layout den Lese- und Wahrnehmungsgewohnheiten, aber auch der Ästhetik der Zielgruppe entgegen?	Welche spezifischen Assoziationen (z.B. Bezug auf bekannte und vielgelesene Publikationen) könnte die Zielgruppe der Gestaltung und dem Layout zuordnen?

Typografie	Bedeutung	Ausdruck	Assoziation
Semantik	--	Ist die Typografie angemessen und lesbar – in Größe und Schriftart? Wurden typografische Grundregeln beachtet? (etwa eher serifenbetonte Schriften für Mengentext etc.) Andernfalls: Wurden Grundregeln aus Unachtsamkeit oder mit Grund und Ursache über Bord geworfen? Wenn letzteres: Mit welchem Ziel?	Welche Assoziationen erweckt die eingesetzte Typografie? Eher traditionell, modern, klassisch oder jugendlich, dynamisch oder stabil?
Syntax	--	Wurden unterschiedliche Schriftgrößen und Schnitte (kursiv, fett, condensed etc.) eingesetzt, um die Texthierarchie nachvollziehbar und klar zu machen? Ergeben Zeilendurchschuss und Spaltigkeit einen gut lesbaren Gesamteindruck? Verbinden sich die typografischen Elemente eindeutig und sinnvoll mit den anderen Elementen wie Farben, Formen, Fotos?	Welche Assoziationen ergeben sich aus der Wechselwirkung von Typografie und Inhalt? Welche aus dem Zusammenspiel mit anderen gestalterischen Elementen? Welche Assoziationen weckt der Schriftsatz? (z.B. Spaltigkeit wie ein Nachrichtenmedium oder eher werbliche, plakatorientierte Schriftstruktur?)
Pragmatik	--	Kommt die Schrift den Lesegewohnheiten, der Ästhetik, aber auch etwaigen Defiziten der Zielgruppe entgegen? (z.B. größere Schrift für Zielgruppe Senioren)	Welche spezifischen Assoziationen auch unterbewusster Art könnte die Zielgruppe der Typografie und dem Schriftbild zuordnen? (z.B. Bezug auf bekannte Publikationen etc.)

Korrektur-
schema

Haptik			
	Bedeutung	**Ausdruck**	**Assoziation**
Semantik	--	Verweisen die gewählten Materialien und Verarbeitungstechniken unmittelbar auf Inhalte? (z.B. Papierstrukturen, die die Oberfläche des Produkts nachahmen oder »Hochglanzprodukt« u.Ä.)	Welche Assoziationen vermitteln die einzelnen Materialien und eingesetzte Verarbeitungsdetails (Prägungen, Stanzungen, Bindungen etc.)? Recyclingpapier kann z.B. als Hinweis auf ökologische Werte des Unternehmens interpretiert werden, Goldprägungen als Hinweise auf Wertigkeit und Preis des Angebots etc.
Syntax	--	Gibt es Brüche in der Haptik und im dinglichen Design? (z.B. Goldprägung und aufwändige Lackierung, zugleich aber billig wirkendes, zu dünnes Papier?) Unterstützt das dingliche Design die anderen Gestaltungsebenen? Erlaubt z.B. das markante Strukturpapier einen Bilderdruck in ausreichender Qualität?	Welche Assoziationen ergeben sich aus der gesamten dinglichen Form und aus dem Zusammenspiel von Materialwahl und Verarbeitungsdetails des Kommunikationsinstruments?
Pragmatik	--	Entsprechen Material und Verarbeitung den Erwartungen und der Ästhetik der Zielgruppe?	Welche spezifischen Assoziationen könnte die Zielgruppe mit dem dinglichen Design verbinden? Sind diese erwünscht? (z.B. Ablehnung des Kommunikationsinstruments als unnötiger Kostenfaktor (»Schicke Broschüre. Aber muss das sein? Das darf ich nachher alles mitbezahlen?) oder Bestätigung der Wahrnehmung des Produktes (»Wenn man das anfasst, spürt man schon: die geben sich nur mit dem Besten zufrieden.«))

Korrekturraster

Anhand dieser Schemata ergibt sich eine sinnvolle Fragestruktur, mit der Sie den verschiedenen Gestaltungsebenen und -sprachen im Entwurf objektivierbar zu Leibe rücken können. Achten Sie darauf, dass Sie an den Dienstleister nicht nur die kritischen Antworten weitergeben, zu denen Sie finden, sondern auch besonders gut gelungene Lösungen in einzelnen Bereichen benennen. Lob ist ein mindestens so geeignetes Motivationsinstrument wie Tadel.

So viel Sie durch eine solche relativ objektive Bewertung der Gestaltung gewonnen haben – Ihre Korrektur muss sich noch mit weiteren Faktoren des Gelingens oder Misslingens auseinander setzen.

Nicht-kreative Bewertungskriterien

Dazu gehören die Fragen des *Handlings*, der *Produktion* und der *Kosten*. Jede gestalterische Entscheidung hat in diesen Bereichen zahlreiche Auswirkungen, die Sie durchleuchten müssen. So müssen Sie beispielsweise abwägen, ob eine besonders pfiffige Gestaltungsidee, die auf eine völlig neue Produktionstechnologie setzt, Ihnen das Risiko wert ist, das sich in Sachen Termintreue ergibt, wenn man eine noch wenig bekannte Technologie zum ersten Mal einsetzt. (Was, wenn es nicht auf Anhieb klappt? Kommen Sie in Teufels Küche, wenn sich dadurch die Auslieferung um ein oder zwei Tage verzögert?) Genauso müssen Sie entscheiden, ob ein auffälliges und aus der Reihe fallendes Format wirklich noch sinnvoll ist, wenn man den möglichen Aufmerksamkeitsgewinn gegen die gestiegenen Kosten für Handling und Postversand aufrechnet. (Müssen Sie eigens Umschläge anfertigen lassen? Fällt das erweiterte Format plötzlich unter die nächsthöhere Portokategorie?)

Noch ein Beispiel? Bitteschön. Eine modulare Broschürenlösung kann variable Angebote zielgruppengenau in Szene setzen. Wenn Ihre Vertriebsabteilung allerdings im stressigen Alltagsgeschäft mit der Zusammenstellung der einzelnen Module überfordert ist und deshalb immer nur die Grundmappe verschickt, während wichtige Informationen auf Einzelblättern einfach im Regal bleiben, haben Sie durch die clevere Lösung absolut nichts gewonnen – eher im Gegenteil.

Praxis-Tipp

Entscheidungsfindung für die Korrektur

- Achten Sie darauf, die vom Kreativdienstleister gelieferten Entwürfe in Sachen Gestaltung möglichst objektiv zu beurteilen. Als Beurteilungsschema nutzen Sie die Tabellen auf den vorangegangenen Seiten.
- Halten Sie nicht nur Kritikpunkte fest, sagen Sie auch, was Ihnen gut gelungen erscheint.
- Setzen Sie die Gestaltung in Bezug zu den mindestens ebenso bedeutsamen Kritikfaktoren Handling, Produktion und Kosten.

Der gute Ton – Kritisieren und Motivieren

Die Menschheit zerfällt nach Linné in gute und böse Menschen. Die bösen Menschen zerfallen ihrerseits wieder in die Gelegenheitsbösewichte und in solche, die von Jugend auf böse sind. Und auch diese, die gebürtigen Bösewichte oder Professionals, zerfallen in zwei Teile: in die Verbrecher mit Volksschulbildung und in die Kritiker.

Erich Kästner – Selbsthilfe gegen Kritiker

Korrektur nach der 8K-Regel

Damit sind wir beim nächsten Schritt. Sie haben sich Ihre Meinung zum abgelieferten Entwurf gebildet und müssen diese nun an den Dienstleister weitergeben. Das ist einfacher als Sie denken – weil sich die neue Situation kaum von einem Briefing unterscheidet. Auch bei der Korrektur gilt die 8K-Regel: Korrigieren Sie kurz, knapp, klar, konkret, komplett, konstruktiv, konsequent und kooperativ.

Am leichtesten werden Sie sich tun, wenn Sie Ihre Korrekturen auf einem eigenständigen Blatt möglichst präzise formulieren und begründen – egal ob Sie sie nun schriftlich oder nur mündlich weitergeben. Nur wenn es Ihnen gelingt, die Nuancen Ihrer Kritik auch verständlich zu machen, können Sie eine Weiterarbeit nach dem Trial & Error-Prinzip verhindern. Da Ihre Bewertung durch die eingesetzten Instrumente allerdings bereits recht differenziert ist, dürfte Ihnen das nicht mehr sonderlich schwer fallen.

Mimosen

Ob sich auch Ihr Dienstleister so leicht damit tut, die Kritik anzunehmen, steht auf einem anderen Blatt. Leider. Denn jeder gemeinsam gemachte Fehler birgt in sich den Keim zu einer besseren Verständigung. Eine solche Kultur der Kritik, die auch über den Weg danebengegangener Lösungsversuche eine Verbesserung der eigenen Leistung und der Zusammenarbeit sucht, lassen auch viele Dienstleister vermissen. An die Stelle konstruktiver und kooperationsorientierter Offenheit tritt nicht selten mimosenhafte Empfindlichkeit, die bereits nach dem ersten nicht hundertprozentig glatt gelaufenen Projekt ihr Heil in einem Wechsel des Partners sucht. Wenn wir uns etwas wünschen dürften, wäre es eine Stärkung dieser viel zu gering entwickelten Kultur der Krise in unserer Branche. Die Krise, soll Max Frisch gesagt haben, sei ein produktiver Zustand, man müsse ihr nur den Beigeschmack der Katastrophe nehmen. Tatsächlich gibt es einiges, was Sie als Auftraggeber dazu beitragen können, damit Ihre Korrektur auf fruchtbaren Boden fällt und konstruktiv wirkt.

Äußern Sie Ihre Kritik sachlich und belegen Sie sie. Erinnern Sie sich an das, was wir über die Spiele und Rollen des Miteinander gesagt haben. Agieren Sie weder als Aggressor noch als Opfer, schon gar nicht als Retter. Sie verschaffen sich am schnellsten Respekt durch Sachlichkeit und Kompetenz und verhelfen damit der Krise zu dem Respekt, den sie verdient.

Ad acta legen, was ad acta liegt

Ebenso wenig sollten Sie abgelegten Entwürfen nachtrauern. »Das Werk ist die Totenmaske der Konzeption,« schrieb Walter Benjamin. Will sagen: Ist eine Lösung gefunden, zählen die vorher gesuchten und verworfenen

Ansätze nicht mehr. Sie sollten bereit sein, sich von einmal gefassten Ideen zu trennen, wenn sich im Diskurs mit dem Dienstleister zeigt, dass sie nicht zum Ziel führen. »Gut gemeint« muss sich auch in »gut gemacht« und vor allem in »wirkungsstark« übersetzen. Am Ende nämlich zählt doch das Produkt Ihrer Projektarbeit – und nicht der Weg dorthin. Deshalb sollten Sie ohne Abstriche und mit ganzem Herzen hinter diesem Produkt stehen können.

Darf man also auch rundum zufrieden sein? Sie sollen und Sie dürfen. Suchen Sie nicht aus einem falschem Verständnis Ihrer Auftraggeberrolle heraus verzweifelt nach einem Kritikpunkt, wo Sie keinen sehen. Nutzen Sie stattdessen die Chance, die sich Ihnen bietet, Ihren Dienstleister zu motivieren. Nichts treibt einen Dienstleister wirkungsvoller an, als ein gelungenes Projekt.

Und dann kommt der Geschäftsführer und streicht alles durch...

Korrekturkosten

Warum ist eine Mehrfachkorrektur ein Problem des Auftraggebers? Weil übliche Kostenangebote immer *einen* inhaltlichen Korrekturdurchlauf enthalten. Weitere werden nach Aufwand abgerechnet. Das kann schnell ins Geld gehen.

Jeder durch Wankelmut und schwankende Entscheidungen verursachte Korrekturdurchlauf erhöht den Aufwand des Dienstleisters und damit Ihre Kosten. Bei einem vertraglich abgestimmten Fixpreis senkt er zumindest die Motivation des Auftragnehmers.

Bereits im 7. Kapitel haben wir festgestellt, dass die optimale Lösung, um Mehrfachkorrekturen zu verhindern, die ist, dass der Projektleiter auf Kundenseite auch die alleinige Entscheidungsbefugnis hat, ein Projekt freizugeben. Eine solche schlüssige und vollständige Aufgabendelegation ist in der Praxis aber alles andere als üblich.

Abstimmung der Ergebnisse im Haus

In aller Regel werden Sie sich für Ihr Okay Rückendeckung vom Geschäftsführer, vom Controlling oder von anderen Abteilungen in Ihrem Unternehmen holen müssen. Um böse Überraschungen zu vermeiden, sollten Sie in einem solchen Fall Briefing, Abstimmung und Korrektur auch intern als Prozess gestalten, der die Entscheidungsträger von Anfang an einbindet.

Als erster Schritt sollten Sie die schriftliche Briefingvorlage (Dabei reicht die einseitige Aufgabenbeschreibung!) vor der Weitergabe an den Auftragnehmer mit denjenigen Stellen und Personen abstimmen, die die Arbeit, das Konzept oder den Entwurf hinterher auch freigeben müssen.

Freizeichnungslisten

Legen Sie zusätzlich unternehmensinterne Freizeichnungslisten für jeden Korrekturschritt an. Eine solche Dokumentation bewahrt Sie zwar nicht zwangsläufig vor der Katastrophe, wenn der Chef am Ende seine vorherige Zustimmung wieder zurückzieht. Sie verhindert auch keine irrationalen oder inkonsistenten Reaktionen seitens der Entscheidungsträger im eigenen Haus. Sie wird Ihnen aber zumindest erlauben zu belegen, dass bei Ihrem Projekt nur deshalb unerwartete Korrekturkosten angefallen sind, weil die Entscheider das siebte K (Konsequenz) nicht beachtet und inkonsequente Ansagen gemacht haben.

Unkommentierte Entscheidungsgrundlage

Ein weiteres, bereits mehrfach genanntes Problem: Vorgesetzte sind meist keine Kommunikationsfachleute. Sie entscheiden nach Einzelaspekten und nach persönlichem Geschmack. Damit können Sie nur umgehen, indem Sie das Ergebnis Ihrer Arbeit nicht als unkommentierten Entwurf weitergeben, sondern auch die einzelnen Entscheidungen und Überlegungen knapp und präzise erläutern, die zu der Lösung in ihrer vorgelegten Form führten. Den meisten Entscheidern müssen Sie neben der Lösung auch die Qualitätskriterien für deren Beurteilung liefern.

Der an sich richtige Einwand, jede Kommunikationsmaßnahme müsse für sich allein und ohne Erklärung funktionieren, schließlich habe ja auch der künftige Rezipient keine Gebrauchsanweisung, verfängt hier nicht. Sie legen das Produkt nicht der Zielgruppe vor, sondern Ihrem Chef, dem Sie erst erläutern müssen, was die Zielgruppe erwartet.

Auf den Punkt gebracht – Korrekturtechniken für Profis

Damit Ihre Korrekturen richtig verstanden werden, sollten Sie sich an einige Regeln eher technischer Natur halten, die sich als Standards für Korrekturen etabliert haben und Ihnen die Verständigung mit dem Dienstleister erleichtern.

Die wichtigste: *Korrigieren Sie auf Papier, nicht in Dateien.*

Nachvollziehbarkeit

Das mag manchem altmodisch erscheinen, hat sich als Grundsatz in der praktischen Arbeit aber hundertfach bewährt. Warum? Der erste Grund: Der Dienstleister muss nachvollziehen können, *was* Sie geändert haben. Schon eine kleine Textänderung führt schnell dazu, dass der Zeilenumbruch sich verschiebt und im Satz Hurenkinder und Schusterjungen entstehen. (Nur zur Erinnerung: »Hurenkind« nennt der Setzer den Fall, wenn die letzte Zeile eines Absatzes allein an den Beginn einer Seite oder Spalte rückt, beim »Schusterjungen« dagegen steht die erste Zeile eines neuen Absatzes allein am Ende einer Spalte oder Seite).

Moderne Textprogramme lassen es heute zwar zu, Korrekturvorgänge direkt im Schriftbild sichtbar zu machen. In Word können Sie diese Option ohne Problem und über mehrer Ebenen zuschalten. Dabei wird zum Beispiel die erste Korrektur in roter, die zweite in grüner und die dritte in blauer Farbe wiedergegeben. Wir raten Ihnen trotzdem: Lassen Sie die Finger davon. Wenn Sie wissen wollen, warum, starten Sie einen kleinen Versuch.

Schreiben Sie einen kurzen Absatz und lassen Sie ihn durch drei andere Menschen korrigieren. Es ist erstaunlich wie unübersichtlich ein einfacher Text mit einfachsten Korrekturen in dieser Darstellungsweise werden kann. Gewonnen haben Sie mit solchen Farbschlachten gar nichts – auf keinen Fall irgendeine Form von Übersichtlichkeit.

Digitale Korrekturen

Zudem haben Sie damit nur die reine Textkorrektur im Griff. In der Regel werden Sie aber neben dem Text auch Gestaltung und Layout korrigieren wollen. Auch dafür gibt es mittlerweile digitale Lösungen. So können Sie zum Beispiel in PDF-Dokumenten, wie Sie Ihnen Ihr Dienstleister immer häufiger zur Abstimmung vorlegt, mit virtuellen Anmerkungen arbeiten – etwa als würden Sie kleine gelbe Klebezettel auf der gelayouteten Seite verteilen, in die Sie Ihre Korrekturwünsche eintragen. Der Haken an der Sache: Diese Funktion ist nicht mit dem gängigen Acrobat Reader möglich. Sie benötigen die Vollversion von Adobe Acrobat. Zudem werden die gelben Anmerkungen nicht automatisch mit ausgedruckt. Um Ihre Korrekturen schlüssig zu dokumentieren, müssen Sie besonders darauf achten, beim Eindruck die entsprechenden Optionen zu aktivieren.

Trotz dieser Nachteile scheint uns die PDF-Kommentierung der derzeit einzig sinnvolle und gangbare Weg einer elektronischen Korrektur – vorausgesetzt, Sie haben sich untereinander auf dieses Prozedere geeinigt und Ihr Dienstleister hat sich auf diese Art der Korrektur einstellen können.

Korrektur auf Papier

Am Sichersten ist indes nach wie vor die Korrektur von Ausdrucken – schon allein um alle Korrekturvorgänge zuverlässig dokumentieren zu können. Das papierne Gedächtnis belegt noch immer am besten, wer wann welche Änderungen verlangte und wer wann und wie darauf reagierte. Versehen Sie deshalb jede Seite eines Korrekturausdrucks mit Ihrem Kürzel und dem Datum der Korrektur bzw. dem Schriftzug »freigegeben« sobald es keine Änderungen mehr gibt. Verzichten Sie für Korrekturanmerkungen auf Klebenotizen. Lösbare Aufkleber können den Dokumentationscharakter Ihrer Korrektur nicht gewährleisten. Beleben Sie stattdessen einfach den guten alten Rotstift wieder, auch wenn damit noch lange nicht gesagt ist, dass das, was Sie mit dem Rotstift zu Papier bringen, auch verstanden wird.

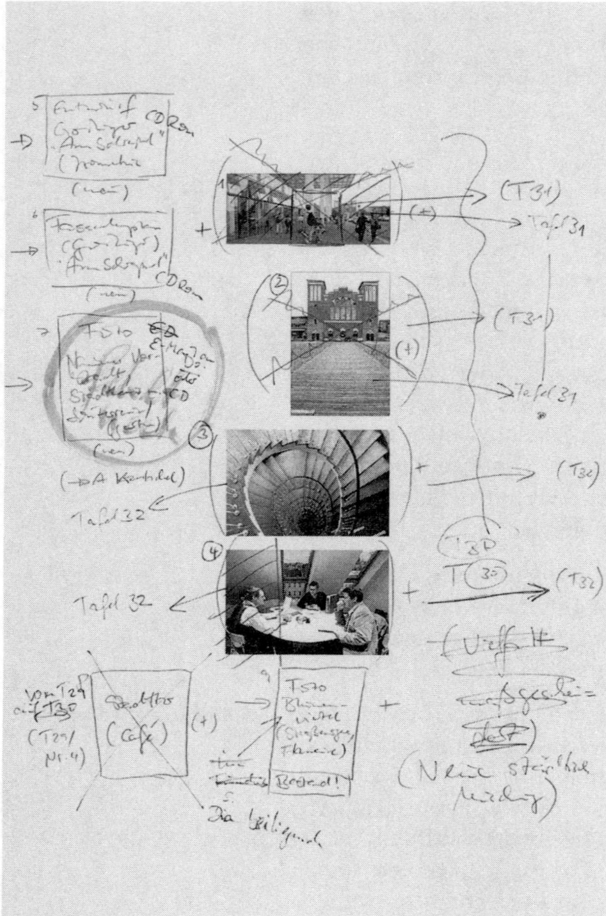

Die Abbildung links zeigt eine Skizze, mit der ein an sich verständigungsorientierter und kommunikativer Werbeleiter versuchte, seine Änderungswünsche für die Tafeln einer Ausstellung zu Papier zu bringen. Das einzige was wir ausgetauscht haben, sind die Fotos.

Wie Sie sehen, sehen Sie nichts mehr. Das Beispiel lehrt zweierlei. Erstens: Nutzen Sie den Korrekturausdruck nicht als Medium Ihrer Entscheidungsfindung. Überlegen Sie sich genau, welche Änderungen Sie wollen und welche nicht. Erst wenn Sie sich darüber klar sind, sollten Sie diese auch zu Papier bringen. Viele Korrekturen strotzen nur so vor gewünschten, dann doch wieder zurückgenommenen Änderungen. Wenn sich der Dienstleister erst Schicht um Schicht durch die verschiedenen Phasen Ihrer Korrekturüberlegungen pflügen muss, macht das die Sache nicht eben übersichtlicher.

Die zweite Lehre, die Sie aus unserem Beispiel ziehen können: Gehen Sie auf keinen Fall davon aus, dass sich Ihre Ideen mit ein paar einfachen Strichen gut und verständlich skizzieren lassen. Jedenfalls nicht, bevor Sie das Ergebnis in Sachen Verständlichkeit an einem Unbeteiligten Dritten ausgetestet haben.

Arbeiten Sie beim Einzeichnen Ihrer Korrekturen nicht intuitiv. Halten Sie sich so streng und so weit als möglich an den Kanon verbindlicher und üblicher Korrekturzeichen. Er leistet nicht nur für den Textbereich gute Dienste, sondern liefert auch genügend Kürzel, mit denen Sie Änderungen an der grafischen Form anmerken können.

Korrekturzeichen

- Grundprinzip der Korrektur: Die eigentlichen Streichungen, Veränderungen und Ergänzungen stehen am (Text-)Rand in einer Spalte. Im Text werden nur Markierungen eingefügt, die auf diese Korrekturen verweisen. Das entzerrt die Dichte.
- Eine Ausnahme bilden Korrekturzeichen, die keines weiteren Kommentars bedürfen. Dazu gehören:

Es markiert verstellte Wörter, die ausgetauscht werden müssen.

Es markiert die Aufforderung, zwei Wortteile zusammenzuschreiben (z.B. wenn ein Trennstrich entfernt wurde oder wenn sich ein unnötiger Zwischenraum eingeschlichen hat).

Es bezeichnet ein fehlendes Leerzeichen.

Es bezeichnet einen zu engen Abstand zwischen zwei Worten (nur halbes Leerzeichen).

Es bezeichnet einen zu weiten Abstand zwischen zwei Worten (doppeltes Leerzeichen).

Es bezeichnet einen zu geringen Zeilendurchschuss (Zeilenabstand).

Es bezeichnet einen zu großen Zeilendurchschuss (Zeilenabstand).

Es verlangt die Einfügung eines Absatzes. Bisweilen wird es auch verwendet, um den Wunsch nach einer veränderten Worttrennung zu markieren. Welche Bedeutung zutrifft, ergibt sich aus dem Zusammenhang.

Eine geschwungene Linie vom Ende des einen zum Anfang des folgenden Absatz hebt diesen Absatz auf.

Es markiert einen fehlenden Zeileneinzug.

- Es ist ratsam, auch diese selbsterklärenden Korrekturen durch einen Fehlerstrich am Spaltenrand noch einmal zu betonen.

Bei hoher Fehlerdichte ist es wichtig, die Stellenmarkierungen so weit zu variieren, dass der Bezug zur Randspalte für jede Korrekturstelle klar wird. Mögliche Markierungen sind:

wird benutzt, um falsche Buchstaben, Wörter oder Textteile durchzustreichen. Es wird am Rand gemeinsam mit dem richtigen Text wiederholt.

ist das bekannteste Zeichen. Es steht für D wie Deleatur (lat.: Es möge entfernt werden!) und bedeutet, dass die damit kommentierte Markierung komplett entfallen kann.

markiert Schrift, die kursiv gestellt werden soll.

- Andere Auszeichnungswünsche als Kursivschrift werden markiert, indem die betreffenden Textstellen unterstrichen werden und am Rand die gewünschte Auszeichnung mit Ausrufezeichen vermerkt wird (z.B. »fett!«).
- Fehlende Buchstaben und Satzzeichen werden eingefügt, indem der benachbarte Buchstabe gestrichen und mit dem fehlenden am Rand wiederholt wird.
- Verstellte Zahlen sollten Sie immer ganz durchstreichen und am Rand wiederholen.
- Bei Umstellungen von mehreren Wörtern wird die Reihenfolge durch Nummerierung der Wörter gekennzeichnet.

Anwendungsbeispiel

Text mit Korrektur

Damit Ihre Korrekturen richtig verstanden werden, sollten Sie sich an einige Regeln eher Natur technischer halten, die sich als Standards für Korrekturen etabliert haben und Ihnen die die Verständigung mit dem Dienstleister erleichtern.

Die wichtigste: Korrigieren Sie auf bedrucktem und geduldigem Papier, nicht in Dateien.

Das mag manchem altmodisch erschein-en, hat sich als Grundsa in der praktischen Arbeit aber hundertfach bewährt. Warum? werden Sie vielleicht fragen. Auf diese Frage können wir Ihnen gleich zwei gute Gründe nehmen, die Sie in Betracht ziehen sollten. Der erste Grund: Der Dienstleister muß nachvollziehen können, *was* Sie geändert haben.

Schon führt kleine Textänderung eine schnell dazu, dass der Zeilen umbruch sich verschiebt und im Satz Hurenkinder und Schuster jungen entstehen.

Moderne Textprograme lassen es zwar Heute zu, Korekturvorgänge direkt im Schriftbild sichtbar zu machen. In Word

können Sie diese Option zum Beispiel ohne Problem und über mehrer Ebenen zuschalten.

Dabei wird zum Beispiel die erste Korrektur in roter, die zweite in grüner und die dritte in blauer Farbe wiedergeben. Wir raten Ihnen trotzdem: Lassen Sie die Finger davon. Wenn Sie wissen wollen, warum, starten Sie einen kleinen Versuch. Schreiben Sie einen kurzen Absatz und lassen Sie ihn durch drei andere Menschen korrigieren. Es ist erstaunlich wie unübersichtlich ein einfacher Text mit einfachsten Korrekturen werden kann.

korrigierter Text

Damit Ihre Korrekturen richtig verstanden werden, sollten Sie sich an einige Regeln eher technischer Natur halten, die sich als Standards für Korrekturen etabliert haben und Ihnen die Verständigung mit dem Dienstleister erleichtern.

Die wichtigste: *Korrigieren Sie auf Papier, nicht in Dateien.*

Das mag manchem altmodisch erscheinen, hat sich als Grundsatz in der praktischen Arbeit aber hundertfach bewährt. Warum? Der erste Grund: Der Dienstleister muß nachvollziehen können, *was* Sie geändert haben.

Schon eine kleine Textänderung führt schnell dazu, dass der Zeilenumbruch sich verschiebt und im Satz Hurenkinder und Schusterjungen entstehen.

Moderne Textprograme lassen es zwar heute zu, Korrekturvorgänge direkt im Schriftbild sichtbar zu machen. In Word können Sie diese Option ohne Problem und über mehrere Ebenen zuschalten. Dabei wird zum Beispiel die erste Korrektur in roter, die zweite in grüner und die dritte in blauer Farbe wiedergegeben. Wir raten Ihnen trotzdem: Lassen Sie die Finger davon.

Wenn Sie wissen wollen, warum, starten Sie einen kleinen Versuch. Schreiben Sie einen kurzen Absatz und lassen Sie ihn durch drei andere Menschen korrigieren. Es ist erstaunlich wie unübersichtlich ein einfacher Text mit einfachsten Korrekturen werden kann.

Manöverkritik – Der Abschluss des Projekts

> Es gibt recht wenig Menschen, die Einfälle haben. Die Andern plagen einen aber abscheulich mit ihrem bisschen Armut.
>
> *Rahel Varnhagen – Aufzeichnungen*

Projekte rekapitulieren …

Am Ende des Korrekturkapitels sind wir bei einem Unterpunkt angelangt, der streng chronologisch gesehen hier eigentlich noch nichts zu suchen hat. Denn mit der Korrektur tritt Ihr Projekt erneut in eine Bearbeitungsphase. Erst wenn diese abgeschlossen ist, nähert sich die Projektzeit ihrem Ende. Genau dann wird es Zeit für die Manöverkritik.

Mit dem Überformen von Wörtern kann man es wirklich zu weit treiben. Neben den Begriffen Briefing und Rebriefing kursiert in der Kommunikationsbranche auch die Wortschöpfung »Debriefing«. Als Wort finden wir das grauslig, die Idee, die dahintersteckt, leuchtet uns allerdings ein. Keins Ihrer Projekte kann als wirklich abgeschlossen gelten, wenn Sie sich nicht nach dem Ende der Arbeiten mit den Beteiligten zur Manöverkritik an einen Tisch setzen.

Zeitverschwendung! wird so mancher protestieren. Aber ist es das wirklich? Es gibt mehr als einen Grund, warum Sie sich die Zeit nehmen sollten, jedes Projekt mit dem Partner aufzuarbeiten.

… um Projekte vorzubereiten

Steuern Sie eine längerfristige Zusammenarbeit an, gebietet es Ihr ureigenstes Interesse. Nur wenn Sie dem Dienstleister klar machen, in welchen Punkten und Bereichen Sie beim nächsten Mal eine bessere Leistung erwarten, werden Sie diese Leistung auch bekommen. Still in der Ecke zu sitzen, leise zu schmollen und darauf zu zählen, Ihr Vis-á-Vis werde schon selbst am besten wissen, was es falsch gemacht hat, bringt Sie keinen Schritt weiter.

Ganz nebenbei: Es müllt auch die Seele zu. Um die Zielerreichung zu überprüfen, müssen Sie das Projekt ohnehin für sich selbst auswerten – nicht nur wenn Sie sich für eine erfolgsgekoppelte Honorierung des Auftragnehmers entschlossen haben. Behalten Sie die Ergebnisse Ihrer Analyse nicht für sich. Gestehen Sie sich ruhig zu, dass es gut tun kann, dem Partner zu sagen, was einem im Verlauf des Projektes alles sauer aufgestoßen ist. Räumen Sie Unzufriedenheiten aus dem Weg, oder sie werden Ihnen beim nächsten Mal mit an Sicherheit grenzender Wahrscheinlichkeit wieder in die Quere kommen. Gleiches gilt natürlich auch für Ihre guten Erfahrungen. Wir sagen es nochmal: Lob motiviert. Nutzen Sie diesen Mechanismus.

Zusammenarbeit als Prozess

Nicht nur das einzelne Briefing, sondern die *gesamte* Zusammenarbeit mit Ihrem Dienstleister sollten Sie als Prozess betrachten. Dann aber ist es keine Frage, dass Sie selbst davon profitieren, wenn Sie die Chance einer Manöverkritik nutzen, um den Beziehungsaspekt Ihrer Kommunikation noch feiner abzustimmen und den Austausch genauer zu kalibrieren.

Krise als Chance

Das gilt natürlich auch für das Feedback, das Sie selbst vom Dienstleister erhalten. Wir haben es schon einmal gesagt und wiederholen es gerne noch einmal: Jede Krise ist eine Chance, jeder gemachte Fehler der Ausgangspunkt, um es beim nächsten Mal besser zu machen. Das meinen wir beileibe nicht wie eine der häufig kursierenden Beschwörungsfloskeln, nach der es keine Probleme geben soll, sondern nur Herausforderungen. *Natürlich* gibt es Probleme. Aber nur, wenn Sie offensiv und kritisch (und das heißt immer auch: selbstkritisch) mit Problemen umgehen, werden Sie die Probleme in Zukunft minimieren können.

So wie das Briefing Ihr Projekt einläutete, sollte deshalb ein Treffen das Projekt beenden, zu dem Sie möglichst das gesamte Projektteam versammeln und reihum negative wie positive Erfahrungen abfragen. Auf dem Papier mag das ein bisschen zu sehr nach Selbsterfahrung und Gruppendynamik klingen. In der Praxis werden Sie sehen, dass auch ein kurzer, nicht sonderlich hoch aufgehängter Termin die Stimmung zwischen den Beteiligten nachhaltig verbessert und die Partnerschaft festigen wird.

19. Kapitel
Dos and Don'ts – Das Wichtigste im Schnelldurchlauf

Ein gutes Briefing ist kurz, knapp, klar, konkret, komplett, konstruktiv, konsequent und kooperativ.

Die 8K-Regel

Die 8K-Regel...

Wenn unsere anfangs aufgestellte 8K-Regel wirklich verfängt, dann muss sie auch für dieses Buch gelten, das man als Briefing fürs Briefing betrachten kann. Das einzige K, das bisher zugunsten von Klarheit, Konsequenz und Vollständigkeit etwas zurückstehen musste, war das K für »kurz«. Wir schulden Ihnen eine Zusammenfassung.

Rekapitulieren wir also anhand unserer acht Qualitäten die Essentials des Gesagten.

...kurz

Jedes Briefing ist ein vorgeordneter Prozess, der die eigentliche Projektarbeit »nur« einleitet. Das macht die oft spürbare *Ungeduld* beim Briefing verständlich. Man will zur Sache kommen. Dem daraus resultierenden Wunsch, es zeitlich kurz zu machen, steht die fundamentale *Bedeutung* entgegen, die das Briefing für die mit ihm eingeleiteten Arbeitsschritte hat. Ihr Briefing ist die Weichenstellung zu Erfolg oder Misserfolg.

Berücksichtigen Sie deshalb in der Form die Forderung nach Kürze – ohne an Qualität und Vollständigkeit des Inhalts Abstriche zu machen. Auch Ihr Tag hat nur 24 Stunden.

... knapp

Knapp zu sein beschreibt die Kunst, sich so kurz wie möglich zu fassen, ohne unverständlich oder unvollständig zu werden. Es ist wie bei einem Minirock. Sie müssen das Gefühl haben: Das reicht niemals! – und dann erleichtert merken, dass doch alles abgedeckt ist.

Sich knapp zu halten fordert ein hohes Maß an Disziplin und Arbeit. Knapp zu briefen setzt voraus, dass Sie die Inhalte strukturiert verdichten. Deshalb sind sorgfältige Vorarbeiten unabdingbar. Man kann mit einigem Recht die Regel formulieren: Je sorgfältiger die Vorarbeit, desto besser das Briefing.

Worin besteht die Vorarbeit, die Sie leisten müssen? Im Sammeln und Strukturieren der nötigen Informationen und in der Klärung der Rahmenbedingungen für die Prozessarbeit.

Zu den Informationen, die Sie zusammentragen müssen, gehören die Zieldefinition, aus der sich die Aufgabenstellung und die Zielgruppen ableiten, Informationen zu Produkt und Unternehmen und Hintergrundinfos zu Zielgruppen und Märkten.

Dafür stehen Ihnen verschiedene Quellen zur Verfügung: interne Quellen im Unternehmen, das Internet, bereits veröffentlichte Studien zu Zielgruppen und Märkten sowie eigene Erhebungen (Befragungen, Tests, aber auch Konkurrenzbeobachtung).

Besonders die Markt- und Zielgruppenrecherche kann sehr zeitraubend sein, ist aber für die kommunikationsstrategischen Entscheidungen unverzichtbar.

Bis hierher hätte man das Gesagte auch unter dem Stichwort »komplett« einordnen können. Letzter, entscheidender Schritt Ihrer Vorarbeiten ist es indes, diese Fakten zu *verdichten* und zu *strukturieren*.

Das Fünf-Stufen-Schema (S. 134f.) liefert Ihnen dafür eine Struktur, die vom Wichtigen zum Auch-Wichtigen und Noch-Wichtigen führt. Sie gibt dem Dienstleister die Chance, genau so tief einzusteigen, wie er es anhand seines eigenen Kenntnisstandes muss. Letztendlich ermöglichen Sie ihm mit dem Fünf-Stufen-Modell eine individuelle Definition von »knapp«, sorgen aber zugleich dafür, dass die Ihnen wichtigen Aspekte am Anfang stehen und entsprechend betont werden.

Die Forderung nach Klarheit zielt in mehrere Richtungen. *... klar*

Das erste Ziel ist eine *formale Transparenz*. Ihr Briefing soll klar in seiner Informationshaltung und im Ausdruck sein.

Das bedingt eine unprätenziöse, an Verständlichkeit und Verständigung orientierte Sprache. Jargons sind dafür meist ungeeignet, sowohl das Werberdeutsch der Dienstleister als auch die Fachsprachen Ihrer eigenen Branche. Bemühen Sie sich, eine gemeinsame Sprache zu finden und unklare zentrale Schlagworte gemeinsam abzustimmen.

Verzichten Sie im Briefing zugunsten der Klarheit auf Rhetorik und manipulative Techniken.

Achten Sie in der Sprache wie im nicht-sprachlichen Bereich darauf, dass Ihre Signale verständlich sind. Setzen Sie dafür bewährte Techniken ein. Das reicht von so banalen Hilfsmitteln wie dem Kanon üblicher Korrekturzeichen über die IT-Kompatibilität und die Verwendung lesbarer Dateiformate bis hin zu komplexen aus der Semiotik hergeleiteten Bewertungsrastern, mit denen Sie sich selbst Klarheit darüber verschaffen können, wie Sie vorgelegte Leistungen bewerten und Ihre Korrekturwünsche verständlich formulieren.

Der zweite Aspekt des Begriffs betrifft die Klarheit in der *Positionierung zur Aufgabe*. Stimmen Sie die Ziele und Vorgaben, die Sie dem Dienstleister vermitteln, immer zuerst mit allen Beteiligten im eigenen Hause ab. Spätere Korrekturen und Schwenks in der Aufgabenstellung verwirren und trüben das Aufgabenverständnis Ihres Dienstleisters ein.

Klarheit braucht Ihr Briefing auch in der *Positionierung der Beteiligten*. Lassen Sie sich nicht von Klischees über Ihr Vis-à-Vis und seine Arbeit in die Irre führen. Machen Sie sich Ihr eigenes Bild von der Arbeitswelt der

Gegenseite. Nutzen Sie dafür Informations- und Weiterbildungsangebote, halten Sie sich mit Fachliteratur auf Stand, vor allem aber: Prüfen Sie das eigene Wissen und die eigenen Vorstellungen vom Gegenüber immer wieder an der Realität. Nutzen Sie besonders den persönlichen Kundenberater als Wünschelrute, um die Arbeitswelt Ihres Dienstleisters zu erkunden.

Der letzte Aspekt der Forderung nach Klarheit ist eine eindeutige *Positionierung Ihrer eigenen Rolle*, Ihrer Aufgaben und Kompetenzen. Klären Sie besonders Ihre Entscheidungsbefugnis und Ihre Beziehungen im horizontalen und vertikalen Netz Ihres Unternehmens. Analoges gilt natürlich auch für das Projektteam, dessen Mitglieder Sie ganz zu Beginn mit ihren individuellen Kompetenzen und Aufgaben festlegen und für die Dauer des Projekts auch unverändert beibehalten sollten.

... konkret

Konkretisieren Sie zunächst, für *welche Art von Leistung* Sie briefen. Nach der hier aufgestellten Systematik lautet die Frage: Handelt es sich um ein Strategiebriefing, ein Kreativbriefing oder ein Ausführungsbriefing?

Vermitteln Sie konkret, was Sie wünschen und *welche Aufgabenteile und Leistungen* das Projekt erfordert. Eliminieren Sie dabei verdeckte, unausgesprochene, geheime und irrationale Ziele. Fokussieren Sie konkret auf die kommunikativen Ziele.

Konkret und belegbar soll der Briefingprozess auch in der Form sein. Also müssen Sie die *Einzelschritte dokumentieren.* Protokolle Ihrer Meetings, Korrespondenz und Materialien gehören in ein sauber strukturiertes *Projektarchiv*, das sowohl als virtueller als auch als klassischer Ordner angelegt werden sollte.

Sie konkretisieren Ihr Briefing in der Form auch dadurch, dass Sie es *in schriftlicher Form* vorbereiten. Das sichert Sie im Sinne einer lückenlosen Dokumentation ab und zwingt zugleich zur Klarheit.

Ihr Briefing – das ist der letzte Aspekt dieser Eigenschaft – trifft auf eine konkrete Situation. Die müssen Sie kennen. Das betrifft so unterschiedliche Faktoren wie die Arbeitsprozesse und Befindlichkeiten der Gegenseite, Ihr eigenes Standing, aber auch individuelle und persönliche Befindlichkeiten der Beteiligten. Setzen Sie sich deshalb mit dieser konkreten Situation auseinander. Seien Sie realistisch in der Einschätzung der Gegebenheiten – egal ob es um Ihre eigene Tagesform, die Grenzen und Möglichkeiten Ihres Budgets, die Leistungsfähigkeit der Gegenseite oder um welche Faktoren auch immer geht, die das Ergebnis Ihres Briefings beeinflussen. Es hilft Ihnen nicht weiter, daran zu denken, wie die Dinge sein sollten oder könnten; ausschlaggebend für das Resultat ist, wie sie *sind.* Arbeiten Sie an den konkreten Gegebenheiten – nicht an Wunschvorstellungen.

... komplett

Zu einem kompletten Briefing gehören neben der eigentlichen Aufgabenstellung Informationen zum Produkt, zum Unternehmen, zum Markt, zu den Zielgruppen; Angaben zur Zeitplanung, zum Budget und zur Erfolgskontrolle (Evaluation). *Checklisten*, wie Sie sie auf S. 166 bis S. 196 finden, helfen Ihnen, nichts zu vergessen.

Verzichten Sie auf Salamitaktik, briefen Sie den Dienstleister in einem Durchgang. Erst wenn er alle Informationen hat – und nur dann –, kann er sinnvoll arbeiten. Das bedeutet auch, dass Sie ihm keine Informationen vorenthalten, sondern die Motivationen Wünsche und Ansprüche *offen und vollständig* auf den Tisch packen sollten.

Alle Informationen weiterzugeben heißt aber leider noch lange nicht, dass auch alle Informationen ankommen. Wir haben zwei probate Mittel vorgestellt, wie Sie ein komplettes Verständnis sicherstellen können. Das erste ist *Redundanz*. Sagen Sie die wichtigen Dinge ruhig zweimal. Das zweite Instrument sind klärende *Nachfragen*. Die sollten in guten Briefings von beiden beteiligten Seiten gestellt, ernstgenommen und nach bestem Vermögen beantwortet werden.

Operationalisiert haben wir das Prinzip der Nachfrage im mündlichen *Rebriefing*. Die Wiederholung der Aufgaben und Informationen durch den Dienstleister gibt Ihnen die Chance, das Verständnis zu kontrollieren, sie leitet aber auch über zu einem weiteren Grundsatz: dem des konstruktiven Miteinanders.

Jedes gute Briefing beginnt als Instruktion und endet als Dialog.

... konstruktiv

Konstruktiv zu sein ist eine der fundamentalsten Eigenschaften guter Briefings. Sie spielt in diesem Buch eine besondere Rolle, weil sich in diesem Punkt unsere Auffassung von den landläufigen Meinungen unterscheidet. Wir behaupten: Ihr Briefing ist kein eindimensionales Lenkungsinstrument. Viel ist gewonnen, wenn Sie statt des Lenkungsanspruchs die *gemeinschaftliche, partnerschaftliche Aufgabenerledigung in den Mittelpunkt* rücken. Die Grundregeln jeder menschlichen Kommunikation legen es nahe, dass Ihr Briefing als Motivations- und Abstimmungsinstrument nur im Zusammenspiel von Auftraggeber und Auftragnehmer seine Wirkung entfalten kann. Kommunikation ist gemeinsame Aktualisierung von Sinn – kein mechanischer Transportvorgang.

Ihre Lenkung ist deshalb nur als Anleitung zum Aufgabenverständnis und in Form einer präzisen Ergebniskontrolle erforderlich. Ansonsten sollten Sie die Experten, die Sie bezahlen, auch in ihrer ganzen Kompetenz fordern und ihnen den Spielraum lassen, diese Kompetenz zu entfalten. Wenn Sie für konstruktive Vorschläge und *Feedbacks* nicht offen sind, müssen Sie keinen Fachmann beauftragen, sondern können die Ausführung billiger kriegen. Es gibt Agenturen, die machen, was Sie wollen, und es gibt Agenturen, die machen, was Sie brauchen. Sie fahren besser damit, auf die Letzteren zu setzen und für Vorschläge offen zu bleiben.

Wenn der Erfolg Ihres Briefings am konstruktiven Miteinander hängt, bedeutet das, dass Sie in der Kommunikation mit dem Dienstleister einige weitere Regeln beachten müssen. Die erste: *Schalten Sie Beziehungs- und Machtspiele aus*. Kritisieren und korrigieren Sie mit der Perspektive nach vorn. Die Korrektur ist keine Abrechnung, sondern konstruktive Kritik. Selbst Krisen und Fehler bieten vor allem die Chance, zu einer verbesserten Zusammenarbeit zu finden.

Die erfolgreichsten Briefings – das belegt die Praxis – entstehen, wenn die Beteiligten versuchen, sich gemeinsam als Problemlösungsteam weiterzuentwickeln und selbstkritisch an den eigenen Kompetenzen zu arbeiten. Deshalb ist die *Manöverkritik* am Ende jedes Projektes so wichtig.

Aus dieser langfristigen Perspektive heraus fahren Sie deshalb immer besser damit, auf einen *langfristigen, teamorientierten Planungsprozess im Bereich der Kommunikation* zu setzen – und nicht auf kreative Schnellschüsse. Kommunikation ist keine Feuerwehr, sondern integraler Bestandteil der prozesshaften Marketingplanung.

Wenn Sie Ihre Projekte – und damit Ihre Briefings – nicht als isolierte Einzelfälle betrachten, sondern als zusammenhängende Kette von Teilschritten, verschaffen Sie sich einen wichtigen Vorteil. Der Aufwand für das einzelne Briefing sinkt beträchtlich, die Erfolgschancen der Projekte steigen.

... konsequent

Konsequenz ist diejenige unter den acht Forderungen, die sich am eindeutigsten zusammenfassen lässt. Nichtsdestotrotz ist sie von zentraler Bedeutung.

Konsequent sollten Sie in der *personellen Besetzung* agieren. Ändern Sie das Projektteam nicht mitten im Projekt.

Bleiben Sie auch konsequent in Ihren Beschlüssen. Haben Sie Vertrauen in die eigenen Entscheidungen und Vertrauen in Ihren Partner. Sie sitzen gemeinsam im Boot und sollten den Erfolg nicht durch verwirrende Schwenks in den Zielsetzungen oder Bewertungen gefährden. Behalten Sie die einmal gestellte Aufgabe bei und positionieren Sie sich konsequent zum Partner, zur Aufgabe und zu den Zielen Ihres Projektes. Ein gesundes Maß an *Ausdauer* ist eine Eigenschaft, die Ihnen dabei gut zupass kommen wird.

... kooperativ

Das Briefing ist ein kommunikativer Brückenschlag zwischen zwei Welten. Ziel ist es, eine strategische Allianz zu schaffen, die in ihren Zielen wie im Erfolg verbunden ist.

Ein solches kooperatives Miteinander wird sich indes nur einstellen, wenn Sie als Auftraggeber den richtigen Partner finden. Der heute so übliche klassische Pitch ist dazu nur bedingt sinnvoll. Im Pitch lassen sich strategische, kreative und gestalterische Kompetenzen bewerten. Die sind wichtig, aber nicht alles, was Sie bei der Partnerwahl in Betracht ziehen sollten. Vergessen Sie niemals, die Arbeitskultur zu bewerten. Faktoren wie Präzision in der Ausführung, Termin- und Kostentreue sind ausschlaggebend für den Projekterfolg.

Wie schon unter dem Stichwort »konstruktiv« gesagt, geht es im Briefing nicht darum, zu konkurrieren oder zu lenken, um sich mächtiger zu fühlen. Sie verbrauchen durch Misstrauen und Kontrollsucht zu viele Energien. Nicht nur der gesunde Menschenverstand, sondern auch die Ergebnisse unterschiedlichster Forschungen belegen: *Der wahre Egoist kooperiert.*

Für Dienstleister bedeutet diese kooperative Haltung, die eigene Arbeit als serviceorientierte Auftragsarbeit und als Arbeit *für den Kunden* anzuerkennen. Es geht um Wirtschaftskommunikation, nicht um Selbstverwirklichung. Mimosenhaftigkeit ist deshalb eine Untugend, die Dienstleister schleunigst ablegen sollten. Die Fähigkeit zur Selbstkritik, die sie von ihrem Kunden erwarten, müssen sie zunächst selbst demonstrieren.

Die zweite Forderung an den Dienstleister lautet, seine kreative Kompetenz in der *Lösung auftretender Probleme* unter Beweis zu stellen. Wo im Briefing Schwierigkeiten auftauchen, muss man dem Briefenden unter die Arme greifen. Mit W*orkshops und Mind-Maps* zur Ziel- und Aufgabendefinition und mit Techniken wie *Moodboards und Collagen* zur Definition gestalterischer Vorstellungen und Wünsche.

20. Kapitel
Zehn dicke Dinger – Sie sind an der Reihe

Nein, nicht versuchen! Tue es oder tue es nicht.
Es gibt kein Versuchen.

Meister Yoda – Das Imperium schlägt zurück

In der Praxis werden Sie es häufiger erleben, als Ihnen lieb ist, dass mehr als eine Sache schief geht und mehr als eine der bisher aufgestellten Regeln verletzt wird. Fehler und Fehlentwicklungen überlappen und überlagern sich und entwickeln – wie übrigens auch Glücksfälle – die Tendenz, sich gegenseitig zu verstärken. Wenn's gut läuft, beginnt alles wie im Räderwerk ineinander zu greifen, wenn das Projekt dagegen schief läuft, kommt eins zum anderen und die Situation wird immer vertrackter.

Auf den nächsten Seiten haben wir zehn Fallbeispiele von Projekten aus der Praxis zusammengetragen, an denen Sie Ihr Verständnis der möglichen Briefingfehler schärfen können. Schreiben Sie am besten auf, was bei jedem einzelnen Fall in Sachen Briefing richtig lief und wo Sie Fehlerquellen erkennen, die das Ergebnis beeinträchtigten. Wenn Sie sich die Mühe machen, den vorgestellten Situationen und Abläufen analytisch zu Leibe zu rücken, werden Sie schnell erkennen, dass die in diesem Buch vorgestellten Regeln und Ratschläge Ihnen zumindest ein vernünftiges Werkzeug für die Fehlerdiagnostik liefern.

Am Ende der Beispiele haben wir Ihnen zu jedem Fall eine kurze Diagnose gestellt, die Ihnen zeigt, was im jeweiligen Briefing richtig und was falsch lief. Anhand dieser Diagnosen können Sie Ihre eigenen Ergebnisse und Einschätzungen überprüfen.

Dickes Ding 1

Guten Tag, ich brauch' ein Foto

Die Situation ist häufig: Der beste Mann macht sich selbstständig. Der junge Bauingenieur hatte einige Jahre bei einer Firma gearbeitet, die den Bau maßgeschneiderter Swimmingpools anbot und sich dort einen besonderen Namen für ökologische Lösungen in der Wasserreinigung gemacht. Den logischen nächsten Schritt, weg vom Pool und hin zum autarken, naturnahen Schwimmteich machte er dann alleine. Ein zahlungskräftiger Privatmann beauftragte ihn, für seinen Villengarten eine Lösung zu realisieren, die in nichts mehr an einen Pool erinnerte. Ein kleiner See mit Wasserfall, einem Schilfgürtel als Naturfilter und wenigen technischen Hilfsmitteln, die die Selbstklärung des Teichs unterstützten.

Soweit lief alles glatt, doch als kluger Mann wusste unser Ingenieur: Wollte er Folgekunden akquirieren, musste er sich früh darum kümmern. Er beschloss, eine Anzeige in den wichtigsten Tageszeitungen der Großstadt zu schalten, in der er lebte. Den Entwurf traute er sich selbst zu, nur ein präsentables Foto brauchte er, da sein erstes Projekt noch in der Phase der Erdarbeiten steckte. Also marschierte er zu einem kommerziellen Fotoarchiv. Die versierte Archivarin konnte ihm in seinem spezifischen Anliegen nicht weiterhelfen, fand aber im Gespräch schnell heraus, dass der junge Mann kaum eine Vorstellung von dem hatte, wie sein Foto tatsächlich aussehen sollte. Sie schickte ihn zu einem Grafik Designer und der holte zum ersten unverbindlichen Gespräch einen Konzeptioner und Texter dazu.

Aus dem ersten Treffen der Beteiligten wurde ein zweistündiges Strategiegespräch, in dem die beiden Dienstleister dem Ingenieur klarmachten, welchen Finanzaufwand die Anzeigenschaltung erfordern würde und dass es vielleicht schlauere Wege gebe, um an neue Kunden zu kommen. Das Hochpreisprodukt Schwimmteich war extrem betreuungsintensiv. Der Ingenieur hatte bestenfalls Kapazitäten, um zwei bis drei Projekte pro Jahr zu planen und in der Bauphase zu betreuen. Hoher Preis und hohe Kundenloyalität aber sind Faktoren, die meist auf eine eng begrenzte Zielgruppe verweisen.

Am Ende der Strategieberatung, die bei zwei weiteren Terminen vertieft wurde, stand der Entschluss, tatsächlich eine Anzeige zu schalten – allerdings professionell gestaltet, auf der visuellen Basis eines allgemeinen Wassermotivs und auch nicht in einer Tageszeitung, sondern in einem teuren Magazin für Gartenliebhaber. Parallel zur Schaltung wurde die Redaktion angesprochen, ob an dem relativ neuen Thema »Schwimmteich« nicht auch ein redaktionelles Interesse bestehe. Die reagierte positiv und so erschien die Anzeige (zu einem eigens ausgehandelten Sonderpreis) in einem zielgruppenspezifischen Medium und in einem themengenauen redaktionellen Umfeld, in dem der Ingenieur als Experte auch noch zitiert wurde.

Parallel zur Arbeit an der Anzeige wurde eine kleine Broschüre als PDF-Datei realisiert. Digitaldruck in Kleinstauflage sollte dafür sorgen, dass Rückläufe aus der Anzeige ohne hohen Kostenaufwand mit weiterem Infomaterial bedient werden konnten.

Zehn Kontakte, aus denen zwei Folgeaufträge resultierten, waren das Ergebnis der Anzeige. Die Gesamtinvestitionen in Strategieberatung, Anzeige und Broschüre betrugen ein Zwanzigstel des Auftragvolumens eines durchschnittlichen Auftrags, so dass sich die Sache für den Ingenieur rasch gerechnet hatte.

Als das erste Projekt einige Monate später fertig war, meldete er sich wie abgesprochen wieder bei seinen Dienstleistern. Ein vom Fotoarchiv vermittelter Fotograf fotografierte das Projekt einerseits dokumentarisch, andererseits detailorientiert und mit einem inhaltlichen Schwerpunkt auf dem Thema Wellness und Ökologie. Weil die Fotos auch das Angebot des Archivs erweiterten, kam er kostentechnisch günstiger weg als bei einer freien Beauftragung.

Dickes Ding 1

Mit diesem neuen Bilderfundus wurde die Broschüre aktualisiert und neu aufgelegt. Gleichzeitig entstand eine Website, die hauptsächlich mit den Bildern arbeitete und als wichtigsten Bestandteil einen virtuellen Presseraum enthielt, in dem eine Auswahl der Fotos zum kostenlosen Download für Redaktionen angeboten wurde. Die Ansprache der Redaktionen übernahm der Ingenieur selbst und nutzte dafür die weniger arbeitsintensiven Wintermonate. Das Ergebnis: Rechtzeitig zum Frühjahr erschienen mehrere Artikel zum Thema, die dem mittlerweile als Experten etablierten Anbieter weitere Anfragen und Aufträge einbrachten.

Diagnose

Absolut *nichts* lief bei diesem Projekt wirklich schief – im Gegenteil. Und das obwohl das ursprüngliche Briefing des Auftraggebers in keiner Weise seinem tatsächlichen Bedarf entsprach. Wer einen Beweis für den Einfluss des Dienstleisters auf die Qualität des Briefings brauchte, findet ihn hier. Die Fotoarchivarin erkannte die strategischen Defizite, und schaltete Dienstleister ein, die offensichtlich in der Lage waren, den unmittelbaren Kundenwunsch zu hinterfragen und zudem erkannten, dass eine Politik der kleinen, zielgenauen Schritte nicht nur dem Kunden besser zu Gesicht stand. Die entgangene Provision für die Schaltung der Tageszeitungsanzeigen machte für das Grafiker/Konzeptioner-Team die langfristige Zusammenarbeit mit dem Kunden wett, die sich dank der richtigen, kleinen und kostengünstigen Vorschläge entwickeln konnte. Weil Motivation und Absichten beider Partner stimmten und auch der Kunde bereit war zu lernen, konnte man sich Schritt für Schritt die Bälle zuspielen und das eigentliche Kommunikationsziel – eine langfristige Sicherung von Folgekunden für das junge Unternehmen – ohne größere finanzielle Risiken erreichen. Eine Bilderbuchlösung für beide Seiten, die nur möglich wurde, weil im Dialog eigene Positionen konstruktiv hinterfragt und wo nötig aufgegeben wurden.

Dickes Ding 2

Was will er wirklich?

(Die folgende Frageliste entwickelte eine Werbeagentur für die tägliche Arbeit ihrer Kontakter, um aus Kundengesprächen und Briefings auch die Informationen zwischen den Zeilen herauszufiltern.)

1. Wer ist Ansprechpartner für welches Anliegen ? (z.B. Angebote und Rechnungen/technische Daten/Terminabsprachen ...)
2. Welche Funktion haben die Ansprechpartner im Unternehmen? Sind sie entscheidungsbefugt? Sind sie kompetent?
3. Welche Aufgaben haben sie im Unternehmen?
4. Was ist das Unternehmensziel des Kunden?
5. Was sind die konkreten Zielvorstellungen in der Sache?

6. Wie sind die Ansprechpartner motiviert? Sachlich/inhaltlich oder politisch?
7. Welche Befindlichkeiten der Ansprechpartner sind wichtig für die Zusammenarbeit? Gibt es irgendwelche Tretminen?
8. Will der Kunde Beratung oder nur Ausführung?
9. Welche Erwartung hat der Kunde an die Beratung (Umfang/Tiefe) oder die Ausführung (edel/einfach), und welche bräuchte er tatsächlich?
10. Was meint der Kunde, was er für sein Geld erhält? Was hat er bisher ausgegeben?
11. Welche persönlichen Vorlieben sind wichtig für die Zusammenarbeit?
12. Hat der Kunde das entsprechende Personal – quantitativ und qualitativ – um seine Aufgaben im Rahmen der Zusammenarbeit zu erfüllen?
13. Müssen vorausgegangene Maßnahmen berücksichtigt werden? Haben wir also eine gute oder eine schlechte Grundlage?

Zur Beantwortung dieser Fragen: Wir wollen ein *sachbezogenes* Kundenprofil für die Datenbank erstellen. Einschätzungen werden nur nach Verifizierung durch einen zweiten Kollegen in das Kundenprofil aufgenommen (z.B. »Kontrolliert Proofs vor dem Unterschreiben nur oberflächlich und meckert dann hinterher bei Fehlern trotzdem.«)

Die Datenbank eignet sich auch für vertrauliche Inhalte. Persönliche Kritik gehört hier allerdings nicht rein. Sachinhalte und Emotionales unbedingt trennen – erst im eigenen Kopf, dann in der Niederschrift.

Diagnose

»Verständlich aber gefährlich« müsste ein Gesamturteil zu dieser Checkliste lauten. Die einzelnen Fragen lassen sich fast mühelos den wichtigen Kapiteln in diesem Buch zuordnen. So verbirgt sich hinter Frage 1 die Erkenntnis, das selten eine klare Festlegung des Projektteams erfolgt. Die Fragen 2 und 3 verweisen auf Probleme bei der Positionierung der Ansprechpartner. Frage 4 verweist auf Schwierigkeiten in der Zieldefinition und versucht diese zu umgehen, indem man auf das grundlegendste Ziel rekurriert, um nötigenfalls die Deklination auf die anstehende Handlungsebene selbst und ohne den Kunden zu leisten. Die Fragen 6 und 7 beziehen sich auf Machtspiele und alle Faktoren, die einer sachlichen ergebnisorientierten Zusammenarbeit entgegenstehen könnten. Frage 8 und 9 sollen überprüfen, ob das Selbstbild der Agentur und die Vorstellung des Auftraggebers vom Leistungsspektrum seines Dienstleisters wirklich kompatibel sind. Frage 10 problematisiert die Budgetplanung, Frage 12 die Einordnung der Kommunikationsmaßnahme in einen umfassenderen Kommunikationsprozess. Die elfte Frage thematisiert den alten Streit um persönlichen Geschmack und ästhetische Vorlieben des Kunden. Und die Frage mit der Unglücksnummer 13 zeigt, dass auch Agenturen, die die Schwächen der Kunden gut durchschauen, die eigenen weit weniger klar sehen. Impliziert sie doch,

Dickes Ding 2

dass jede Arbeit, die andere bereits geleistet haben nur eine Einschränkung der eigenen kreativen Freiheit darstellen kann – in keinem Fall aber ein Fundament, auf dem man aufbauen kann.

Die Implikationen der 13. Frage sind indes nicht die einzigen Schwachpunkte, die die Agentur in ihrer Arbeitshaltung zeigt. So präzise hier wichtige Stolpersteine erkannt und auf den Punkt gebracht wurden, so sicher läuft die Art damit umzugehen auf eine Entmündigung des Kunden hinaus. Letztlich behält sich die Agentur vor, auf Schwierigkeiten alleine zu reagieren. Unterschlagen wird der Dialog gerade über solche als strittig erkannten Punkte. Ein solcher Verzicht auf Kooperation und Konstruktivität kann sich bitter rächen.

Dickes Ding 3

Da muss mal ein Neuer ran

Ein Betrieb mit langer Tradition. In der dritten Generation führte ein Sanitärfachhändler sein Geschäft in der Fußgängerzone einer Stadt, die mit ihren 100 000 Einwohnern zum Zentrum der umgebenden Region gewachsen war. Die Lage war gut, die Angebote wettbewerbsfähig und dennoch kippten die Umsätze des Fachgeschäfts zunehmend weg. Der Inhaber entschied, eine neue Agentur zu suchen, um durch frische Kommunikationsmaßnahmen dem Umsatzrückgang entgegenzuwirken.

Die neue Agentur sah sich im Laden und vor Ort um, führte Gespräche mit Passanten – und lieferte am Ende ein Rebriefing, das kürzer und lakonischer nicht hätte ausfallen können. Die Kernaussage: Bevor wir großartig Ideen entwickeln, müssen Sie sich ein anderes Auto und/oder einen anderen Parkplatz suchen.

Der Hintergrund dieser verblüffenden Aufforderung ist schnell erläutert. Der Inhaber hatte durch seine guten Beziehungen zur Stadtverwaltung erreicht, dass ihm direkt am Geschäft und mitten in der Fußgängerzone ein Sonderparkplatz zur Verfügung gestellt wurde, auf dem er Tag für Tag seinen schweren schwarzen Mercedes 500 abstellte. Für die Passanten und die durch Klatsch- und Tratschkanäle gut miteinander verbundene Stadtgesellschaft war klar: »Der verdient zuviel und kann sich deshalb Sonderrechte kaufen!« Das jedenfalls war die immer wiederkehrende Einschätzung, die der Agentur bei ihren »verdeckten Ermittlungen« in der Stadtgesellschaft begegnet war. Sie fiel doppelt ins Gewicht, weil viele der Kunden selbst gehbehindert waren und der Bewegungsunmut des Geschäftsführers deshalb an besonders tief sitzende Empfindlichkeiten rührte.

Dem Auftraggeber allerdings war das Rebriefing seiner Agentur zu frech. Er trennte sich vom neuen Dienstleister mit den Worten: Was geht das Sie an, welches Auto ich fahre und wo ich es abstelle?

Diagnose

Dickes Ding 3

Der Teufel steckt hier in der Diskrepanz zwischen Ziel- und Aufgabendefinition des ursprünglichen Briefings. Aus der veränderten Problemdiagnose der Agentur ergab sich eine völlig neue Aufgaben- und Zielgewichtung. Der Kunde wies sie zurück, weil er es als Anmaßung empfand, dass die vorgeschlagene Lösung über den eigentlichen kommunikativen Bereich hinausreichte und in unternehmenspolitische, ja persönliche Bereiche vordrang. Damit aber verkannte er, dass Unternehmen *eben nicht nur* mit bewusst eingesetzten Kommunikationsmitteln Botschaften aussenden. Gerade besonders wirkungskräftige, assoziative Bedeutungen ergeben sich oft aus Aktionen, die in keiner Weise in der Kommunikationsplanung angesiedelt sind. Eine weniger sträfliche Vernachlässigung der Zielgruppe hätte ihn eines besseren belehren können, hätte ihm gezeigt, wo die wirklichen Anliegen seiner potentiellen Kunden lagen und ihm klargemacht, dass seine spezifische Zielgruppe sich untereinander auf informellen Wegen sehr viel enger verständigte, als ihm das lieb sein konnte.

Jetzt machen wir Guerilla-Marketing

Dickes Ding 4

Das Reihenhausprojekt lag wie Blei. Nach einigen Monaten, in denen seine Lage immer verzweifelter wurde, entschloss sich der Investor zu zwei radikalen Schritten. Zum einen beauftragte er eine neue, strategiebewanderte Agentur damit, ein Vermarktungskonzept zu entwickeln. Zum anderen feuerte er den Marketingchef und vertraute den Posten einem hochmotivierten Vertriebsmitarbeiter an, der ein erstklassiger Verkäufer, in den Bereichen Werbung und Marketing allerdings eher ein unbeschriebenes Blatt war.

Seine mangelnde Werbekompetenz machte der neue Mann durch Unverstelltheit und Motivation wieder wett. In die Strategieentwicklung der Agentur schaltete er sich nur durch umfangreiche inhaltliche Zuarbeiten ein. Er akzeptierte die Budgetempfehlung und erklärte sich bereit, jede Maßnahme des empfohlenen Marketingmixes, der stark auf Below-the-Line-Maßnahmen abgestellt war, auch umzusetzen. Dabei war er, was seinen persönlichen Einsatz betraf, zu jeder Schandtat bereit und stellte sich – um ein Beispiel zu nennen – am Wochenende mit einem hochgetunten Oldtimer auf die Wochenmärkte der Umgebung, um Blumen an potentielle Kundinnen zu verteilen. Mit ebenso viel Arbeitseifer stürzte er sich auf die Evaluation der Maßnahmen und konnte deshalb am Ende seinem Chef detailliert belegen, welcher der angegangenen Schritte wie viele Interessenten und daraus resultierende Käufer gebracht hatte

Zufrieden mit dem Ergebnis, beschloss er, sich auf dem neuen Gebiet weiterzubilden – und kaufte sich den aktuellen Bestseller im Bereich Marketing und Werbung, das Buch »Die hundert besten Guerilla-Marketing-Ideen« von Jay Conrad Levinson. Damit war’s um die

Dickes Ding 4

Zusammenarbeit geschehen. Der dialogorientierte Partner mutierte zum großen Vorschreiber. Er zwang der Agentur auf, in die Strategieplanung für das folgende Haushaltsjahr etliche der im Buch vorgeschlagenen Maßnahmen zu übernehmen. Schon die Ausarbeitung der Schritte lief daraufhin wesentlich weniger glatt als im Vorjahr. In der Umsetzung, erst recht aber im Ergebnis konnte der neue Marketingmix nicht mehr überzeugen.

Diagnose

Das Beispiel zeigt, was passiert, wenn die Arbeitsweisen von Agentur und Auftraggeber plötzlich nicht mehr zueinander passen. Auch wenn es auf den ersten Blick so aussah, als sei am Anfang alles in Ordnung: Das desaströse Ende war bereits im Ungleichgewicht der anfänglich so erfolgreichen Arbeit angelegt. Hier die dominante, tonangebende Agentur, dort der unterstützende, aber wenig steuernde Kunde – das war eine Paarung, die ihren Erfolg aus dem Ausgleich der individuellen Defizite zog. Dem Versuch des Kunden, seine Kompetenz und damit seinen Einfluss im Planungsprozess zu erweitern, hatte die Agentur offensichtlich keine angemessene Reaktion entgegenzusetzen. Natürlich war das Verhalten des Kunden insoweit fehlerhaft, als er im Überschwang modische Maßnahmen aus anderen Fällen unverändert übernehmen wollte, anstatt die Aufgabenstellung individuell anzugehen. Gleichwohl muss auch der Agentur attestiert werden, dass es ihr nicht gelang, sich auf eine Weiterentwicklung der Partnerschaft einzulassen und auf den offensichtlichen Wunsch des Kunden, stärker eingebunden zu werden, angemessen zu reagieren.

In solchen Fällen gilt es tatsächlich zu entscheiden, was besser ist: eine funktionierende aber an sich unausgewogene Rollenverteilung beizubehalten oder den gemeinsamen Versuch zu wagen, die Zusammenarbeit ausgewogener zu gestalten, dabei aber mangelhafte Ergebnisse zu riskieren.

Dickes Ding 5

Die Szene wird erwachsen

Mitten in einem aufkeimenden Berliner Szenekiez hatte sich ein junger Laden für Designermode niedergelassen. Durch Mund-zu-Mund-Werbung wurde der Laden bald zur trendigen Adresse der Szene – und zum erfolgreichen Verkaufsort weit ab von etablierten Standorten.

Mit Hilfe einer jungen Kreativagentur entwickelte der Inhaber eine Kommunikationsstrategie, die weniger konsequenter Planung als vielmehr vorhandenen persönlichen Netzwerken und Beziehungen entsprang. Man kannte sich aus der Szene, und hatte in den angesagten Lokalen auch die Macher eines lokalen Programmmagazins kennen gelernt. Also beschloss man über einem gemeinsamen Bier, eine Anzeigenkampagne zu schalten, mit der nach den Trendsettern auch die Trendfolger auf den Laden aufmerksam gemacht werden sollten. Beim zweiten Bier hatte man sich rasch auf einen Sonderpreis für die dauerhafte Belegung geeinigt.

Dieses Vorgehen wurde über mehrere Jahre beibehalten. Alle sechs Monate trafen sich Auftraggeber, Agentur und Freunde in wechselnden Konstellationen zum kollektiven Brainstorming, um festzulegen, wie die aktuellen gesellschaftlichen Trends aussahen, auf die die Anzeigen Bezug nehmen sollten. Man stritt in großer Runde und unter ebenso großem Druck um die Themen.

Die Strategie schien derweil aufzugehen. Die Kundenbasis verbreiterte sich und erlaubte bald die Eröffnung weiterer Filialen, unter anderem in bester Lauflage am Kurfürstendamm.

Das ging einige Jahre gut, doch dann begannen die Umsätze im alten Laden zu stagnieren. In einem fairen Split trennte man sich von der alten Agentur und versuchte, mit einer neu gegründeten Kreativschmiede frische Ideen ins Boot zu holen. Die neue Agentur lieferte tatsächlich Anzeigenmotive, mit denen die Auftraggeber nicht gerechnet hatten, mit denen Sie allerdings auch wenig anfangen konnten. Die Anzeigen versuchten Trends zu machen, statt sie frühzeitig aufzuspüren und setzten visuell überraschende Themen ohne inhaltlichen Bezug zum Produkt in den Mittelpunkt der Entwürfe. Der verunsicherte Auftraggeber beschloss, um die Wirkung zu testen, die Anzeigenschaltung für einen Zeitraum von sechs Monaten einzustellen. Das überraschende Ergebnis: Der Verzicht zeigte keinerlei Auswirkung auf den Umsatz. Offensichtlich – so der Schluss, den man zog – wirkte sich die Lagegunst der neuen Standorte wesentlich stärker auf das Ergebnis aus, als die bisher eingesetzten Kommunikationsmaßnahmen. Als Folge wurde das Werbebudget auf Null zurückgefahren und die freigewordenen Gelder in höhere Ladenmieten an hochfrequentierten Standorten investiert.

Diagnose

Ein besonders schwieriges Beispiel von Briefings aus dem Bauch. Was als erstes auffällt: So wie die Planung der Kommunikationsstrategie eher aus dem Zufall erwachsen war, kann auch von einer sinnvollen Evaluierung der Maßnahmen keine Rede sein. Der »Test«, als den die Inhaber die Aussetzung der Anzeigenschaltungen verstanden haben wollten, ist mindestens so problematisch wie die vorherige Untätigkeit in Sachen Evaluation. Ob die Anzeigen anfangs nicht doch die beabsichtigte Wirkung hatten, kann niemand mehr nachvollziehen, weil es zu gegebener Zeit nicht überprüft wurde. Genausowenig wie abzusehen ist, ob man zur Ansprache der nachwachsenden Kundschaft wirklich auf jede initiierende Imagekommunikation verzichten konnte. Sechs Monate sind kaum ein ausreichender Zeitraum, um langfristige Folgen der Werbeenthaltsamkeit einzuschätzen. Am Ende wurde damit die gesamte Kommunikationsgeschichte des Unternehmens für mehr oder minder zutreffende Interpretationen freigegeben.

Einen weiteren Fehler machte das Unternehmen, als es die kaum geplante und schon gar nicht evaluierte Mediastrategie als Vorgabe in das Briefing der neuen Kreativagentur aufnahm. Spätestens an diesem Punkt hätte

Dickes Ding 5

es bitter Not getan, die Aktivitäten in ihren Grundzügen zu überprüfen und einen beratungskompetenten Partner ins Boot zu holen, der nicht nur auf einfallsreiche Entwürfe spezialisiert war. Nur so hätte sich die Kommunikationsarbeit auf eine solide Basis stellen lassen, in der der Zufall eine weniger bedeutsame Rolle gespielt hätte.

Dickes Ding 6

Das sehen Sie bitte nicht so eng!

Über Jahre arbeiteten sie durch Höhen und Tiefen hinweg gut zusammen: eine Gesellschaft für Standortmarketing und eine Agentur, die als fester Partner die gesamte Imagewerbung für den Standort entwarf. Diese Entwürfe orientierten sich an einem festen Corporate Design, das relativ klare Vorgaben machte und über die Jahre hinweg immer streng eingehalten worden war.

Die Probleme begannen, als der Auftraggeber (zu einem relativ späten Zeitpunkt) beschloss, mit einer eigenen Website ins digitale Marketing für den Standort einzusteigen und deshalb einen neuen für diesen Bereich verantwortlichen Mitarbeiter in die Marketingabteilung holte. Der neue Mann hatte klare Vorstellungen über den Internetauftritt und traf mit diesen Erwartungen auf die Agentur, die etliche Jahre Erfahrung in der Arbeit mit dem Unternehmen mitbrachte. Aus dieser Erfahrung heraus lieferte die Agentur Entwürfe fürs Screendesign, die strikt aus dem Corporate Design dekliniert waren.

Das war dem Auftraggeber zu brav. Er verlangte bunte, schrillere Entwürfe und konterte den Verweis aufs Corporate Design mit dem Hinweis, dass dieses Corporate Design zu alt sei und weder dem Medium noch den eher jugendlichen Zielgruppen im Internet gerecht würde. » Wir müssen mit den aktuellen Gestaltungskriterien mithalten, wilder auftreten, auch etwas verspielter,« meinte der Neue, »Klassisches Design hilft da nicht.« Die Agentur bat um Klärung, ob dieser Bruch mit dem Corporate Design denn auch von allen Teilen des Unternehmens mitgetragen wurde. Diesem Wunsch verschloss sich der Ansprechpartner auf Kundenseite mit säuerlichem Gesicht. Er sei für das Projekt verantwortlich und entweder man entschlösse sich, seine Wünsche ernst zu nehmen, oder man müsse überlegen, ob eine Zusammenarbeit wirklich sinnvoll sei. Noch wütender wurde er, als der Kontakter daraufhin den Agenturchef einschaltete und ihm mitteilte: »Da tickt eine Zeitbombe!«. Diese Wut wird verständlich, wenn man weiß, dass der Agenturchef und der Geschäftsführer der auftraggebenden Gesellschaft im selben Tennisverein spielten und sich seit Jahren gut kannten. Die direkte Ansprache auf Entscheiderebene zeigte auch prompt Wirkung. Der neue Internetverantwortliche wurde streng zurückgepfiffen, die Website nach den Entwürfen der Agentur realisiert. Der Marketingverantwortliche war sauer, weil er geschuhriegelt wurde, der Geschäftsführer war sauer, weil er als Deus ex Machina in untergeordnete Arbeitsprozesse hatte eingreifen müssen. Und die Agentur hatte sich nachdrücklich in die Nesseln gesetzt.

Diagnose

Dickes Ding 6

Der wirkliche Verlierer dieser Geschichte war tatsächlich nicht der neue Marketingmitarbeiter – sondern die Agentur. Sie hatte sich im Versuch, ihre Arbeitsweisen zu verteidigen und sich auf eingefahrenen Gleisen zu behaupten, den denkbar schlechtesten Einstieg in die künftige Arbeit mit dem neuen Mann verschafft.

Dass dieser die Situation selbst maßgeblich vorbereitet hatte, brauchen wir nicht zu betonen. Selbstüberschätzung und der Wille des neuen Besens, besonders gründlich zu kehren, hatten zur Überschätzung der eigenen Kompetenzen und der eigenen Position geführt.

Das dickste Problem lag indes ganz woanders. Der Streit um Kompetenzen, Macht und Befugnisse und über die Verbindlichkeit formaler Vorgaben hatte dazu geführt, dass die offensichtlich divergierenden Vorstellungen von der Zielgruppe gar nicht erst diskutiert und überprüft worden waren. Das aber hätte dringend Not getan, denn so konnte am Ende niemand sagen, ob der neue Mitarbeiter mit seiner Einschätzung des Publikums und dem daraus abgeleiteten Anspruch auf einen neuen Designansatz nicht doch recht gehabt hatte.

Lachs und Hummer

Dickes Ding 7

Der Centermanager brach die Diskussion ab. Was die Händlerversammlung von ihm verlangte, wollte er auf keinen Fall zugestehen. Zwei Jahre zuvor war das neue Einkaufscenter in der Vorstadt von dem renommierten Betreiber gebaut und eröffnet worden. Doch anders als andere Projekte ließ hier die Resonanz zu wünschen übrig. Zu viele Wettbewerber konkurrierten im weiteren Umkreis um die vorhandene Kundschaft und die unmittelbare Anwohnerschaft war nicht zahlungskräftig genug, als dass das Center von ihr alleine hätte leben können.

In dieser Situation hatte die Bundeszentrale des Betreibers den Fall zur Chefsache erklärt und eine große Agentur beauftragt, ein Konzept zu erarbeiten, wie das Center sein Image verbessern und durch intensivere Kommunikation mehr Besucher anlocken könnte.

Das Ergebnis war ein eventorientiertes Konzept, das das Einkaufscenter als Freizeit- und Veranstaltungsort zu etablieren suchte – ganz so wie es sich an anderen Standorten bewährt hatte. Mit Sonderaktionen zu allen Feiertagen, speziellen Dekorationen und Abendveranstaltungen sollte die Attraktivität für Besucher gesteigert werden. Bei den Händlern, die meisten Franchisenehmer bekannter Ketten, stießen die Vorschläge auf wenig Gegenliebe. Die Kosten für die Aktion – so ihr Einwand – stünden in keinem Verhältnis zum Nutzen. Statt in einer Hochpreispolitik sahen sie die Lösung der Misere eher in einer Absenkung des Preisniveaus, um so die unmittelbaren Anwohner enger an das Center zu binden. Ihre Marketingstrategie stand damit in diametralem Gegensatz zu der des

Dickes Ding 7

Centermanagements, das das Heil eher in einer größeren Fernwirkung durch ein entsprechend gesteigertes Niveau suchte.

Die Standpunkte kollidierten, als die beauftragte Agentur im Rahmen einer Händlerversammlung die Entwürfe für Gemeinschaftsanzeigen präsentierte, die sie auf der Basis eines Briefings durch das Centermanagement entwickelt hatte. Den Einstieg in die Kampagne sollte eine Sonderaktion zu Luxusnahrungsmitteln bilden, die unter der Headline »Lachs & Hummer« in der lokalen Presse annonciert wurde. Die Händler schmähten die Entwürfe als aufgetakelt, marktschreierisch und dem Käuferniveau in keiner Weise angemessen. Wenn wir schalten – so die einhellige Meinung – dann Anzeigen, die Produkte bewerben, wie sie sich hier auch verkaufen lassen. Gerade die Foodmärkte hatten vor wenigen Wochen ihr Sortiment deutlich ausgedünnt und verstärkt billige Waren aufgenommen, um auf die tatsächliche Nachfrage zu reagieren.

Die Agentur wurde nach Hause geschickt und beauftragt, die Kampagne völlig neu zu erarbeiten. Am Ende machten Rahmenanzeigen mit Jahreszeitmotiven als kleinster gemeinsamer Nenner der beiden Auftraggeber das Rennen. Alle Veranstaltungen wurden ersatzlos gestrichen.

Diagnose

Diener zweier Herren haben ein schweres Leben. Im vorliegenden Fall galt diese alte Weisheit doppelt, weil die Diskrepanz der beiden Auftraggeber sich nicht auf die unmittelbare Auftragsebene der Kommunikationsmaßnahmen beschränkte, sondern in sehr viel grundlegenderen Marketingstrategien angesiedelt war. Im Grunde war die interne Entscheidungsfindung überhaupt nicht so weit gediehen, dass die Situation reif für ein Briefing gewesen wäre. Das Ergebnis für Centermanagement wie Händler war, dass ohne letztendlichen Nutzen eine Kampagnenentwicklung beauftragt (und bezahlt) worden war. Es wird niemanden verwundern, dass die am Ende tatsächlich geschalteten Anzeigenmotive wenig Wirkung zeigten. Um den Streit der Antagonisten zu beenden, wäre eine völlig andere Leistung als Anzeigengeschaltung oder Eventkonzeption vonnöten gewesen – eine differenzierte Marktuntersuchung, die einen genaueren und verlässlichen Aufschluss über die Käuferpotentiale und Zielgruppen hätte liefern können.

Dickes Ding 8

Da ist richtig Knete drin

Die Anfrage war beeindruckend, die das Fax des Designbüros an jenem Morgen in den Auffangkorb spuckte. Auf mehreren Seiten fragte eine PR-Agentur, die sich auf den Modebereich spezialisiert hatte, Entwurfs- und Produktionsleistungen an. Im Zentrum stand die Aufgabe, für eine Modelschule eine Kundenzeitschrift zu lancieren. Das Hochglanzheft sollte 60 Seiten Umfang haben. Seine Einführung sollte durch eine große Anzeigenkampagne in Lifestylemagazinen und zahllose Werbeartikel begleitet werden. »Autoaufkleber waren noch das wenigste, was angefragt wurde,« erinnert sich der Inhaber des Designbüros, »Dass Ihnen nicht noch Schuhabsatzstempel als Werbemedium eingefallen waren, konnte einen angesichts der unglaublich umfangreichen Maßnahmenliste nur wundern.«

Noch bevor er sich an die Detailkalkulation machte, überschlug der Designer grob die nötigen Budgets und kam auf ein Auftragsvolumen von weit über 500 000 Euro. Daraufhin rief er bei der PR-Agentur an und fragte freundlich nach, ob dem Auftraggeber eigentlich klar sei, über welches Budget man hier redete. »Natürlich,« sagte die Stimme am anderen Ende der Leitung, »Machen Sie sich keine Sorge. Da ist richtig Knete für uns alle drin. Wir haben 30.000 Euro als Budget eingestellt und dafür auch das Okay vom Kunden gekriegt.« Der Designer bedankte sich für die Anfrage, bat aber angesichts dieser Auskunft darum, ihm eine Kalkulation zu erlassen und ihn von der Anfrageliste zu streichen.

Diagnose

Dass junge und unerfahrene Unternehmen sich oft zu wenige oder gar keine Gedanken ums Budget machen, ist problematisch, aber wenigstens noch verständlich. Wenn allerdings eine PR-Agentur, die es wirklich besser wissen müsste, Briefings verteilt, die in keinem Verhältnis zu den einsetzbaren Mitteln stehen, sollte sich nicht nur der potentielle Auftragnehmer, sondern vor allem der Auftraggeber einer solchen Agentur schleunigst fragen, ob er wirklich das Risiko eingehen kann, mit so kruden Utopisten zu arbeiten.

Dickes Ding 9

Design ist konsequent

Der Dummy sah richtig gut aus, den das Designbüro dem Kunden vorlegte. Mit einem aufwändig gemachten kleinen Katalog wollte der Elektronikhersteller die Markteinführung seines neuen Fahrradtachos begleiten. Das Gerät war speziell für eine jüngere, designorientierte Zielgruppe entwickelt worden und hätte dem Aussehen nach alles sein können: Uhr, Funkgerät, Radio oder eben – ein digitaler Geschwindigkeitsmesser. So wie man mit dem Produktdesign einen ebenso bekannten wie angesagten Designer beauftragt hatte, beschloss man, auch beim Kommunikationsdesign auf ein Trendbüro zu setzen.

Das visuelle Konzept überzeugte den Werbeleiter. Aufwändige vierfarbige Collagen sollten die Imagearbeit leisten, die nötig war, um den Tacho als Luxusartikel für Kids mit ausreichend Taschengeld zu etablieren. Auf einer zweiten Inhaltsebene sollten deutlich kleinere Schwarzweißabbildungen Benutzung und Handhabung des Instruments erläutern – von der Anbringung am Bike über die Abkoppelung des Displays beim Zwischenstopp (als Diebstahlsicherung sozusagen) bis hin zur Programmierung.

Dagegen erhob der Vertriebsleiter Einspruch. Für ihn hatte der Katalog vor allem und zuerst mögliche Interessenten über die Handhabung zu informieren. Das aber war durch die nach seiner Meinung viel zu kleinen und unterrepräsentierten Schwarzweißfotos nicht zu leisten.

Er forderte die Designer auf, die wichtigsten der kleinen Abbildungen wenn schon nicht farbig, so doch zumindest etwas größer zu machen. Die aber weigerten sich mit dem Hinweis, Design bedeute Konsequenz. Entweder müsse eine komplett neue Lösung gefunden werden oder alles bliebe beim Alten. Auf einzelnen Doppelseiten eine Ausnahme zu machen, sei nicht möglich.

Diagnose

Hat sich die Designagentur affektiert verhalten? Mancher wird es so sehen. Tatsächlich muss man Ihr aber zumindest Konsequenz in ihrer Haltung zugestehen. Die Designprofis haben das geliefert, wofür sie angeheuert wurden: ansprechendes Design. Das eigentliche Problem lag in der mangelnden strategischen und funktionalen Planung des Katalogs. Mit Imagearbeit und Nutzerinformation sollte er zwei Aufgaben auf einmal erfüllen. Die Designagentur tat das für sie naheliegende, wählte die optisch attraktiver gestaltbare Funktion als primäres Element und ordnete die Benutzerinformation dieser unter. Damit traf sie eine Entscheidung auf gestalterischer, nicht auf funktionaler Ebene. Ob das richtig oder falsch war, ist eigentlich nicht die Frage. Es war schlicht zu erwarten. Wenn Sie einen Dienstleister speziell wegen seiner kreativen Gestaltung beauftragen, dürfen Sie sich nicht wundern, wenn Sie genau diese Leistung auch erhalten. Der Werbeleiter hätte das Problem auf zwei Arten umgehen können. Entweder, indem er eine andere, auch strategisch kompetente Agentur beauftragt hätte, oder indem er selbst die funktionalen Grundlagen des Briefings besser vorbereitet hätte.

Dickes Ding 10

Faxen Sie mir das Memo nochmal?

Es gab keinen Zweifel, das Briefing war weg. Erst tags zuvor hatte der Agenturchef ein Blatt mit den Anweisungen des Kunden auf den Tisch des Art Directors gepackt, das ihm der Werbeleiter bei einem anderen Termin en passant in die Hand gedrückt hatte. Wo das Briefing abgeblieben war, konnte der Art Director nicht mehr nachvollziehen. Den Chef zu fragen, war ihm zu peinlich. Also beauftragte er seine Assistentin, doch bitte nochmal beim Kunden anzurufen und zu fragen, ob es möglich wäre, das gestern ausgegebene Briefing für den neuen Flyer nochmal durchzufaxen. Die erledigte die Aufgabe recht charmant, lamentierte über die eigene Ungeschicklichkeit und eine umgekippte Kaffeetasse, streute Asche auf ihr Haupt und erhielt prompt von der Sekretärin der Werbeabteilung ein gut lesbares Fax mit den Anweisungen.

Das böse Erwachen erfolgte erst bei der Präsentation. Der Kunde war über Form wie Inhalt des Entwurfes alles andere als angetan und fragte den als Berater fungierenden Agenturchef konsterniert, ob er denn nicht mehr lesen könne. Des Rätsels Lösung ergab sich, als man die einzelnen Abläufe nachvollzog. Die Sekretärin, die die Assistentin des Art Directors aus einem ganz anderen Job kannte, hatte ein anderes Briefing als das tatsächlich relevante gefaxt – und die Agentur einen Entwurf erarbeitet, der in keiner Weise gefragt war.

Diagnose

An diesem Beispiel lassen sich eine ganze Reihe von Fehlern aufspüren. So fehlte die klare Benennung des Projektteams, die vielleicht verhindert hätte, dass zwei am Projekt weitestgehend unbeteiligte Personen (die Assistentin und die Sekretärin) sich über die wichtigste Frage verständigen mussten. Außerdem fehlte ein Rebriefing, mit dem der Auftraggeber hätte kontrollieren können, ob der Auftrag richtig, erst recht aber, ob auch der *richtige* Auftrag angekommen war. Der dritte Fehler: Der Agenturchef hatte seine Rolle als Kontakter vernachlässigt und versucht, wie der Werbeleiter ein scheinbar unwichtiges Projekt en passant zu erledigen. Fehler Nummer vier: Gerade in langfristigen Kooperationen schleicht sich gerne eine gewisse Schludrigkeit ein. Man glaubt, sein Gegenüber gut zu kennen und geht einfach davon aus, dass alles auch ohne große Formalitäten und viele Absprachen läuft wie geschmiert. Der fünfte Fehler, der das Desaster indes erst vor dem Hintergrund der vorhergehenden auslösen konnte, war die Schlampigkeit des Art Directors, die sich zudem mit seinem mangelnden Rückgrat verband, sein Versäumnis sich selbst und den Personen einzugestehen, die als einzige als sinnvolle Ansprechpartner gelten durften.

Schlusswort

> Die Heiligen, die Liebenden und die utopischen Träumer dichten immerfort auf diese Weise an der Welt weiter, und alle merken sie bald, wenigstens die besten von ihnen – Paco zwinkerte dem Heiligen mitleidig zu – daß man die himmlischen Visionen schwer unterbringt auf dieser Welt.
>
> *Stefan Andres – Wir sind Utopia*

Erfolgsfaktoren guter Briefings

Die ausschlaggebenden Erfolgsfaktoren guter Briefings, die wir in diesem Buch isoliert haben, sind

- Schweiß und Arbeitswille,
- handwerkliche Kompetenz, gepaart mit der Bereitschaft, sich laufend auf dem aktuellen Wissensstand zu halten,
- das Streben nach Objektivität, verbunden mit der Fähigkeit, sich selbst zu hinterfragen und in Frage stellen zu lassen,
- eine klare Positionierung, zu der man steht und die man nicht ohne triftigen Grund aufgibt,
- und schließlich die soziale und emotionale Kompetenz, die sich im Kooperationswillen und in der Fähigkeit zu delegieren beweist.

Das sind allesamt eher altmodisch klingende Tugenden. Macht man sich klar, dass Briefing eine Form der menschlichen Interaktion ist, kann es aber nicht verwundern, dass dies alles so vertraut klingt. Die Erfolgsfaktoren guter Briefings sind Grundtugenden, die das Miteinander erleichtern. Von Heinz von Foerster stammt eine schöne Maxime, die wir Ihnen nicht vorenthalten wollen. Sie lautet: Handle stets so, dass weitere Möglichkeiten entstehen. (zit. nach Watzlawick (2002), S. 38) Das ist mit Sicherheit auch ein ausgezeichnetes Motto für Ihre Briefings.

Planung und Intuition

Doch kann man mit Regeln der Problematik menschlicher Kooperation wirklich Herr werden? Gerade in der Werbebranche tobt seit langem der Streit, ob Regeln oder Bauch, Daten oder Instinkt, Planung oder Intuition zu den besseren Ergebnissen führen. Dass wir ein Handbuch geschrieben haben, scheint nahezulegen, dass wir in diesem Streit die Seite der Planer unterstützen. Dem ist nicht ganz so. Sinn und Wert von Intuition und Instinkt erkennen wir durchaus an. Aber wir sehen die Begriffspaare nicht durch ein »oder« getrennt, sondern durch ein dickes »und« verbunden. Planung *und* Intuition heißt das Ziel.

Während Intuition schwer erlernbar ist, lässt sich die Regel- und Planungsseite der Kommunikationsarbeit durchaus vermitteln. Deshalb haben wir dieses Arbeitsbuch geschrieben, das die Regeln als Grundlage für die nötigen Prozesse liefert, zu Intuition und Instinkt aber wenig oder gar keine Ausführungen enthält. Letzteres liegt nicht daran, dass wir glauben, Intuition und Instinkt seien überflüssig. Beide haben – gerade im Bereich der Kreation und der innovativen Strategiefindung – mit Sicherheit ihren Platz.

Zugeben müssen wir allerdings, dass uns die Erfahrung ein gewisses Misstrauen mitgegeben hat gegen das Totschlagargument: ›Am Ende zählt Intuition!‹. Auf die Intuition wird oft rekurriert, um zu verschleiern, dass man ein viel zu dünnes Arbeitswissen hat und Detailarbeit und sachliche Planung scheut.

Wir behaupten, es lässt sich deutlich mehr planen, als bislang geplant wird.

Potentiale

Der Prozentsatz erfolgreicher Werbeanstrengungen jedenfalls dürfte sich durch die Befolgung der Briefingregeln spürbar hochschrauben lassen. Von Henry Ford stammt ein Diktum, das praktisch jedes Buch zum Thema Werbung zitiert. Ford soll gesagt haben, er verschwende regelmäßig 50 Prozent seiner Werbeausgaben – nur leider wisse er nicht welche. Wir haben die Erfahrung gemacht, dass bei vielen Projekten der Prozentsatz erfolgreich eingesetzter Mittel weit *unter* der genannten Marge liegt. Wenn Sie es mit diesem Buch schaffen, ihn an die 50 Prozent-Marke heranzubringen oder sogar darüberzuhieven, wäre schon viel gewonnen. Wenn die so gesparten Gelder dann auch noch in sinnvollere Vorhaben investiert werden, hat das Buch seinen Zweck eigentlich erreicht. Und das Feld für den Einsatz von Genie und Intuition wird immer noch weit genug sein.

Fehler wird es natürlich weiterhin geben – sonst wäre auch keine Verbesserung möglich. Wir sind keine Utopisten. Jede Krise ist eine Chance und verschafft Ihnen mit der Aufforderung, sich selbst und die eigenen Arbeitsprozesse selbstkritisch zu hinterfragen, auch die Freiheit, sich persönlich weiterzuentwickeln.

Darin sehen wir eine der Grundqualitäten der Kommunikationsarbeit. Ein Gesprächspartner sagte uns: »Natürlich strengt unser Beruf an. Aber das ist doch auch gut so! Jedenfalls ist es mir zehnmal lieber als bei den Halbgöttern in Weiß, die niemand aus ihrem Arbeitsumfeld je hinterfragt. Meine Schwester ist Zahnärztin. In ihrer Praxis muss sie alle wichtigen Entscheidungen vollverantwortlich und alleine treffen – und steht immer auf der Chef- und Lenkungsseite. Da kann es ziemlich einsam sein.«

Miteinander

In der Kommunikationsbranche führt eine strenge Unterteilung in Lenker und Gelenkte bei genauem Hinsehen eher in die Irre. Ein Blick auf die Rollen der Briefingbeteiligten zeigt, dass sich hier die in anderen Branchen durchaus üblichen festen hierarchischen Arbeitsbeziehungen bis zur Unkenntlichkeit überlagern. Der Auftraggeber, der sein Briefing mit seiner Geschäftsführung abstimmen muss, und der gebriefte Kundenberater, der für die Grafikabteilung selbst zum internen Kunden avanciert, belegen, dass die Partner eines Briefings zumindest im Kreativbereich immer *beide* Rollen inne haben – die des Auftraggebers und die des Auftragnehmers. Das sollte uns eigentlich lehren, bedachter miteinander umzugehen. Auf jeden Fall ist es eine Herausforderung, die sich mit jedem Briefing erneuert. »In der Werbung,« sagte uns ein anderer Kollege, »bist Du immer der Arsch von irgendjemand. Egal ob Du Kunde oder Agentur bist.«

Da hat er recht. Genau das finden wir so aufregend.

Anhang

Dank an die Experten

Eine Reihe erfahrener Fachleute und gewiefter Praktiker haben uns mit Anregungen, Einwänden und Kommentaren an vielen Stellen und in zahllosen Fragen weitergeholfen.

Wir bedanken uns für ihre unkomplizierte Offenheit, ihr Interesse und ihre kooperationsbereite Kritikfreudigkeit im Speziellen bei Axel Baumhöfer (Commerzbank), Irmgard und Werner K. Beuttler (IBS-Reisen), Carl Michael Casper (Runze & Casper Werbeagentur), Peter Courtin (Smart), Gerhard Damian (mbv Karlsruhe), Norbert Esser, Wolfgang Feil (Hofkammer des Hauses Württemberg), Sylvia Flaskamp, Nikolaus Fürcho (Fürcho Gestaltung), Barbara und Wadim Gratschow, Ulrich Gellermann (Senat Berlin), Claudia Hellmann (Aareon), Christina Hufgard (Ogilvy Frankfurt), Martin Keune (Zitrusblau), Thomas Kohl (Europcar), Delle Krause (Ogilvy Frankfurt), Jörg Küster (Küster Art Buying), Tanja Loitz (Publicis Public Relations Berlin), Christian Mommertz (Ogilvy Frankfurt), Klaus Müller (Kunst + Design), Herbie Pauser, Michael Rösch (wir Design), Lisa Schamschula, Klaus-Peter Scharfe (mbv), Beatrice Schomberg, Claudius Theimert, Prof. Martin Topel (GH Uni Wuppertal), Till Wagner (J. Walter Thompson Frankfurt), J. Kevin Wilkins (Wilkins Art Direction) und Olaf Willuhn (TLG Immobilien Berlin-Brandenburg).

Besonders herzlicher Dank gebührt:

Helge Aszmoneit (Rat für Formgebung), der hilfsbereitesten und freundlichsten Bibliothekarin. Ohne sie hätte die Informations- und Literaturrecherche ohne Zweifel dreimal solange gedauert.

Renate Thiel, der erfahrensten und umtriebigsten Produktionerin, die wir kennen. Ohne Ihr Wissen wäre unser Kapitel zum Ausführungsbriefing nicht denkbar gewesen.

und

Paweł Wróbel, der mit seinen Infografiken vermutlich den Teil unseres Buches lieferte, der allen am längsten im Gedächtnis bleiben wird.

Hony soit, qui mal y pense

Die Fallbeispiele in diesem Buch sind zwar nicht frei erfunden, sie haben sich jedoch nie konkret so abgespielt wie beschrieben. Wir haben Namen geändert und Abläufe neu zusammengestellt, um niemandem das Gefühl zu vermitteln, er erledige seine Arbeit nur unzulänglich. Wer sich dennoch selbst zu erkennen glaubt, sollte so reagieren, wie es immer am besten ist: Mit einem nachsichtigen Schmunzeln und der beruhigenden Erkenntnis, dass auch andere nicht gegen die gemachten Fehler gefeit sind. Wir zuallerletzt. Dieses Buch wäre nicht geschrieben worden, hätten all die Fehler (unsere eigenen wie die anderer) uns nicht Gelegenheit zu wichtigen Einsichten gegeben.

Literaturverzeichnis

A

Rayan **Abdullah**, Roger **Hübner** (2002): Corporate Design. Kosten und Nutzen; Hermann Schmidt; Mainz

AGD (1995): Der Grafik-Design-Auftrag; SDSt/AGD; Braunschweig

AGD (2002): Vergütungstarifvertrag für Designleistungen (Buch + CD-ROM) AGD; SDSt/AGD; Braunschweig; 4. Aufl.

Sönke **Albers**, Andreas **Herrmann** (2002), (Hrsg.): Handbuch Produktmanagement; Gabler; Wiesbaden; 2., überarb. u. erw. Aufl.

Gavin **Ambrose**, Paul **Harris** (2005): Typografie. Schriftgestaltung, Satzgestaltung bei Drucksachen, visueller Aspekt der Textgestaltung; Stiebner; München

Rudolf **Arnheim** (2000): Kunst und Sehen. Eine Psychologie des schöpferischen Auges; de Gruyter; Berlin/New York; 3., unveränd. Aufl.

Dieter **Arnold** (2000): Messepraxis. Die professionelle Unternehmenspräsentation bei Messen und Ausstellungen; Deutscher Fachverlag; Frankfurt am Main; (Horizont Edition Messen und Ausstellungen)

Dieter **Arnold** (2002): Das kleine Lexikon Messen und Ausstellungen; Schäffer-Poeschel; Stuttgart

AUMA (1996) Ausstellungs- und Messeausschuss der DeutschenWirtschaft: Erfolgreiche Messebeteiligung Made in Germany; Eigenverlag; Köln

Robert M. **Axelrod** (2000): Die Evolution der Kooperation; Oldenbourg; München/ Wien; 5. Aufl. (Studienausgabe)

B

Frank **Baeseler** (2002): Der kleine Liebling Print; mitp; Bonn

Rainer **Baginski** (2000): Wir trinken so viel wir können, den Rest verkaufen wir. Über Werber und Werbung; Hanser; München/Wien

Beate **Bahner** (2001): Das neue Werberecht für Ärzte. Auch Ärzte dürfen werben; Springer Verlag; Berlin/Heidelberg/New York

Phil **Baines**, Andrew **Haslam** (2002): Lust auf Schrift. Basiswissen Typografie; Hermann Schmidt; Mainz

Max **Baltis** (1993): Gut zum Druck; Werd; Zürich

Dieter **Barkowski** (2005): Erfolg auf dem Messestand. Der Leitfaden für das Standpersonal; Expert-Verlag; Renningen

Stefanie **Bartel** (2003): Farben im Webdesign; Springer; Berlin

Roland **Barthes** (1964): Rhetorik des Bildes, in: ders. (1990): Der entgegenkommende und der stumpfe Sinn. Kritische Essays 3; Suhrkamp; Frankfurt am Main (es 1367), S. 28-46

Roland **Barthes** (1983): Elemente der Semiologie; Suhrkamp; Frankfurt am Main (es 1171)

Roland **Barthes** (1988): Das semiologische Abenteuer; Suhrkamp; Frankfurt am Main (es 1441)

Gregory **Bateson** (1985): Ökologie des Geistes. Anthropologische, psychologische, biologische und epistemologische Perspektiven; Suhrkamp; Frankfurt am Main (stw 571)

B

Gregory **Bateson** (1987): Geist und Natur. Eine notwendige Einheit; Suhrkamp; Frankfurt am Main (stw 691)

Kurt **Bauer,** Karl **Giesriegl** (2000): Druckwerke und Werbemittel herstellen; Ueberreuther Wirtschaft; Frankfurt am Main/Wien; 2. Aufl.

Kurt **Bauer,** Karl **Giesriegl** (2002): Druckwerke und Werbemittel leicht gemacht. Was Sie schon immer über Print, Satz, Repro und Papier wissen wollten; Redline Wirtschaft bei Ueberreuter; Frankfurt am Main/Wien

Uwe **Baufeldt** et al. (2000): Informationen übertragen und drucken. Lehr- und Arbeitsbuch für das Berufsfeld Drucktechnik; Verl. Beruf und Schule; Itzehoe; 14. Aufl.

Jochen **Becker** (1993): Marketing-Konzeption. Grundlagen des strategischen Marketing-Managements; Franz Vahlen; München; 5., verb. u. erg. Aufl.

Peter **Becker,** Robert **Glunz,** Manfred **Gründler** (1997): Grundlagen erfolgreichen Projektmanagements; Haufe; o.O. (Sonderdruck)

Inge **Behrens** (1996): Neue Berufe in den neuen Medien; Econ; Düsseldorf

Gerold **Behrens** et al. (2001) (Hrsg.): Gabler Lexikon Werbung; Gabler; Wiesbaden

Hans **Belting** (2001): Bild-Anthropologie. Entwürfe für eine Bildwissenschaft Bild und Text; Wilhelm Fink; München

Lara **Beninde** (2002): Planning. Planung in der Werbeagentur; Varus; Bonn

Günter **Bentele,** Manfred **Piwinger,** Gregor **Schönborn** (2001ff) (Hrsg.): Kommunikationsmanagement. Strategien, Wissen, Lösungen; Luchterhand; Neuwied (Loseblattsammlung)

John **Berger** (1983): Ways of Seeing; BBC & Penguin; Harmondsworth; 15. Aufl.

Peter L. **Berger,** Thomas **Luckmann** (2003): Die gesellschaftliche Konstruktion der Wirklichkeit. Eine Theorie der Wissenssoziologie; Fischer; Frankfurt am Main; 19. Aufl. (FTB 6623)

Wolfgang **Berlit** (2005): Markenrecht; Beck Juristischer Verlag; München

Ralph **Berndt,** Arnold **Hermanns** (1993): Handbuch Marketing Kommunikation; Gabler; Wiesbaden

Eric **Berne** (2002): Spiele der Erwachsenen. Psychologie der menschlichen Beziehungen; Rowohlt; Reinbek b. Hamburg; 2. Neuausg. (rororo Sachbuch 61350)

Siegfried **Berninghaus,** Karl-Martin **Ehrhart,** Werner **Güth** (2002): Strategische Spiele. Eine Einführung in die Spieltheorie; Springer; Berlin/Heidelberg/New York (Springer-Lehrbuch)

Preston **Blair** (1995): Cartoon Animation; Walter Foster Publ.; Laguna Hills, Ca. (The Collector's Series)

Franz **Böcker** (1996): Marketing; Lucius & Lucius; Stuttgart; 6., überarb. Aufl. (UTB S 919)

Heymo **Böhler** (2002) (Hrsg.): Marketing-Management und Unternehmensführung; Schäffer-Poeschel; Stuttgart (Festschrift)

Joachim **Böhringer** et al. (2003): Kompendium der Mediengestaltung für Digital- und Printmedien; Springer; Berlin

Sabina **Bolender-Wachtel** (1999): PR- und Medienberater. Personen, Leistungen, Basics. Was Unternehmen über PR- und Medienberater wissen müssen; Campus; Frankfurt am Main/New York

Max **Bollwage** (2005): Typographie kompakt; Springer; Berlin/Heidelberg

Heinz **Bonfadelli** (1999): Medienwirkungsforschung I. Grundlagen und theoretische Perspektiven; UVK; Konstanz

Heinz **Bonfadelli** (2000): Medienwirkungsforschung II. Anwendungen in Politik, Wirtschaft und Kultur; UVK; Konstanz

Ingwer **Borg**, Thomas **Staufenbiel** (1997): Theorien und Methoden der Skalierung. Eine Einführung. Hans Huber; Bern; 3. überarb. Aufl. (Methoden der Psychologie Bd. 11)

Günter **Born** (1997): Referenzhandbuch Dateiformate. Datenbanken, Tabellenkalkulation, Text, Grafik, Multimedia, Sound und Internet; Addison-Wesley-Longman; Bonn/Reading, Mass.; 5. überarb. Aufl.

Günter **Born** (2000): Dateiformate. Die Referenz. Tabellenkalkulation, Text, Grafik, Multimedia, Sound und Internet; Galileo Press; Bonn

Manfred **Bornewasser** et al. (1979): Einführung in die Sozialpsychologie; Quelle & Meyer; Heidelberg; 2., verb. Aufl.

Roland **Bös**, C. Christian **Rätsch** (1996): Besser informiert über Werbung, Ausbildung und Kontakte; Biwak-Projekt des Gesamtverbandes Werbeagenturen GWA; Deutscher Fachverlag; Frankfurt am Main

Hans Rudolph **Bosshard** (1996): Typografie, Schrift, Lesbarkeit; Niggli; Sulgen

Hans Rudolph **Bosshard** (2000): Der typografische Raster; Niggli; Sulgen

Trevor **Bounford**, Alastair **Campbell** (2001): Digitale Diagramme. Info-Grafiken professionell gestalten; Stiebner; München

Harald **Braem** (2003): Die Macht der Farben; Wirtschaftsverl. Langen Müller/Herbig; München; 5. Aufl.

Erich **Brendl** (2001): Clever manipulieren. Die Kunst, sich geschickt und erfolgreich durchzusetzen; Gabler; Wiesbaden

Dieter **Brinzer** (2002): Fotohonorare und Konditionen in Europa; PIAG; Baden-Baden; Neuausg.

Rolf **Bristot** (o.J. *a*): Partner Werbeagentur; Horizont/Deutscher Fachverlag; Frankfurt am Main; (GWA Edition Geschäftspartner)

Rolf **Bristot** (o.J. *b*): Verträge über Kommunikationsleistungen; Horizont/Deutscher Fachverlag; Frankfurt am Main; (GWA Edition Geschäftspartner)

Rolf **Bristot** (2000): Geschäftspartner Werbeagentur. Handbuch für die praktische Zusammenarbeit. Auswahl – Vereinbarungen – Vergütungen; Stamm; Essen

Stephan **Broda** (2002): Marketing-Praxis; Gabler; Wiesbaden

Manfred **Bruhn**, Christian **Homburg** (2001) (Hrsg.): Gabler Lexikon Marketing; Gabler; Wiesbaden

Manfred **Bruhn** (2002): Marketing. Grundlagen für Studium und Praxis; Gabler; Wiesbaden; 6., überarb. Aufl.

Goetz **Buchholz** (2002): Ratgeber Freie Kunst und Medien; Verdi; Berlin; 6., überarb. Aufl.

Peter **Bühler** (2004): MediaFarbe. Analog und digital. Farbe in der Medienproduktion; Springer; Berlin

B

Claudia **Bullerjahn** (2001): Grundlagen der Wirkung von Filmmusik; Wißner; Augsburg

Roland **Burkart**, Walter **Hömberg** (1995) (Hrsg.): Kommunikationstheorien. Ein Textbuch zur Einführung; Braumüller; Wien; 2. Aufl. (Studienbücher zur Publizistik- und Kommunikationswissenschaft Bd. 8)

Roland **Burkart** (2002): Kommunikationswissenschaft. Grundlagen und Problemfelder. Umrisse einer interdisziplinären Sozialwissenschaft; Böhlau; Wien/Köln/Weimar; 4. überarb. u. akt. Aufl. (UTB 2259)

Bernd **Busch** (1989): Belichtete Welt. Eine Wahrnehmungsgeschichte der Fotografie; Hanser; München/Wien

Rido **Busse** (1998): Was kostet Design? Kostenkalkulation für Designer und ihre Auftraggeber; Verlag Form; Frankfurt am Main

Tony **Buzan**, Vanda **North** (1999): Business Mind Mapping. Visuell organisieren, übersichtlich strukturieren, Arbeitstechniken optimieren; Ueberreuter; Wien/Frankfurt am Main

Tony **Buzan**, Barry **Buzan** (2002): Das Mind-Map-Buch. Die beste Methode zur Steigerung Ihres geistigen Potenzials; mvg; Landsberg am Lech; 5., aktual. Aufl.

BVPA (2003): Bildhonorare, hg.v.d. Mittelstandsgemeinschaft Fotomarketing beim Bundesverband der Pressebild-Agenturen und Bildarchive e.V.; Eigenverlag, Berlin (erscheint jährlich)

C

Rob **Carter** (2002 *a*): Digital Type and Color; Rotovision; Hove/East Sussex

Rob **Carter**, Ben **Day**, Philip **Meggs** (2002 *b*),: Typographic Design. Form and Commuication; John Wiley & Sons; Hoboken; 3. Aufl.

Jenny **Chapman** (2002): www.animation. Animations Design für das World Wide Web; Stiebner; München

Robert **Cialdini** (2002): Die Psychologie des Überzeugens. Ein Lehrbuch für alle, die ihren Mitmenschen und sich selbst auf die Schliche kommen wollen; Huber; Bern/Göttingen/Toronto; 2., vollst. überarb. und erw. Aufl.

Elke **Clausen** (2005): Messemarketing. So führen Sie Messen zum Erfolg; Businessvillage; Göttingen

Carl von **Clausewitz** (1996): Vom Kriege. Rowohlt; Reinbek b. Hamburg; (rororo klassiker 138)

Context-Gruppe (1991) (Hrsg.): ÜberSicht. Schriften vergleichen, auswählen, erkennen, finden; Hermann Schmidt; Mainz

Steve **Curran** (2000): Motion Graphics. Graphic Design for Broadcast & Film; Rockport Publ; Gloucester/Ma

D

Heinz **Dallmer** (Hrsg.) (1997): Handbuch Direct-Marketing; Gabler; Wiesbaden; 7., völlig überarb. Aufl.

Marius **Dannenberg**, Frank **Wildschütz**, Stefanie **Merkel** (2003): Handbuch Werbeplanung. Medienübergreifende Werbung effizient planen, umsetzen und messen; Schäffer-Poeschel; Stuttgart

Adrian **Davies** (2002): Digitale Fotografie. Kniffe und Know-how für Einsteiger; Rowohlt; Reinbek b. Hamburg (rororo Computer 61227)

Ulrich **Dehner** (2001): Die alltäglichen Spielchen im Büro. Wie Sie Zeit- und Nervenfresser erkennen und wirksam dagegen vorgehen; Campus; Frankfurt am Main/New York; 2. Aufl.

D

DDV Deutscher Direktmarketing Verband (2000): Mailings. Maßgeschneidert modern; Eigenverlag; Wiesbaden

DDV Deutscher Direktmarketing Verband (2000 *a*): Telemarketing. Der Stand der Rechtsprechung; Eigenverlag; Wiesbaden

DDV Deutscher Direktmarketing Verband (2001 *b*): JED-Guide. Jobs and Education in Direct Marketing; Eigenverlag; Wiesbaden

DDV Deutscher Direktmarketing Verband (2001 *c*): Kundenbindung im Internet. Ergebnisse der DDV-Studien 2001; Eigenverlag; Wiesbaden

DDV Deutscher Direktmarketing Verband (2002 *a*): Direct Mail Jahrbuch 2002. Direct Mail Services und Listbroker Jahrbuch 2002. Adressen, Kampagnenmanagement, Lettershop, Fulfillment; Eigenverlag; Wiesbaden

DDV Deutscher Direktmarketing Verband (2002 *b*): eCommerce. Recht im Netz. Was ist im Internet erlaubt und was nicht?; Eigenverlag; Wiesbaden

DDV Deutscher Direktmarketing Verband (2002 *c*): Direkt zum Kunden. Booklet der Councils Direct Mail Services und Listbroker; Eigenverlag; Wiesbaden

DDV Deutscher Direktmarketing Verband (2002 *d*): Haushalt-Direktwerbung; Eigenverlag; Wiesbaden

DDV Deutscher Direktmarketing Verband (2002 *e*): Dialogmarketing-Trends 2002/2003. Jahrbuch der Dialogmarketing-Agenturen; Eigenverlag; Wiesbaden

DDV Deutscher Direktmarketing Verband (2002 *f*): Facts & Figures. Kompetente Antworten auf die wichtigsten Fragen des Direktmarketing als Loseblattsammlung; Eigenverlag; Wiesbaden (laufende Ergänzung)

Florian **Ditges**, Alexandra **Hackelsberger** (2000): Umgang mit Medien, Presse, Öffentlichkeit. Ein praxisorientierter Leitfaden für den Mittelstand; hg. v. DIHT; Berlin/Bonn; 3. Aufl. (Schriftenreihe des DIHT 384)

Klaus **Dörrbecker**, Renée **Fissenewert-Goßmann** (1997): Wie Profis PR-Konzeptionen entwickeln. Das Buch zur Konzeptionstechnik; IMK; Frankfurt am Main; 3., erw. u. aktual. Aufl.

Helga **Drummond** (1994): Machtspiele für kleine Teufel. Mit List und Tücke an die Spitze; Moderne Industrie; Landsberg/Lech; 2. Aufl.

Ralf **Dulisch** (2000): Schreiben in Werbung, PR und Journalismus. Das Berufsbild des Texters für Massenmedien; Westdeutscher Verl./VVA; Wiesbaden

E

Umberto **Eco** (1977): Zeichen. Einführung in einen Begriff und seine Geschichte; Suhrkamp; Frankfurt am Main (es 895)

Umberto **Eco** (1991): Semiotik. Entwurf einer Theorie der Zeichen; Wilhelm Fink Verlag; München; 2. korrig. Aufl. (Supplemente Bd. 5)

Leatrice **Eiseman** (2000): Pantone Guide to Communicating with Color; Grafix Press/F&W Publications; Cincinatti

Albert **Ernst** (2005): Wechselwirkung. Textinhalt und typografische Gestaltung; Königshausen & Neumann; Würzburg

Andreas M. **Ernst** (1998) (Hrsg.): Digest Kooperation und Konkurrenz. Spieltheorie – Evolution des Verhaltens – Egoismus. Sonderheft Spektrum der Wissenschaft 1/1998

F

Paul **Farrington**, Molly E. **Holzschlag** (2002): Interactive. The Internet for Graphic Designers. RotoVision; Hove/East Sussex

F

Werner **Faulstich** (2001): Grundwissen Öffentlichkeitsarbeit; Wilhelm Fink; München (UTB 2151)

Sven **Fischer** (2001): Grafikformate gepackt. Datenkompression und Konvertierung, TIFF, GIF, JPEG, BMP, EPS, PS, programm- und systemunabhängiger Datenaustausch; mitp-Verl.; Bonn

Vilem **Flusser** (1993): Vom Stand der Dinge. Eine kleine Philosophie des Design; Steidl; Göttingen

Vilem **Flusser** (1998): Kommunikologie; hg. v. Stefan Bollmann und Edith Flusser; Fischer; Frankfurt am Main; (FTB 13389)

Friedrich **Forssman**, Ralf **de Jong** (2004): Detailtypografie. Nachschlagewerk für alle Fragen zu Schrift und Satz; Hermann Schmidt; Mainz, 2. Aufl.

Tom **Fraser**, Adam **Banks** (2005): Farbe im Design; Taschen; Köln

Heinrich **Frieling** (2005): Farbe hilft verkaufen; Muster-Schmidt; Göttingen/Zürich

Christian **Fries** unter Mitw. von Rainer **Witt** (2002): Mediengestaltung; Fachbuchverl. Leipzig im Carl-Hanser-Verl.; München/Wien

Susan A. **Friedmann** (1998): Messen und Ausstellungen. Budgetieren, Organisieren, Profitieren; Ueberreuter; Frankfurt am Main/Wien

Adrian **Frutiger** (2005): Nachdenken über Zeichen und Schrift; Haupt; Bern

G

GDP-Autorenkollektiv/Richard **Frick** et al. (o.J. *a*): Satztechnik & Typographie. Bd. 1 Typo-Grundlagen; hg. v. d. Gewerkschaft Druck und Papier. GDP-Verl./Comedia; Bern; (Lehrmittel Typografie)

GDP-Autorenkollektiv/Richard **Frick** et al. (o.J. *b*): Satztechnik & Typographie. Bd. 2 Satztechnik; hg. v. d. Gewerkschaft Druck und Papier. GDP-Verl./Comedia; Bern; (Lehrmittel Typografie)

GDP-Autorenkollektiv/Richard **Frick** et al. (o.J. *c*): Satztechnik & Typographie. Bd. 3 Arbeitsvorbereitung Text + DTP; hg. v. d. Gewerkschaft Druck und Papier. GDP-Verl./Comedia; Bern; (Lehrmittel Typografie)

GDP-Autorenkollektiv/Richard **Frick** et al. (o.J. *d*): Satztechnik & Typographie. Bd. 4 Formenlehre; hg. v. d. Gewerkschaft Druck und Papier. GDP-Verl./Comedia; Bern; (Lehrmittel Typografie)

Michael **Geffken** (1999): Das große Handbuch Werbung; Moderne Industrie/Redline Wirtschaft; Landsberg/Lech

Hans **Gekeler** (2003): Handbuch der Farbe; Dumont; Köln

Richard **Geml**, Hans-Georg **Geisbüsch**, Hermann **Lauer** (1999): Das kleine Marketing-Lexikon; Verl. Wirtschaft u. Finanzen/Schäffer-Poeschel; Düsseldorf/Stuttgart; 2., aktual. u. erw. Aufl.

Richard **Geml**, Hermann **Lauer** (2001): Das kleine Lexikon der Marketing-Forschung; Verl. Wirtschaft u. Finanzen/Schäffer-Poeschel; Düsseldorf/Stuttgart

Gerd **Gerken** (1994): Besser verkaufen ohne Strategie. Der befreite Verkäufer; Econ; Düsseldorf

Karl **Gerstner** (1990): Kompendium für Alphabeten. Eine Systematik der Schrift; Niggli; Sulgen; 3. Aufl.

Gesamtverband Werbeagenturen GWA (o.J. *a*): Agenturauswahl; Horizont/Deutscher Fachverlag; Frankfurt am Main

G

Gesamtverband Werbeagenturen GWA (o.J. *b*): Projektauftrag; Horizont/Deutscher Fachverlag; Frankfurt am Main

Annette **Gevatter** (1999): druckreif; av-edition; Ludwigsburg; 3. Aufl.

Ernst von **Glasersfeld** (1987): Wissen, Sprache, Wirklichkeit. Arbeiten zum radikalen Konstruktivismus; Vieweg; Braunschweig/Wiesbaden

Seth **Godin** (2001): Permission-Marketing. Kunden wollen wählen können; FinanzBuch; München

Erving **Goffman** (2002): Wir alle spielen Theater. Die Selbstdarstellung im Alltag; Piper; München; 10. Aufl. (SP 312)

Markus **Goldammer** (2001): Imprimatur. Ein Lesebuch zum Drucken; Universitätsverlag; Weimar

Ernst H. **Gombrich** (1977): Kunst, Wahrnehmung, Wirklichkeit; Suhrkamp; Frankfurt am Main (es 860)

Thomas **Gordon** (1989): Managerkonferenz. Effektives Führungstraining; Heyne; München (Heyne SB 28)

Thomas **Gordon** (1998): Das Gordon-Modell. Anleitungen für ein harmonisches Leben. Eine Einführung; Heyne; München (Heyne SB 613)

Maximilian **Gottschlich** (1987) (Hrsg.): Massenkommunikationsforschung. Theorieentwicklung und Problemperspektiven; Braumüller; Wien; (Studienbücher zur Publizistik- und Kommunikationswissenschaft Bd. 4)

Veruschka **Götz** (1998): Schrift & Farbe am Bildschirm; Hermann Schmidt; Mainz

Alan **Gowans** (1981): Learning to See. Historical Perspectives on Modern Popular/ Commercial Arts; Bowling Green University Popular Press; Bowling Green

Daniel **Graefen** (2001): DTP druckreif. Professionell vom Bildschirm zum Print. Für Mac und PC; mit CD-ROM; Rowohlt; Reinbek b. Hamburg; (rororo Computer 60090)

Robert **Greene** (2002): Power. Die 48 Gesetze der Macht; dtv; München; 3. Aufl.; (dtv 36248)

Anke **Gropengiesser** (1999): Fit fürs Internet; av-edition; Ludwigsburg

Rainer H.G. **Grossklaus**, Malte W. **Wilkes**, Helma **Richter-Sjää** (1990) (Hrsg.): Arbeitshandbuch Werbestrategie und -konzeption; Stamm; Essen; 2. Aufl. (Stamm-Schriftenreihe Werbepraxis)

Rainer H.G. **Grossklaus**, Christina **Didszun** (2002): Das How-to-Buch Marketingplan; Moderne Industrie/Redline Wirtschaft; Landsberg/Lech; 2. Aufl.

H

Christian **Haasz** (2004): Digitalfotos professionell bearbeiten; Data Becker; Düsseldorf

Jürgen **Habermas** (1995): Theorie des kommunikativen Handelns; Suhrkamp; Frankfurt am Main (stw 1175)

Heide **Hackenberg** (2000): Was kostet Grafik-Design? Vergütung für visuelle Kommunikation; Verlag form; Frankfurt am Main; 2. Aufl.

Heide **Hackenberg** (2002): Kommunikationsdesign. Akquisition und Kalkulation; Hermann Schmidt; Mainz

H

Michael **Haller** (1987): Recherchieren. Ein Handbuch für Journalisten; Lenos/PRO; Basel; 2. Aufl. (mediaprint 5)

Sabine **Hamann** (2004): Logodesign; mitp; Bonn

Ingo **Hamm** (2000): Internet-Werbung. Von der strategischen Konzeption zum erfolgreichen Auftritt; Schäffer-Poeschel; Stuttgart

Christiane **Hanstein** (2002): Geschäftspartner PR-Agentur. Handbuch für die praktische Zusammenarbeit; mit Beiträgen von Michael T. Hofer u. Jörg Ihlau; Stamm; Essen

Dietrich **Harke** (2001): Urheberrecht, Fragen und Antworten; Heymann; Köln

Dietrich **Harke** (2006): Ideen schützen lassen? Patente, Marken, Design, Copyright, Werbung; dtv/Beck; München; (Beck-Rechtsberater im dtv 5642)

Thomas A. **Harris** (2002): Ich bin o.k., Du bist o.k. Wie wir uns selbst besser verstehen und unsere Einstellung zu anderen ändern können. Eine Einführung in die Transaktionsanalyse; Rowohlt; Reinbek b. Hamburg; 37. Aufl. (rororo Sachbuch 16916)

Ralph E. **Hartleben** (2004): Werbekonzeption und Briefing. Ein praktischer Leitfaden zum Erstellen zielgruppenspezifischer Werbe- und Kommunikationskonzepte; Publicis Corporate Publishing; Erlangen; 2. Aufl.

Klaus **Hattemer** (1995): Die Werbeagentur. Kompetenz und Kreativität. Werbung als Profession; Econ; Düsseldorf

Edgar **Haupt**, Manuel **Kubitza** (2002) (Hrsg.): Marketing und Kommunikation für Architekten. Grundlagen, Strategien und Praxis; Birkhäuser; Basel/Boston/Berlin

Carsten **Heintzsch** et al. (2002): Handbuch Werbetext. Von guten Ideen, erfolgreichen Strategien und treffenden Worten; Horizont/Deutscher Fachverlag; Frankfurt am Main

Eva **Heller** (1999): Wie Farben wirken. Farbpsychologie, Farbsymbolik, kreative Farbgestaltung; Rowohlt; Reinbek b. Hamburg; (rororo 60923)

Siegmund **Helms** (1991): Musik in der Werbung. Breitkopf & Härtel; Wiesbaden (Materialien zur Didaktik und Methodik des Musikunterrichts Bd. 10)

Ursula **Hentschläger**, Zelko **Wiener** (2002): Webdramaturgie. Das audio-visuelle Gesamtereignis. 3D, Streaming, Flash; Markt & Technik/Pearson Education; München

Dieter **Herbst** (1998): Corporate Identity. Aufbau einer unverwechselbaren Unternehmensidentität; Cornelsen; Berlin (Das professionelle 1x1)

Ralf **Herrmann** (2005): Zeichen setzen; mitp; Bonn

Wolfram **Hey** (o.J.): Elektronische Daten und Print-Produktion; Horizont/Deutscher Fachverlag; Frankfurt am Main

Richard **Heymann** (1994): Warum haben Sie das nicht gleich gesagt? Besser kommunizieren im Beruf; Orell Füssli; Zürich

Hans-Peter **Hillig** (2003) (Hrsg.): Urheber- und Verlagsrecht. Textausgabe mit einer ausführlichen Einführung und einem Sachverzeichnis; dtv/Beck; München; 10. Aufl. (Beck-Texte im dtv 5538)

Tim **Hindle** (2002): Besprechungen organisieren; Dorling Kindersley; München

Jost **Hochuli** (2005): Das Detail in der Typografie; Niggli; Sulgen

Thomas **Hoeren**, Michael **Nielen** (2004): Fotorecht. Recht der Aufnahme, Gestaltung und Verwertung von Bildern; Erich Schmidt; Berlin

H

Klaus G. **Hofe** (1999): Praktisches Werbe und Marketing ABC; creativ collection; Freiburg i. Br.; 4. Aufl.

Anja **Hoffmann**, Miriam **Kern** (2001): 1x1 für Pappenträger. Handbuch für angehende Kontakter; BoD; Norderstedt

Peter Uwe **Hohendahl** et al. (2000) (Hrsg.): Öffentlichkeit – Geschichte eines kritischen Begriffs; J. B. Metzler; Stuttgart/Weimar

Frank **Hohmeister**, Susanne **Goretzki** (2000): Verträge über freie Mitarbeit. Arbeits-, Sozialversicherungs- und Steuerrecht; Verl. Recht und Wirtschaft; Heidelberg; 2. Aufl. (Schriften des Betriebs-Beraters Bd. 80)

Jan-Peter **Homann** (2005): Digitales Colormanagement, m. CD-ROM; Springer; Berlin

Katja **Hübener** (2004): Punkt, Komma & Co.; Niggli; Sulgen

Roger **Hübner**, Florian **Breßler**, Stefan **Rohloff** (2002): Was kostet Web-Design? Kosten und Kalkulation für digitale Kommunikation; Birkhäuser; Basel/Boston/Berlin; 2. unveränd. Nachdr.

Matthias **Huckemann**, Dieter S. **ter Weiler** (2003): Messen Meßbar Machen. Mit CD-ROM; Luchterhand; Neuwied; 3., überarb. u. erw. Aufl.

IFAM Institut für Angewandte Marketingwissenschaften (1997): Die 99 besten Checklisten für ihre Werbung; Moderne Industrie/Redline Wirtschaft; Landsberg/Lech

I

Volker **Ilzhöfer** (2005): Patent-, Marken- und Urheberrecht; Vahlen; München

Johannes **Itten** (2003): Kunst der Farbe; Urania; Stuttgart

J

Andrea **Jaeger-Lenz** (1999): Werberecht. Recht der Werbung in Internet, Film, Funk und Printmedien. Kampagnen-Ratgeber für Werbeagenturen; Wiley-/ C.H.Beck; Weinheim/New York u.a.

Bernd **Jähne** (2005): Digitale Bildverarbeitung, m. CD-ROM; Springer; Berlin

Nina **Janich** (2001): Werbesprache. Ein Arbeitsbuch; Narr; Tübingen; 2. Aufl. (Narr Studienbücher)

Angela **Jansen**, Wolfgang **Scharfe** (1999): Handbuch der Infografik. Visuelle Information in Publizistik, Werbung und Öffentlichkeitsarbeit; Springer; Berlin/ Heidelberg/New York u.a. (Edition PAGE)

Peter **Jenny** (2000): Bildkonzepte. Das wohlgeordnete Durcheinander; Hermann Schmidt; Mainz

Thomas **Johne** (2001) (Hrsg.): Marketing-Praxis. Ein Handbuch für Existenzgründer, Einsteiger und angehende Führungskräfte. Mit Checklisten, Praxisbeispielen und Marketing-Fahrplan; FAZ-Inst. für Management-, Markt- und Medieninformationen; Frankfurt am Main

Michael **Johnson** (2002): Problem Solved. A Primer in Design and Communication; Phaidon; London/New York

K

Uwe **Kamenz** (1997): Marktforschung. Konsequent praxisorientierte Darstellung der Marktforschung. Einführung mit Fallbeispielen, Aufgaben und Lösungen; Schäffer-Poeschel; Stuttgart; (Praxisnahes Wirtschaftsstudium)

Uwe **Kamenz** (2001): Marketing-Basics. Marketingwissen für Einsteiger und Nichtspezialisten. Eine anwenderorientierte Einführung; Luchterhand; Neuwied/Kriftel

K

Ernst **Karosser** (1999): Das KulturBureau. Handbuch zur Organisation, Entwicklung, Aufbau und Absicherung des eigenen Arbeitsbereiches; Para-SOL Verl.; Regensburg; 3., vollst. überarb. ergänzte u. erw. Auflage

Klaus S. **Kastin** (1999): Marktforschung mit einfachen Mitteln. Daten und Informationen beschaffen, auswerten und interpretieren; dtv; München; 2. Aufl. (Beck Wirtschaftsberater im dtv 5846)

Paul **Katzenberger** (1996): Elektronische Printmedien und Urheberrecht; Schäffer-Poeschel; Stuttgart

Ingrid G. **Keller** (1993): Das CI-Dilemma. Abschied von falschen Illusionen; Gabler; Wiesbaden; 2. Aufl.

Cyrus Dominik **Khazaeli** (2005): Crashkurs Typo und Layout. Vom Schriftdesign zum visuellen Konzept; Rowohlt; Reinbek b. Hamburg; 3. Aufl. (rororo Computer 61252)

Helmut **Kipphan** (2000): Handbuch der Printmedien. Technologien und Produktionsverfahren, mit CD-ROM; Springer; Berlin

Manfred **Kirchgeorg** u.a. (2003): Handbuch Messemanagement; Gabler; Wiesbaden

Josef **Kirschner** (1999): Manipulieren – aber richtig. Acht erfolgreiche Strategien, mit denen Sie auf andere Menschen Einfluß nehmen; Droemer Knaur; München (Knaur TB 82295)

Heinrich von **Kleist** (1979): Über die allmähliche Verfertigung der Gedanken beim Reden; in: ders.: Das Erdbeben in Chili, Das Bettelweib von Locarno, Die heilige Cäcilie, Über das Marionettentheater, und andere Prosastücke; Reclam; Stuttgart (RUB 7670) S. 48 – 55

Frank A. **Koch** (1990): Ratgeber zur Produkthaftung. Mit Checklisten zur praktischen Prüfung der Ansprüche und Haftungsrisiken von Herstellern, Vertriebshändlern, Importeuren, Verbrauchern; Verl. Wirtschaft, Recht u. Steuern; Planegg/München; 2. durchges. Aufl. (WRS-Mustertexte Bd. 13)

Karl-Heinrich **Koch** (1996): Verträge in einer Werbeagentur; Horizont/Deutscher Fachverlag; Frankfurt am Main (Loseblattsammlung)

Richard **Köhler**, Bruno **Tietz**, Joachim **Zentes** (1995) (Hrsg.): Handwörterbuch des Marketing; Schäffer-Poeschel; Stuttgart; 2. völlig neu gestalt. Aufl. (Enzyklopädie der Betriebswirtschaftslehre Bd. 4)

Thomas R. **Köhler** (2001): Internet-Projektmanagement. Konzeption und Realisierung von erfolgreichen Internetprojekten; Addison Wesley; München/Boston u.a.

Isolde **Kommer**, Tilly **Mersin** (2002): Typografie und Layout für digitale Medien; hg v. Ralf Lankau; Hanser; München/Wien

Wolfgang J. **Koschnick** (o.J.): Encyclopaedic Dictionary Marketing, compiled for Focus MediaLine (http://www.medialine.focus.de)

Wolfgang J. **Koschnick** (1997): Kompakt-Wörterbuch Marketing. Englisch-Deutsch/ Deutsch-Englisch; Schäffer-Poeschel; Stuttgart

Wolfgang J. **Koschnick** (2000): WerbeWörterbuch Deutsch–English, Englisch–Deutsch. Advertising Dictionary; hg. v. IP Deutschland; Köln (Edition IP)

Wolfgang J. **Koschnick** (2003): Wörterbuch der Werbung. 2 Bde.; Beck; München; 2., völlig überarb. u. erw. Aufl.

Philip **Kotler**, Friedhelm **Bliemel** (2001): Marketing-Management. Analyse, Planung und Verwirklichung; Schäffer-Poeschel; Stuttgart; 10., überarb. u. aktual. Aufl.

K

Dieter **Krallmann**, Andreas **Ziemann** (2001): Grundkurs Kommunikationswissenschaft. Mit einem Hypertext-Vertiefungsprogramm im Internet; Wilhelm Fink; München (UTB 2249)

Georg **Kraus**, Reinhold **Westermann** (1995): Projektmanagement mit System; Gabler; Wiesbaden

Jim **Krause** (2003) index farbe; mitp; Bonn

Rainer **Kreifels**, Christian **Breuer**, Johannes **Maidl** (2000): Die Werbeagentur in Recht und Praxis; Beck; München

Gregor **Krisztian**, Nesrin **Schlempp-Ülker** (1997): Ideen visualisieren. Scribble - Layout - Storyboard. Ein Handbuch der Entwurfstechnik. Hermann Schmidt; Mainz

Werner **Kroeber-Riehl** (1993): Bildkommunikation. Imagerystrategien für die Werbung; Vahlen; München

Jens M. **Kroll** (Red) (1998/99): Kroll Pressetaschenbuch Wirtschaftspresse; hg. v. BP Oil Deutschland GmbH; Kroll; Garmisch-Partenkirchen/Seefeld (Kroll-Presse-Taschenbücher)

Anja **Kühner**, Thilo **Sturm** (2001): Das Medien-Lexikon. Fachbegriffe von A - Z aus Print, Radio, TV und Internet; Moderne Industrie; Landsberg am Lech; 2. Aufl.

Michael **Kunczik** (2002): Public Relations. Konzepte und Theorien; Böhlau; Köln/Weimar/Wien; 4. vollst. überarb. Aufl. (UTB 2277)

Indra **Kupferschmid** (2002): Buchstaben kommen selten allein. Ein typografisches Werkstattbuch; Universitätsverlag; Weimar; 3. Aufl.

Hatto **Kurtenbach**, Stephanie **Bingel** (1999): Werbefilme produzieren. Richtlinien für die Herstellung von Fernseh- und Kinospots. Vom Auftraggeberbriefing bis zur Ausstrahlung; hg. v. Verband Deutscher Werbefilmproduzenten (VDW) in Abstimmung mit der Organisation Werbungstreibende im Markenverband und dem Gesamtverband Werbeagenturen GWA; Horizont/Deutscher Fachverlag; Frankfurt am Main

Harald **Küppers** (2004*a*): Das Grundgesetz der Farbenlehre; Dumont; Köln

Harald **Küppers** (2004*b*): Farbe verstehen und beherrschen. Praktische Farbenlehre; Dumont; Köln

Harald **Küppers** (2005): Farbenlehre; Dumont; Köln

Erich **Küthe**, Matteo **Thun** (1995): Marketing mit Bildern. Management mit Trend-Tableaus, Mood-Charts, Storyboards, Fotomontagen, Collagen; Dumont; Köln

Erich **Küthe**, Fabian **Küthe** (2003): Marketing mit Farben; Gabler; Wiesbaden

L

Ronald D. **Laing** (1989): Die Stimme der Erfahrung; dtv; München (dtv 15060)

Ronald D. **Laing** (1994): Das geteilte Selbst. Eine existentielle Studie über geistige Gesundheit und Wahnsinn; Kiepenheuer & Witsch; Köln

Franz **Lang** (1997): Die Marketing-Konzeption - einfach und systematisch. Visionen und Ziele in Markterfolge umsetzen; Metropolitan Verl.; Düsseldorf; 3. Aufl.

Ralf **Lankau** (2001): Webdesign und -publishing. Projektmanagement für Websites; Hanser; München

Pina **Lewandowsky**, Francis **Zeischegg** (2002): Visuelles Gestalten mit dem Computer; Rowohlt; Reinbek b. Hamburg (rororo 61213)

L

Werner **Lippert** (1994): Lexikon der Werbebegriffe; Econ; Düsseldorf; 2. Aufl.

Peter **Lord**, Brian **Sibley** (1998): Creating 3-D Animation. The Aardman Book of Filmmaking; Harry N. Abrams; New York

Hack **Lötters** et al. (1993): Werbung; Moderne Industrie/Redline Wirtschaft; Landsberg/Lech; 5. Aufl.

Beate **Ludwig** (1997):Werbung & Public Relations. Einstiegs-Praxis-Perspektiven; Eichborn; Frankfurt am Main

Niklas **Luhmann** (1971): Sinn als Grundbegriff der Gesellschaft; *in*: Jürgen Habermas (1971)/Niklas Luhmann: Theorie der Gesellschaft oder Sozialtechnologie. Was leistet die Systemforschung?; Suhrkamp; Frankfurt am Main

Niklas **Luhmann** (1988 *a*): Erkenntnis als Konstruktion; Benteli; Bern

Niklas **Luhmann** (1988 *b*): Soziale Systeme. Grundriß einer allgemeinen Theorie; Suhrkamp; Frankfurt am Main; 2. Aufl. (stw 666)

Philipp **Luidl** (2000): Desktop-Knigge. Setzerwissen für Desktop-Publisher; Maro; Augsburg (unveränd. Nachdr. d. Ausg. im te-wi-Verl. 1988)

M

Wolfgang **Maaßen** (1995): Vertragshandbuch für Fotografen und Bildagenturen; Nomos; Baden-Baden;

Wolfgang **Maaßen** (2000 *a*): Designer's Manual; Pyramide; Düsseldorf; 2. Aufl.

Wolfgang **Maaßen** (2000 *b*): Designer's Contract; Pyramide; Düsseldorf

Wolfgang **Maaßen** (2002): Designer's Calculator; Pyramide; Düsseldorf

Niccolo **Machiavelli** (1978): Der Fürst; Kröner; Stuttgart; 6. Aufl.

Darlene **Maciuba-Koppel** (2002): The Web Writer's Guide. Tips & Tools; Focal Press, Burlington

Gerhard **Maletzke** (1981): Medienwirkungsforschung. Grundlagen, Möglichkeiten, Grenzen; Niemeyer; Tübingen; (Medien in Forschung + Unterricht Bd. 1)

Christian **Marquart** (1997): Marketing und Öffentlichkeitsarbeit für Architekten und Planer; av-edition; Ludwigsburg

Christian **Marquart** (2000): MesseManager. Konzept, Planung, Durchführung, Kontrolle; av-edition; Ludwigsburg

Thomas **Maschke** (2004): Digitale Bildbearbeitung; Springer; Berlin

Martin **Massow** (2000): Atlas neue Werbe- und Kommunikationsberufe. Über 180 Berufsporträts. Einstieg, Aus- und Weiterbildung. Über 300 Adressen; Ullstein/VVA; Berlin; 2., aktual. u. vollst. überarb. Aufl. (Ullstein TB 70032)

Martin **Massow** (2001): Atlas der kreativen Berufe. Über 180 Berufsporträts. Ullstein/VVA; Berlin; 2. aktual. u. vollst. überarb. Aufl. (Ullstein TB 70064)

Claudia **Mast** (2000): Durch bessere interne Kommunikation zu mehr Geschäftserfolg. Ein Leitfaden für Unternehmer; hg. v. DIHT; Bonn/Berlin; (Schriftenreihe des DIHT 437)

Claudia **Mast** (2002): Unternehmenskommunikation; Lucius & Lucius; Stuttgart (Reihe UTB 2308)

Michael **Matzer**, Hartwig **Lohse** (2000): Dateiformate. RTF, DOC, TIF, EPS, WAV. Bedeutung, Einsatz und Konvertierung; dtv; München; (Beck EDV-Berater im dtv 50300)

Erwin **Matys** (2001): Praxishandbuch Produktmanagement; Campus; Frankfurt am Main; 2. Aufl.

Andreas **Maxbauer**, Regina **Maxbauer** (2002): Praxishandbuch Gestaltungsraster. Ordnung ist das halbe Lesen; Hermann Schmidt; Mainz

Ulrich **Maubach**, Siegfried A. **Williny**, Sabine **Windelen** (o.J.): Account Planning ohne Mythos; Horizont/Deutscher Fachverlag; Frankfurt am Main

Tilman **Mauser** (1993): Agentur-Rentabilität unter Controlling; Horizont/Deutscher Fachverlag; Frankfurt am Main

Andreas u. Regina **Maxbauer** (2002): Praxishandbuch Gestaltungsraster. Ordnung ist das halbe Lesen; Hermann Schmidt; Mainz

George H. **Mead** (1973): Geist, Identität und Gesellschaft aus der Sicht des Sozialbehaviourismus; Suhrkamp; Frankfurt am Main (stw 28)

Bruno **Meißner**, Winfried **Vollmer** (1999): Das ABC des Messeauftritts. Messen optimal planen und erfolgreich durchführen; Lexika Verl.; Würzburg

Susanne **Mendack** (1997): Berufsfeld Werbung und PR; Fit for Business; Frankfurt am Main

Laszlo **Mérö** (2000): Die Logik der Unvernunft. Spieltheorie und die Psychologie des Handelns; Rowohlt; Reinbek b. Hamburg; (rororo science Sachbuch 60821)

Klaus **Merten** (2000): Das Handwörterbuch der PR. Mit aktualisierter Homepage; hg. v. Klaus Kocks und Klaus Merten; 2 Bde.; F.A.Z.-Inst. für Management-, Markt- und Medieninformationen; Frankfurt am Main

Lother J. **Mielke** (1996): Fragen zum Fotorecht; PIAG; Baden-Baden; 3. Aufl.

Henry **Mintzberg** et al. (1999): Strategy Safari. Eine Reise durch die Wildnis des strategischen Managements; Ueberreuter; Wien

MIT Open Course Ware (2001): Introduction to Marketing. Lecture Notes; Massachusettts Institute of Technology/Sloan School of Management, Boston (http://ocw.mit.edu/)

Conway Lloyd **Morgan** (2004): Messedesign Jahrbuch 2004/2005; av-edition; Ludwigsburg

Matthias **Mono** (2002): Branding. Vom Briefing bis zur Marke; Stiebner; München

Charles William **Morris** (1977): Pragmatische Semiotik und Handlungstheorie; hg. v. Achim Eschbach; Suhrkamp; Frankfurt am Main (stw 179)

Charles William **Morris** (1981): Symbolik und Realität; hg. v. Achim Eschbach; Suhrkamp; Frankfurt am Main (stw 342)

Charles William **Morris** (1982): Grundlagen der Zeichentheorie; Hanser; München

MTP Marketing zwischen Theorie und Praxis e.V. (1995): Das Marketingstudium. Eigenverlag; Saarbrücken; 4. Aufl.

Josef **Müller-Brockmann** (1986): Geschichte der visuellen Kommunikation. Von den Anfängen der Menschheit, vom Tauschhandel im Altertum bis zur visualisierten Konzeption der Gegenwart; Niggli; Sulgen

Josef **Müller-Brockmann** (1996): Rastersysteme für die visuelle Gestaltung. Grid systems in Graphic Design. Ein Handbuch für Grafiker, Typografen und Ausstellungsgestalter; Niggli; Sulgen; 4. rev. Aufl.

M

Josef **Müller-Brockmann** (2003): Gestaltungsprobleme des Grafikers; Niggli; Sulgen

N

Barry J. **Nalebuff** (1997): Coopetition. Kooperativ konkurrieren. Mit der Spieltheorie zum Unternehmenserfolg; Campus; Frankfurt am Main/New York

Dieter **Nennen** (2003): Design und Copyright. Urheberrecht in Werbung, Fotografie, Grafik- und Webdesign; Midas Management; Zürich

Jan **Neubauer**, Silke **Wenzel** (2001): Nebensache Musik. Beiträge zur Musik in Film und Fernsehen; Bockel; Hamburg

Jennifer **Niederst** (2001): Web Design in a Nutshell. A Desktop Quick Reference; O'Reilly & Associates/VVA; Köln; 2. Aufl.

Robert **Nieschlag**, Erwin **Dichtl**, Hans **Hörschgen** (2002): Marketing; Duncker& Humboldt; Berlin; 19. überarb. und erg. Aufl.

Andreas **Nilitschka** (1997): Vom Papier zum Internet; Niggli; Sulgen

Karl **Nilitschka**, Erich **Fritz** (1990): Papier, Satz, Reproduktion, Druck, Ausrüsten. Einführung in das Arbeitsgebiet der graphischen Industrie; Hatje Cantz; Ostfildern; 2. Aufl.

Michael **Nitsche** (1997): Polygraph-Wörterbuch für die Druckindustrie und Kommunikationstechnik. Deutsch-Englisch, Englisch-Deutsch; Polygraph; Bielefeld; 7. Aufl.

N.N. (o.J.): Berufe in Media-Agenturen; Horizont/Deutscher Fachverlag; Frankfurt am Main

N.N. (2001 *a*): Encyclopedia of Paper-Folding Design. Effective techniques for folding direct mall, announcements, brochures, pamphlets, invitation cards and more; Nippon Shuppan Hanbai/PIE Books; Düsseldorf/Tokio

N.N. (2001 *b*): Selbstständig als Fotograf und Fotodesigner; Interna Aktuell; Bonn

N.N. (2001 *c*): Selbstständig mit einer Werbeagentur; Interna Aktuell; Bonn

N.N. (2002): Etat-Kalkulator. Aktuelle Daten, Fakten, Preise für die tägliche Marketing-, Kommunikations- und Werbepraxis. Zur konzeptionellen Ermittlung des Werbeetats und überschlägigen Werbekosten. Berechnung – Verlagsanschriften 2002/2003; creativ collection; Freiburg i. Br.

O

David **Ogilvy** (2002): Geständnisse eines Werbemannes; Econ; Düsseldorf

Wally **Olins** (1990): Corporate Identity. Strategie und Gestaltung; Campus; Frankfurt am Main/New York; 2., durchges. Aufl.

José **Ortega Y Gasset** (1959): Der Aufstand der Massen; dva; Stuttgart

Charles **Osgood**, George J. **Suci**, Percy H. **Tannenbaum** (1967): The Measurement of Meaning; University of Illinois Press; Urbana/Chicago

P

Hans W. **Paetzel** (1999): Praktisches Wörterbuch für Presse und Werbung. Deutsch, Englisch, Französisch; Stamm; Essen; 5. Aufl.

Martin **Pape** (1997): Wörterbuch der Kommunikation; Luchterhand; Neuwied

Werner **Pepels** (2001): Kommunikations-Management. Marketing-Kommunikation vom Briefing bis zur Realisation; Schäffer-Poeschel; Stuttgart; 4., vollst. überarb. u. erw. Aufl.

P

Werner **Pepels** (2002): Marketing-Lexikon. Über 3000 grundlegende und aktuelle Begriffe für Studium und Beruf; dtv; München; 2. Aufl. (Beck Wirtschaftsberater bei dtv 5884)

Don **Peppers**, Martha **Rogers** (1996): Strategien für ein individuelles Kundenmarketing. Die 1:1-Zukunft; Droemer Knaur; München; (Knaur TB 79027)

Christine **Peyton** (2002): Dateiformate; Sybex; Düsseldorf

Gerhard **Pfennig** (2005): Museum und Urheberrecht im digitalen Zeitalter. Leitfaden für die Museumspraxis; VS Verl. f. Sozialwiss.; Wiesbaden

Gerhard **Pfennig** (2006): Digitale Bildverarbeitung und Urheberrecht; VS, Verl. f. Sozialwiss.; Wiesbaden

Dieter **Pflaum**, Ferdinand **Bäuerle** (2002): Lexikon Werbung; Moderne Industrie; München; 7., neubearb. Aufl.

Peter L. **Phillips** (2004): Creating the Perfect Design Brief. How to Manage Design for Strategic Advantage; Allworth Press; New York

Michael **Plener** (2000): Praktisches ABC Werberecht; creativ collection; Freiburg i. Br.; 2. erw. Aufl.

Ludwig G. **Poth** (1990): Grundlagen des Marketing; Luchterhand; Neuwied; 2., überarb. Aufl.

Ludwig **Poth**, Gudrun S. **Poth** (1999): Gabler Marketing-Begriffe von A-Z ; Gabler; Wiesbaden

William **Poundstone** (1996): Im Labyrinth des Denkens. Wenn Logik nicht weiterkommt. Paradoxien, Zwickmühlen und die Hinfälligkeit unseres Denkens; Rowohlt; Reinbek b. Hamburg; (rororo science 9745)

Roger **Pring** (2000): www.type. Optimale Typografie für das World Wide Web; Stiebner; München

Roger **Pring**, Alastair **Campbell** (2001): www.colour. Farben für das World Wide Web; Stiebner; München

D. S. **Pugh** (1984): Organization Theory; Penguin; Harmondsworth; 13., überarb. Aufl.

R

Iris **Ramme** (2000): Marketing. Einführung mit Fallbeispielen, Aufgaben und Lösungen; Schäffer-Poeschel; Stuttgart

Michael **Rath-Glawatz** (1995): Das Recht der Anzeige; Schäffer-Poeschel; Stuttgart; 2., überarb. Aufl.

Abdullah **Rayan**, Roger **Hübner** (2005): Piktogramme und Icons; Hermann Schmidt; Mainz

Red Box 2006; Red Box-Verlag; Hamburg; 36. Ausgabe (erscheint jährlich)

Karl Friedrich **Reimers** (1983) (Hrsg.): Zeichenentwicklung, Bedeutungswandel, Handlungsmuster. Zur Semiotik und Ästhetik sozialer Kommunikation; Ölschläger; München; (kommunikation audiovisuell/Beiträge aus der Hochschule für Fernsehen und Film München Bd. 5)

Armin **Reins** (2002) (Hrsg.): Die Mörderfackel. Das Lehrbuch der Texterschmiede Hamburg; Hermann Schmidt; Mainz

Cornelius **Ringe** (2005): Audio Branding. Musik als Markenzeichen von Unternehmen; VDM Verlag Dr. Müller; Berlin

R

Gerd **Robertz** (2005): Strategisches Messemanagement im Wettbewerb; Deutscher Universitäts-Verlag; Wiesbaden

Franco P. **Rota** (2002): Public Relations und Medienarbeit. Effektive Öffentlichkeitsarbeit der Unternehmen im Informationszeitalter; dtv; München; 3., völlig überarb. Aufl. (Beck Wirtschaftsberater bei dtv 5814)

Emil **Ruder** (2001): Typographie. Ein Gestaltungslehrbuch; Niggli; Sulgen (Studienausgabe)

Christof **Ruoss** (2002): Honorare, Verträge, Urheberrecht, ein ICOM-Ratgeber für die Bereiche Comic, Cartoon und Illustration; ICOM-Verl.; Stuttgart

S

M. **Sander** (1993): Der Planungsprozeß der Werbung, in: R. Berndt, A. Herrmanns (Hrsg.): Handbuch Marketing-Kommunikation; Gabler; Wiesbaden; S. 261- 284.

Peter **Sawtschenko**, Andreas **Herden** (2000): Rasierte Stachelbeeren. So werden Sie die Nr. 1 im Kopf Ihrer Zielgruppe. Branding. Erfolgreiche Marken-Positionierung für kleine und mittelständische Unternehmen; Gabal; Offenbach

Dirk **Schachtner** (2002): Die Beziehung zwischen werbungtreibendem Unternehmen und Werbeagentur. Theoretische Systematisierung und empirische Überprüfung eines Prinzipal-Agenten-Modells; Deutscher Universitätsverlag; Wiesbaden

Haimo **Schack** (2005): Urheberrecht und Urhebervertragsrecht; Mohr Siebeck; Tübingen

Andreas **Scharf**, Bernd **Schubert** (2001): Marketing. Einführung in Theorie und Praxis; Schäffer-Poeschel; Stuttgart; 3., überarb. und erw. Aufl. (Sammlung Poeschel Bd. 159)

Thomas C. **Schelling** (1980): The Strategy of Conflict; Harvard University Press; Boston

Imke **Schenk** (2001): Websites planen und gestalten; O'Reilly & Associates/VVA; Köln

Heinz H. **Schmiedt** (1992): Ausschiessen. Ein Leitfaden für die Druckformherstellung; Polygraph-Verlag; Frankfurt am Main; 6. Aufl.

Jürgen **Schneider** (1997): Komponieren für Film und Fernsehen. Ein Handbuch; Schott; Mainz

Karl **Schneider**, Joachim **Seeborn** (1997) (Hrsg.): Compact Training Werbung 2; Verl. f. Marketing und Schulung; Waiblingen

Karl **Schneider** (2001) (Hrsg.): Compact Training Werbung 1; Verl. für Marketing und Schulung; Waiblingen; 2. Aufl.

Karl **Schneider**, Dieter **Pflaum** (2003): Werbung in Theorie und Praxis; M&S, Waiblingen, 6. erw. u. überarb. Ausg.

Wolf **Schneider** (1984): Deutsch für Profis. Wege zu gutem Stil; Goldmann; München; (Goldmann TB 11536)

Helmut **Schoeffling** (2001): So erstellen Sie einen Business-Plan. Handbuch für Existenzgründer; Interna Aktuell; Bonn

Scholz & Friends, Andreas **Rother** (2003) (Hrsg.): Werbisch-Deutsch. Das ultimative Wörterbuch der Werbung. Unzählige Stichwörter und Wendungen aus der europäischen Top-Kreativ-Agentur; Redline Wirtschaft bei Ueberreuter; Frankfurt am Main/Wien

Angela **Schönberger** (1996) (Hrsg.): Design Initiative Sanssouci. Corporate Design. Visualisierte Unternehmenskultur. Deutsche Designkonferenz 96; IDZ; Berlin

Friedemann **Schulz von Thun** (2002*a*): Miteinander Reden 1. Störungen und Klärungen; Rowohlt; Reinbek b. Hamburg; 36. Aufl. (rororo 17489)

Friedemann **Schulz von Thun** (2002*b*): Miteinander Reden 2. Stile, Werte und Persönlichkeitsentwicklung; Rowohlt; Reinbek b. Hamburg; 21. Aufl. (rororo 18469)

Friedemann **Schulz von Thun** (2002*c*): Miteinander Reden 3. Das ›innere Team‹ und situationsgerechte Kommunikation; Rowohlt; Reinbek b. Hamburg; 9. Aufl. (rororo 60545)

Gernot **Schulze** (2004): Meine Rechte als Urheber. Urheber- und Verlagsrecht; dtv/Beck; München; 4. aktual. Aufl.; (Beck-Rechtsberater dtv 5291)

Ulrich **Schurr** (2001): DTP und PDF in der Druckvorstufe. Professioneller Umgang mit Schriften, Bildern, und Farben; Dpunkt Verl.; Heidelberg

Peter **Schütz** (2002*a*): absatzwirtschaft-Projekt Management der Marketing-Bruchstellen; in: absatzwirtschaft 3/2002; S. 42-44

Peter **Schütz** (2002*b*): Die tausend Tode der Effizienz; *in*: absatzwirtschaft; Sonderausgabe 2002; S. 32-55

Ulrich **Schwarz**, Philipp **Teufel** (2001) (Hrsg.): Handbuch Museografie und Ausstellungsgestaltung; av-edition; Ludwigsburg

Günter **Schweiger**, Gertraud **Schrattenecker** (2001): Werbung. Eine Einführung; Lucius & Lucius; Stuttgart; 5., neubearb. Aufl. (UTB 1370)

Joachim **Seebohn** (2001): Gabler Kompakt-Lexikon Werbepraxis; Gabler; Wiesbaden; 2. überarb. u. erw. Aufl.

Christian **Seidenabel** (1998): Das Kommunikationsmanagement von Werbeagenturen; Deutscher Universitäts-Verlag; Wiesbaden

Hannelore **Selinski**, Ute A. **Sperling** (2001): Marketinginstrument Messe. Arbeitsbuch für Studium und Praxis; Schäffer-Poeschel/Wirtschaftsverl. Bachem; Stuttgart/Köln

Richard **Sennett** (1987): Verfall und Ende des öffentlichen Lebens. Die Tyrannei der Intimität; Fischer; Frankfurt am Main; 3. Aufl. (FTB 7353)

Richard **Sennett** (2002): Respekt im Zeitalter der Ungleichheit; Berlin Verl.; Berlin

Chris **Sherman**, Gary **Price** (2001): The Invisible Web. Uncovering Information Sources Search Engines Can't See; Independent Publishers Group; Chicago

Bastian **Sick** (2005): Der Dativ ist dem Genitiv sein Tod. Ein Wegweiser durch den Irrgarten der deutschen Sprache; Kiepenheuer & Witsch; Köln; 14. Aufl. (KiWi 863)

Constance **Sidles** (2002): Digitaldruck und Druckvorstufe. Ein Handbuch für Grafikdesigner; mitp; Bonn

Gernot **Sieg** (1999): Spieltheorie; Oldenbourg; München/Wien

David **Siegel** (1999): Web Site Design. Killer Web Sites / Das Geheimnis erfolgreicher Websites. Business, Budget, Manpower, Lizenzen, Design; Zweitausendeins; Frankfurt/Main (Zwei Bücher in einem Band)

Manfred **Siemoneit** (2005): Typographisches Gestalten; Polygraph-Verl.; Frankfurt am Main

Narciso **Silvestrini** et al. (2002) (Hrsg.): Farbsysteme in Kunst und Wissenschaft; DuMont; Köln

S

David **Skopec** (2003): Layout digital; Rowohlt Tb.; Reinbeck b. Hamburg (rororo 61250)

Peter **Skroch** u.a. (2004): Das kostet Kommunikation. Preise, Leistungen und Rechte im Kommunikationsmarkt; Verlagsgruppe Handelsblatt; Düsseldorf

Bernhard **Sowinski** (1998): Werbung; Niemeyer; Tübingen (Grundlagen der Medienkommunikation Bd. 4)

Stamm (2002): Leitfaden durch Presse und Werbung. Presse- und Medienhandbuch; Stamm-Verlag; Essen; 55. Ausgabe (erscheint jährlich)

Susanna **Stammbach** (2005): Typotheater; Hermann Schmidt; Mainz

Anton **Stankowski** (1994): Visuelle Kommunikation. Ein Design-Handbuch; Reimer; Berlin; 2. erw., überarb. und verb. Aufl.

Markus **Stolpmann** (2002): Weniger ist Mehrwert. Mehr Erfolg durch Fokussierung und Flexibilität. Ein Denkanstoß; Galileo Press; Bonn

Erich **Strassner** (2002): Text-Bild-Kommunikation. Bild-Text-Kommunikation; Niemeyer; Tübingen; (Grundlagen der Medienkommunikation Bd.13)

Tina **Sutton**, Bride M. **Whelam** (2005): The Complete Color Harmony; Edition Olms; Zürich

Alan **Swann**, David **Dabner** (2005): Design und Layout verstehen und anwenden; Stiebner; München

T

Jürgen **Tauchnitz** (1990): Werbung mit Musik. Theoretische Grundlagen und experimentelle Studien zur Wirkung von Hintergrundmusik in Rundfunk- und Fernsehwerbung; Physica; Heidelberg

Helmut **Teschner** (1997): Offsetdrucktechnik. Informationsverarbeitung, Technologien und Werkstoffe in der Druckindustrie; Fachschriftenverlag; Fellbach; 10. Aufl.

Helmut **Teschner** (2002): Fachwörterbuch für visuelle Kommunikation und Drucktechnik; Ott; Thun; 2. vollst. überarb. Aufl.

Christoph **Thomann**, Wibke **Stegemann** (1998): Klärungshilfe. Konflikte im Beruf. Methoden und Modelle klärender Gespräche bei gestörter Zusammenarbeit; Rowohlt; Reinbek b. Hamburg; (rororo 60462)

Ulrich **Tillmanns**, Kurt **Jeschke** (2000): Erfolgsfaktor Client Loyalty. Kunden-Agentur-Beziehungen erfolgreich gestalten; Horizont/Deutscher Fachverlag; Frankfurt am Main

Jürg **Trösch**, Max **Baltis**, Jürg **Neuenschwander** (2001): Gut zum Druck. Communicating in Print. Einführung in die Realisation von Printmedien; WerdVerlag; Zürich

Jan **Tschichold** (2001): Erfreuliche Drucksachen durch gute Typographie. Eine Fibel für Jedermann; Maro; Augsburg; Reprint

Edward R. **Tufte** (1990): Envisioning Information; Graphics Press; Cheshire/Con.

Edward R. **Tufte** (1997): Visual Explanations. Images and Quantities, Evidence and Narrative; Graphics Press; Cheshire/Con.

Edward R. **Tufte** (2001): The Visual Display of Quantitative Information. Graphics Press; Cheshire/Con.; 2. Aufl.

Ralf **Turtschi** (2000 *a*): Mediendesign. Zeitungen, Magazine, Screendesign; Niggli; Sulgen

T

Ralf **Turtschi** (2000*b*): Praktische Typographie. Desktop Publishing. Gestalten mit dem Personal Computer; Niggli; Sulgen

James B. **Twitchell** (1996): Adcult USA. The Triumph of Advertising in American Culture; Columbia University Press; New York/Chichester

U

Wolfgang **Uhr**, Stefan **Müller** (1998) (Hrsg.): Marketing; CD-ROM; Schäffer-Poeschel; Stuttgart; (BWL-Lernsoftware interaktiv)

V

Ivan **Vartanian** (2001): Now Loading... The Aesthetics of Web Graphics; Gingko Press; Corte Madeira/Ca

Petra **Vogt** (2000): Bekanntwerden im Internet. Wege zur optimalen Webpräsenz; Rowohlt; Reinbek b. Hamburg; (rororo Computer 60088)

W

Stefan **Waidmann** (1999): Schrift und Typografie. Die Sprache der klassischen Schriften; Niggli; Sulgen

Björn **Walter** (2004): Audio/Video Recording am PC, m. CD-ROM; Markt und Technik; München

Hennig **Wargalla** (2003): Farbkorrektur mit Photoshop und Scan-Programmen; mitp; Bonn

Paul **Watzlawick** (1987): Wie wirklich ist die Wirklichkeit? Wahn, Täuschung, Verstehen; Piper; München; 15. Aufl. (SP 174)

Paul **Watzlawick** (1997): Vom Schlechten des Guten oder Hekates Lösungen; dtv; München (dtv 8353)

Paul **Watzlawick** (2002): Vom Unsinn des Sinns oder Vom Sinn des Unsinns; Piper; München/Zürich; 9. Aufl. (SP 1824)

Paul **Watzlawick**, Janet H. **Beavin**, Don D. **Jackson** (1982): Menschliche Kommunikation. Formen, Störungen, Paradoxien; Huber; Bern/Stuttgart/Wien; 6. Aufl.

Paul **Watzlawick**, John H. **Weakland**, Richard **Fisch** (2001): Lösungen. Zur Theorie und Praxis menschlichen Wandels; Huber; Bern/Göttingen/Toronto/Seattle; 6. Aufl.

Lothar **Weeser-Krell** (1994): Marketing. Einführung; Oldenbourg; München; 4. überarb. u. aktual. Aufl.

Helmut **Wehrmann** (1973): Verträge in der Werbung. Vertragsmusterbuch; Cornelsen; Berlin

Christian-Rainer **Weisbach** (2001): Professionelle Gesprächsführung. Ein praxisnahes Lese- und Übungsbuch; dtv; München; 5. überarb. u. erw. Aufl. (dtv 5845)

Norbert **Welsch**, Claus Chr. **Liebmann** (2005): Farben; Spektrum Akademischer Vlg.; Heidelberg

Ingrid **Wenz-Gahler** (1999): Messestand-Design. Temporäres Marketing- und Architekturereignis; Verl. Alexander Koch; Leinfelden-Echterdingen; 2. Aufl.

Ingrid **Wenz-Gahler** (2002): Big Ideas for Small Stands. Kleine Messestände ganz gross; Verl. Alexander Koch; Leinfelden-Echterdingen

Benjamin Lee **Whorf** (1994): Sprache – Denken – Wirklichkeit. Beiträge zur Metalinguistik und Sprachphilosophie; Rowohlt; Reinbek b. Hamburg;

Peter **Wildbur**, Michael **Burke** (1998): Information Graphics. Innovative Lösungen im Bereich Informationsdesign; Hermann Schmidt; Mainz

W

Hans-Peter **Willberg** (2000): Typolemik/Typophilie. Streiflichter zur Typographical Correctness; Hermann Schmidt; Mainz

Hans-Peter **Willberg**, Friedrich **Forssman** (1997): Lesetypographie; Hermann Schmidt; Mainz

Hans-Peter **Willberg**, Friedrich **Forssman** (1999): Erste Hilfe in Typografie. Ratgeber für den Umgang mit Schrift; Hermann Schmidt; Mainz

Hans-Peter **Willberg**, Friedrich **Forssman** (2001): Wegweiser Schrift. Erste Hilfe für den Umgang mit Schriften. Was passt – Was wirkt – Was stört; Hermann Schmidt; Mainz

Hans-Peter **Willberg**, Monika **Thomas** (1990): Schriften erkennen; Hermann Schmidt; Mainz

Richard **Williams** (2001): The Animator's Survival Kit. A Manual of Methods, Principles, and Formulas for Classical, Computer, Games, Stop Motion, and Internet Animators; Faber & Faber; London

Peter **Wippermann**/Trendbüro (2001) (Hrsg.): Duden Wörterbuch der New Economy. Ca. 1 000 Begriffe und Wendungen; Bibliographisches Institut; Mannheim

Thomas **Wirth** (2002): Missing Links. Über gutes Webdesign; Hanser; München

Matt **Woolman** (2002): Digital Information Graphics; Watson Guptill; New York

Klaus **Wüsthoff** (1999): Die Rolle der Musik in der Film-, Funk- und Fernsehwerbung. Mit Kompositionsanleitungen für Werbespots und einer Instrumententabelle der Gebrauchsmusik; Merseburger; Berlin; 2. überarb. Neuaufl.

Z

Georg **Zanger** (1996): Urheberrecht und Leistungsschutz im digitalen Zeitalter. Ein Handbuch für Werbung, Film und Fernsehen; LexisNexis ARD Orac; Wien

Sabine **Zentek** (1998): Ein Handbuch für Recht in Kunst und Design; av-edition; Ludwigsburg

Sabine **Zentek** (1999): ProduktProzesse. Entwicklung und Rechtsgeschichten bekannter deutscher Marken; av-edition; Ludwigsburg

Sabine **Zentek**, Dieter **Blase** (2001): Handbuch Kommunikationsdesign. Berufspraxis; av-edition; Ludwigsburg

Sabine **Zentek**, Thomas **Meinke** (2002): Urheberrechtsreform 2002. Die neuen Rechte und Pflichten für Urheber und Verwerter; Haufe; Freiburg i. Br./Berlin/München

Joachim **Zentes**, Bernhard **Swoboda** (2001): Grundbegriffe des Marketing. Marktorientiertes globales Management-Wissen. Schäffer-Poeschel, Stuttgart, 5., aktual., überarb. u. erw. Aufl.

Dario **Zuffo** (1998): Die Grundlagen der visuellen Gestaltung; Niggli; Sulgen; 3. Aufl.

Moritz **Zwimpfer** (1994): 2d, visuelle Wahrnehmung, visual perception. Elementare Phänomene der zweidimensionalen Wahrnehmung. Ein Handbuch für Künstler und Gestalter; Niggli; Sulgen

Register